Statistik mit MATHCAD und MATLAB

Springer

Berlin
Heidelberg
New York
Barcelona
Hongkong
London
Mailand
Paris
Singapur
Tokio

Hans Benker

Statistik mit MATHCAD und MATLAB

Einführung in die
Wahrscheinlichkeitsrechnung
und mathematische Statistik für
Ingenieure und Naturwissenschaftler

Mit 31 Abbildungen

 Springer

Prof. Dr. Hans Benker

Institut für Optimierung und Stochastik
Fachbereich Mathematik und Informatik
Martin-Luther-Universität
06099 Halle (Saale)
E-mail: benker@mathematik.uni-halle.de

ISBN 3-540-42277-3 Springer-Verlag Berlin Heidelberg New York

Die Deutsche Bibliothek - CIP-Einheitsaufnahme
Benker, Hans: Statistik mit MATHCAD und MATLAB: Einführung in die Wahrscheinlichkeitsrechnung und Statistik für Ingenieure und Naturwissenschaftler / Hans Benker - Berlin; Heidelberg; New York; Barcelona; Hongkong; London; Mailand; Paris; Singapur; Tokio: Springer, 2001
ISBN 3-540-42277-3

Springer-Verlag Berlin Heidelberg New York
ein Unternehmen der BertelsmannSpringer Science+Business Media GmbH

http://www.springer.de

Text: Datenerstellung durch Autor
Einbandgestaltung: Künkel+Lopka, Heidelberg
Gedruckt auf säurefreiem Papier   SPIN: 10765327   07/3020hu - 5 4 3 2 1 0 -

Vorwort

Im vorliegenden Buch geben wir eine *Einführung* in die *Wahrscheinlichkeitsrechnung* und *mathematische Statistik* und wenden die *Programmsysteme* MATHCAD und MATLAB an, um hierfür Grundaufgaben aus Technik, Natur- und Wirtschaftswissenschaften mittels Computer zu berechnen. Dabei benutzen wir die aktuellen Versionen von MATHCAD (Version 2001 Professional) und MATLAB (Version 6, Release 12) für Personalcomputer (PCs) unter WINDOWS.

Zusätzlich kann man bei der Anwendung beider Systeme *Zusatzprogramme* zur *Statistik* heranziehen:

* MATHCAD stellt das *Elektronische Buch* **Practical Statistics** zur Verfügung, das auch unter dem Namen **Applied Statistics** vertrieben wird. Dieses Elektronische Buch wurde zur Version 8 von MATHCAD kostenlos mitgeliefert.

* MATLAB bietet die **Statistics Toolbox** an, die extra gekauft werden muß.

MATHCAD und MATLAB werden bevorzugt von *Ingenieuren* und *Naturwissenschaftlern* zur Berechnung anfallender mathematischer Aufgaben verwendet. Das liegt hauptsächlich daran, daß

* beide hervorragende Fähigkeiten bei *numerischen Rechnungen* besitzen und auch *Programmiersprachen* enthalten, in denen als Vorteil sämtliche vordefinierten Funktionen einsetzbar sind.

* für beide eine Vielzahl von *Zusatzprogrammen* existieren, mit deren Hilfe man zahlreiche mathematische Probleme aus Technik und Naturwissenschaften berechnen kann. Diese Zusatzprogramme werden in MATHCAD als *Elektronische Bücher* und in MATLAB als *Toolboxen* bezeichnet.

* beide im Rahmen der Computeralgebra exakte mathematische Rechnungen durchführen können, da sie in Lizenz eine Minimalvariante des *Symbolprozessors* des *Computeralgebrasystems* MAPLE enthalten.

Im vorliegenden Buch wird gezeigt, daß sich MATHCAD und MATLAB auch effektiv zur Berechnung von Grundaufgaben aus *Wahrscheinlichkeitsrechnung* und *Statistik* anwenden lassen.

Es gibt natürlich *spezielle Programmsysteme* wie MINITAB, SAS, S-PLUS, SPSS, STATISTICA, UNISTAT und WINSTAT, die auschließlich für die Be-

rechnung von Aufgaben aus der *Statistik* erstellt wurden. In der Ingenieurmathematik sind aber nicht nur Aufgaben aus Wahrscheinlichkeitsrechnung und Statistik zu berechnen, so daß sich hier die Anwendung eines
universellen Programmsystems wie MATHCAD oder MATLAB empfiehlt. Da
für beide Systeme *Zusatzprogramme* zur *Statistik* zur Verfügung gestellt
werden, kann man mit ihnen auch anfallende Grundaufgaben aus Wahrscheinlichkeitsrechnung und Statistik berechnen. Dies hat den Vorteil, daß
man sich nicht zusätzlich in die Anwendung eines Statistik-Programmsystems einarbeiten muß, sondern im vertrauten Rahmen von MATHCAD oder
MATLAB arbeiten kann. Das vorliegende Buch soll dem Anwender hierbei
helfen.

Ein *Schwerpunkt* des *Buches* liegt auf der Umsetzung der zu berechnenden
Aufgaben aus *Wahrscheinlichkeitsrechnung* und *Statistik* in die Sprache von
MATHCAD und MATLAB und der Interpretation der von beiden Systemen
gelieferten Ergebnisse. Dies ist ein Unterschied zu den meisten existieren-
den Lehrbüchern zur Wahrscheinlichkeitsrechnung und Statistik, die keine
Berechnungen mittels Computer anbieten.

Obwohl im Buch die Anwendung des Computers im Vordergrund steht,
wird die *mathematische Theorie* der *Wahrscheinlichkeitsrechnung* und *Statistik* soweit dargestellt, wie es für den Anwender erforderlich ist. Dies bedeutet, daß wir auf Beweise und die Verwendung des Integralbegriffs von
Lebesgue verzichten, aber dafür notwendige Formeln, Sätze und Verfahren
an *Beispielen* aus *Technik* und *Naturwissenschaften* erläutern. Diese Beispiele werden mit MATHCAD und MATLAB berechnet und zeigen dem Anwender *Möglichkeiten* und *Grenzen* bei der *Anwendung* beider *Systeme* auf.

Des weiteren werden in den ersten zwei Teilen des Buches in den Kap.2-11
die *Handhabung* der Systeme MATHCAD und MATLAB behandelt und in
den Kap.12-14 eine kurze Einführung in die Berechnung häufig anfallender
Grundaufgaben der *Mathematik* gegeben.

Das *vorliegende Buch* ist so gestaltet, daß es

- eine *Einführung* in die *Wahrscheinlichkeitsrechnung* und *Statistik* für
  Studenten, Dozenten, Professoren und *Praktiker* aus *Technik* und *Naturwissenschaften* liefert, die auch die Systeme MATHCAD oder MATLAB
  einsetzen möchten.

- zusätzlich als *Handbuch* für die *Anwendung* der *Systeme* MATHCAD und
  MATLAB zur Berechnung anfallender Aufgaben aus Grundgebieten der
  Mathematik verwendet werden kann, wenn man noch Informationen
  aus den Hilfefunktionen beider Systeme heranzieht.

MATHCAD und MATLAB existieren für *verschiedene Computerplattformen*,
so u.a. für IBM-kompatible Personalcomputer (kurz: PCs), Workstations und
Großcomputer unter UNIX und APPLE-Computer.

Wir benutzen im Buch die *Versionen* für PCs, die unter WINDOWS laufen.
Da sich der *Aufbau* der *Benutzeroberfläche* und die vordefinierten *Funktio-*

nen/Kommandos für die einzelnen Computertypen nur unwesentlich unterscheiden, kann das Buch auch bei anderen Computerplattformen herangezogen werden.

An dieser Stelle möchte ich mich bei allen *bedanken*, die mich bei der *Realisierung* des vorliegenden *Buchprojekts* unterstützten:

- Bei Herrn Dr. Merkle vom Springer-Verlag Heidelberg für die Aufnahme des Buchvorschlags in das Verlagsprogramm.

- Bei Frau Diane Ashfield von MathSoft in Bagshot (Großbritannien) und Frau Naomi Fernandes von MathWorks in Nattick (USA) für die kostenlose Überlassung der neuesten Versionen von MATHCAD bzw. MATLAB und der benötigten Elektronischen Bücher bzw. Toolboxen.

- Bei meiner Gattin Doris, die großes Verständnis für meine Arbeit an den Abenden und Wochenenden aufgebracht hat.

- Bei meiner Tochter Uta, die das Manuskript kritisch gelesen und die Reproduktionsvorlage auf dem Computer erstellt hat.

Über Hinweise, Anregungen und Verbesserungsvorschläge würde sich der Autor freuen. Sie können an die folgende E-Mail-Adresse gesendet werden: benker@mathematik.uni-halle.de

Merseburg, im Sommer 2001   Hans Benker

Inhaltsverzeichnis

1 Einleitung

Im vorliegenden Buch geben wir eine *Einführung* in die *Wahrscheinlichkeitsrechnung* und *mathematische Statistik* und wenden die Systeme MATHCAD und MATLAB an, um hierfür Grundaufgaben aus Technik, Natur- und Wirtschaftswissenschaften mittels Computer zu lösen.

Des weiteren behandeln wir in den ersten zwei Teilen des Buches in den Kap.2-11 die *Handhabung* der Systeme MATHCAD und MATLAB und geben in den Kap. 12-14 eine kurze Einführung in die Lösung häufig anfallender *Grundaufgaben* aus der *Ingenieurmathematik*. Deshalb kann das vorliegende Buch zusätzlich als *Handbuch* bei der *Anwendung* der *Systeme* MATHCAD und MATLAB zur Lösung von Grundaufgaben der *Ingenieurmathematik* verwendet werden, wenn man noch Informationen aus den Hilfefunktionen beider Systeme heranzieht.

MATHCAD und MATLAB sind *Programmsysteme* (*Softwaresysteme*) und gehören zur Klasse der *Computeralgebra-* und *Mathematiksysteme*, die wir im folgenden kurz als *Systeme* bezeichnen. *Weitere bekannte Systeme* aus dieser Klasse sind AXIOM, DERIVE, MAPLE, MACSYMA, MATHEMATICA, MUPAD und REDUCE.

Wir verwenden im Buch die *aktuellen Versionen* MATHCAD *2001 Professional* bzw. MATLAB *6 Release 12* für WINDOWS. Zusätzlich kann man bei der Anwendung dieser Systeme *Zusatzprogramme* zur *Statistik* heranziehen:

* MATHCAD besitzt das *Elektronische Buch* **Practical Statistics**, das auch unter dem Namen **Applied Statistics** vertrieben wird.

* MATLAB besitzt die *Toolbox* zur *Statistik* (englisch: **Statistics Toolbox**).
  ◆

MATHCAD und MATLAB werden zur Lösung anfallender mathematischer Aufgaben auf dem Computer bevorzugt von *Ingenieuren* und *Naturwissenschaftlern* verwendet. Das liegt hauptsächlich daran, daß

* beide hervorragende Fähigkeiten bei *numerischen Rechnungen* besitzen und auch *Programmiersprachen* enthalten, in denen als Vorteil sämtliche vordefinierten Funktionen einsetzbar sind.

* für beide eine Vielzahl von *Zusatzprogrammen* existieren, mit deren Hilfe man zahlreiche Probleme aus Technik, Natur- und auch Wirtschaftswissenschaften berechnen kann. Diese Zusatzprogramme werden

in MATHCAD als *Elektronische Bücher* und in MATLAB als *Toolboxen* bezeichnet.

* beide auch *exakte Rechnungen* im Rahmen der *Computeralgebra* durch-führen können, da sie in Lizenz eine Minimalvariante des Symbolprozes-sors des *Computeralgebrasystems* MAPLE enthalten.

♦

MATHCAD und MATLAB existieren für *verschiedene Computerplattformen*, so u.a. für IBM-kompatible Personalcomputer (kurz: PCs), Workstations und Großcomputer unter UNIX und APPLE-Computer.

Wir verwenden im Buch die *Versionen* für PCs, die unter WINDOWS lau-fen. Da sich der *Aufbau* der *Benutzeroberfläche* und die vordefinierten *Funktionen/Kommandos* für die einzelnen Computertypen nur unwesent-lich unterscheiden, kann das Buch auch bei anderen Computerplattformen herangezogen werden.

♦

Ein *Schwerpunkt* des *Buches* liegt auf der Umsetzung der zu berechnenden Aufgaben aus *Wahrscheinlichkeitsrechnung* und *Statistik* in die Sprache von MATHCAD und MATLAB und der Interpretation der von beiden Systemen gelieferten Ergebnisse. Obwohl im Buch die Lösung mittels Computer im Vordergrund steht, wird die *mathematische Theorie* der *Wahrscheinlich-keitsrechnung* und *Statistik* soweit dargestellt, wie es für den Anwender er-forderlich ist. Dies bedeutet, daß wir auf Beweise und die Verwendung des Integralbegriffs von Lebesgue verzichten, aber dafür notwendige Formeln, Sätze und Verfahren an *Beispielen* aus *Technik* und *Naturwissenschaften* er-läutern. Diese Beispiele werden auch mit MATHCAD und MATLAB berech-net und zeigen dem Anwender *Möglichkeiten* und *Grenzen* bei der *Anwen-dung* beider *Systeme* auf.

♦

Das vorliegende *Buch* ist in *drei Teile aufgeteilt:*

* Teil I (umfaßt die Kap.2–11):

  Hier wird eine *Einführung* in die *Handhabung* und die *Eigenschaften* der im Buch verwendeten *Systeme* MATHCAD und MATLAB gegeben, so daß der Anwender in der Lage ist, mit diesen Systemen effektiv zu arbei-ten.

* Teil II (umfaßt die Kap.12–14):

  Hier wird die Vorgehensweise in MATHCAD und MATLAB zur Lösung von Grundaufgaben der Ingenieurmathematik kurz erläutert, da dies auch im Rahmen der Wahrscheinlichkeitsrechnung und Statistik benötigt wird. Des weiteren findet man hier eine Einführung in die *grafischen Fähigkeiten* beider Systeme.

- Teil III (umfaßt die Kap.15–30)

    Im *Hauptteil* des *Buches* werden eine *Einführung* in die *Wahrscheinlichkeitsrechnung* und *Statistik* gegeben und hier anfallende *Grundaufgaben* mittels MATHCAD und MATLAB gelöst.

1.1 Wahrscheinlichkeitsrechnung und Statistik

Wahrscheinlichkeitsrechnung und *mathematische Statistik* gewinnen bei vielen Aufgabenstellungen in Technik, Natur- und auch Wirtschaftswissenschaften an Bedeutung. Das liegt daran, daß immer mehr *Massenprozesse* auftreten, die nur noch mit *statistischen Methoden* untersucht werden können. Des weiteren ist aus der *Theorie* schon seit langem bekannt, daß gewisse Phänomene in Technik und Naturwissenschaften (wie z.B. in der Thermodynamik) nur mit *wahrscheinlichkeitstheoretischen* und *statistischen Methoden* beschreibbar sind.

Deshalb ist es erforderlich, daß sich auch *Ingenieure* und *Naturwissenschaftler* mit *Wahrscheinlichkeitsrechnung* und *Statistik* beschäftigen. Eine Reihe von *Lehrbüchern* hierzu findet man im *Literaturverzeichnis*. Dabei wurden aus der fast unüberschaubaren Anzahl von Büchern einige ausgewählt, die sich besonders für Anwender aus Technik und Naturwissenschaften eignen.

☞

Das vorliegende *Buch* gibt eine *Einführung* in die *Wahrscheinlichkeitsrechnung* und *Statistik*, wobei besonders Wert auf die *Lösung* anfallender Aufgaben mittels *Computern* gelegt wird. Wir verwenden hierzu die beiden *Systeme* MATHCAD und MATLAB, die in Technik und Naturwissenschaften bevorzugt zur Lösung mathematischer Aufgaben herangezogen werden. Dies ist ein Unterschied zu den meisten existierenden Lehrbüchern zur Wahrscheinlichkeitsrechnung und Statistik, die keine Berechnungen mittels Computer anbieten.

♦

1.2 Statistik mit dem Computer

Eine effektive Berechnung praktischer Aufgabenstellungen aus der *Statistik* ist ohne Computer meistens nicht möglich. Deswegen werden schon seit längerer Zeit *Computerprogramme* (*Programmsysteme/Softwaresysteme*) zur Statistik entwickelt, wofür sich zwei Richtungen abzeichnen:

- Einerseits werden vorhandene *Computeralgebra*- und *Mathematiksysteme* durch *Zusatzprogramme* zur *Statistik* erweitert.

- Andererseits werden *spezielle Programmsysteme/Softwaresysteme* erstellt, wie z.B.

  * BMDP

  * MINITAB

  * SAS

  * S-PLUS

  * SPSS

  * STATGRAPHICS

  * STATISTICA

  * UNISTAT

  * WINSTAT

  die ausschließlich der Berechnung von Aufgaben aus *Wahrscheinlichkeitsrechnung* und *Statistik* mittels Computern dienen. *Lehrbücher* zu diesen Systemen findet man im *Literaturverzeichnis*.

☞

Da aber in der *Ingenieurmathematik* nicht nur Aufgaben aus Wahrscheinlichkeitsrechnung und Statistik zu lösen sind, empfiehlt sich die Anwendung eines *universellen Systems* wie MATHCAD oder MATLAB. Beide stellen *Zusatzprogramme* zur *Statistik* zur Verfügung, so daß man mit ihnen auch Grundaufgaben aus Wahrscheinlichkeitsrechnung und Statistik berechnen kann. Dies hat den Vorteil, daß man sich nicht zusätzlich in die Anwendung eines Statistik-Softwaresystems einarbeiten muß, sondern im vertrauten Rahmen von MATHCAD oder MATLAB arbeiten kann. Das vorliegende Buch soll hierzu eine Einführung geben.
Des weiteren eignen sich auch andere universelle Systeme wie z.B. MATHEMATICA zur Berechnung von Aufgaben aus Wahrscheinlichkeitsrechnung und Statistik, wie man aus den Büchern [55] und [63] entnehmen kann. Mit dem *Tabellenkalkulationsprogramm* EXCEL aus dem MICROSOFT-OFFICE-PAKET lassen sich ebenfalls Aufgaben aus der Statistik berechnen, wie in den Büchern [51], [59] und [60] beschrieben wird.
♦

1.3 Statistik mit MATHCAD und MATLAB

Im vorliegenden Buch zeigen wir, daß sich MATHCAD und MATLAB auch effektiv zur Lösung vieler Anwendungsaufgaben aus *Wahrscheinlichkeitsrechnung* und *Statistik* anwenden lassen, die in Technik, Natur- und Wirtschaftswissenschaften auftreten. Dazu kann man noch *Zusatzprogramme* heranziehen, die bei

* MATHCAD

  Elektronische Bücher

* MATLAB

  Toolboxen

heißen. Zur *Statistik* gibt es in den beiden Systemen folgende *Zusatzprogramme:*

* MATHCAD

  * das *Elektronische Buch* **Practical Statistics**, das auch unter dem Namen **Applied Statistics** angeboten wird. Dieses Elektronische Buch wurde kostenlos mit der Version 8 von MATLAB ausgeliefert.

  * *Schaums Electronic Tutor* **Statistics** (siehe [68]), in dem Aufgaben mittels MATHCAD berechnet werden. Diesem Buch liegt eine CD mit allen gerechneten Beispielen bei, die der Anwender in seine Arbeit einbinden kann.

* MATLAB

  Die **Statistics Toolbox**. Diese *Toolbox* zur *Statistik* muß zusätzlich zu MATLAB gekauft werden.

Die *Zusatzpakete* **Practical Statistics** und **Statistics Toolbox** zur *Statistik* für MATHCAD bzw. MATLAB *unterscheiden sich* wesentlich:

* MATHCAD

  Das *Elektronische Buch* **Practical Statistics** enthält keine zusätzlichen Funktionen zur Statistik. Diese Funktionen sind alle im Kern von MATHCAD enthalten, so daß man ohne dieses Buch statistische Aufgaben lösen kann. Die Anwendung des Buches erleichtert aber die Arbeit wesentlich, da hier viele Grundaufgaben aus Wahrscheinlichkeitsrechnung und Statistik erklärt und anhand von Beispielen gelöst werden. Dies kann der Leser in seine Arbeit einbinden, wie wir im Laufe des Buches illustrieren.

* MATLAB

  Ohne die **Statistics Toolbox** können in MATLAB keine statistischen Aufgaben gelöst werden, da alle Funktionen zur Wahrscheinlichkeitsrechnung und Statistik in dieser Toolbox und nicht im Kern bereitgestellt werden.

  ♦

Während es für MATHCAD eine *deutschsprachige Version* gibt, sind die Elektronischen Bücher nur in Englisch verfügbar. Bei MATLAB gibt es nur *englischsprachige Versionen*. Deshalb sollte der Anwender einige Englischkenntnisse besitzen. Wir werden im Rahmen des Buches neben den Funktionen zur Wahrscheinlichkeitsrechnung und Statistik zusätzlich die Eigenschaften weiterer wichtiger in MATHCAD und MATLAB integrierter Funktionen erklären, wobei auch illustrative Beispiele gegeben werden. Dabei können wir aber nicht alle Einzelheiten von MATHCAD und MATLAB beschreiben. Bei eventuell auftretenden Unklarheiten kann der Anwender z.B. die beiden Bücher [75] und [77] des Autors und die in den Systemen integrierten Hilfefunktionen konsultieren.

♦

1.4 Hinweise zur Benutzung des Buches

Abschließend geben wir noch einige *Hinweise* bzgl. der *Benutzung* des vorliegenden *Buches:*

* Neben den *Überschriften* werden *Elektronische Bücher, Toolboxen, Befehle, Funktionen, Kommandos* und *Menüs* von MATHCAD und MATLAB in *Fettdruck* dargestellt. Dies gilt auch für die Kennzeichnung von *Vektoren* und *Matrizen.*

* *Programm-, Datei-* und *Verzeichnisnamen* und die *Namen* von *Softwaresystemen* werden in *Großbuchstaben* dargestellt.

* *Beispiele* und *Abbildungen* werden in jedem Kapitel von 1 beginnend *durchnumeriert,* wobei die *Kapitelnummer* vorangestellt wird. So bezeichnen z.B. *Abb. 4.2* und *Beispiel 5.11* die Abbildung 2 aus Kapitel 4 bzw. das Beispiel 11 aus Kapitel 5. *Beispiele* werden mit dem *Symbol*

  ♦

  beendet.

* *Wichtige Hinweise* und Erläuterungen sind durch das vorangehende *Symbol*

  gekennzeichnet und werden mit dem *Symbol*

  ♦

  beendet.

* *Wichtige Begriffe* und *Bezeichnungen* sind *kursiv* geschrieben. Dies gilt auch für *Anzeigen* und *Fehlermeldungen* von MATHCAD und MATLAB im Arbeitsfenster.

* Die einzelnen *Menüs* einer *Menüfolge* von MATHCAD und MATLAB werden mittels eines *Pfeils* ⇒ *getrennt,* der gleichzeitig für einen *Mausklick* steht.

* Wenn wir die *Anwendung* von MATHCAD und MATLAB zur Lösung von Aufgaben aus Wahrscheinlichkeitsrechnung und Statistik erklären, so schließen wir zur Unterscheidung die entsprechenden Ausführungen in die beschrifteten Pfeile

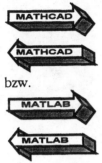

bzw.

ein. Das gleiche gilt auch bei den Beispielen.

2 Anwendung von MATHCAD

MATHCAD ist neben MATLAB ein bevorzugtes System für Ingenieure und Naturwissenschaftler, um anfallende *mathematische Berechnungen* mit dem *Computer* durchzuführen. Beide können auch erfolgreich zur Berechnung von Aufgaben aus Wahrscheinlichkeitsrechnung und Statistik verwendet werden, wie im Rahmen dieses Buches illustriert wird. Wir benutzen im vorliegenden Buch die aktuelle *Version 2001 Professional* von MATHCAD für WINDOWS, die in englischer und deutscher Sprache vorliegt, wobei wir die englische Version bevorzugen, da deren vordefinierte Funktionen auch von der deutschen Version verstanden werden. Zusätzlich geben wir die deutschen Namen der benötigten Funktionen.

2.1 Aufbau von MATHCAD

2.1.1 Vektororientierung

Im Unterschied zum *matrixorientierten* MATLAB ist MATHCAD nur *vektororientiert*, d.h., alle Eingaben von Zahlen werden auf der Basis von Vektoren realisiert, wobei nur *Spaltenvektoren* als Vektoren akzeptiert werden. Damit wird von MATHCAD jede *Variable* als *Vektor gedeutet*, so daß eine einzelne eingegebene Zahl als Spaltenvektor mit einer Komponente interpretiert wird. Dies bringt für die Arbeit mit MATHCAD ebenso wie bei MATLAB eine Reihe von Vorteilen, wie wir im Verlauf des Buches sehen.

2.1.2 Struktur

Wie alle Computeralgebra- und Mathematiksysteme besitzt MATHCAD *folgende Struktur*:

- *Benutzeroberfläche/Bedieneroberfläche* (siehe Abb.2.1)

  Sie erscheint nach dem Programmstart auf dem Bildschirm des Computers und dient der *interaktiven Arbeit* zwischen Nutzer und MATHCAD.

- *Aufteilung* in *Kern* und *Zusatzprogramme*

  Dabei

* enthält der *Kern* die *Grundoperationen* von MATHCAD. Der Kern
  - wird bei jedem Aufruf geladen, da MATHCAD ihn für alle Arbeiten benötigt.
  - kann vom Nutzer nicht verändert werden.
* können mittels der *Zusatzprogramme weiterführende Aufgaben* aus Mathematik und Technik gelöst werden. Die Zusatzprogramme sind in MATHCAD für eine Reihe von Gebieten in sogenannten *Elektronischen Büchern* zusammengefaßt, die man extra kaufen muß.

Diese *Struktur* der *Aufteilung* von MATHCAD in *Kern* und *Elektronische Bücher* dient

* der *Einsparung* von *Speicherplatz*, da *Elektronische Bücher* nur bei Bedarf installiert werden, weil MATHCAD ohne sie arbeiten kann.
* der möglichen *Erweiterung* von MATHCAD auf neue Gebiete. Des weiteren können vom Nutzer eigene Elektronische Bücher geschrieben werden.

♦

Im *Kern* von MATHCAD, der bei jedem Aufruf geladen wird, sind folgende *fünf Hauptbestandteile* enthalten:

* Die *Programmiersprache* von MATHCAD

  Sie gestattet das Schreiben von Funktionsunterprogrammen.

* Die *MATHCAD-Arbeitsumgebung*

  Hierzu zählt man alle Hilfsmittel, die dem Nutzer von MATHCAD die Arbeit erleichtern. Dazu gehören u.a. die Verwaltung der Variablen, der Ex- und Import (Ausgeben und Einlesen) von Daten.

* Das *MATHCAD-Grafiksystem*

  Einen Einblick in die umfangreichen grafischen Möglichkeiten von MATHCAD erhalten wir im Kap.14.

* Die *MATHCAD-Funktionsbibliothek*

  Hierin sind sowohl die *elementaren* und *höheren mathematischen Funktionen* als auch eine umfangreiche Sammlung von *Funktionen* zur *numerischen Lösung* (*Numerikfunktionen*) mathematischer Aufgaben und weitere allgemeine Funktionen enthalten.

* Die *MATHCAD-Programmschnittstelle*

  Diese Anwenderschnittstelle gestattet das Erstellen von Programmen in C, die in MATHCAD eingebunden werden können.

2.1.3 Elektronische Bücher

Wir haben im Abschn.2.1.2 die *Struktur* von MATHCAD kennengelernt, in
der *Elektronische Bücher* als *Zusatzprogramme* eine wesentliche Rolle
spielen. Diese *Elektronischen Bücher* dienen

* der *Einsparung* von *Speicherplatz*, da *Elektronische Bücher* nur bei Bedarf geladen/installiert werden, weil MATHCAD ohne sie arbeiten kann.

* der möglichen *Erweiterung* von MATHCAD auf neue Gebiete, da *Elektronische Bücher* (englisch: *Electronic Books*) und *Erweiterungspakete*
  (englisch: *Extension Packs*) weiterführende bzw. komplexe Aufgaben lösen, die nicht unmittelbar mit den in MATHCAD integrierten Menüs/
  Kommandos/Funktionen berechenbar sind. So gibt es für MATHCAD
  über 50 *Elektronische Bücher* und einige *Erweiterungspakete* und *Elektronische Bibliotheken* (englisch: *Electronic Libraries*) zur Lösung von
  Aufgaben aus Mathematik, Technik, Natur- und Wirtschaftswissenschaften, die von Spezialisten der jeweiligen Gebiete erarbeitet wurden. Deshalb sollte man zuerst in vorhandenen *Elektronischen Büchern* bzw. *Er-
  weiterungspaketen* suchen, wenn man für eine zu berechnende Aufgabe
  in MATHCAD keine Realisierung findet.

Die *Elektronischen Bücher* für MATHCAD

* sind im übertragenen Sinne *Bücher*, da

  * sie wie Fachbücher gestaltet sind. Sie enthalten erläuternden Text,
    Formeln und grafische Darstellungen und sind in Kapitel aufgeteilt.

  * man in ihnen wie in einem *Buch* mittels der entsprechenden Symbo-
    le der Symbolleiste *blättern* kann.

  * sie ein *Inhaltsverzeichnis* besitzen, wobei man die einzelnen *Kapitel*
    durch *Mausklick öffnen* kann.

  * sie zusätzlich zu Büchern eine *Suchfunktion* besitzen, mit der man
    nach beliebigen *Begriffen suchen* kann.

* *enthalten Gleichungen, Formeln, Funktionen, Konstanten, Tabellen, Erklärungen (erläuternden Text), Grafiken, Algorithmen* und *Berechnungs-
  methoden zu zahlreichen Gebieten*, die sich auf die übliche Art mit den
  Kopier- und Einfügesymbol über die Zwischenablage in das eigene
  MATHCAD-Arbeitsblatt übernehmen lassen. Damit hat man einen *Online-
  Zugriff* während der Arbeit mit MATHCAD und somit entfällt das um-
  ständliche Abtippen von Rechen- und Textpassagen und das oft lang-
  wierige Suchen in Büchern und Tabellen.

* *werden laufend erweitert* und für neue Gebiete erstellt. Dies wird von
  der *Firma* MATHSOFT durchgeführt, die neben MATHCAD die Elektronischen Bücher erstellt und kommerziell vertreibt.

- *besitzen* den *Vorteil*, daß sie in der *Form* eines *Lehrbuchs* geschrieben sind., d.h. in der Sprache des Anwenders.

- sind bis auf wenige Ausnahmen in *englischer Sprache* geschrieben.

- werden durch *Dateien* mit der *Endung* .HBK aufgerufen.

- *gehören nicht* zum Lieferumfang von MATHCAD, sondern müssen *extra gekauft* und folglich auch *extra installiert* werden.

◆

Ein *Elektronisches Buch* kann *mittels* einer der *Menüfolgen*

* **File ⇒ Open...**
  (deutsche Version: **Datei ⇒ Öffnen...**)
* **Help ⇒ Open Book...**
  (deutsche Version: **? ⇒ Buch öffnen...**)

geöffnet werden, indem man in die erscheinende *Dialogbox* den *Pfad* der *Datei* mit der *Endung* .HBK eingibt, mittels der das gesuchte Buch aufgerufen wird.

Nach dem *Öffnen* eines *Elektronisches Buches* erscheint ein *Fenster* (*Titelseite*) mit eigener *Symbolleiste*. Diese *Symbole dienen* unter anderem zum

* *Suchen*
  nach Begriffen
* *Blättern*
  im Buch
* *Kopieren*
  ausgewählter Bereiche
* *Drucken*
  von Abschnitten

Die *Bedeutung* der einzelnen *Symbole* wird analog wie bei allen modernen WINDOWS-Programmen *angezeigt*, wenn man den Mauszeiger auf dem entsprechenden Symbol stehen läßt.

◆

Die *Arbeit* mit den *Elektronischen Bücher* gestaltet sich *interaktiv*, d.h., für spezielle Rechnungen können Parameter, Konstanten und Variablen im Elektronischen Buch geändert werden und MATHCAD berechnet dann im Automatikmodus das zugehörige Ergebnis.

◆

Einen ersten Eindruck von *Elektronischen Büchern* erhält man durch das in MATHCAD *integrierte*

Resource Center
(deutsche Version: **Informationszentrum**)

das mittels der *Menüfolge*

Help ⇒ Resource Center
(deutsche Version: **? ⇒ Informationszentrum**)

geöffnet wird.
Es enthält über 600 Arbeitsblätter aus einigen *Elektronischen Büchern* und
liefert anhand von Beispielen *Hilfen* zu vielen Problemen.

◆

Mehr als 50 *Elektronische Bücher* stehen gegenwärtig für die Gebiete *Elek-
trotechnik, Maschinenbau, Hoch-* und *Tiefbau, Mathematik, Wirtschafts-*
und *Naturwissenschaften* zur Verfügung. Wir verwenden im Rahmen des
Buches nur das *Elektronische Buch* **Practical Statistics**, das mit der Version
8 von MATHCAD kostenlos ausgeliefert wurde.

◆

2.2 Benutzeroberfläche von MATHCAD

Nach dem *Starten* von MATHCAD *2001 Professional* unter WINDOWS erscheint die in Abb.2.1 zu sehende *Benutzeroberfläche* auf dem Bildschirm,
wobei die englischsprachige Version mit *eingeblendeter Symbol-* und *Formatleiste* und *Rechenpalette/Rechensymbolleiste* abgebildet ist.
Die *Benutzeroberfläche* der *Version 2001* von MATHCAD wurde gegenüber
der *Vorgängerversion 2000* nur gerinfügig *verändert.* Im folgenden geben
wir ihre wesentlichen *Eigenschaften.*
Wer schon mit *WINDOWS-Programmen* gearbeitet hat, wird keine großen
Schwierigkeiten mit der *Benutzeroberfläche* von MATHCAD haben, da sie
den *typischen Aufbau* in

* *Menüleiste* (siehe Abschn.2.2.1)

* *Symbolleiste* (siehe Abschn.2.2.2)

* *Formatleiste* (siehe Abschn.2.2.3)

* *Arbeitsfenster* (siehe Abschn.2.2.5)

* *Nachrichtenleiste* (siehe Abschn.2.2.6)

hat. Hinzu kommt noch die

* *Rechenpalette/Rechensymbolleiste* (siehe Abschn.2.2.4 und Abb.2.1)

die häufig bei der Arbeit mit MATHCAD eingesetzt wird, da man sie für alle
mathematischen Operationen, zur *Erzeugung* von *Grafiken* und zur *Programmierung* benötigt.

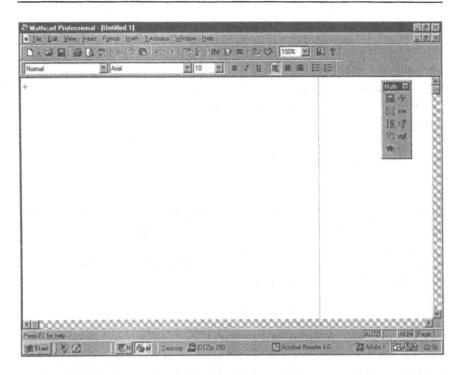

Abb.2.1. Benutzeroberfläche von MATHCAD 2001 Professional mit eingeblendeter Rechenpalette

In den folgenden Abschnitten werden wir die einzelnen Bestandteile der Benutzeroberfläche näher beschreiben.

2.2.1 Menüleiste

Die *Menüleiste* (englisch: *Menu Bar*) befindet sich am *oberen Rand* der Benutzeroberfläche und enthält *folgende Menüs*, die wiederum *Untermenüs* enthalten können, d.h., es handelt sich hier wie bei den meisten WINDOWS-Programmen um sogenannte *Dropdown-* oder *Pulldown-Menüs:*

File - Edit - View - Insert - Format - Math - Symbolics - Window - Help (deutsche Version: **Datei - Bearbeiten - Ansicht - Einfügen - Format - Rechnen - Symbolik - Fenster - ?**)

· Die einzelnen *Menüs* beinhalten u.a. *folgende Untermenüs*, wobei drei Punkte nach dem Menünamen auf eine erscheinende *Dialogbox* hinweisen, in der gewünschte Einstellungen vorgenommen werden können:

* **File**
  (deutsche Version: **Datei**)

  Enthält die bei WINDOWS-Programmen üblichen *Dateioperationen* Öffnen, Schließen, Speichern, Drucken usw.

- **Edit**
  (deutsche Version: **Bearbeiten**)

  Enthält die bei WINDOWS-Programmen üblichen *Editieroperationen*, wie
  Ausschneiden, Kopieren, Einfügen, Suchen, Ersetzen, Rechtschreibung.

- **View**
  (deutsche Version: **Ansicht**)

  Dient u.a. zum

  * *Ein-* und *Ausblenden* der *Symbol-* und *Formatleiste* und *Rechenpalet-te/Rechensymbolleiste*.

  * *Erstellen* von *Animationen* (*bewegten Grafiken*) durch Anklicken von
    Animate...
    (deutsche Version: **Animieren...**)

  * *Vergrößern* durch Anklicken von **Zoom...**

- **Insert**
  (deutsche Version: **Einfügen**)

  Hier kann u.a. folgendes aktiviert werden:

  * **Matrix...**
    Einfügen einer *Matrix*.

  * **Function...**
    (deutsche Version: **Funktion...**)
    Einfügen einer *vordefinierten Funktion*.

  * **Unit...**
    (deutsche Version: **Einheit...**)
    Einfügen von *Maßeinheiten*.

  * **Picture**
    (deutsche Version: **Bild**)
    Einfügen von *Bildern*.

  * **Math Region**
    (deutsche Version: **Rechenbereich**)
    Umschaltung in den *Rechenmodus*.

  * **Text Region**
    (deutsche Version: **Textbereich**)
    Umschaltung in den *Textmodus*.

  * **Page Break**
    (deutsche Version: **Seitenumbruch**)
    Bewirkt einen *Seitenumbruch*

  * **Hyperlink...**

Einrichten von *Hyperlinks* zwischen *MATHCAD-Arbeitsblättern* und *-Vorlagen*.

* **Reference...**
  (deutsche Version: **Verweis...**)

  dient dem *Verweis* auf andere *MATHCAD-Arbeitsblätter*.

* **Component...**
  (deutsche Version: **Komponente...**)

  dient zum *Datenaustausch* zwischen *MATHCAD-Arbeitsblättern* und anderen Anwendungen.

* **Object...**
  (deutsche Version: **Objekt...**)

  dient zum *Einfügen* eines *Objekts* in ein *MATHCAD-Arbeitsblatt*.

● **Format**

dient u.a. zur *Formatierung* von Zahlen, Gleichungen, Text, Grafiken.

● **Math**
(deutsche Version: **Rechnen**)

Hier können u.a. mittels

* **Calculate**
  (deutsche Version: **Berechnen**)

* **Calculate Worksheet**
  (deutsche Version: **Arbeitsblatt berechnen**)

* **Automatic Calculation**
  (deutsche Version: **Automatische Berechnung**)

die *Berechnungen* von MATHCAD *gesteuert* werden

* **Optimization**
  (deutsche Version: **Optimierung**)

  die *Zusammenarbeit* zwischen *symbolischer* und *numerischer Berechnung optimiert* werden.

* **Options...**
  (deutsche Version: **Optionen...**)

  in der erscheinenden *Dialogbox* bei

  – **Built–In Variables**
    (deutsche Version: **Vordefinierte Variablen**)

    die *vordefinierten Variablen* wie z.B. der *Startwert* **ORIGIN** für die *Indexzählung* oder die *Genauigkeit* **TOL** für numerische Rechnungen *geändert werden*.

  – **Display**
    (deutsche Version: **Anzeigen**)

die Anzeige der Rechnungen gesteuert werden.

- **Calculation**
  (deutsche Version: **Berechnung**)

  die automatische Wiederberechnung und die Optimierung von Ausdrücken vor der Berechnung eingestellt werden.

- **Unit System**
  (deutsche Version: **Einheitensystem**)

  ein *Maßeinheitensystem eingestellt werden.*

- **Dimensions**
  (deutsche Version: **Dimensionen**)

  Dimensionsnamen eingestellt werden.

- **Symbolics**
  (deutsche Version: **Symbolik**)

  In diesem Menü befinden sich die *Untermenüs* zu *exakten* (*symbolischen*) *Rechnungen*, die wir in den Kap.12 und 13 verwenden und erklären.

- **Window**
  (deutsche Version: **Fenster**)

  Dient zur *Anordnung* der *Arbeitsfenster.*
  Sind *mehrere Arbeitsfenster* geöffnet, so lassen sich diese mittels

  * **Cascade**
    (deutsche Version: **Überlappend**)

  * **Tile Horizontal**
    (deutsche Version: **Untereinander**)

  * **Tile Vertical**
    (deutsche Version: **Nebeneinander**)

  anordnen.

- **Help**
  (deutsche Version: **?**)

  Beinhaltet die *Hilfefunktionen* von MATHCAD, die wir im Abschn.2.4 erläutern.

Die *Auswahl* der gewünschten *Menüs/Untermenüs* aus der *Menüleiste* geschieht mittels *Mausklick.* Im Rahmen des Buches bezeichnen wir die *Auswahl* eines *Menüs* und eines darin enthaltenen *Untermenüs* als *Menüfolge* und schreiben sie in der Form

Menü ⇒ Untermenü

In dieser Schreibweise steht der *Pfeil* für einen *Mausklick,* wobei die gesamte Menüfolge ebenfalls mit einem Mausklick abgeschlossen wird.

Stehen nach einem *Untermenü* drei Punkten **...** , so bedeutet dies, daß nach dem Mausklick eine *Dialogbox* erscheint, die entsprechend auszufüllen ist.
♦

2.2.2 Symbolleiste

Unterhalb der *Menüleiste* befindet sich die *Symbolleiste* (englisch: *Standard Toolbar*) mit einer Reihe schon aus anderen WINDOWS-*Programmen* bekannten *Symbolen* für

* *Dateiöffnung*
* *Dateispeicherung*
* *Drucken*
* *Ausschneiden*
* *Kopieren*
* *Einfügen*

und weiteren *MATHCAD-Symbolen,* die mittels Mausklick aktiviert werden.

MATHCAD *erklärt* ein *Symbol,* wenn man den *Mauszeiger* auf das entsprechende *Symbol* stellt, so daß wir hier auf weitere Ausführungen verzichten können.
♦

Die *Symbolleiste* kann mittels der *Menüfolge*

View ⇒ **Toolbars** ⇒ **Standard**
(deutsche Version: **Ansicht** ⇒ **Symbolleisten** ⇒ **Standard**)

ein- oder *ausgeblendet* werden.
♦

2.2.3 Formatleiste

Unterhalb der *Symbolleiste* gibt es eine *Formatleiste* (englisch: *Formatting Toolbar*) zur *Einstellung* der *Schriftarten* und *-formen,* wie man sie aus Textverarbeitungssystemen kennt, so daß wir hier nicht näher darauf eingehen brauchen.

Die *Formatleiste* kann mittels der *Menüfolge*

View ⇒ **Toolbars** ⇒ **Formatting**
(deutsche Version: **Ansicht** ⇒ **Symbolleisten** ⇒ **Formatierung**)

ein- oder *ausgeblendet* werden. ♦

2.2.4 Rechenpalette

Die *Rechenpalette/Rechensymbolleiste* (englisch: *Math Toolbar*)

wird am häufigsten bei der Arbeit mit MATHCAD eingesetzt, da man sie

* für alle *mathematischen Operationen*
* zur *Erzeugung* von *Grafiken*
* zur *Programmierung*

benötigt. Sie kann mittels der *Menüfolge*

View ⇒ Toolbars ⇒ Math
(deutsche Version: **Ansicht ⇒ Symbolleisten ⇒ Rechnen**)

ein- oder *ausgeblendet* werden.

♦

Die *Rechenpalette* von MATHCAD enthält die *Symbole* von neun *Operatorpaletten/Operatorsymbolleisten*, mittels der diese Paletten/Symbolleisten durch Mausklick geöffnet werden. Im folgenden zeigen wir die *Symbole* dieser *Paletten/Symbolleisten*, wobei der *Palettenname/Symbolleistenname* mit angegeben wird:

1. *Calculator Toolbar* (deutsche Version: *Symbolleiste "Taschenrechner"*)

2. *Graph Toolbar* (deutsche Version: *Symbolleiste "Diagramm"*)

3. *Vector and Matrix Toolbar* (deutsche Version: *Symbolleiste "Matrix"*)

4. *Evaluation Toolbar* (deutsche Version: *Symbolleiste "Auswertung"*)

5. *Calculus Toolbar* (deutsche Version: *Symbolleiste "Differential/Integral"*)

6. *Boolean Toolbar*
   (deutsche Version: *Symbolleiste "Boolesche Operatoren"*)

7. *Programming Toolbar*
   (deutsche Version: *Symbolleiste "Programmierung"*)

8. *Greek Symbol Toolbar*
   (deutsche Version: *Symbolleiste "Griechisch"*)

9. *Symbolic Keyword Toolbar*
   (deutsche Version: *Symbolleiste "Symbolische Operatoren"*)

Falls man den *Namen* eines *Symbols* nicht weiß, so kann man ihn *einblenden lassen*, wenn man den *Mauszeiger* auf dem entsprechenden *Symbol* stehen läßt.

♦

Durch Mausklick auf eines der neun *Symbole* der *Rechenpalette* erscheint im Arbeitsfenster die entsprechende *Operatorpalette* mit den zugehörigen *Symbolen/Operatoren*, die durch Mausklick an der durch den Kursor im Arbeitsfenster markierten Stelle eingefügt werden können.

Des weiteren lassen sich die *Operatorpaletten* mittels der Menüfolge

View ⇒ Toolbars ⇒...
(deutsche Version: **Ansicht ⇒ Symbolleisten ⇒...**)

ein- und ausblenden.

♦

Die neun *Operatorpaletten* der *Rechenpalette* enthalten u.a.

* *mathematische Symbole/Operatoren*
  so u.a. Differentiations-, Grenzwert-, Integral-, Summen-, Produkt-, Wurzelzeichen, Matrixsymbol
* *Operatoren* zur *Erzeugung* von *Grafikfenstern*
* *griechische Buchstaben*
* *Programmieroperatoren*
* *Schlüsselwörter*

und sind bis auf wenige Ausnahmen unmittelbar verständlich.

Falls man die *Bedeutung* eines *Symbols/Operators* einer *Operatorpalette* nicht erkennt, so kann man sie *einblenden* lassen, wenn man den *Mauszeiger* auf dem entsprechenden *Symbol/Operator* stehen läßt.

♦

Im folgenden zeigen wir die *neun Operatorpaletten* in der gleichen Reihenfolge wie im vorangegangenen:

1. *Calculator Toolbar* (deutsche Version: *Symbolleiste "Taschenrechner"*)

2. *Graph Toolbar* (deutsche Version: *Symbolleiste "Diagramm"*)

3. *Vector and Matrix Toolbar* (deutsche Version: *Symbolleiste "Matrix"*)

4. *Evaluation Toolbar* (deutsche Version: *Symbolleiste "Auswertung"*)

5. *Calculus Toolbar* (deutsche Version: *Symbolleiste "Differential/Integral"*)

6. *Boolean Toolbar*
   (deutsche Version: *Symbolleiste "Boolesche Operatoren"*)

7. *Programming Toolbar*
   (deutsche Version: *Symbolleiste "Programmierung"*)

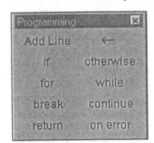

8. *Greek Symbol Toolbar*
   (deutsche Version: *Symbolleiste "Griechisch"*)

9. *Symbolic Keyword Toolbar*
   (deutsche Version: *Symbolleiste "Symbolische Operatoren"*)

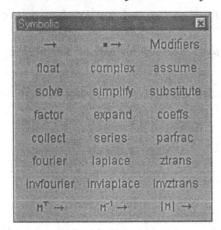

Im Rahmen des Buches werden wir die eben besprochenen *Operatorpaletten* immer durch die hier gegebene *Nummer kennzeichnen.*

◆

Die *geöffneten Operatorpaletten* bleiben im *Arbeitsfenster* stehen, wenn man sie nicht wieder schließt. So kann man im Prinzip *alle Operatorpaletten öffnen.* Da bei mehreren geöffneten *Operatorpaletten* im Arbeitsfenster nur noch wenig Platz verbleibt, empfiehlt es sich, nur die mehrfach *benötigten* geöffnet zu lassen.

◆

2.2.5 Arbeitsfenster

Das *Arbeitsfenster* (englisch: *Worksheet* oder *Document*)

- spielt die wichtigste Rolle bei der Arbeit mit MATHCAD, da es der
  * *Eingabe mathematischer Ausdrücke, Formeln* und *Gleichungen*
  * *Durchführung* von *Rechnungen*
  * *Erstellung* von *Grafiken*
  * *Eingabe* von *Text*

  dient. Es nimmt den Hauptteil der Benutzeroberfläche ein, schließt sich an die Formatleiste an und wird nach unten durch die Nachrichtenleiste begrenzt

- dient der *interaktiven Arbeit* mit MATHCAD, die dadurch *charakterisiert* ist, daß

* der Nutzer das zu lösende *Problem* in der Sprache von MATHCAD in das *Arbeitsfenster eingibt.*

* MATHCAD anschließend das *Problem löst* und das *Ergebnis* im *Arbeitsfenster ausgibt.*

* die im Arbeitsfenster *berechneten Ergebnisse* für weitere Rechnungen zur Verfügung stehen.

• kann wie ein *Arbeitsblatt/Rechenblatt* gestaltet werden, das durch eine *Sammlung* von

    * *Rechenbereichen*

    * *Grafikbereichen*

    * *Textbereichen*

charakterisiert ist.

Da das *Arbeitsfenster* die *Hauptrolle* bei der *Arbeit* mit MATHCAD spielt, haben wir für seine Handhabung und Gestaltung einen extra Abschn.2.3 vorgesehen.

♦

2.2.6 Nachrichtenleiste

Unter dem Arbeitsfenster liegt die aus vielen WINDOWS-Programmen bekannte *Nachrichtenleiste/Statusleiste* (englisch: *Status Bar*), aus der man bei MATHCAD u.a. *Informationen über*

* die *aktuelle Seitennummer* des geöffneten *Arbeitsblatts*

* die gerade *durchgeführten Operationen*

* den *Rechenmodus* (z.B. *auto* im *Automatikmodus*)

* *Hilfefunktionen*

erhält.

Die *Nachrichtenleiste* kann mittels der *Menüfolge*

View ⇒ Status Bar
(deutsche Version: **Ansicht ⇒ Statusleiste**)

ein- oder *ausgeblendet* werden.

♦

2.3 Gestaltung des Arbeitsfensters

Das *Arbeitsfenster* (englisch: *Worksheet* oder *Document*) von MATHCAD kann wie ein *Arbeitsblatt/Rechenblatt* (englisch: *Worksheet* oder *Document*) gestaltet werden, das durch *Einteilung* in

* *Rechenbereiche*

    zur *Durchführung* sämtlicher *Rechnungen* und *Eingabe* von *Ausdrükken, Formeln* und *Gleichungen* (siehe Abschn.2.3.2)

* *Grafikbereiche*

    zur *Darstellung* von *2D-* und *3D-Grafiken* (siehe Kap.14)

* *Textbereiche*

    zur *Eingabe* von *erläuternden Text* (siehe Abschn.2.3.1)

charakterisiert ist, wobei diese *Bereiche* an der durch den *Kursor markierten Stelle* im *Arbeitsfenster eingefügt* werden und man von *Eingabe* im

* *Textmodus*
* *Rechenmodus* (*Formelmodus*)
* *Grafikmodus*

spricht.

Das *Arbeitsfenster* von MATHCAD kann als *druckreifes Arbeitsblatt/Rechenblatt* gestaltet werden.

Die *Einteilung* des *Arbeitsblatts/Rechenblatts* in *Rechen-*, *Grafik-* und *Textbereiche* finden wir auch bei MATLAB und anderen *Computeralgebrasystemen*. Man hat hier aber nicht so umfangreiche *Gestaltungsmöglichkeiten* wie bei MATHCAD:

* *Ausdrücke, Formeln, Gleichungen, Grafiken* und *Text* lassen sich an jeder *beliebigen Stelle* des *Arbeitsfensters* einfügen.
    Befinden sie sich bereits im Arbeitsfenster, so können sie an eine beliebige Stelle *verschoben* werden.

* Die von MATHCAD verwendete *mathematische Symbolik* ensprich dem *mathematischen Standard*, d.h., *mathematische Ausdrücke* können dank der umfangreichen *Operatorpaletten* in *druckreifer Form* erstellt werden.
    Deshalb kann man *Ausarbeitungen*, die *Berechnungen enthalten*, komplett *mit* MATHCAD *erstellen*, d.h., auf ein Textverarbeitungssystem verzichten.

* Alle gängigen *Möglichkeiten* von *Textverarbeitungssystemen* wie *Ausschneiden, Kopieren, Wechsel* der *Schriftart* und *Schriftgröße, Rechtschreibeprüfung* usw. sind in MATHCAD *integriert*.

    ♦

Bevor wir uns den Text- und Rechenbereichen widmen, betrachten wir noch einige *allgemeine Eigenschaften* des *Arbeitsfensters*.

Beginnen wir mit den verschiedenen *Formen* des *Kursors* in MATHCAD, der für Eingabe und Korrektur benötigt wird:

- **Einfügekreuz** (Fadenkreuz) +

  Das *Einfügekreuz* erscheint beim *Start* von MATHCAD oder wenn man mit der *Maus* auf eine *beliebige freie Stelle* im *Arbeitsfenster* klickt.

  Mit ihm kann man die *Position* im Arbeitsfenster *festlegen*, an der die *Eingabe* im *Text-, Rechen-* oder *Grafikmodus* stattfinden soll. Dies bedeutet, daß man an der durch das *Einfügekreuz markierten Stelle* einen

  * *Textbereich* (*Textfeld*)

    öffnet, indem man die *Texteingabe beginnt*, wie im Abschn.2.3.1 beschrieben wird.

  * *Rechenbereich* (*Rechenfeld*)

    öffnet, indem man *mathematische Ausdrücke* eingibt, wie im Abschn.2.3.2 erläutert wird.

  * *Grafikbereich* (*Grafikfenster*)

    öffnet, wie im Kap.14 erläutert wird.

- **Einfügebalken** (Einfügemarke) |

  Der *Einfügebalken* erscheint im *Textfeld*, wenn man in den *Textmodus umschaltet*. Er ist schon aus *Textverarbeitungssystemen* bekannt und dient bei MATHCAD

  * zur *Kennzeichnung* der *aktuellen Position* im *Text*.

  * zum *Einfügen* oder *Löschen* von *Zahlen* oder *Buchstaben*.

- **Bearbeitungslinie**

  Eine *Bearbeitungslinie* erscheint im *Rechenfeld*, wenn man in den *Rechenmodus umschaltet* und dient zum

  * *Markieren* einzelner *Ziffern, Konstanten* oder *Variablen* für die *Eingabe*, für die *Korrektur* bzw. für die *symbolische Berechnung* und hat hier eine der *Formen*

    ⊻| bzw.   ⌐

    d.h., sie kann davor oder dahinter gesetzt werden.

  * *Markieren* eines ganzen *Ausdrucks* für die *Eingabe* (siehe Beispiel 2.1), zum *Kopieren* oder für die *symbolische* bzw. *numerische Berechnung* und hat hier die *Form*

    Ausdruck|

Erzeugt wird eine *Bearbeitungslinie* durch *Mausklick* auf den entsprechenden Ausdruck und/oder Betätigung der

⬚- bzw. ⬇⬆⬅➡-*Tasten*.

Da derartige *Bearbeitungslinien* bei anderen Systemen nicht vorkommen, empfehlen sich einige Übungen, wobei das folgende Beispiel 2.1 als Hilfe dienen kann.

Beispiel 2.1:

Der *Ausdruck*

$$\frac{x+1}{x-1} + 2^x + 1$$

ist in das Arbeitsfenster von MATHCAD *einzugeben:*

Wir *beginnen* mit der *Eingabe* von x+1 und *erhalten*

x + 1|

Jetzt wird der *gesamte Ausdruck* durch Drücken der ⬚-*Taste* (Leertaste) mit einer *Bearbeitungslinie markiert*, d.h.

x + 1|

Anschließend geben wir den *Bruchstrich* / und *danach* x−1 ein und *erhalten*

$$\frac{x+1}{x-1|}$$

Um

$$2^x$$

zu *addieren*, muß durch *zweimaliges Drücken* der ⬚-*Taste* (Leertaste) der *gesamte Ausdruck* durch eine *Bearbeitungslinie markiert* werden, d.h.

$$\frac{x+1}{x-1}|$$

Jetzt kann man

+ 2^x

eingeben und *erhält*

$$\frac{x+1}{x-1} + 2^x|$$

Um noch

1

addieren zu können, muß 2^x durch Drücken der ⬚-*Taste* (Leertaste) mit einer *Bearbeitungslinie markiert* werden, d.h.

$$\frac{x+1}{x-1} + 2^x|$$

Jetzt kann man +1 *eingeben*.

Die *Bearbeitungslinie* dient bei der *Eingabe* dazu, einen *Ausdruck aufzu-bauen*, d.h., in das gewünschte Niveau des Ausdrucks zurückzukehren. Statt der

☐-*Taste* (Leertaste)

die am besten funktioniert, kann man für die *Eingabe* einer *Bearbeitungsli-nie* auch den Mausklick oder die Anwendung der

⬇⬆⬅➡-*Tasten*

versuchen.

♦

Betrachten wir *weitere allgemeine Eigenschaften* des *Arbeitsfensters:*

- In MATHCAD ist eine *Trennung* des *Arbeitsfensters* in *Text-*, *Rechen-* und *Grafikbereiche* notwendig. Dies ist ein *Unterschied* zu *Textverarbeitungs-systemen.*

- Falls sich *Text-*, *Rechen-* und/oder *Grafikbereiche* in einem *Arbeitsblatt* *überlappen*, so können sie mittels der *Menüfolge*

  Format ⇒ Separate Regions
  (deutsche Version: **Format ⇒ Bereiche trennen**)

  getrennt werden.

- Im *Arbeitsblatt* stehende *Ausdrücke, Formeln, Gleichungen, Grafiken* und *Texte* kann man mittels folgender Schritte *verschieben:*

  I. Durch *Mausklick* werden sie mit einem *Auswahlrechteck* umgeben.

  II. Durch *Stellen* des *Mauszeigers* auf den *Rand* des *Auswahlrechtecks* erscheint eine *Hand*.

  III. Mit *gedrückter Maustaste* kann abschließend *verschoben* werden.

- *Text-* und *Rechenbereichen* kann man *Schriftarten* und *-formate* mittels der *Formatleiste* zuweisen.
  Weitere Gestaltungsmöglichkeiten sind mit dem *Menü* **Format** möglich, die sich durch einfaches Probieren erkunden lassen, so daß wir auf eine weitere Beschreibung verzichten.

- MATHCAD besitzt bereits eine Reihe von *Vorlagen* (*Dateien* mit *Endung* .MCT), in denen schon *Formate, Schriftarten* usw. für *Text* und *Berech-nungen* festgelegt sind und die dem Nutzer die Gestaltung des Arbeits-blatts erleichtern. Des weiteren kann man selbst Vorlagen erstellen. *Vorlagen* werden im *Unterverzeichnis* TEMPLATE von MATHCAD abge-speichert.
  Diese *Vorlagen* haben ähnliche Eigenschaften wie bekannte Vorlagen aus *Textverarbeitungssystemen*, so daß wir auf weitere Erläuterungen verzichten können.

In den *folgenden Abschnitten* 2.3.1 und 2.3.2 dieses Kapitels behandeln wir die *Gestaltung* von *Text-* und *Rechenbereichen* ausführlicher, während die Darstellung von *Grafikbereichen* im Kap.14 diskutiert wird.

♦

2.3.1 Textgestaltung

Beim *Start* von MATHCAD ist man automatisch im *Rechenmodus*, d.h., man kann an der durch den Kursor markierten Stelle im *Arbeitsfenster mathematische Ausdrücke eingeben.*

Um erläuternden *Text* an einer durch den Kursor markierten Stelle im *Arbeitsfenster eingeben* zu können, muß in den *Textmodus umgeschaltet* werden. Dies kann auf eine der *folgenden Arten* geschehen:

* *Eingabe* des *Anführungszeichens* 🄳 mittels *Tastatur.*
* *Aktivierung* der *Menüfolge*

   Insert ⇒ Text Region
   (deutsche Version: **Einfügen ⇒ Textbereich**)
* Falls man im *Rechenmodus bereits Zeichen eingegeben* hat, durch *Drükken* der ⬜-*Taste* (Leertaste).

   ♦

Man erkennt den *Textmodus* am *Textfeld*, in dem der *Einfügebalken* | steht und das von einem *Rechteck* (*Auswahlrechteck*) *umrahmt* ist. Während der *Texteingabe* wird das *Textfeld* laufend *erweitert* und der *Einfügebalken* befindet sich hinter dem letzten eingegebenen Zeichen.

♦

Die *Texteingabe* kann nicht mit der Eingabetaste 🄳 beendet werden. Dies bewirkt nur einen *Zeilenwechsel* im Text.

Das *Verlassen* des *Textmodus* geschieht auf eine der *folgenden Arten:*

* mittels *Mausklick* außerhalb des Textes
* Eingabe der *Tastenkombination* 🄳🄳🄳

   ♦

Die wichtigsten aus *Textverarbeitungssystemen* unter WINDOWS *bekannten Funktionen* sind auch in MATHCAD *realisiert.* Man findet diese in

* den *Menüs* **File, Edit, View, Insert, Format**
   (deutsche Version: **Datei, Bearbeiten, Ansicht, Einfügen, Format**)
   der *Menüleiste*

* bekannten (standardisierten) *Symbolen*

   der *Symbol-* und *Formatleiste.*

      ♦

MATHCAD kann auch Text ausgeben. Dies ist im Rahmen von Programmen z.B. mittels **return** möglich (siehe Beispiel 9.6). Dabei muß der auszugebende Text als Zeichenkette vorliegen, d.h. in Anführungszeichen eingeschlossen sein.

♦

2.3.2 Durchführung von Rechnungen

Die wesentliche Arbeit mit MATHCAD vollzieht sich in der Durchführung verschiedener Arten von Rechnungen. Dabei ist folgendes zu beachten:
Wenn der *Kursor* an einer *freien Stelle* des *Arbeitsfensters* die *Gestalt* des *Einfügekreuzes* + hat, so kann mit der *Eingabe* von *mathematischen Ausdrücken, Formeln* und *Gleichungen* begonnen, d.h., damit in den *Rechenmodus* übergegangen werden.
Beim Aufruf von MATHCAD ist man automatisch im *Rechenmodus*, so daß mit der interaktiven Arbeit begonnen werden kann. Wenn man sich im *Textmodus* (siehe Abschn.2.3.1) befindet, kann man mittels der *Menüfolge*

Insert ⇒ Math Region
(deutsche Version: **Einfügen ⇒ Rechenbereich**)

in den *Rechenmodus umschalten.*

Man erkennt den *Rechenmodus* nach Eingabe des ersten Zeichens am *Rechenfeld*, in dem eine *Bearbeitungslinie* steht und das von einem *Rechteck* (*Auswahlrechteck*) *umrahmt* ist. Während der *Eingabe* eines *mathematischen Ausdrucks* wird das *Rechenfeld* laufend *erweitert* und die *Bearbeitungslinie* befindet sich hinter dem letzten eingegebenen Zeichen.

♦

Für die *Eingabe* von *Ausdrücken, Formeln* und *Gleichungen* stehen verschiedene

* *mathematische Operatoren*

* *mathematische Symbole*

* *griechische Buchstaben*

aus den *Operatorpaletten* der *Rechenpalette* per Mausklick zur Verfügung (siehe Abschn.2.2.4).
Diese *Operatoren* und *Symbole* erscheinen gegebenenfalls mit *Platzhaltern* für benötigte Werte. Nach der Eingabe der entsprechenden Werte in die

Platzhalter und Markierung des gesamten Ausdrucks mit einer *Bearbeitungslinie* kann auf eine der *folgenden Arten*

- *Aktivierung* des *Menüs*

  Symbolics
  (deutsche Version: **Symbolik**)
- *Eingabe* des

  * *symbolischen Gleichheitszeichens* → (z.B. mittels der Tastenkombination (Strg)(.))
  * *numerischen Gleichheitszeichens* = mittels Tastatur

die *exakte* (*symbolische*) *Berechnung* bzw. die *näherungsweise* (*numerische*) *Berechnung* mit der eingestellten *Genauigkeit* ausgelöst werden (siehe Kap.5).

♦

MATHCAD kann zu jeder Rechnung einen kurzen *Kommentar* anzeigen. Dies erreicht man mittels der *Menüfolge*

Symbolics ⇒ Evaluation Style...
(deutsche Version: **Symbolik ⇒ Auswertungsformat...**)

in der erscheinenden *Dialogbox* durch Anklicken von

Show Comments
(deutsche Version: **Kommentare anzeigen**)

In dieser *Dialogbox* kann man zusätzlich *einstellen*, ob ein berechnetes *Ergebnis neben* oder *unter* dem Ausdruck *angezeigt* werden soll.

♦

Die *Rechenfelder* werden in einem *Arbeitsblatt* von MATHCAD von *links nach rechts* und *von oben nach unten abgearbeitet*. Dies muß man bei der Verwendung *definierter Größen* (Funktionen, Variablen) berücksichtigen. Sie können für *Berechnungen* erst genutzt werden, wenn diese rechts oder unterhalb der *Zuweisung* durchgeführt werden. Größen, die bei der Verwendung noch *nicht definiert* sind, werden von MATHCAD in einer anderen Farbe dargestellt und es wird eine Fehlermeldung ausgegeben.

♦

2.3.3 Editieren

Betrachten wir kurz einige Möglichkeiten zum *Editieren* von Text- und Rechenbereichen:

- Ein im Arbeitsfenster befindlicher *Textbereich* kann

  * *gelöscht* werden,

indem er mit gedrückter Maustaste markiert bzw. mit einem *Auswahl-rechteck* umgeben und anschließend die (Entf)-*Taste* betätigt oder das bekannte *Ausschneidesymbol* aus der Symbolleiste

angeklickt wird.

* *korrigiert* werden,
  indem man den Kursor (Einfügebalken) an der entsprechenden Stelle plaziert und anschließend korrigiert.

* *verschoben* werden,
  indem man den entsprechenden *Text* durch *Mausklick* (gedrückte Maustaste) mit einem *Auswahlrechteck* umgibt, danach den Mauszei-ger auf den Rand des Rechtecks stellt, bis eine Hand erscheint, und abschließend mit gedrückter Maustaste das Textfeld verschiebt.

• Ein im *Arbeitsfenster* befindlicher *Rechenbereich* kann

* *gelöscht* und *verschoben* werden.
  Dies geschieht genauso wie bei Text.

* *korrigiert* werden.

Mathematische Ausdrücke können auf vielfältige Art und Weise *kor-rigiert* werden:

– *Einzelne Zeichen korrigiert* man folgendermaßen:

Mittels Mausklick setzt man eine *Bearbeitungslinie* vor oder hinter das zu korrigierende Zeichen. Danach kann man mittels der (Entf)- bzw. (⇦)-*Taste* das Zeichen löschen und ein neues einfügen.

– Einen *mathematischen Operator* kann man folgendermaßen *ein-fügen:*

Durch Mausklick wird an die entsprechende Stelle eine *Bearbei-tungslinie* gesetzt und anschließend der Operator eingegeben.

– Einen *mathematischen Operator* kann man folgendermaßen *lö-schen:*

Mittels Mausklick setzt man eine *Bearbeitungslinie* vor oder hinter den zu löschenden Operator. Danach kann man mittels der (Entf)- bzw. (⇦)-*Taste* den Operator löschen.

Da wir nur *wesentliche Korrekturmöglichkeiten* diskutiert haben, empfeh-len wir dem Nutzer zu Beginn seiner Arbeit mit MATHCAD einige Übun-gen, um die Korrekturmöglichkeiten zu erkunden.

♦

2.4 Hilfesystem von MATHCAD

Das *Hilfesystem* von MATHCAD ist sehr umfangreich, so daß der Nutzer zu allen auftretenden Fragen und Problemen Antworten bzw. Hilfen erhält.

Das *Hilfefenster*
Mathcad Help
(deutsche Version: **Mathcad-Hilfe**)
von MATHCAD wird durch eine der *folgenden Aktivitäten geöffnet:*

* Anklicken des Symbols

in der Symbolleiste.

* Drücken der F1-Taste

* *Aktivierung* der *Menüfolge*
Help ⇒ Mathcad Help (deutsche Version: **? ⇒ Mathcad-Hilfe**)
♦
In dem geöffneten *Hilfefenster* von MATHCAD kann man mittels

• **Contents** (deutsche Version: **Inhalt**)
ausführliche Informationen zu *einzelnen Gebieten*

• **Index**
Erläuterungen zu allen für MATHCAD relevanten *Begriffen* und *Bezeichnungen*

• **Search** (deutsche Version: **Suchen**)
Informationen zu einem *Suchbegriff*

erhalten.
MATHCAD besitzt *weitere Möglichkeiten,* um bei Unklarheiten *Hilfen* zu *erhalten.* Wir geben im folgenden einige interessante an:

• Nach *Aktivierung* der *Menüfolge*
Help ⇒ Tip of the Day...
(deutsche Version: **? ⇒ Tips und Tricks...**)
erscheint eine *Dialogbox,* die einen *nützlichen Tip* zu MATHCAD enthält.

• Wenn man den *Mauszeiger* auf ein *Symbol* der *Symbol-, Formatleiste* oder *Rechenpalette* stellt, wird dessen *Bedeutung* angezeigt und zusätzlich in der *Nachrichtenleiste* eine *kurze Erklärung* gegeben.

• Zu den durchgeführten *Operationen* werden in der *Nachrichtenleiste* Hinweise gegeben. Des weiteren werden in der *Nachrichtenleiste* die

Untermenüs kurz erklärt, wenn man den Mauszeiger auf das entsprechende Menü stellt.

- Wenn sich *der Kursor/die Bearbeitungslinie* auf einem *Kommando*, einer *Funktion* oder *Fehlermeldung* befindet, kann durch Drücken der (F1)-Taste eine *Hilfe* im Arbeitsfenster *eingeblendet* werden.

- Eine *Hilfe* zu den *Untermenüs* in der *Menüleiste* und den *Symbolen* in der *Symbol-* und *Formatleiste* erhält man *folgendermaßen:*

  I.   Durch *Drücken* der *Tastenkombination* (↑)(F1) wird der *Kursor* in ein *Fragezeichen* verwandelt.

  II. Durch *Klicken* mit diesem *Fragezeichen* auf ein *Untermenü* bzw. *Symbol* wird eine *Hilfe* hierzu *angezeigt.*

  III. Durch *Drücken* der (Esc)-Taste verwandelt sich das *Fragezeichen* wieder zum normalen *Kursor.*

Da die *Hilfefunktionen* von MATHCAD sehr *komplex* sind, wird dem Nutzer empfohlen, hiermit zu *experimentieren*, um Erfahrungen zu sammeln.

♦

2.5 Elektronische Bücher zur Statistik

MATHCAD besitzt im Unterschied zu MATLAB die vordefinierten Funktionen zur Wahrscheinlichkeitsrechnung und Statistik bereits im Programmkern, so daß die im vorliegenden Buch behandelten Aufgaben ohne das *Elektronische Buch* **Practical Statistics** gelöst werden können.

Das *Elektronische Buch* **Practical Statistics** wurde mit der Version 8 von MATHCAD kostenlos ausgeliefert. Seine Verwendung erspart dem Anwender das Eingeben der benötigten Formeln und Ausdrücke zur Lösung von Aufgaben der Wahrscheinlichkeitsrechnung und Statistik. Er kann die hier gegebenen Beispiel verwenden, indem er die Daten seines Problems den entsprechenden Größen zuweist. Dies läßt sich am einfachsten durchführen, wenn man die betreffenden Teile des Elektronischen Buches in das Arbeitsfenster von MATHCAD kopiert. Wir werden dies im Rahmen des vorliegenden Buchs an Beispielen illustrieren.

Des weiteren gibt es noch das Buch **Schaum's Electronic Tutor Statistics** [68], dem eine CD beigelegt ist, auf der mittels MATHCAD Probleme der Wahrscheinlichkeitsrechnung und Statistik gelöst werden. Die Anwendung dieses Buches überlassen wir dem Leser, da sich diese analog zum Elektronischen Buch **Practical Statistics** gestaltet.

3 Anwendung von MATLAB

MATLAB ist neben MATHCAD ein bevorzugtes System für Ingenieure und Naturwissenschaftler, um anfallende mathematische Rechnungen mit dem Computer durchzuführen. Beide können auch erfolgreich zur Berechnung von Aufgaben aus Wahrscheinlichkeitsrechnung und Statistik eingesetzt werden, wie wir im Rahmen dieses Buches illustrieren. Wir benutzen im vorliegenden Buch die aktuelle *Version 6* (Release 12) von MATLAB für WINDOWS, die im Unterschied zu MATHCAD nur in englischer Sprache vorliegt.

3.1 Aufbau von MATLAB

3.1.1 Matrixorientierung

MATLAB war ursprünglich ein *Programmpaket* zur *Matrizenrechnung* unter einer *einheitlichen Benutzeroberfläche*. Deshalb wurde auch bei der Weiterentwicklung von MATLAB die *Matrixorientierung* beibehalten, d.h., alle Eingaben von Zahlen werden auf der Basis von Matrizen realisiert. Damit wird jede *Variable* als *Matrix gedeutet*, so daß eine einzelne eingegebene Zahl als Matrix vom Typ (1,1) interpretiert wird. Dies bringt für die Arbeit mit MATLAB viele Vorteile, wie wir im Verlauf des Buches sehen.

3.1.2 Struktur

Wie alle Computeralgebra- und Mathematiksysteme besitzt MATLAB *folgende Struktur:*

* *Benutzeroberfläche/Bedieneroberfläche* (siehe Abb.3.1)

  Sie erscheint nach dem Programmstart auf dem Bildschirm des Computers und dient der *interaktiven Arbeit* zwischen Nutzer und MATLAB. Sie wird in MATLAB als *Desktop* bezeichnet.

* *Aufteilung* in *Kern* und *Zusatzprogramme*

  Dabei

  * enthält der *Kern* die *Grundoperationen* von MATLAB. Der Kern

– wird bei jedem Aufruf von MATLAB geladen, da MATLAB ihn für alle Arbeiten benötigt.

– kann vom Nutzer nicht verändert werden.

* können mittels der *Zusatzprogramme weiterführende Aufgaben* aus Mathematik, Technik, Natur- und Wirtschaftswissenschaften gelöst werden. Die Zusatzprogramme sind in MATLAB für eine Reihe von Gebieten in sogenannten *Toolboxen* zusammengefaßt. Sie müssen jedoch extra gekauft werden.

Die *Struktur* der *Aufteilung* von MATLAB in *Kern* und *Toolboxen* dient

* der *Einsparung* von *Speicherplatz*, da *Toolboxen* nur bei Bedarf geladen/installiert werden, weil MATLAB auch ohne sie arbeiten kann.

* der möglichen *Erweiterung* von MATLAB auf neue Gebiete und der *Anpassung* und *Erweiterung* vorhandener *Toolboxen*. Da diese *Toolboxen* aus *M-Dateien* (siehe Abschn.3.4) bestehen, können sie vom Nutzer gelesen und erweitert bzw. angepaßt werden. Des weiteren können vom Nutzer eigene Toolboxen geschrieben werden.

♦

Im *Kern* von MATLAB, der bei jedem Aufruf geladen wird, sind die folgenden *fünf Hauptbestandteile* enthalten:

* Die *Programmiersprache* von MATLAB

Sie ist eine C-ähnliche Sprache, die sich zusätzlich auf Matrizen und Felder stützt, wodurch eine effektive Programmierung möglich ist.

* Die *MATLAB-Arbeitsumgebung*

Hierzu zählt man alle Hilfsmittel, die dem Nutzer von MATLAB die Arbeit erleichtern. Dazu gehören u.a. die Verwaltung der Variablen, der Ex- und Import (Ausgeben und Einlesen) von Daten und die M-Dateien.

* Das *MATLAB-Grafiksystem*

Einen Einblick in die umfangreichen grafischen Möglichkeiten von MATLAB erhalten wir im Kap.14.

* Die *MATLAB-Funktionsbibliothek*

Hierin sind sowohl die *elementaren* und *höheren mathematischen Funktionen* als auch eine umfangreiche Sammlung von *Funktionen* zur *numerischen Lösung* mathematischer Aufgaben (*Numerikfunktionen*) und weitere allgemeine Funktionen enthalten.

* Die *MATLAB-Programmschnittstelle*

Diese Anwenderschnittstelle gestattet das Erstellen von Programmen in C und FORTRAN, die in MATLAB verarbeitet werden können.

Eine Besonderheit von MATLAB besteht darin, daß es eine sogenannte *offene Architektur* hat, d.h., MATLAB ist ein *offenes System*. Darunter versteht man, daß

* die *Algorithmen/Funktionen* aus den *Toolboxen* eingesehen werden können. Dies ist dadurch möglich, weil die Toolboxen aus *M-Dateien* (siehe Abschn.3.4) bestehen, die mit einem normalen *Texteditor* geschrieben sind und aus einer Folge von MATLAB-Befehlen/Programmierelementen, -Funktionen und -Kommandos bestehen.

* die *Algorithmen/Funktionen* aus den *Toolboxen* verändert oder an eigene Problemstellungen angepaßt werden können. Des weiteren kann man neue Algorithmen/Funktionen hinzufügen.

* man in den *Programmiersprachen* C oder FORTRAN *geschriebene Programme* einbinden kann.

♦

3.1.3 Toolboxen

Wir haben im Abschn.3.1.2 die *Struktur* von MATLAB kennengelernt, in der *Toolboxen* als Zusatzprogramme eine wesentliche Rolle spielen. Diese *Struktur* dient

* der *Einsparung* von *Speicherplatz*, da *Toolboxen* nur bei Bedarf geladen/installiert werden, weil MATLAB auch ohne sie arbeiten kann.

* der möglichen *Erweiterung* von MATLAB auf neue Gebiete und der *Anpassung* und *Erweiterung* vorhandener *Toolboxen*. Da diese *Toolboxen* aus einer *Sammlung* von *M-Dateien* bestehen (siehe Abschn.3.4), können sie vom Nutzer gelesen und damit erweitert bzw. angepaßt werden. Des weiteren können vom Nutzer eigene Toolboxen geschrieben werden.

Für MATLAB gibt es inzwischen schon eine große Anzahl *professioneller Toolboxen*, die von der amerikanischen *Firma MathWorks* neben MATLAB erstellt und kommerziell vertrieben werden. Selbsterstellte Toolboxen werden natürlich nicht das Niveau professioneller erreichen. Dies sollte aber die Nutzer nicht abschrecken, sich an eigenen Toolboxen für kleine Aufgabenstellungen zu versuchen.

Wenn man nicht weiß, welche *Toolboxen* von MATLAB auf einem zur Verfügung stehenden Computer *installiert* sind, so liefert die Eingabe des *Kommandos* **ver** diese Informationen.

♦

Die *Toolboxen* von MATLAB haben folgende *Struktur:*

- *Toolboxen* bestehen aus Sammlungen (Bibliotheken) von *M-Dateien* (MATLAB-Dateien).

- Die in einer *Toolbox* vorhandenen *M-Dateien* sind ASCII-Dateien, die mit einem beliebigen *Texteditor* geschrieben und betrachtet werden und aus *Text, MATLAB-Funktionen/Kommandos* und *MATLAB-Programmierelementen* bestehen (siehe Kap.9). Im Kopf jeder M-Datei steht erläuternder Text für die enthaltenen Funktionen.

- Eine *Zusammenstellung* aller in einer *Toolbox* enthaltenen *Funktionen* und *Kommandos* findet man in der M-Datei CONTENTS.M, die sich bei jeder Toolbox mit im entsprechenden Unterverzeichnis befindet. Diese Datei wird bei Verwendung des *Hilfekommandos* **help** aufgerufen.

    ♦

Die meisten der über 50 zur Zeit vorhandenen *Toolboxen* für MATLAB wurden zur *Mathematik* und zu *technischen* und *naturwissenschaftlichen Gebieten* erstellt. Im Rahmen des vorliegenden Buches benötigen wir nur die folgenden beiden mathematischen Toolboxen:

* **Statistics Toolbox**

    In dieser *Toolbox* zur *Statistik* befinden sich die Funktionen zur Lösung von Aufgaben aus *Wahrscheinlichkeitsrechnung* und *Statistik* (siehe Abschn.3.6).

* **Symbolic Math Toolbox**

    In dieser Toolbox zur symbolischen Mathematik findet man eine *Minimalversion* des *Symbolprozessors* von MAPLE zur Durchführung *exakter* (*symbolischer*) *Rechnungen* im Rahmen der *Computeralgebra.*

    ♦

3.2 Benutzeroberfläche von MATLAB

Beim Start von MATLAB unter WINDOWS erscheint die in Abb.3.1 zu sehende *Benutzeroberfläche* auf dem Bildschirm, die in MATLAB als Desktop bezeichnet wird. Der MATLAB-Desktop *teilt* sich von oben nach unten *wie folgt auf:*

* *Menüleiste*

* *Symbolleiste*

* *Arbeitsfenster*

In MATLAB wird es als *Kommandofenster* (englisch: *Command Window*) bezeichnet und befindet sich auf der rechten Seite der Benutzeroberfläche unterhalb der Symbolleiste.

* *Launch Pad*

Es befindet sich auf der linken Seite der Benutzeroberfläche unterhalb der Symbolleiste. Hier sieht man alle am verwendeten Computer installierten MATLAB-Produkte und kann auf sie zugreifen

* *Command History*

Sie befindet sich auf der linken Seite der Benutzeroberfläche unterhalb des Launch Pad. Hier werden alle bereits während der Arbeitssitzungen ausgeführten Kommandos aufgelistet, so daß man diese bei einer erneuten Anwendung in das Kommandofenster kopieren kann.

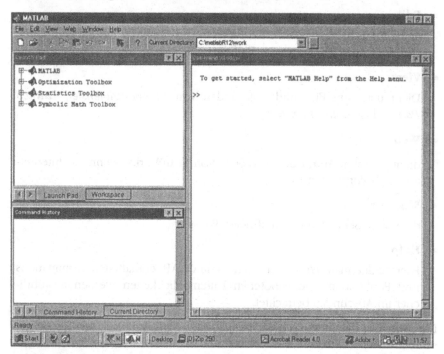

Abb.3.1. Benutzeroberfläche (Desktop) von MATLAB

☞

Kommandofenster, Launch Pad und *Command History* lassen sich mittels des *Menüs* **View** ein- oder ausblenden, d.h. öffnen oder schließen. Da sich die Hauptarbeit mit MATLAB im *Kommandofenster* vollzieht, empfiehlt es sich, nur dieses geöffnet zu lassen und die anderen nur bei Bedarf einzublenden.

♦

In den folgenden Abschnitten beschreiben wir wichtige *Bestandteile* des
MATLAB-Desktop.

3.2.1 Menüleiste

Die *Menüleiste* (englisch: Menu Bar) befindet sich am *oberen Rand* des
MATLAB-Desktop und enthält *folgende Menüs*, die wiederum *Untermenüs*
enthalten können, d.h., es handelt sich hier wie bei den meisten WIN-
DOWS-Programmen um sogenannte *Dropdown-* oder *Pulldown- Menüs:*

- **File**

  enthält u.a. die bei WINDOWS-Programmen üblichen *Dateioperationen*
  Öffnen, Schließen, Speichern, Drucken usw. Einige dieser Operationen
  lassen sich auch durch *Symbole* der *Symbolleiste* durchführen.

- **Edit**

  enthält u.a. die bei WINDOWS-Programmen üblichen *Editieroperationen*
  wie Ausschneiden, Kopieren, Einfügen.

- **View**

  Dient u.a. zum Ein- und Ausblenden von *Kommandofenster, Launch
  Pad* und *Command History.*

- **Web**

  dient u.a. zum Aufruf der Web-Seite von MathWorks, wenn ein Internetanschluß vorhanden ist.

- **Window**

  dient zum Schließen der geöffneten Fenster.

- **Help**

  Hier findet man *Hilfen* zu allen in MATLAB enthaltenen Kommandos
  und Funktionen. Die gebotenen Hilfemöglichkeiten werden ausführlicher im Abschn.3.5 betrachtet.

Die *Auswahl* der gewünschten *Menüs/Untermenüs* aus der *Menüleiste* geschieht mittels *Mausklick*. Im Rahmen des Buches bezeichnen wir die *Auswahl* eines *Menüs* und eines darin enthaltenen *Untermenüs* als *Menüfolge*
und schreiben sie in der Form

Menü ⇒ Untermenü

In dieser Schreibweise steht der *Pfeil* für einen *Mausklick*, wobei die gesamte Menüfolge ebenfalls mit einem Mausklick abgeschlossen wird.
Stehen nach einem *Untermenü* drei Punkte ... , so bedeutet dies, daß nach
dem Mausklick eine *Dialogbox* erscheint, die entsprechend auszufüllen ist.

3.2.2 Symbolleiste

Die *Symbolleiste* befindet sich unterhalb der *Menüleiste*. Sie besitzt eine Reihe schon aus anderen WINDOWS-Programmen bekannter *Symbole*, die wir nicht erklären brauchen (siehe Abschn.2.2.2). Des weiteren sind hier die folgenden zwei speziellen MATLAB-*Symbole* enthalten:

*

zum Aufrufen von *Simulink*.

*

zum *Öffnen* des *Hilfefensters*.

Alle Symbole werden auf die übliche Art durch Mausklick aktiviert.

Die *Bedeutung* der *Symbole* der *Symbolleiste* wird von MATLAB erklärt, wenn man den Mauszeiger auf das entsprechende Symbol stellt.

♦

3.2.3 Kommandofenster

In MATLAB wird das *Arbeitsfenster* als *Kommandofenster* (englisch: *Command Window*) bezeichnet. Das *Kommandofenster*

- spielt die wichtigste Rolle bei der Arbeit mit MATLAB, da es der
  - * *Eingabe mathematischer Ausdrücke*, *Formeln* und *Gleichungen*
  - * *Durchführung* von *Rechnungen*
  - * *Erstellung* von *Grafiken*
  - * *Eingabe* von *Text*

  dient. Es nimmt den Hauptteil der Benutzeroberfläche ein.

- dient der *interaktiven Arbeit* mit MATLAB, die dadurch *charakterisiert* ist, daß
  - * der Nutzer das zu lösende *Problem* in der Sprache von MATLAB in das *Kommandofenster eingibt*.
  - * MATLAB anschließend das *Problem löst* und das *Ergebnis* im *Kommandofenster ausgibt*.
  - * die im Kommandofenster *berechneten Ergebnisse* für weitere Rechnungen zur Verfügung stehen.

- kann wie ein *Arbeitsblatt/Rechenblatt* gestaltet werden, das durch eine *Sammlung* von

  * *Rechenbereichen*

  * *Grafikbereichen*

  * *Textbereichen*

  charakterisiert ist.

Da das *Kommandofenster* die *Hauptrolle* bei der *Arbeit* mit MATLAB spielt, haben wir für seine Handhabung und Gestaltung einen extra Abschn.3.3 vorgesehen.

3.3 Gestaltung des Kommandofensters

Eine erste Begegnung mit dem für die Arbeit mit MATLAB wichtigen *Kommandofenster* hatten wir bereits im Abschn.3.2.3. In diesem Abschnitt gehen auf wichtige Details bei der Gestaltung des Kommandofensters ein.

Bei der mit MATLAB vorherrschenden *interaktiven Arbeit* ist folgende *Vorgehensweise* erforderlich:

- Die *Eingabe* geschieht im Kommandofenster in der *aktuellen Kommandozeile/Befehlszeile* nach dem *Eingabeprompt*

  * >>   (*Vollversion*)

  * EDU >>   (*Studentenversion*)

  Dabei erkennt man die *aktuelle Kommandozeile* am *blinkenden Kursor*

  |

  nach dem *Eingabeprompt*. Im allgemeinen ist sie die nächste (häufig leere) Zeile nach der zuletzt ausgeführten Operation mit MATLAB.

- Nach beendeter Eingabe löst das Drücken der *Eingabetaste* ⏎ die Arbeit von MATLAB aus und MATLAB zeigt seine Antwort unterhalb der Eingabezeile an. Möchte man (*mehrere*) *Eingaben* ausführen lassen, ohne daß die Ergebnisse angezeigt werden, so sind diese durch *Semikolon* zu *trennen*.

- Das Drücken der *Eingabetaste* ⏎ ist zur Auslösung jeglicher Aktivitäten von MATLAB notwendig, d.h. sowohl für Rechnungen als auch für Anzeigen und Texteingaben.

  ♦

Im folgenden gehen wir ausführlicher auf die einzelnen Möglichkeiten bei der Ein- und Ausgabe von Text und der Durchführung von Rechnungen im

Kommandofenster von MATLAB ein (Abschn.3.3.1 und 3.3.2) und besprechen Korrekturmöglichkeiten früherer Eingaben (Abschn.3.3.3).

♦

3.3.1 Ein- und Ausgabe von Text

Zu einer effektiven Arbeit mit MATLAB benötigt man im Kommandofenster die

* *Eingabe* von *Text*

  Texteingaben sind erforderlich, um mittels Erklärungen im Kommandofenster und in M-Dateien durchgeführte Rechenschritte anschaulicher und verständlicher darzustellen und damit für weitere Nutzer leichter lesbar zu gestalten.

* *Ausgabe* von *Text*

  Dies benötigt man bei Rechnungen, um berechnete Ergebnisse zu kommentieren und für andere Nutzer leichter lesbar zu gestalten.

In MATLAB sind beide Möglichkeiten zur Arbeit mit Text integriert, wie wir im folgenden sehen.

Um *Text* in *Kommandozeilen* des Arbeitsfensters von *Funktionen/Kommandos* und *Ausdrücken* zu unterscheiden, muß ihm in MATLAB das *Prozentzeichen* % vorangestellt werden. Daran erkennt MATLAB, daß anschließend in dieser Kommandozeile nichts zu berechnen ist. Bei dieser Vorgehensweise ist noch folgendes zu beachten:

* MATLAB fügt bei der Texteingabe *keinen automatischen Zeilenwechsel* ein, sondern schreibt in der gewählten Kommandozeile weiter. Möchte man aus Gründen der Übersichtlichkeit in der nächsten Zeile weiterschreiben, so ist die *Eingabetaste* ⏎ zu drücken und in der neuen aktuellen Kommandozeile wieder als erstes ein Prozentzeichen % vor dem Text einzugeben.

* In einer Kommandozeile lassen sich in MATLAB gleichzeitig Rechnungen durchführen und Text anzeigen, wenn zuerst die zu berechnenden Ausdrücke eingegeben werden und anschließend der Text erscheint, dem ein *Prozentzeichen* % voranzustellen ist.

* Gibt man zuerst *Text* ein, so wird die gesamte Kommandozeile aufgrund des vorangestellten *Prozentzeichens* % von MATLAB als *Textzeile* interpretiert.

♦

Während sich die Eingabe von Text in das Kommandofenster von MATLAB einfach durch Voranstellung des Prozentzeichens % gestaltet, benötigt MATLAB zur *Ausgabe* von *Text* Funktionen. Im Rahmen des vorliegenden

Buches beschränken wir uns auf die *Funktionen* **disp** und **sprintf**, die ausreichen, um zu Berechnungen Text auszugeben. Dabei besitzt die Funktion **sprintf** Ähnlichkeit zu entsprechenden Funktionen in der Programmiersprache ANSI C.

Im folgenden Beispiel 3.1 geben wir Anwendungen zur *Texteingabe* und *Textausgabe*, die man als Vorlagen für die Ein- und Ausgabe von Text in Rechnungen mit MATLAB verwenden kann.

♦

Beispiel 3.1:

a) Betrachten wir typische Beispiele für die *Eingabe* von erläuternden *Text:*

   a1)Eingabe vor den Rechnungen, um diese zu erläutern

   >> % *Berechnung des Volumens V eines geraden Kreiszylinders*

   >> % *mit dem Radius r=0.5 und der Höhe h=2*

   >> r = 0.5 ; h = 2 ;

   >> V = pi * r^2 * h

   V =

         1.5708

   a2)Eingabe in einer Kommandozeile nach den Rechnungen

   >> r = 0.5 ; h = 2 ; V = pi * r^2 * h % *Berechnung des Volumens V eines geraden Kreiszylinders mit dem Radius r=0.5 und der Höhe h=2*

   V =

         1.5708

b) Berechnen wir das Volumen des geraden *Kreiszylinders aus Beispiel a* und geben das Ergebnis mit Text aus. Dazu verwenden wir die beiden *Funktionen* **disp** und **sprintf**:

   b1)Verwenden wir zuerst die *Funktion* **sprintf** und geben in das MATLAB-Arbeitsfenster folgendes ein:

   >> r = 0.5 ; h = 2 ; V = pi * r ^2 * h ;

   >> **sprintf** (' *Ein gerader Kreiszylinder mit dem* \n *Radius* % g \n *und der* \n *Höhe* % g \n *hat das Volumen* % g ' , r , h , V)

   ans =

   Ein gerader Kreiszylinder mit dem

   Radius 0.5

   und der

Höhe 2

hat das Volumen 1.5708

b2) Bei der Anwendung der *Funktion* **disp** ist folgendes in das Arbeitsfenster einzugeben:

>> r = 0.5 ; h = 2 ; V = pi * r ^2 * h ;

>> **disp** (*'Ein gerader Kreiszylinder mit dem Radius'*) ; **disp** (r) ; ...

disp (*'und der Höhe'*) ; **disp** (h) ; **disp** (*'hat das Volumen'*) ; **disp** (V)

Ein gerader Kreiszylinder mit dem Radius

   0.5000

und der Höhe

   2

hat das Volumen

   1.5708

  ♦

Die *Wirkungsweise* der MATLAB-Funktionen **disp** und **sprintf** ist aus dem Beispiel 3.1 unmittelbar ersichtlich:

- **disp**

  * Der auszugebende *Text* wird als *Zeichenkette* eingegeben, d.h., der Text muß in Hochstriche eingeschlossen sein.

  * für die auszugebenden Ergebnisse muß die *Funktion* **disp** erneut angewandt

- **sprintf**

  * Der auszugebende *Text* wird als *Zeichenkette* eingegeben, wobei das *Zeichen* \n einen *Zeilenvorschub* erzeugt.

  * Innerhalb des Textes werden an den entsprechenden Stellen die Formate der auszugebenden Zahlen analog wie in der Programmiersprache C eingefügt, d.h., nach dem *Prozentzeichen* % ist das *Zahlenformat* angegeben. Hier stehen

    – f für *Festkommadarstellung*,

    – e für *Exponentialdarstellung*,

    – g für die *automatische Auswahl* zwischen f und e.

  * Abschließend sind die auszugebenden Größen eingetragen.

    ♦

3.3.2 Durchführung von Rechnungen

Die wesentliche Arbeit mit MATLAB vollzieht sich in der Durchführung verschiedener Arten von *Rechnungen*.
Dabei geschieht ein großer Teil der *Rechnungen* im Kommandofenster *interaktiv*. Diese *interaktive Arbeit* haben wir bereits kennengelernt. Im folgenden werden wir die einzelnen Schritte der interaktiven Vorgehensweise
bei Rechnungen zusammenfassen:

*   Zuerst muß die zu *berechnende Aufgabe* in die aktuellen Kommandozei-
    le des Kommandofensters von MATLAB in MATLAB-Notation *eingegeben*
    werden. In MATLAB geschieht die Berechnung eines Problems mittels
    Funktionen, Kommandos und Programmierelementen/Befehlen.

*   die *Berechnung* eines eingegebenen *Ausdrucks* bzw. die *Aktivierung*
    von eingegebenen *Befehlen/Funktionen/Kommandos* wird durch *Drük-
    ken* der *Eingabetaste* ⏎ ausgelöst:

    Die *berechneten Ergebnisse* erscheinen unterhalb der Eingabe, wobei
    vorher MATLAB noch die Zeile

    ans =

    einfügt, wenn das Ergebnis nicht einer Variablen zugewiesen wird. Mit
    dieser MATLAB-Variablen **ans** kann man anschließend rechnen.

*   Möchte man die *Ergebnisausgabe* im Kommandofenster unterdrücken
    oder *mehrere Eingaben* in eine Kommandozeile schreiben und nachein-
    ander ausführen, so sind nach jeder Eingabe ein *Semikolon* einzugeben.

☞

Bei Rechnungen ist in MATLAB weiterhin zu beachten, daß

*   die *Eingabe* eines Ausdrucks, Kommandos oder einer Funktion über
    mehrere Kommandozeilen erfolgen kann. Um in die nächste Komman-
    dozeile zu wechsel sind drei Punkte ... mittels Tastatur einzugeben und
    anschließend die *Eingabetaste* ⏎ zu drücken. Danach kann in der
    nächsten Zeile weiter eingegeben werden.

*   nur *numerisch* (*näherungsweise*) gerechnet wird. *Exakte* (*symbolische*)
    Rechnungen sind nur möglich, wenn die **Symbolic Math Toolbox** in-
    stalliert ist (siehe Abschn.5.1.2).
    ♦

Während das vergleichbare System MATHCAD die Ein- und Ausgabe der
Rechnungen in mathematischer Notation zuläßt, ist dies leider bei MATLAB
noch nicht möglich. In MATLAB müssen die Rechnungen noch mittels
Funktionen/Kommandos durchgeführt werden und auch die Eingabe mathematischer Ausdrücke ist nicht in Standardnotation möglich, wie das folgende Beispiel 3.2 zeigt.
♦

Beispiel 3.2:

a) Möchte man den *Ausdruck*

$$\frac{\dfrac{1}{2} + \sqrt{2}}{2^3 + \sqrt[3]{3}}$$

mittels MATLAB berechnen, so ist er in der folgenden *Form*

\>> (1/2 + **sqrt** (2)) / (2^3 + 3 ^ (1/3))

nach dem *Eingabeprompt* \>> in der aktuellen Kommandozeile *einzugeben*. Diese Form entspricht nicht dem üblichen mathematischen Standard und ist auch nicht leicht lesbar.
Das Drücken der *Eingabetaste* ⏎ löst nach der Eingabe die *numerische Berechnung* in MATLAB aus und liefert das *Ergebnis:*

ans =

0.2027

b) Die *numerische Berechnung* des *Integrals*

$$\int\limits_{1}^{2} \sin x \; dx$$

kann in MATLAB z.B. unter Verwendung der *Numerikfunktion* **quad** in der folgenden Form geschehen

\>> **quad** ('sin' , 1 , 2)

ans =

0.9565

Diese Form der Eingabe ist nicht sehr anschaulich.

♦

Rechnungen kann man in MATLAB auch unter Verwendung von M-Dateien durchführen, d.h. auf *nichtinteraktivem Weg* (siehe Abschn.3.4). Das bringt gewisse Vorteile. So lassen sich hiermit Rechnungen leichter durchführen, die man für verschiedene Eingabewerte benötigt.

♦

3.3.3 Editieren von Kommandozeilen

Da bei der Eingabe von Text, Ausdrücken und Funktionen/Kommandos in das Kommandofenster auch Tippfehler bzw. logische oder syntaktische

Fehler vorkommen können, stellt MATLAB Korrekturmöglichkeiten zur
Verfügung.

Eine Besonderheit bei der *Korrektur* besteht in MATLAB darin, daß *frühere
Eingaben* nur korrigiert und wieder ausgeführt/berechnet werden können,
wenn sie in die *aktuelle Kommandozeile* kopiert werden. Dies gilt sowohl
für *Text* als auch für *Berechnungen*. Die *aktuelle Kommandozeile* kann natürlich noch solange korrigiert werden, bis die Arbeit von MATLAB durch
Drücken der *Eingabetaste* ⏎ ausgelöst wird.

♦

Die Korrektur bzw. Wiederausführung von Eingaben im Kommandofenster
vollzieht sich bei MATLAB in folgenden Schritten:

* Wenn die zu *korrigiernde Kommandozeile* im *Kommandofenster* nicht
  die aktuelle ist, muß sie in die *aktuelle Kommandozeile kopiert* werden.
  Dies geschieht durch *Drücken* der *Kursortasten* ⊼ ⊻. Diese Tasten müssen mehrmals gedrückt werden, wenn sich die zu korrigierende Kommandozeile nicht als letzte im Kommandofenster befindet.

* *Anschließend* kann unter Verwendung der Tasten ⟨Entf⟩ ⟨⇦⟩ und der *Kursortasten* ⟨⇦⟩ ⟨⇨⟩ auf die übliche Form *korrigiert* und die erneute *Ausfüh-
  rung/Berechnung* mit der *Eingabetaste* ⏎ ausgelöst werden.

3.4 M-Dateien

Grundkenntnisse über die verschiedenen *Dateitypen* von MATLAB muß jeder Anwender besitzen, da sonst kein effektives Arbeiten möglich ist. In
diesem Kapitel werden wir uns ausführlicher mit dem wichtigsten Dateityp
bei der Arbeit mit MATLAB beschäftigen, und zwar mit *M-Dateien*.
M-Dateien spielen eine Hauptrolle bei der Arbeit mit MATLAB, da man sie

* für die *Definition* von *Funktionen* (siehe Abschn.13.1.3)

* zur *Erstellung* von *Programmen* (siehe Kap.9)

* für die *nichtinteraktive Arbeit* mit MATLAB

* zur *Erweiterung* von MATLAB (sämtliche *Toolboxen* bestehen aus Sammlungen von M-Dateien)

benötigt.

Geben wir eine kurze *Charakteristik* von *M-Dateien:* Sie

• sind *ASCII-Dateien*

• enthalten *Folgen* von *MATLAB-Funktionen*, *-Kommandos*, *-Programmier-
  elementen* und *Kommentaren* (*Textzeilen*), die in der MATLAB-Syntax
  einzugegeben sind.

- werden unter ihren *Dateinamen aufgerufen*, wobei die *Dateibezeichnung*

  Dateiname.M

  lautet, d.h., als *Dateiendung* muß .M verwendet werden.

- werden erst von MATLAB abgearbeitet, wenn die Datei aufgerufen wird. Dies ist das Charakteristikum der *nichtinteraktiven Arbeit* mit MATLAB, d.h. die zur Berechnung einer Aufgabe eingegebenen *MATLAB-Funktionen, -Kommandos* und *-Programmierelemente* werden nicht einzeln (interaktiv) abgearbeitet, sondern insgesamt nach dem Aufruf der Datei.

- können andere M-Dateien und sich selbst aufrufen. Letzteres bezeichnet man als *rekursive Programmierung*. Hierbei ist allerdings Vorsicht geboten.

    ♦

Kommentare (*Textzeilen*) werden in *M-Dateien* durch Voranstellung des *Prozentzeichens*

%

gekennzeichnet, da auch für diese Dateien die MATLAB-Syntax gilt.

Die *ersten Kommentare* (*Textzeilen*) im Kopf einer *M-Datei* können mit dem *Hilfekommando*

help

gefolgt vom *Dateinnamen*, im Kommandofenster *ausgegeben* werden. Deshalb wird man in diesen Kommentaren die Datei kurz beschreiben und die einzugebenden Argumente erläutern, um einen Nutzer die Anwendung der Datei zu erleichtern.

    ♦

Da M-Dateien *ASCII-Dateien* sind, kann man sie mit einem beliebigen *Texteditor* schreiben. Es wird aber empfohlen, den in MATLAB *integrierten Editor* zu verwenden, der mit dem *Kommando*

edit

oder der *Menüfolge*

File ⇒ New ⇒ M-file

oder dem *Symbol* aus der Symbolleiste

aufgerufen wird.

    ♦

Man *unterscheidet zwei Arten* von *M-Dateien*

- *Skriptdateien*
- *Funktionsdateien*

Beide Dateitypen haben einen *ähnlichen Aufbau*. Ihre *Unterschiede* werden in den folgenden Abschn.3.4.1 und 3.4.2 erläutert.

♦

3.4.1 Scriptdateien

Scriptdateien haben folgende *Struktur:*

- Sie bestehen aus
  - * *Textzeilen* (*Zeilen* mit *Kommentaren*), die der Beschreibung der Datei dienen und die mittels des *Kommandos* **help** angezeigt werden können. Dabei wird im Kopf der Datei i.a. mit Text begonnen.
  - * *Zeilen* mit *MATLAB-Funktionen* und *-Kommandos.*
  - * *Programmzeilen* unter Verwendung der von MATLAB bereitgestellten *Programmierbefehle* (siehe Kap.9).
- Der *Aufruf* geschieht über den *Dateinamen* (ohne Dateiendung).

Im *Unterschied* zu *Funktionsdateien* (siehe Abschn.3.4.2) kann man *Scriptdateien* beim Aufruf keine Werte übermitteln. Alle in einer Scriptdatei verwendeten Variablen besitzen lokalen Charakter. Man kann sich aber z.B. mittels der MATLAB-Funktion **input** helfen, um eventuell benötigte Werte über die Tastatur einzugeben. Dies illustrieren wir im Beispiel 3.3a.

♦

Ein *Haupteinsatzgebiet* von *Scriptdateien* besteht in der *nichtinteraktiven Arbeit* mit MATLAB (siehe Beispiel 3.3b).

♦

Beispiel 3.3:

a) *Schreiben* wir eine *Scriptdatei* zur *Berechnung* der *Fläche* eines *Kreises* mit dem *Radius* r.
   Die *gleiche Berechnung* werden wir im Beispiel 3.4 im Rahmen einer *Funktionsdatei* durchführen, so daß der Leser beim Vergleich die wesentlichen Unterschiede beider Dateitypen gut erkennen kann.

   Unserer *Scriptdatei* geben wir den *Namen* KREIS.M

   Zur Erstellung dieser Datei rufen wir mittels des Kommandos **edit** den *Editor* von MATLAB auf und schreiben hiermit die Datei in der folgenden Form:

% In der Datei KREIS.M *wird die Fläche*
% eines Kreises mit dem Radius r berechnet, wobei der Zahlenwert
% für den Radius r mittels Tastatur einzugeben ist.

r = **input** (' Geben Sie einen Wert für den Kreisradius r ein , r = ') ;

kreisfläche = pi $* r \wedge 2$

Da man bei *Scriptdateien* beim Aufruf keine Argumente eingeben kann, haben wir die MATLAB-Funktion **input** verwendet, um für den Radius r einen konkreten Zahlenwert per Tastatur eingeben zu können.

Die in dieser Form geschriebene *Scriptdatei speichern* wir anschließend mit dem *Editor* auf die Festplatte C im *Verzeichnis* MATLABR12 unter dem *Namen* KREIS.M.

Um die *Datei* KREIS.M bei einer Arbeitssitzung mit MATLAB anwenden zu können, müssen wir im Kommandofenster MATLAB als erstes den Pfad der Datei folgendermaßen mitteilen:

cd C:\MATLABR12

Danach können wir im Kommandofenster die *Scriptdatei* KREIS.M durch Aufruf von

>>KREIS

verwenden:

* Man kann sich den *Hilfetext* für die *Datei* KREIS.M anzeigen lassen:

>> **help** KREIS

In der Datei KREIS.M *wird die Fläche*

eines Kreises mit dem Radius r berechnet, wobei der Zahlenwert

für den Radius mittels Tastatur einzugeben ist.

* Man kann zu verschiedenen konkreten Zahlenwerten für den Radius r mittels der *Datei* KREIS.M den *Flächeninhalt* berechnen, indem man nach der programmierten Aufforderung mittels Tastatur z.B. den Wert 2 eingibt:

>> KREIS

Geben Sie einen Wert für den Kreisradius r ein, r = 2

kreisfläche =

12.5664

b) Schreiben wir eine *Scriptdatei* BERECHN.M um die interaktive Arbeit mit MATLAB zu vermeiden:

Wir erstellen eine *Datei* BERECHN.M mittels des *Editors* von MATLAB, in der wir eine Reihe von *Berechnungen* (*Umfang, Oberfläche, Volumen*) zu einem *geraden Kreiszylinder* (zylindrisches Faß ohne Deckel mit dem Radius 2 und der Höhe 4) durchführen und *speichern* diese *Datei* im *Verzeichnis* C:\MATLABR12 ab:

r = 2 ; h = 4 ;

%Berechnung des Umfangs

Umfang = 2 * r * pi

%Berechnung der Oberfläche

Oberfl = pi * r^2 + 2 * pi * r * h

%Berechnung des Volumens
Volumen = pi * r^2 * h

Der Aufruf dieser *Datei* BERECHN.M bewirkt , daß MATLAB alle enthaltenen Berechnungen durchführt, ohne daß der Anwender etwas zu tun hat:

>> cd C:\MATLABR12 ; BERECHN

Umfang =

   12.5664

Oberfl =

   62.8319

Volumen =

   50.2655

Möchte man die Berechnungen für andere Radien und Höhen durchführen, so muß dies in der *Scriptdatei* geändert werden, indem man diese mit dem *Editor* in der Form

edit C:\MATLABR12\BERECHN

aufruft und dann die beiden Werte abändert. Des weiteren könnte hier die Funktion **input** aus Beispiel a eingesetzt werden.
♦

3.4.2 Funktionsdateien

Funktionsdateien dienen zur *Definition* von *Funktionen* und haben eine *ähnliche Struktur* wie *Scriptdateien*. Man muß aber folgendes beachten:

- Bei *Funktionsdateien* beginnt man im *Dateikopf* analog zu Scriptdateien mit *Textzeilen* (Zeilen mit Kommentaren), die der *Beschreibung* der *Da-*

tei dienen. Danach muß als erstes im Unterschied zu Scriptdateien das *Kommando*

function

stehen.

- Nach dem *Kommando* **function** steht der *Funktionsname*, der von *Argumenten* a , b , c , ... (Variablen der Funktion) gefolgt wird, die durch Komma getrennt und in runde Klammern eingeschlossen werden. Für den *Funktionsnamen* sind folgende beide Schreibweisen möglich:

I. **function** y = *Funktionsname* (a , b , c , ...)

II. **function** *Funktionsname* (a , b , c , ...)

Dabei kann für y auch ein Feld stehen, falls mehrere Werte zu berechnen sind. Wir verwenden im folgenden die Form I., da bei der Form II. manchmal Probleme auftreten können.

Prinzipiell sind auch Funktionsdateien *ohne Argumente* möglich, wofür man jedoch auch Scriptdateien verwenden könnte (siehe Beispiel 3.4b).

- Innerhalb der Datei erhält der *Funktionsname* meistens eine Wertzuweisung, die dann beim Aufruf der Funktion die Ausgabe der berechneten Werte veranlaßt. Diese *Zuweisung* geschieht je nach vorangehender Schreibweise in der Form (siehe Beispiel 3.4)

I. y = ...

II. *Funktionsname* = ...

wobei sie gegebenfalls mit einem Semikolon abzuschließen ist (bei Form I.). Man sollte mit dem Setzen des Semikolons experimentieren, um das gewünschte Ergebnis zu erhalten.

Falls für y ein *Feld* steht, müssen jedem einzelnen Feldelement Werte zugewiesen werden.

Es sind auch Funktionsdateien ohne Ausgabe von Werten möglich

- Eine *Funktionsdatei* muß als *Dateinamen* den *Funktionsnamen* erhalten, unter dem sie auch *abgespeichert* wird, wobei als *Dateiendung* .M zu verwenden ist.

Der *Aufruf* geschieht bei *Funktionsdateien* über den *Dateinamen* (*Funktionsnamen*), wobei im Unterschied zu *Scriptdateien* nach dem Funktionsnamen konkrete Werte für die *Argumente einzugeben* sind. Dabei können weniger Argumente als bei der Definition eingegeben werden.

♦

Illustrieren wir die Vorgehensweise beim Erstellen von *Funktionsdateien* im folgenden Beispiel 3.4.

Beispiel 3.4:

a) Die *typische Vorgehensweise* beim *Schreiben* von *Funktionsdateien* ist
   schon aus der folgenden einfachen *Datei* zur *Berechnung* der *Fläche* eines *Kreises* mit dem *Radius* r ersichtlich.

   Die *gleiche Berechnung* haben wir bereits im Beispiel 3.3 im Rahmen einer *Scriptdatei* durchgeführt, so daß der Leser beim Vergleich die wesentlichen Unterschiede beider Dateitypen gut erkennen kann.

   Unserer *Funktionsdatei* geben wir den *Namen* KREIS.M. Dazu rufen wir
   mittels **edit** den *Editor* von MATLAB auf und schreiben hiermit die Datei
   zur *Berechnung* der *Kreisfläche* in einer der folgenden Formen:

   a1) Zuerst schreiben wir die übliche Form, in der der Radius als Argu-
       ment nach dem Funktionsnamen eingegeben wird:

   • Verwendung des Funktionsnamen in der *Form* f = KREIS (r)

       % Die Funktion KREIS berechnet die Fläche
       % eines Kreises mit dem Radius r

       function f = KREIS (r)

       f = pi * r^2 ;

   • Verwendung des Funktionsnamen in der *Form* KREIS (r)

       % Die Funktion KREIS berechnet die Fläche
       % eines Kreises mit dem Radius r

       function KREIS (r)

       KREIS = pi * r^2 ;

   Die in einer dieser Formen geschriebene *Funktionsdatei speichern*
   wir anschließend mit dem *Editor* auf die Festplatte C im *Verzeichnis*
   MATLABR12 unter dem *Namen* KREIS.M.

   Um die definierte *Funktion* KREIS bei einer Arbeitssitzung mit
   MATLAB anwenden zu können, müssen wir MATLAB im Arbeitsfenster als erstes den Pfad der Datei folgendermaßen mitteilen:

   cd C:\MATLABR12

   Danach können wir im Arbeitsfenster die mittels der *Funktionsdatei*
   KREIS.M definierte *Funktion* KREIS verwenden:

   * Man kann sich den *Hilfetext* für die *Funktion* KREIS anzeigen las-
     sen:

     >> **help** KREIS

       Die Funktion KREIS berechnet die Fläche
       eines Kreises mit dem Radius r

* Man kann jetzt zu verschiedenen konkreten Zahlenwerte für den Radius r mittels der *Funktion* KREIS den *Flächeninhalt* berechnen, so z.B. für r = 2

>> KREIS (2)

ans =

12.5664

a2) Schreiben wir die *Funktionsdatei* analog zur *Scriptdatei* aus Beispiel 3.3, indem wir den Radius nicht beim Funktionsaufruf eingeben müssen, sondern nach Aufforderung mittels Tastatur. Dazu verwenden wir die *Funktion* **input**:

% Die Funktion KREIS berechnet die Fläche
% eines Kreises mit dem Radius r, wobei der Zahlenwert
% für den Radius mittels Tastatur einzugeben ist.

function KREIS

r = **input** (' Geben Sie einen Wert für den Kreisradius r ein , r = ') ;

KREIS = pi * r ^ 2 ;

Die Vorgehensweise für die Anwendung der *Funktionsdatei* KREIS.M ist analog zu den vorhergehenden Beispielen, wobei der Radius wie bei der Scriptdatei im Beispiel 3.3 mittels Tastatur nach der programmierten Aufforderung eingegeben wird:

>> KREIS

Geben Sie einen Wert für den Kreisradius r ein , r = 2

KREIS =

12.5664

b) Möchte man bei numerischen Rechnungen Funktionen benutzen, die sich aus vordefinierten *elementaren mathematischen Funktionen* zusammensetzen, so sind diese ebenfalls als *Funktionsdatei* zu schreiben:

Benötigen wir z.B. die Funktion f(x) = ln x · sin x, so ist eine Funktionsdatei der folgenden Form zu schreiben:

function y = f(x)

y = log(x) * sin(x) ;

♦

3.5 Hilfesystem von MATLAB

In MATLAB ist ein umfangreiches *Hilfesystem* integriert, das sich aus folgenden Teilen zusammensetzt:

* Eingabe von *Hilfekommandos*
* Öffnen des *Hilfefensters*
* Aufruf des integrierten *HTML-Hilfebrowsers*
* Aufruf der *WWW-Seiten* von MathWorks, falls ein *Internetanschluß* vorhanden ist.

Diese Hilfemöglichkeiten von MATLAB werden wir im folgenden näher kennenlernen.

Alle angezeigten *Hilfen* sind in *englischer Sprache* verfaßt, so daß man über Englischkenntnisse verfügen sollte.

♦

Eine erste Möglichkeit, um Hilfen bei der Arbeit mit MATLAB zu erhalten, besteht in der Eingabe von *Hilfekommandos* in das Kommandofenster:

* **demo**

  Hierdurch das *Demonstrationsfenster* (*Demofenster*) **MATLAB Demo Window** von MATLAB geöffnet, das eine Vielzahl von Beispielen und Demonstrationen zu allen Bereichen von MATLAB und zu den installierten Toolboxen enthält.

* **help** *Name*

  Wenn man hier für *Name* den Namen von *Funktionen, Kommandos, M-Dateien* oder *Toolboxen* von MATLAB eingibt, so werden dafür Hilfen und Informationen ausgegeben. Bei *Toolboxen* muß man gegebenenfalls den Namen des Unterverzeichnisses wissen, in dem die Toolbox gespeichert ist. Dieser Unterverzeichnisname ist meistens eine Abkürzung des Namens der Toolbox, wobei sich das Unterverzeichnis i.a. im Verzeichnis MATLABR12\TOOLBOX befindet.

  Wenn man nur das *Kommando*

  help

  ohne weitere Zusätze eingibt, so werden alle vordefinierten Funktionsklassen und die installierten Toolboxen ausgegeben.

* **type** *Name*

  Wenn man hier für *Name* den Namen von *Funktionen* oder *Kommandos* von MATLAB eingibt, so werden dafür Hilfen, Beispiele und Informationen ausgegeben. Gibt man den Namen einer *M-Datei* ein, so werden die ersten Zeilen des Texts aus dem Kopf der Datei ausgegeben.

* **lookfor** *Zeichenkette*

Hier wird in den ersten Zeilen der Hilfetexte der vordefinierten Funktionen *nach* der angegebenen *Zeichenkette (Schlüsselwort) gesucht* und die gefundenen Stellen angezeigt. Gibt man zusätzlich die *Erweiterung* **–all** zum *Kommando* **lookfor** ein, so wird der gesamte Hilfetext nach dem Schlüsselwort durchsucht.

Im *Hilfefenster* kann man sich ausführliche *Erläuterungen* zu den *Befehlen/Funktionen/Kommandos* und *Toolboxen* von MATLAB anzeigen lassen, indem man den gesuchten Begriff anklickt oder oben links eingibt.

Das *Hilfefenster* kann auf *folgende Arten geöffnet* werden:

* Durch Anwendung der *Menüfolge*

Help ⇒ **MATLAB Help**

* Durch *Anklicken* des *Symbols*

in der *Symbolleiste*.

* Durch *Eingabe* des *Kommandos*

helpwin

in das Kommandofenster.

Man erhält bei Verwendung des *Hilfefensters* die gleichen Erläuterungen zu MATLAB-Befehlen, -Funktionen und -Kommandos wie bei Verwendung des *Kommandos* **help**. Wenn man das *Kommando* **helpwin** mit einem Zusatz verwendet, so kann man das Hilfefenster zu einem bestimmten Thema aufrufen. So liefert zum Beispiel die Eingabe von

helpwin stats

das *Hilfefenster* zur **Statistics Toolbox**.

und

helpwin normcdf

das *Hilfefenster* zur *Statistikfunktion* **normcdf**.

♦

Der *HTML-Hilfebrowser* von MATLAB läßt sich durch *Eingabe* des *Kommandos*

helpdesk oder **doc**

in das Kommandofenster laden. Zur Anwendung muß auf dem PC ein *WWW-Browser* installiert sein. Man braucht hierzu jedoch keinen Internetanschluß. Es genügt, wenn der NETSCAPE-NAVIGATOR oder INTERNET EXPLORER auf dem PC installiert ist.

Wenn man den Namen einer *speziellen Funktion* von MATLAB kennt, so kann man deren *Hilfeseite* direkt anfordern, wenn man den Namen der Funktion nach dem *Kommando* **doc** schreibt. So liefert z.B. die Eingabe von

doc normcdf

die *Hilfeseite* für die *Funktion* **normcdf** zur Verteilungsfunktion der Normalverteilung.

♦

Eine weitere Hilfe bietet MATLAB durch seine *Fehlermeldungen*. Sie werden immer dann ausgegeben, wenn

*   man gegen die Syntax beim Schreiben von Befehlen, Funktionen oder Kommandos verstößt,

*   für MATLAB unverständliche Ausdrücke, Funktionen oder Kommandos in das Arbeitsfenster eingegeben werden,

*   bei Rechnungen Fehler auftreten (z.B. Division durch Null).

♦

3.6 Toolbox zur Statistik

Im Unterschied zu MATHCAD stellt MATLAB in seinem Programmkern keine Funktionen zur Statistik zur Verfügung. Man benötigt hierfür die Toolbox zur Statistik (**Statistics Toolbox**), die zusätzlich gekauft werden muß.

In der **Statistics Toolbox** von MATLAB sind umfangreiche Möglichkeiten vorhanden, um Aufgaben aus *Wahrscheinlichkeitsrechnung* und *Statistik* lösen zu können. Eine Reihe dieser Funktionen werden wir im Rahmen dieses Buches kennenlernen.

Weiterhin erhält man ausführliche Informationen zu dieser *Statistik-Toolbox* aus den in MATLAB integrierten Hilfen durch Aufruf von

help STATS

und Anwendung der im Abschn.3.5 gegebenen Hilfefunktionen.

4 Zahlendarstellungen in MATHCAD und MATLAB

Im folgenden behandeln wir *Darstellungsmöglichkeiten* für *reelle* und *komplexe Zahlen* im Rahmen der Systeme MATHCAD und MATLAB.

4.1 Reelle Zahlen

Reelle Zahlen lassen sich für *exakte Rechnungen* im Rahmen der *Computeralgebra* nur *exakt* in das Arbeitsfenster von MATHCAD und MATLAB *eingegeben*, wenn dies als *endliche Dezimalzahl, Bruch* oder *Symbol* möglich ist, wie z.B. für die folgenden reellen Zahlen

$$1.234 \ , \ \frac{2}{7} \ , \ \sqrt{2} \ , \ \pi \ \text{und} \ e$$

Ansonsten ist nur die *näherungsweise Eingabe* als *endliche Dezimalzahl* möglich, wobei statt des Dezimalkommas in MATHCAD und MATLAB der *Dezimalpunkt* zu verwenden ist. Hier spricht man auch von *Gleitpunktzahlen*.

Bei MATLAB ist die *exakte Eingabe* von *reellen Zahlen* nur erforderlich, wenn die **Symbolic Math Toolbox** installiert ist. Ohne diese Toolbox für *exakte (symbolische) Rechnungen* sind nur *numerische (näherungsweise) Rechnungen* durchführbar, für die *reelle Zahlen* durch *endliche Dezimalzahlen* angenähert werden.

♦

Die *kleinste* bzw. *größte* darstellbare *positive reelle Zahl* in *Dezimaldarstellung* sind in MATHCAD bzw. MATLAB folgendermaßen gegeben:

$$10^{-307} \ \text{bis} \ 10^{+307}$$

10^{-308} bis 10^{+308}

Dieser Zahlenbereich kann mittels der *Kommandos* **realmin** bzw. **realmax** im Arbeitsfenster angezeigt werden.

Außerhalb der gegebenen Zahlenbereiche interpretieren MATHCAD und MATLAB die Ergebnisse als *Null* bzw. *Unendlich.*

♦

MATHCAD und MATLAB kennen *symbolische (exakte) Darstellungen* für spezielle *reelle Zahlen* wie z.B.:

π , e , $\sqrt{a}$

Sie werden in dieser Form mittels der Rechenpalette in das Arbeitsfenster eingegeben.

π –   Eingabe als **pi**

e   –   Eingabe als **exp** (1)

$\sqrt{a}$ –   Eingabe als **sqrt** (a)

Des weiteren lassen sich durch die in beiden Systemen vordefinierten mathematischen Funktionen reelle Zahlen exakt darstellen, wie z.B. $\sin(\pi/4)$. Alle so exakt dargestellten reellen Zahlen werden für *numerische (näherungsweise) Rechnungen* in *endliche Dezimalzahlen* umgewandelt.

♦

4.1.1 Ganze Zahlen

Ganze Zahlen werden in MATHCAD und MATLAB in der üblichen Form als endliche *Folge* von *Ziffern* in das Arbeitsfenster eingegeben.

4.1.2 Rationale Zahlen

Bei MATHCAD und MATLAB können *rationale Zahlen* für *exakte Rechnungen* in der üblichen Form als *Brüche ganzer Zahlen* unter Verwendung des *Schrägstrichs (Slash)*

/

in das Arbeitsfenster eingegeben werden.

Für *numerische Rechnungen* werden diese Brüche von MATHCAD und MATLAB in *Dezimalzahlen umgewandelt*, wobei nur endlich viele Ziffern möglich sind, so daß gegebenenfalls gerundet wird.

Weiterhin ist bei der numerischen Arbeitsweise die *Eingabe* von Brüchen gleichberechtigt als *Dezimalzahl* zulässig. Da man nur *endliche Dezimalzahlen* eingeben kann, muß gegebenenfalls gerundet werden.

Möchte man das *Ergebnis* einer exakten *Rechnung*, das als *rationale Zahl* vorliegt, in eine *Dezimalzahl umwandeln*, so ist in MATHCAD das *numerische Gleichheitszeichen* = und in MATLAB die *Numerikfunktionen* **double** oder **numeric** anzuschließen (siehe Beispiel 4.1).

♦

Beispiel 4.1:

Betrachten wir die Umwandlung in Dezimalzahlen mittels MATHCAD und MATLAB

a) Wandeln wir den eingegebenen *Bruch* 1250/21 (*rationale Zahl*) in eine Dezimalzahl um

$$\frac{1250}{21} = 59.524 \;\blacksquare$$

Die Genauigkeit der Darstellung (Standard: 3 Dezimalstellen) kann in der *Dialogbox*

Result Format

(deutsche Version: **Ergebnisformat**)

bei **Number Format** (deutsche Version: **Zahlenformat**) eingestellt werden, die mittels der Menüfolge

Format ⇒ Result...

aufgerufen wird.

>> 1250/21

ans =

   59.5238

MATLAB wandelt bei *numerischen Rechnungen* ohne weitere Formatkommandos in die Standardform mit *4 Dezimalstellen* um. Dies entspricht dem *Formatkommando* **format short.** Nach der Eingabe des
Formatkommandos **format long** bzw. **format long e** zeigt sich folgendes im Arbeitsfenster:

>> **format long**

>> 1250/21

ans =

   59.52380952380953

>> **format long e**

>> 1250/21

ans =

   5.952380952380953e+001

b) Berechnen wir den Ausdruck

$$\frac{\sqrt{9} + \sin\left(\dfrac{\pi}{2}\right)}{8^{\frac{1}{3}} + \cos(0)}$$

zuerst *exakt* und wandeln anschließend das erhaltene Ergebnis in *numerische Form* um:

$$\frac{\sqrt{9} + \sin\left(\dfrac{\pi}{2}\right)}{\sqrt[3]{8} + \cos(0)} \rightarrow \frac{4}{3} = 1.333 \ \blacksquare$$

Die *exakte Berechnung* des Ausdrucks wird durch Eingabe des *symbolischen Gleichheitszeichens* → erreicht, während sich die anschließende numerische Berechnung durch Eingabe des *numerischen Gleichheitszeichens* = ergibt.

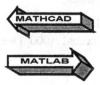

Die *symbolische Berechnung* geschieht in MATLAB mittels der vordefinierten Funktion **sym**

\>> **sym** ((**sqrt** (9) + **sin** (**pi**/2))/(8^(1/3) + **cos** (0)))

ans =

4/3

Die *numerische Berechnung* kann z.B. durch die anschließende Verwendung der vordefinierten Funktion **numeric** geschehen:

\>> **numeric** (**ans**)

ans =

1.3333

♦

4.1.3 Dezimalzahlen

In *numerischen Rechnungen* können MATHCAD und MATLAB nur mit endlichen *Dezimalzahlen* (*Gleitpunktzahlen*) arbeiten. Für die Anzeige im Arbeitsfenster stellen MATHCAD und MATLAB eine Reihe von *Zahlenformaten* zur Verfügung, die wir im folgenden kennenlernen.

Bei *numerischen Rechnungen* verwendet MATHCAD als *Standardformat* die *Festkommadarstellung* mit *3 Dezimalstellen*. Mittels der Menüfolge

Format ⇒ Result...
(deutsche Version: **Format ⇒ Result...**)

kann man in der erscheinenden *Dialogbox* **Result Format** (deutsche Version: **Ergebnisformat**) bei **Number Format** (deutsche Version: **Zahlen-**

format) die Anzahl der Dezimalstellen auf maximal 15 Stellen festlegen. Des weiteren kann man mittels der Menüfolge

Symbolics ⇒ Evaluate ⇒ Floating Point...
(deutsche Version: **Symbolik ⇒ Auswerten ⇒ Gleitkomma...**)

in der erscheinenden Dialogbox **Floating Point Evaluation** (deutsche Version: **Gleitkommaauswertung**) die Anzeige von maximal 4000 Dezimalstellen einstellen.

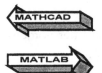

Bei *numerischen Rechnungen* verwendet MATLAB als *Standardformat* die *Festkommadarstellung* mit *5 Ziffern*. Dies entspricht dem *Formatkommando* **format short**. Insgesamt existieren folgende *Formatkommandos* in MATLAB:

* **format short** (*Festkommadarstellung* mit 5 Ziffern)

* **format long** (*Festkommadarstellung* mit 15 Ziffern)

* **format short e** (*Exponentialdarstellung* mit 5 Ziffern)

* **format long e** (*Exponentialdarstellung* mit 16 Ziffern)

* **format short g** (automatische Auswahl aus den vorangehenden Kurzdarstellungen)

* **format long g** (automatische Auswahl aus den vorangehenden Langdarstellungen)

Mit Hilfe dieser *Formatkommandos* können benötigte *Zahlenformate* eingestellt werden (siehe Beispiel 4.2).

Da sich *reelle Zahlen* nicht immer durch endliche Dezimalzahlen exakt darstellen lassen, treten bei numerischen Rechnungen *Rundungsfehler* auf. Diese Rundungsfehler sind aber charakteristisch in der numerischen Mathematik, in der zusätzlich noch *Abbruchfehler* und *Konvergenzprobleme* auftreten.

♦

Beispiel 4.2:

Wandeln wir die *symbolisch eingegebenen reellen Zahlen* π und e mittels MATHCAD und MATLAB in *endliche Dezimalzahlen* um:

Die *symbolisch* eingegebenen *reellen Zahlen* π und e können in der *numerischen Arbeitsweise* von MATHCAD mittels des *numerischen Gleichheitszeichens* = folgendermaßen durch *endliche Dezimalzahlen angenähert* werden, wobei als Standard 3 Dezimalstellen angezeigt werden:

π = 3.142

e = 2.718

Benötigt man mehr Dezimalstellen, so läßt sich dies mittels der oben gegebenen Vorgehensweise erreichen.

Die *symbolisch* eingegebenen *reellen Zahlen* pi und exp (1) können in der *numerischen Arbeitsweise* von MATLAB mit den vorhandenen Formaten folgendermaßen durch *endliche Dezimalzahlen angenähert* werden:

```
>> format short
>> pi
ans =
   3.1416
>> exp (1)
ans =
   2.7183

>> format long
>> pi
ans =
   3.14159265358979
>> exp (1)
ans =
```

2.71828182845905

♦

4.2 Komplexe Zahlen

Betrachten wir kurz das Rechnen mit *komplexen Zahlen*

z = a + b· i

in MATHCAD und MATLAB:

Komplexe Zahlen z müssen in MATHCAD in einer der *Formen*

* z := a + bi

* z := a + bj

eingegeben und *dargestellt* werden, d.h. ohne Multiplikationszeichen zwischen dem Imaginärteil b und der imaginären Einheit i bzw. j, wobei MATHCAD folgendes berechnet:

* den *Realteil* a mittels

  Re (z)

* den *Imaginärteil* b mittels

  Im (z)

* das *Argument* $\varphi = \arctan \dfrac{b}{a}$ mittels

  arg (z)

* den *Betrag* $|z| = \sqrt{a^2 + b^2}$ mittels

  | z |

  wobei der *Betragsoperator*

  aus der Operatorpalette Nr. 1 oder 3 zu verwenden ist.

* die zur komplexen Zahl z *konjugiert komplexe Zahl* $\bar{z}$, indem man nach der Eingabe z mit einer *Bearbeitungslinie umrahmt* und die *Taste* ⎡`·`⎤ *drückt*.

Ob MATHCAD die *imaginäre Einheit* bei der *Ausgabe* im Arbeitsfenster durch i oder j darstellt, kann in der *Dialogbox*

Result Format (deutsche Version: **Ergebnisformat**)

eingestellt werden.

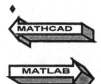

Komplexe Zahlen

z = a + b· i

werden bei MATLAB in der üblichen *mathematischen Schreibweise* eingegeben, wobei man die *imaginäre Einheit* i mittels i oder j schreibt und *Imaginärteil* und *imaginäre Einheit* mit oder ohne Multiplikationszeichen verbinden kann. Bei der Schreibweise ohne Multiplikationszeichen darf man aber kein Leerzeichen zwischen Imaginärteil und imaginäre Einheit einfügen.

MATLAB berechnet *Real-* und *Imaginärteil, Betrag, Winkel* und konjugiert komplexe Zahl der *komplexen Zahl*

z = a + b· i

mittels *folgender Funktionen:*

* **real** (z)

    berechnet den *Realteil* a.

* **imag** (z)

    berechnet den *Imaginärteil* b.

* **abs** (z)

    berechnet den *Betrag* $|z| = \sqrt{a^2 + b^2}$.

* **angle** (z)

    berechnet den *Winkel* $\varphi = \arctan \dfrac{b}{a}$.

* **conj** (z)

    berechnet die zu z konjugiert komplexe Zahl.

Im Rahmen von MATHCAD und MATLAB können die *Rechenoperationen* Addition, Subtraktion, Multiplikation, Division, Potenzierung für *komplexe Zahlen* durchgeführt werden, für die man die gleichen *Operationszeichen* wie für reelle Zahlen verwendet.

♦

5 Exakte und numerische Rechnungen in MATHCAD und MATLAB

Im folgenden betrachten wir in den Systemen MATHCAD und MATLAB die *Eingabe* zu berechnender *mathematischer Aufgaben* und die *Auslösung* ihrer *exakten* (symbolischen) oder *numerischen* (näherungsweisen) *Berechnung.* Dazu diskutieren wir nur die Möglichkeiten, die zur Lösung von Aufgaben aus Wahrscheinlichkeitsrechnung und Statistik erforderlich sind. Eine ausführlichere Behandlung dieser Problematik findet man in den beiden Büchern [75] und [77] des Autors über MATHCAD und MATLAB.

Bevor wir zu *exakten* und *numerischen Rechnungen* im Rahmen der *Systeme* MATHCAD und MATLAB kommen, möchten wir noch einige *allgemeine Hinweise* zur Durchführung von Rechnungen geben:

- Zum Abbruch *laufender Rechnungen* ist in MATHCAD und MATLAB folgende Vorgehensweise erforderlich:

Möchte man laufende *Rechnungen* in MATHCAD *unterbrechen* bzw. *abbrechen*, so ist die

Esc-*Taste*

zu *drücken* und in der erscheinenden *Dialogbox*

Interrupt processing
(deutsche Version: **Verarbeitung unterbrechen**)

OK anzuklicken. Daraufhin zeigt MATHCAD eine *Meldung* an, daß die *Rechnung unterbrochen* wurde.

Möchte man eine *unterbrochene Rechnung fortsetzen*, so muß man den entsprechenden Ausdruck anklicken und anschließen eine der *folgenden Aktivitäten* durchführen:

- * *Aktivierung* der *Menüfolge*
  Math ⇒ Calculate
  (deutsche Version: **Rechnen ⇒ Berechnen**)
- * *Drücken* der F9-*Taste*.

Möchte man laufende *Rechnungen* in MATLAB *unterbrechen* bzw. *abbrechen*, so ist die Tastenkombination

[Strg][C]

zu verwenden.

- Bei MATHCAD wird im Unterschied zu MATLAB zwischen zwei Formen der Durchführung von Rechnungen unterschieden:

MATHCAD unterscheidet bei Rechnungen zwischen *Automatikmodus* und *manuellem Modus*, die folgendermaßen charakterisiert sind:

* Im *Automatikmodus* wird

  - jede *Berechnung* nach der Eingabe des symbolischen oder numerischen Gleichheitszeichens *sofort ausgeführt*.

  - das gesamte *aktuelle Arbeitsblatt neu berechnet*, wenn *Konstanten*, *Variablen* oder *Funktionen* verändert werden. Für *exakte Berechnungen* gilt dies nur bei Anwendung des *symbolischen Gleichheitszeichens*.

Der *Automatikmodus* ist die *Standardeinstellung* von MATHCAD. Man erkennt seine *Aktivierung* im *Menü*

Math
(deutsche Version: **Rechnen**)

am Häkchen bei

Automatic Calculation
(deutsche Version: **Automatische Berechnung**)

Hier kann man durch *Mausklick* den *Automatikmodus ein-* oder *ausschalten*.
Den *eingeschalteten Automatikmodus* erkennt man am Wort **Auto** in der *Nachrichtenleiste*. Ist der *Automatikmodus ausgeschaltet*, so spricht man vom *manuellen Modus*.

* Der *manuelle Modus* wird durch *Ausschalten* des *Automatikmodus* erhalten und ist durch folgende *Eigenschaften* gekennzeichnet:

  - Eine *Berechnung* wird erst dann durchgeführt, wenn man die

    [F9]-*Taste*

    drückt. Dies gilt für das gesamte *aktuelle Arbeitsblatt*.

- Werden *Variablen* und *Funktionen verändert*, so *bleiben* alle darauf aufbauenden *Berechnungen* im Arbeitsblatt *unverändert*, wenn man sie nicht durch *Betätigung* der (F9)-*Taste* auslöst.

- Zur *Durchführung* jeder Art von Rechnungen in MATHCAD und MATLAB muß zuerst der zu berechnende Ausdruck in das Arbeitsfenster bzw. Kommandofenster eingegeben werden, wofür folgendes zur Verfügung steht:

  * *Operationssymbole* + – * / ^

  * *Zahlen* und *Variablen*

  * *Funktionen/Kommandos*

  * bei MATHCAD zusätzlich die mathematischen Symbole (Operatoren) wie Differntiationssymbole, Integrale, Summenzeichen usw., die von der *Rechenpalette* zur Verfügung gestellt werden

Im folgenden betrachten wir allgemeine *Grundlagen exakter* und *numerischer Rechnungen* bei der Verwendung der Systeme MATHCAD und MATLAB.

Die Vorgehensweise bei *exakten* und *numerischen Rechnungen* für *spezielle mathematische Aufgaben*, wie z.B. bei der *Lösung* von *Gleichungen*, Berechnung von *Ableitungen* und *Integralen* und Berechnung *statistischer Aufgaben*, lernen wir im Verlaufe des Buches kennen.

◆

5.1 Exakte Rechnungen mittels Computeralgebra

Im folgenden geben wir eine Einführung in die Durchführung *exakter* (*symbolischer*) *Rechnungen* mittels der Systeme MATHCAD und MATLAB.

Für *exakte Rechnungen* verwenden MATHCAD und MATLAB eine Minimalvariante des *Symbolprozessors* des *Computeralgebrasystems* MAPLE, der beim Start von MATHCAD *automatisch geladen* wird, während er sich bei MATLAB in der **Symbolic Math Toolbox** befindet, die extra gekauft und installiert werden muß.

Die *exakten Rechnungen* beruhen auf den Prinzipien der *Computeralgebra*, deren *Grundprinzip* sich bereits bei den *Grundrechenoperationen* zeigt, wie im folgenden Beispiel 5.1 illustriert wird.

Beispiel 5.1:

Bei der Addition der Brüche

$$\frac{1}{3} + \frac{1}{7}$$

wird bei *exakter* (*symbolischer*) *Rechnung* im Rahmen der *Computeralgebra* das *exakte Ergebnis*

$$\frac{10}{21}$$

und nicht eine *Dezimalnäherung* der Form

0.47619....

geliefert.

♦

Bei *exakten Berechnungen* mathematischer Aufgaben ist zu beachten, daß diese nicht immer durchführbar sind. Da können auch die Systeme MATH-CAD und MATLAB keine Wunderdinge vollbringen. Es lassen sich nur solche Aufgaben *exakt berechnen*, für die ein *endlicher Lösungsalgorithmus* vorhanden ist. Dies ist aber z.B. schon bei der Lösung von Gleichungen und der Berechnung von Integralen nicht immer gewährleistet. Die Aufstellung von endlichen Lösungsalgorithmen, die die Lösung einer mathematischen Aufgabe in endlich vielen Schritten liefern, stellt einen Gegenstand der mathematischen Forschung dar. Aufgrund der Problematik bei exakten Rechnungen, stellt die numerische Mathematik Algorithmen zur numerischen (näherungsweisen) Berechnung zahlreicher Aufgaben bereit. Effiziente *numerische Algorithmen* sind auch in den Systemen MATHCAD und MATLAB integriert, die ursprünglich reine Systeme für numerische Berechnungen waren. Erst in die neueren Versionen beider Systeme wurde eine Minimalvariante des *Symbolprozessors* des *Computeralgebrasystems* MAPLE aufgenommen, der exakte (symbolische) Rechnungen unterstützt.

♦

Falls abzusehen ist, daß sich eine gegebene*Aufgabe* mit den Systemen MATHCAD und MATLAB *exakt berechnen* läßt, sollte man dies zuerst versuchen und erst nach dem Versagen der exakten Berechnung zur *numerischen* (*näherungsweisen*) *Berechnung* übergehen.

♦

Betrachten wir im folgenden die allgemeine Vorgehensweise zur Durchführung exakter Rechnungen bei Anwendung der Systeme MATHCAD und MATLAB.

5.1.1 MATHCAD

Für die *exakte* (*symbolische*) Berechnung im Arbeitsfenster befindlicher Ausdrücke/Funktionen bietet MATHCAD zwei Möglichkeiten, nachdem man diese mit Bearbeitungslinien markiert hat:

I. *Anwendung* einer *Menüfolge* des *Menüs*

Symbolics
(deutsche Version: **Symbolik**)
aus der *Menüleiste*.

II. *Eingabe* des *symbolischen Gleichheitszeichens* → mit abschließender Betätigung der Eingabetaste ⏎. Die Eingabe kann durch *Anklicken* des *Symbols*

in der Operatorpalette Nr.4 oder 9 geschehen. Zusätzlich kann man das symbolische Gleichheitszeichen noch in Verbindung mit *Schlüsselwörtern* verwenden, die sich in der Operatorpalette Nr.9

befinden.

Aufgrund der einfachen Handhabung empfiehlt sich für *exakte Berechnungen* die Anwendung des *symbolischen Gleichheitszeichens* →. Mit ihm *allein* können u.a. *Ableitungen, Grenzwerte, Integrale, Produkte* und *Summen* exakt *berechnet* werden.

Des weiteren wird das symbolische Gleichheitszeichen in Verbindung mit *Schlüsselwörtern* eingesetzt.

Wir werden diese Problematik in den Kap.12 und 13 kennenlernen. Einen ersten Eindruck über die Anwendung des symbolischen Gleichheitszeichens liefert das folgende Beispiel 5.2.

♦

Beispiel 5.2:

a) Wenden wir das *symbolische Gleichheitszeichen* → zur Durchführung *exakten Rechnungen* an:

a1) Betrachten wir zuerst die *exakte Berechnung* von Zahlenausdrücken:

Reelle Zahlen in *symbolischer Schreibweise* verändert MATHCAD bei exakter Berechnung mittels des *symbolischen Gleichheitszeichens nicht*, wie z.B.

$$\sqrt{2} \rightarrow \sqrt{2}$$

Ändert man jedoch die Schreibweise der enthaltenen *Zahlen*, indem man sie in *Dezimalschreibweise* eingibt, so liefert MATHCAD mittels des *symbolischen Gleichheitszeichens* die folgende *Dezimalnäherung*:

$$\sqrt{2.0} \rightarrow 1.4142135623730950488$$

Dasselbe gilt für *mathematische Ausdrücke*, die reelle Zahlen in symbolischer Schreibweise enthalten, wie z.B.

$$\frac{\ln(2) + \sqrt[3]{8}}{\sin\left(\dfrac{\pi}{2}\right) + e^4} \rightarrow \frac{(\ln(2) + 2)}{(1 + \exp(4))}$$

In diesem Ausdruck werden nur die enthaltenen reellen Zahlen verändert, die eine weitere exakte Berechnung zulassen. Gibt man die nicht weiter exakt berechenbaren Ausdrücke in Dezimalschreibweise ein, so liefert MATHCAD mittels des *symbolischen Gleichheitszeichens* die folgende *Dezimalnäherung:*

$$\frac{\ln(2.0) + \sqrt[3]{8}}{\sin\left(\dfrac{\pi}{2}\right) + e^{4.0}} \rightarrow 4.8439510648366080304 \cdot 10^{-2}$$

a2) Ein Beispiel zur *exakten Berechnung allgemeiner mathematischer Ausdrücke* wie Ableitungen, Integrale usw. mittels des *symbolischen Gleichheitszeichens* → ist im folgenden zu sehen, wobei die zu berechnenden Ausdrücke unter Verwendung der Operatorpaletten der Rechenpalette in das Arbeitsfenster einzugeben sind. Dies illustrieren wir am Beispiel der Integralberechnung (siehe auch Abschn.13.3):
Das Integral

$$\int_0^5 x^6 \cdot e^x \, dx \rightarrow 6745 \cdot \exp(5) - 720$$

wird von MATHCAD exakt berechnet.
Das folgende *Integral* kann von MATHCAD *nicht exakt berechnet* werden und wird nach Eingabe des symbolischen Gleichheitszeichens unverändert wieder ausgegeben:

$$\int_1^2 x^x \, dx \rightarrow \int_1^2 x^x \, dx$$

b) Im folgenden ist die Umformung von *Ausdrücken* unter *Verwendung von Schlüsselwörtern* und *symbolischen Gleichheitszeichen* zu sehen, wobei der erste Ausdruck mittels des Schlüsselworts **simplify** *vereinfacht* und der zweite mittels des Schlüsselworts **expand** *entwickelt* wird:

$$\frac{x^4 - 1}{x + 1} \textbf{ simplify} \rightarrow x^3 - x^2 + x - 1$$

$$(a + b)^3 \textbf{ expand}, a, b \rightarrow a^3 + 3 \cdot a^2 \cdot b + 3 \cdot a \cdot b^2 + b^3$$

◆

5.1.2 MATLAB

Exakte (symbolische) Rechnungen sind in MATLAB nur möglich, wenn die **Symbolic Math Toolbox** installiert ist. Mit dieser Toolbox bietet MATLAB folgende Möglichkeiten für *exakte Rechnungen:*

* Ein *Zahlenausdruck* A muß in das Kommandofenster unter Verwendung des *Kommando*

  sym

  für *symbolische Ausdrücke* eingegeben werden, wie im Beispiel 5.3a illustriert wird.

* Wenn man anstatt Zahlenausdrücken allgemeine *Funktionsausdrücke* betrachtet, so sind in MATLAB weitere *exakte (symbolische) Operationen* möglich, wie *Umformen, Differenzieren, Integrieren* usw. Hierfür müssen die *Funktionen* aus der **Symbolic Math Toolbox** verwendet und *symbolische Größen (Konstanten, Parameter* und *Variablen)* mittels des *Kommandos* **sym** bzw. **syms** gekennzeichnet werden.

☞

Nach der *Eingabe* eines Ausdrucks oder einer Funktion erfolgt die *Auslösung* der exakten (symbolischen) *Berechnung* durch Betätigung der *Eingabetaste* ⏎.

Weiterhin ist zu beachten, daß das *Ergebnis* einer *exakten Rechnung* wieder ein *symbolischer Ausdruck* ist.

Das von MATLAB erhaltene *Ergebnis* erscheint unterhalb der Eingabe, wobei MATLAB davor die Zeile

ans =

einfügt wenn das Ergebnis nicht in einer Zuweisung steht. Damit weist MATLAB das *berechnete Ergebnis* der *Variablen* **ans** zu. Die MATLAB-Variable **ans** steht mit dem zugewiesenen Wert für weitere Rechnungen solange zur Verfügung, bis ihr wieder ein neuer Wert zugewiesen wird.

♦

☞

Möchte man als *Ergebnis* einer *exakten Rechnung* eine *Dezimalnäherung* erhalten, so ist z.B. die *Numerikfunktion* **numeric** auf das erhaltene Ergebnis anzuwenden (siehe Beispiel 5.3a2).

♦

Beispiel 5.3:

Illustrieren wir die Vorgehensweise zur Durchführung exakter Rechnungen mit MATLAB, die nur möglich sind, wenn die **Symbolic Math Toolbox** installiert ist.

a) Geben wir ein Beispiel zur *exakten Berechnung* von *Zahlenausdrücken*, indem wir die *Summe*

$$\frac{1}{3} + \frac{1}{7} = \frac{10}{21}$$

mittels MATLAB *exakt* berechnen:

a1)Mittels des *Kommandos* **sym** ist dies in der Form:

>> **sym** (1/3) + **sym** (1/7)

oder

>> **sym** (1/3 + 1/7)

möglich, wobei das *Ergebnis* durch abschließendes Drücken der *Eingabetaste* ⏎ in der folgenden Form ausgegeben wird:

ans =

10/21

a2)Möchte man das *Ergebnis* dieser *exakten Rechnung* als *Dezimalnäherung* erhalten, so ist z.B. die *Funktion* **numeric** anzuschließen:

>> **sym** (1/3 + 1/7)

ans =

10/21

>> **numeric** (ans)

ans =

   0.4762

b) Ein Beispiel zur *exakten Berechnung allgemeiner mathematischer Ausdrücke* wie Ableitungen, Integrale usw. ist im folgenden zu sehen:
Hierzu verwenden wir die *Funktion* **int** zur *exakten Berechnung* von *Integralen*, die MATLAB in der **Symbolic Math Toolbox** zur Verfügung stellt.
Da bei der Integration eine *symbolische Variable* auftritt, muß diese vor der Berechnung des Integrals mittels der *Funktion* **int** durch das *Kommando* **syms** als solche gekennzeichnet werden.

b1)Das Integral

$$\int_{0}^{5} x^6 e^x \, dx$$

wird von MATLAB ebenso wie von MATHCAD exakt berechnet:

>> **syms** x ; **int** (x^6 * **exp** (x) , x , 0 , 5)

ans =

$$6745 * \exp(5) - 720$$

b2)Das *Integral*

$$\int_1^2 x^x \, dx$$

kann von MATLAB ebenso wie von MATHCAD *nicht exakt berechnet* werden und wird nach Eingabe unverändert mit einer Meldung wieder ausgegeben:

>> **syms** x ; **int** (x^x , x)

Warning: Explicit integral could not be found.
> In C:\MATLABR11\toolbox\symbolic\@sym\int.m at line 58

ans =

int (x^x , x)

♦

5.2 Numerische Rechnungen

Numerische (*näherungsweise*) *Rechnungen* zählen zu den Stärken von MATHCAD und MATLAB, da sie ursprünglich als reine *Numeriksysteme* entwickelt wurden und erst in spätere Versionen Programmteile für exakte Rechnungen aufgenommen wurden.

☞
Numerische Rechnungen vollziehen sich im Rahmen von *Dezimalzahlen*, wobei Computer nur Zahlen mit einer *endlichen Ziffernanzahl* verarbeiten können. Zu ihrer Darstellung muß bei MATHCAD und MATLAB statt des Kommas der *Punkt* (*Dezimalpunkt*) verwendet werden.
♦

5.2.1 MATHCAD

Bei *numerischen Rechnungen* unterscheidet MATHCAD zwischen *zwei Möglichkeiten:*
I. Gewisse im Arbeitsfenster befindliche *mathematische Ausdrücke* können unmittelbar *numerisch berechnet* werden, wenn man im *Automatikmodus* nach der *Markierung* mit *Bearbeitungslinien* eine der folgenden Operationen durchführt:
*   *Eingabe* des *numerischen Gleichheitszeichens* =
*   *Aktivierung* der *Menüfolge*
    Symbolics ⇒ Evaluate ⇒ Floating Point...
    (deutsche Version: **Symbolik ⇒ Auswerten ⇒ Gleitkomma...**)

Diese Möglichkeit ist u.a. bei algebraischen und transzendenten Ausdrücken, Integralen, Summen, Produkten und Berechnungen mit Matrizen anwendbar.

II. Eine in MATHCAD vordefinierte *Numerikfunktion* wird zur *numerischen Berechnung* einer mathematischen Aufgabe herangezogen.

Nachdem die entsprechende Numerikfunktion mit einer Bearbeitungslinie markiert wurde, löst die Eingabe des numerischen Gleichheitszeichens = den Berechnungsvorgang aus.

Diese Möglichkeit ist u.a. bei der Lösung von Gleichungen und Differentialgleichungen, bei Interpolation und Regression zu verwenden.

Das *numerische Gleichheitszeichen* = darf man in MATHCAD *nicht* mit dem *symbolischen Gleichheitszeichen*

oder dem *Gleichheitsoperator* (*Gleichheitssymbol*)

verwechseln, die sich in der Operatorpalette Nr.4 bzw. 6 befinden.

♦

Bei *numerischen* (*näherungsweisen*) *Rechnungen* existieren in MATHCAD *drei Formen* für die Einstellung der *Genauigkeit*:

* Die *Anzahl* der *Kommastellen* (maximal 15) für das *Ergebnis* (*Dezimalnäherung*) kann man mittels der *Menüfolge*

Format ⇒ Result...
(deutsche Version: **Format ⇒ Ergebnis...**)

in der erscheinenden *Dialogbox*

Result Format
(deutsche Version: **Ergebnisformat**)

auf maximal 15 Stellen bei

Number Format
(deutsche Version: **Zahlenformat**)

einstellen (*Standardwert 3*).

* Möchte man ein *exaktes Ergebnis* oder eine *reelle Zahl* als *Dezimalnäherung* darstellen, so umrahmt man den Ausdruck mit einer Bearbeitungslinie und aktiviert die *Menüfolge*

Symbolics ⇒ Evaluate ⇒ Floating Point...
(deutsche Version: **Symbolik ⇒ Auswerten ⇒ Gleitkomma...**)

In der erscheinenden *Dialogbox*

Floating Point Evaluation
(deutsche Version: **Gleitkommaauswertung**)

kann die *gewünschte Genauigkeit* bis *4000 Kommastellen* eingestellt werden (*Standardwert 20*).

* Die gewünschte *Genauigkeit* einer verwendeten *numerischen Methode* (*Standardwert* 0.001) kann mit der *Menüfolge*

Math ⇒ Options...
(deutsche Version: **Rechnen ⇒ Optionen...**)

in der erscheinenden *Dialogbox*

Math Options
(deutsche Version: **Rechenoptionen**)

in

Built-In Variables
(deutsche Version: **Vordefinierte Variablen**)

bei

Convergence Tolerance
(deutsche Version: **Konvergenztoleranz**)

eingestellt werden. Das gleiche wird lokal durch Eingabe der *Zuweisung*

TOL := .....

in das Arbeitsfenster erreicht.

Man darf allerdings nicht erwarten, daß das angegebene Resultat die eingestellte Genauigkeit besitzt. Man weiß nur, daß die angewandte numerische Methode abbricht, wenn die Differenz zweier aufeinanderfolgender Näherungen kleiner als **TOL** ist.

◆

Beispiel 5.4:

Illustrieren wir *numerische Berechnungen* in MATHCAD am Beispiel der *Integralberechnung*:

Berechnen wir das nicht exakt berechenbare Integral

$$\int_1^2 x^x \, dx$$

aus Beispiel 5.3b2 numerisch. Das geschieht am einfachsten, indem man das symbolische Gleichheitszeichen durch das numerische ersetzt, d.h.

$$\int_1^2 x^x \, dx = 2.05045$$

◆

5.2.2 MATLAB

MATLAB führt alle *Rechenoperationen numerisch (näherungsweise)* durch, falls diese nicht durch Funktionen/Kommandos zur exakten (symbolischen) Berechnung gekennzeichnet sind. Es sind deshalb nur *Numerikfunktionen* zu verwenden und keine symbolischen Variablen einzusetzen. Treten in den Argumenten der verwendeten Numerikfunktionen Variablen auf, so müssen diesen vorher Zahlen zugewiesen sein.

☞

Möchte man ein *exakt berechnetes Ergebnis* als *Dezimalnäherung* erhalten, so sind die *Numerikfunktionen* **numeric** oder **double** anzuschließen, wie im Beispiel 5.5b illustriert wird.

♦
Beispiel 5.5:

a) Berechnen wir die *Summe*

$$\frac{1}{3} + \frac{1}{7} = \frac{10}{21}$$

numerisch durch *Eingabe* von

>> 1/3 + 1/7

in die aktuelle Kommandozeile des Kommandofensters und abschließendem Drücken der *Eingabetaste* ⏎. MATLAB gibt hierfür das *näherungsweise Ergebnis* (Dezimaldarstellung) in folgender Form aus:

ans =

    0.4762

MATLAB hat vor dem Ergebnis die Zeile **ans** = eingefügt, d.h., das berechnete *Ergebnis* wird der MATLAB-Variablen **ans** *zugewiesen*, da vom Nutzer keine Zuweisung an eine Variable vorgesehen wurde. Die Variable **ans** behält den berechneten Wert 0.4762 solange, bis MATLAB ihr einen neuen Wert zuweist.

b) Wenn man den Ausdruck aus Beispiel a *exakt* berechnet hat, d.h.
   >> **sym** (1/3 + 1/7)

   ans =

   10/21

und hierfür eine *Dezimalnäherung* erhalten möchte, so kann man die *Numerikfunktionen* **double** oder **numeric** anschließen:

* Anwendung von **double**

    >> **double (ans)**

ans =

0.4762

* Anwendung von **numeric**

>> **numeric** (ans)

ans =

0.4762

c) Die *numerische Berechnung* des Integrals

$$\int_0^3 \sin x \, dx$$

mittels der in MATLAB *vordefinierten Numerikfunktion* **quad** kann z.B. auf eine der folgenden Arten geschehen:

* Direkte Eingabe des Integranden (als Zeichenkette) und der Integrationsgrenzen im Argument von **quad**:

>> **quad** (' sin ' , 0 , pi)

ans =

1.9900

* Man kann auch im *Argument* von **quad** *Variable* verwenden, denen vorher Werte zugewiesen wurden, wobei der Funktionsname als Zeichenkette zuzuweisen ist:

>> integrand = ' sin ' ; a = 0 ; b = pi ;

>> **quad** (integrand , a , b)

ans =

1.9900

Diese hier praktizierte Vorgehensweise für die Eingabe des Integranden (sin x) funktioniert allerdings nur für in MATLAB *vordefinierte mathematische Funktionen* (siehe Abschn.7.2). Für andere (zusammengesetzte) Funktionen ist eine *Funktionsdatei* (*M-Datei*) zu schreiben (siehe Abschn.3.4.2 und Beispiel 3.4b).

♦

Die *numerische Berechnung* wird in MATLAB ausgelöst, wenn man nach der Eingabe eines Ausdrucks bzw. einer Funktion abschließend die *Eingabetaste* ⏎ drückt. Im Gegensatz zur exakten Berechnung ist diese Vorgehensweise einfacher, da dort noch das *Kommando* **sym** bzw. **syms** zur Kennzeichnung symbolischer Größen verwendet werden muß.

♦

Bei *numerischen Berechnungen* erhält man das Ergebnis in Form einer *De-zimalzahl*, deren *Format* und *Stellenzahl* eingestellt werden kann. Die *For-mateinstellung* haben wir bereits kurz im Abschn.4.1.3 (Beispiel 4.2) ken-nengelernt. Mit dem *Zahlenformat* läßt sich die *Stellenzahl* mittels folgender *Formatkommandos* einstellen:

* **format short**   (*Festkommadarstellung* mit 5 Ziffern)

* **format long**   (*Festkommadarstellung* mit 15 Ziffern)

* **format short e**   (*Exponentialdarstellung* mit 5 Ziffern)

* **format long e**   (*Exponentialdarstellung* mit 16 Ziffern)

* **format short g**   (automatische Auswahl aus den vorangehenden Kurzdarstellungen)

* **format long g**   (automatische Auswahl aus den vorangehenden Langdarstellungen)

☞

Das eingestellte *Zahlenformat* hat nur Wirkung auf die Anzeige im Kom-mandofenster und nicht auf die *interne Zahlendarstellung*, die immer in doppelter Genauigkeit besteht.

♦

6 Variablendarstellungen in MATHCAD und MATLAB

Variablen (*veränderliche Größen*) spielen in der Mathematik eine fundamentale Rolle. Sie treten in Formeln, Ausdrücken und Gleichungen auf, die in mathematischen Modellen für technische, natur- und wirtschaftswissenschaftliche Sachverhalte zu finden sind.

Bei der *Anwendung* von MATHCAD und MATLAB zur Berechnung *mathematischer Aufgaben* in *Technik, Natur-* und *Wirtschaftswissenschaften* kommt man deshalb ohne *Variablen* nicht aus.

Um *Variablen* in MATHCAD und MATLAB einsetzen zu können, benötigt man grundlegende Kenntnisse über ihre

* *Darstellungsmöglichkeiten*

* *Wirkungsweisen* und *Einsatzmöglichkeiten*

Betrachten wir zuerst einige *allgemeine Gesichtspunkte* bei der *Darstellung* von *Variablen* in MATHCAD und MATLAB:

* MATHCAD und MATLAB benötigen für Variablen keine Typerklärungen oder Dimensionsanweisungen. Tritt eine neue Variable auf, so wird diese automatisch eingerichtet und für sie Speicherplatz zugewiesen.

* In der *Mathematik* unterscheidet man zwischen *einfachen* und *indizierten Variablen*, wobei letztere z.B. für die *Matrizenrechnung* wichtig sind. Beide Variablenarten werden auch von MATHCAD und MATLAB verwendet. Dabei bestehen *einfache Variablen* nur aus dem *Variablennamen*, während bei *indizierten Variablen* nach dem Variablennamen noch Indizes anzuschließen sind.

* Man sollte bei der Festlegung von *Variablennamen beachten*, daß man keine *Namen vordefinierter Funktionen* oder *Konstanten* verwendet, da diese dann nicht mehr verfügbar sind.

* *Variablennamen* müssen immer mit einem *Buchstaben beginnen* und dürfen außer Buchstaben nur noch Zahlen und den Unterstrich _ enthalten.

* *Leerzeichen* sind in *Variablennamen* nicht zugelassen.

* Es wird bei *Variablennamen* zwischen *Groß-* und *Kleinschreibung* unterschieden.

- *Variablen* können *Matrizen, Zahlen* oder *Konstanten* zugewiesen werden. Die hierfür erforderlichen Zuweisungsoperatoren lernen wir im Abschn. 9.2 kennen.

- Wird einer vorhandenen *Variablen* ein *neuer Wert zugewiesen,* so wird der *alte Wert überschrieben* und ist nicht mehr verfügbar.

Im folgenden werden wir einige unbedingt notwendige Kenntnisse über einfache, indizierte und vektorwertige Variablen in den Systemen MATHCAD und MATLAB zur Verfügung stellen.

6.1 Einfache Variablen

Wir haben bereits gesehen, daß *einfache Variablen* nur aus dem *Variablennamen* bestehen, so daß ihre Anwendung in MATHCAD und MATLAB keine Schwierigkeiten bereiten dürfte.
Einfache Variablen werden zur Bezeichnung von Vektoren, Matrizen, Feldern, Mengen, ... benutzt, wobei sie dann als Vektorvariablen, Matrixvariablen, Feldvariablen, ... bezeichnet werden.

♦

MATHCAD und MATLAB unterscheiden bei einfachen Variablen zwischen

* *numerischen Variablen*

Diesen werden Zahlen zugewiesen.

* *symbolischen Variablen*

Sie werden in *exakten (symbolischen) Rechnungen* im Rahmen der Computeralgebra benötigt.
Bei der Verwendung von MATLAB müssen symbolische Variablen mit dem Kommando **sym** oder **syms** (siehe Abschn.5.1.2) als solche gekennzeichnet werden. Damit werden schon verwandte numerische Variablen wieder zu symbolischen Variablen.
Hat man in MATHCAD die Variable x bereits als numerische Variable verwendet und möchte man diese später wieder als symbolische Variable einsetzen, so kann man sich durch eine *Neudefinition*

$x := x$

helfen.

♦

6.2 Indizierte Variablen

Wir betrachten im folgenden *indizierte Variablen* der Form

x_k bzw. x_{ik}

die z.B. Komponenten und Elemente von Vektoren bzw. Matrizen bezeichnen. Ausführlicher lernen wir *indizierte Variable* bei *Vektoren* und *Matrizen* kennen (siehe Abschn.12.4).

Ihre Darstellung geschieht in MATHCAD und MATLAB folgendermaßen:

Bei der *Darstellung indizierter Variablen* bietet MATHCAD in Abhängigkeit vom Verwendungszweck *zwei Möglichkeiten*:

I. Möchte man eine Variable x_i als *Komponente* eines *Vektors* **x** interpretieren, so muß man diese unter Verwendung des *Operators*

aus der Operatorpalette Nr. 3 erzeugen, indem man in die erscheinenden *Platzhalter*

■.

x und den *Index* (*Feldindex*) i einträgt und damit

x_i

erhält.

Die indizierte Variable x_{ik} wird auf die gleiche Art gebildet, die beiden Indizes sind nur durch Komma zu trennen, d.h.

$x_{i,k}$

II. Ist man nur an einer *Variablen* x mit *tiefgestelltem Index* i interessiert, so erhält man diese, indem man nach der Eingabe von x mittels der Tastatur einen Punkt eintippt. Die anschließende Eingabe von i erscheint jetzt tiefgestellt und man erhält

x_i

Man bezeichnet diese Art von Index als *Literalindex* im Gegensatz zum *Feldindex* aus I.

☞

In MATHCAD ist der *Unterschied* zwischen beiden Arten von *indizierten Variablen* bereits *optisch* zu *erkennen*, da beim *Literalindex* zwischen Variablen und Index ein Leerzeichen steht und der Literalindex die gleiche Größe wie die Variable besitzt, während beim *Feldindex* der Index kleiner als die Variable dargestellt wird.

♦

Indizierte Variablen der Form

x_k bzw. x_{ik}

werden in MATLAB in der *Form*

x(k) bzw. x(i,k)

eingegeben, d.h., nach dem *Variablennamen* sind der Index bzw. die durch Komma getrennten Indizes in Klammern einzuschließen.

6.3 Vektorwertige Variablen

MATHCAD und MATLAB kennen beide *vektorwertige Variable*, wobei MAT-LAB allgemeiner *matrixwertige Variablen* zuläßt (siehe Beispiel 6.1b). Die Verwendung derartiger Variablen bringt eine Reihe von Vorteilen bei zahlreichen durchzuführenden Rechnungen. Vektorwertige Variable werden in beiden Systemen wie normale Variablen behandelt. Wendet man Funktionen auf sie an, so werden die Funktionswerte in allen Komponenten der vektorwertigen Variablen berechnet. Wir illustrieren dies im Beispiel 6.1a.

MATHCAD verwendet außer vektorwertigen Variablen zusätzlich sogenannte *Bereichsvariablen*:

MATHCAD *definiert Bereichsvariablen* in der *Form*

v := a, a + Δv.. b

wobei die *beiden Punkte* .. auf eine der *folgenden Arten eingegeben* werden können:

*   Anklicken des *Operators*

in der Operatorpalette Nr.3.

*   *Eingabe* des *Semikolons* mittels Tastatur.

Eine so definierte *Bereichsvariable* v nimmt alle *Werte zwischen* a (*Anfangswert*) und b (*Endwert*) mit der *Schrittweite* Δv an.

Fehlt die *Schrittweite* Δv, d.h., hat man eine *Bereichsvariable* v in der *Form*

v := a .. b

definiert, so werden von v die *Werte* zwischen a und b mit der *Schrittweite* 1 *angenommen,* d.h. für

* a < b

gilt i = a , a+1 , a+2 , ... , b

* a > b

gilt i = a , a−1 , a−2 , ... , b

Bei *Bereichsvariablen* ist weiterhin zu beachten, daß

* nur *einfache Variablen* auftreten dürfen, d.h., indizierte Variablen sind nicht erlaubt.

* MATHCAD *Bereichsvariablen* nur *maximal 50 Werte zuweisen* kann.

* *Bereichsvariable* und damit auch ihre Anfangswerte, Schrittweiten und Endwerte *beliebige reelle Zahlen* sein können.

* die einer *Bereichsvariablen zugewiesenen Werte* als *Wertetabelle (Ausgabetabelle) angezeigt* werden können, wenn man das *numerische Gleichheitszeichen* = eingibt. Dabei ist zu beachten, daß MATHCAD nur die ersten 50 Werte in dieser Tabelle darstellt. Wenn man mehr Werte benötigt, muß man mehrere Bereichsvariablen verwenden.

* sie nicht wie Vektoren verwendet werden können. Man kann sie nur als *Listen* auffassen.

Illustrieren wir die Funktionsweise von vektorwertigen Variablen und Bereichsvariablen im folgenden Beispiel 6.1.

Beispiel 6.1:

a) Zeigen wir die Anwendung vektorwertiger Variablen am Beispiel der Berechnung der Funktionswerte der Funktion

sin x

für die Werte

x = 1, 2, 3, 4, 5, 6, 7

$$x := \begin{pmatrix} 1 \\ 2 \\ 3 \\ 4 \\ 5 \\ 6 \\ 7 \end{pmatrix} \qquad \sin(x) = \begin{pmatrix} 0.841 \\ 0.909 \\ 0.141 \\ -0.757 \\ -0.959 \\ -0.279 \\ 0.657 \end{pmatrix}$$

Einfacher erhält man das Ergebnis in MATHCAD, indem man x als Bereichsvariable definiert:

$x := 1 .. 7$

$\sin(x) =$

0.841
0.909
0.141
-0.757
-0.959
-0.279
0.657

>> x = 1 : 7 ;

>> **sin** (x)

ans =

    0.8415   0.9093   0.1411   -0.7568   -0.9589   -0.2794   0.6570

Den Vektor **x** kann man in MATLAB noch in folgender Form definieren:

>> x = [1 2 3 4 5 6 7]

b) Möchte man eine mathematische Funktion in den Werten einer gegebenen Matrix **A** berechnen, so ist dies in MATLAB einfach möglich, da hier *matrixwertige Variablen* möglich sind. In MATHCAD geht dies nur, wenn man die Funktionswerte für die Spaltenvektoren der Matrix berechnet:

$$A := \begin{pmatrix} 1 & 2 \\ 3 & 4 \end{pmatrix}$$

$$\sin(A^{\langle 1 \rangle}) = \begin{pmatrix} 0.841 \\ 0.141 \end{pmatrix} \qquad \sin(A^{\langle 2 \rangle}) = \begin{pmatrix} 0.909 \\ -0.757 \end{pmatrix}$$

```
>> A = [ [ 1 2 ] ; [ 3 4 ] ] ;
>> sin ( A )
```

ans =

```
    0.8415    0.9093
    0.1411   -0.7568
```

♦

7 Vordefinierte Konstanten, Variablen und Funktionen in MATHCAD und MATLAB

Im folgenden illustrieren wir die Arbeit mit *Konstanten, Variablen* und *Funktionen,* die in den Systemen MATHCAD und MATLAB *vordefiniert* sind, d.h. die beide Systeme kennen. Diese reichen für eine Vielzahl praktischer Probleme aus. Weiterhin besteht in beiden Systemen die Möglichkeit, zusätzlich benötigte Konstanten und Funktionen zu definieren (siehe Abschn. 9.2 und 13.1.3).

Die Namen vordefinierter Konstanten, Variablen und Funktionen sollten nicht zur Definition anderer Größen verwendet werden, da sie dann nicht mehr zur Verfügung stehen.

♦

7.1 Vordefinierte Konstanten und Variablen

MATHCAD und MATLAB besitzen zahlreiche *vordefinierten Konstanten* und *Variablen,* die die Arbeit mit beiden Systemen wesentlich erleichtern. Sie werden auch als *Built-In Konstanten/Variablen* bezeichnet.

Während den *vordefinierten Konstanten,* wie

e, π, i, %

feste Werte zugeordnet sind, können *vordefinierten Variablen* andere als die von MATHCAD und MATLAB verwendeten *Standardwerte* zugewiesen werden.

♦

Im folgenden betrachten wir wichtige *vordefinierte Konstanten* und *Variablen,* die in den Systemen MATHCAD und MATLAB vorhanden sind:

MATHCAD kennt u.a. folgende

• *vordefinierte Konstanten*

Die *Bezeichnung* für ihre *Eingabe* wird in Klammern angeben:

* $\pi = 3.14159...$ (π aus der *Operatorpalette Nr.1*)

* *Eulersche Zahl* **e** $= 2.718281...$ (e über die *Tastatur*)

* *Imaginäre Einheit* $\mathbf{i} = \sqrt{-1}$ (1i über die *Tastatur*)

* *Unendlich* ∞ (∞ aus der *Operatorpalette Nr.5*)

* *Prozentzeichen* %=0.01   (% über die *Tastatur*)

* *vordefinierte Variablen*

  Die von MATHCAD verwendeten *Standardwerte* werden in *Klammern* angegeben:

  * **TOL** (=0.001)

    Gibt die bei *numerischen Berechnungen* von MATHCAD *verwendete Genauigkeit* an, wobei als *Standardwert* 0.001 verwendet wird.

  * **ORIGIN** (=0)

    Gibt bei *Vektoren* und *Matrizen* den *Index* (*Feldindex*) des ersten Elements an (*Startindex*), für den MATHCAD als *Standardwert* 0 verwendet. Dies ist bei der Rechnung mit Matrizen und Vektoren zu beachten, da man hier i.a. mit dem *Startindex* 1 beginnt, so daß man **ORIGIN** den Wert 1 zuordnen muß.

Möchte man für *vordefinierte Variablen andere Werte* als die von MATH-CAD verwendeten Standardwerte benutzen, so kann dies mittels der *Menüfolge*

Math ⇒ Options...
(deutsche Version: **Rechnen ⇒ Optionen...**)

in der erscheinenden *Dialogbox*

Math Options
(deutsche Version: **Rechenoptionen**)
bei

Built-In Variables
(deutsche Version: **Vordefinierte Variablen**)

global für das *gesamte Arbeitsblatt eingestellt* werden.

MATLAB kennt ebenso wie MATHCAD eine Reihe von *vordefinierten Konstanten* und *Variablen*. In MATLAB werden alle zusammenfassend als MATLAB-Variablen bezeichnet. Im Buch bezeichnen wir aber diejenigen als *MATLAB-Konstanten*, denen MATLAB immer den gleichen Wert zuweist.

- *Vordefinierte Konstanten* kennt MATLAB u.a. folgende:

  * Die reelle Zahl $\pi = 3.14159...$

    wird in MATLAB durch Eingabe von **pi** realisiert.

  * Die reelle Zahl **e** $= 2.718281...$

    wird in MATLAB durch Eingabe von **exp** (1) realisiert.

  * Die *imaginäre Einheit* $i = \sqrt{-1}$

    wird in MATLAB durch Eingabe von **i** oder **j** realisiert.

  * *Unendlich* ∞

    wird in MATLAB durch Eingabe von **Inf** oder **inf** realisiert. MATLAB liefert dieses Ergebnis, wenn man eine *Zahl* durch *Null dividiert* oder wenn ein *Überlauf* auftritt, d.h. ein *Ergebnis größer* als **realmax** wird.

  * Die Konstante **eps**

    wählt MATLAB so, daß sie im Computer eine Zahl größer 1 realisiert, wenn man sie zu 1 addiert.

  * **realmin**

    Gibt die *kleinste* in MATLAB verwendbare positive *reelle Zahl* in *Dezimaldarstellung* aus.

  * **realmax**

    Gibt die *größte* in MATLAB verwendbare positive *reelle Zahl* in *Dezimaldarstellung* aus.

  * **NaN**

    Dies ist die *Abkürzung* für die englische Bezeichnung *keine Zahl* (Not-a-Number) und wird ausgegeben, wenn das *Ergebnis undefiniert* ist (siehe Beispiel 7.1).

- Von den in MATLAB *vordefinierten Variablen* betrachten wir die beiden folgenden:

  * **flops**

zählt die im aktuellen Arbeitsfenster bisher durchgeführten *Gleit-kommaoperationen.*

* **ans**

wird von MATLAB verwendet, wenn ein berechnetes Ergebnis vom Nutzer nicht einer Variablen zugewiesen wurde. In diesem Fall weist MATLAB das Ergebnis der Variablen **ans** zu

Beispiel 7.1:

Betrachten wir die Verwendung der *vordefinierten Konstanten* ∞ (Unend-lich) in MATHCAD und MATLAB, da ∞ in der mathematischen Theorie nur als Grenzwert auftritt und nicht als Konstante:

* Bei *Division* durch 0 liefern MATHCAD und MATLAB eine *Fehlermel-dung* während MATLAB zusätzlich das Ergebnis *Unendlich* erhält:

>> 1/0

Warning: Divide by zero.

ans =

   Inf

* Wenn ein *Zahlenüberlauf* auftritt, d.h. die größte in MATHCAD und MATLAB darstellbare Zahl überschritten wird, so liefert MATHCAD eine Meldung und MATLAB als Ergebnis ∞

Die folgenden Funktionswerte überschreiten die größte in MATLAB dar-stellbare Zahl, so daß ∞ ausgegeben wird:

>> **exp** (2000)

   ans =

      Inf

>> **factorial** (1000)

   ans =

      Inf

* MATHCAD und MATLAB gestatten alle *Rechenoperationen* mit *Unend-lich*, obwohl diese mathematisch nicht definiert bzw. nur über *Grenz-wertbetrachtungen* erklärbar sind:

Bei der Addition von ∞ wird als Ergebnis die größte in MATHCAD dar-stellbare Zahl ausgegeben:

$$\infty + \infty = 2 \times 10^{307} \ \blacksquare$$

Bei den folgenden Operationen wird eine Meldung ausgegeben, daß das Ergebnis eine zu große Zahl ist:

$$\infty^{\infty} = \ \blacksquare$$

$$\infty \cdot \infty = \ \blacksquare$$

Bei den folgenden Operationen erhält MATHCAD ebenfalls *Ergebnisse*, die jedoch mathematisch nicht vertretbar sind, da hier nur *Grenzwertbe-trachtungen* möglich sind:

$$\infty - \infty = 0$$

$$\frac{\infty}{\infty} = 1$$

Bei den folgenden Operationen mit Unendlich erhält MATLAB als Er-gebnis wieder Unendlich:

>> **Inf + Inf**

ans =

　Inf

>> **Inf ∧ Inf**

ans =

　Inf

>> **Inf * Inf**

ans =

Inf

Bei den folgenden Operationen erhält MATLAB als *Ergebnis*

NaN   (Not-a-Number)

Dies ist die Abkürzung für die englische Bezeichnung *keine Zahl* und
weist darauf hin, daß das *Ergebnis undefiniert* ist wie z.B. für die folgenden bei *Grenzwertbetrachtungen* erhaltenen unbestimmten Ausdrük-
ke:

>> Inf − Inf

ans =

   NaN

>> Inf / Inf

ans =

   NaN

* Für die *Potenzen*

   0^{∞} und ∞^{0}

erhalten MATHCAD und MATLAB folgende *Ergebnisse*, die jedoch mathematisch nicht vertretbar sind, da hier nur *Grenzwertbetrachtungen*
möglich sind:

   $\infty^{0} = 1$ ∎

   $0^{\infty} = 0$ ∎

>> Inf ∧ 0

ans =

   1

>> 0 ∧ **Inf**

ans =

   0

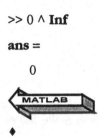

♦

7.2 Vordefinierte Funktionen

Funktionen spielen in allen *Anwendungen* eine *fundamentale Rolle*. In den Systemen MATHCAD und MATLAB gibt es eine Vielzahl von *vordefinierten Funktionen*, die die Arbeit wesentlich erleichtern. Dabei unterscheiden wir zwischen *allgemeinen* und *mathematischen Funktionen*, von denen wir im Laufe des Buches eine Reihe kennenlernen.

Von den *mathematischen Funktionen* benötigt man häufig *reelle Funktionen reeller Variablen*, die man üblicherweise in zwei Gruppen aufteilt:

* *elementare Funktionen*

Hierzu zählen Potenz-, Logarithmus- und Exponentialfunktionen, trigonometrische und hyperbolische Funktionen und deren inverse Funktionen (Umkehrfunktionen), die beide Systeme kennen.

* *höhere Funktionen*

Hierzu gehören z.B. die Besselfunktionen, die beide Systeme kennen
   ♦

Betrachten wir die allgemeine *Vorgehensweise* in MATHCAD und MATLAB, um mit *vordefinierten Funktionen* arbeiten zu können:

In MATHCAD sollte man folgende Hinweise über *vordefinierte* (*Built-In*) *Funktionen* kennen:

• In MATHCAD *vordefinierte Funktionen* sind aus der *Dialogbox*

Insert Function
(deutsche Version: **Funktion einfügen**)

ersichtlich, die auf zwei Arten geöffnet werden kann:

* mittels der *Menüfolge*

Insert ⇒ **Function ...**
(deutsche Version: **Einfügen** ⇒ **Funktion ...**)

* durch Anklicken des *Symbols*

in der *Symbolleiste.*

● Die *Bezeichnungen* der in MATHCAD *vordefinierten Funktionen* kann man im Arbeitsfenster an der durch den Kursor markierten Stelle folgendermaßen eingeben:

I. *Direkte Eingabe* mittels *Tastatur.*

II. Einfügen durch Mausklick auf die gewünschte Funktion in der *Dialogbox*

Insert Function

(deutsche Version: **Funktion einfügen**)

Dem Anwender wird empfohlen, die Methode II. zu verwenden, da man hier neben der *Schreibweise* der *Funktion* zusätzlich eine kurze *Erläuterung* erhält.

● Die *Anwendung* von *vordefinierten Funktionen* gestaltet sich *folgendermaßen:*

* *Zuerst* wird die *Funktion* mit ihren Argumenten in das Arbeitsfenster *eingegeben,* wobei die Argumente in runde Klammern einzuschließen und durch Komma zu trennen sind.

* *Danach* wird die *Funktion* mit einer *Bearbeitungslinie markiert.* Anschließend liefert die *Eingabe* des

– *symbolischen Gleichheitszeichens* → mit abschließender Betätigung der Eingabetaste 🔁 den *exakten*

– *numerischen Gleichheitszeichens* = mit abschließender Betätigung der Eingabetaste 🔁 den *numerischen*

Funktionswert.

● Bei der Arbeit mit *elementaren Funktionen* ist in MATHCAD die *Besonderheit* zu beachten, daß für folgende Funktionen keine Funktionsbezeichnungen existieren, sondern Symbole aus der Operatorpalette Nr.1 zu verwenden sind:

* Für *allgemeine Exponentialfunktionen* mit beliebiger Basis a>0, d.h.

a^x

ist folgender Operator zu verwenden:

* Für die Berechnung von *Wurzeln* und des *Betrags* sind folgende Operatoren zu verwenden:

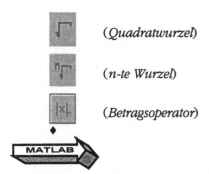

(*Quadratwurzel*)

(*n-te Wurzel*)

(*Betragsoperator*)

In MATLAB sollte man folgende Hinweise über *vordefinierte* (*Built-In*) Funktionen kennen:

• Einen Überblick über die in MATLAB *vordefinierten Funktionen* erhält man aus dem *Hilfefenster* (siehe Abschn.3.5), in dem die *Funktionen* in Gruppen eingeteilt sind und nach Anklicken der entsprechenden Gruppe in ihrer *MATLAB-Schreibweise* aufgelistet werden. Wenn man in der erscheinenden Liste einzelne Funktionen anklickt, so erhält man hierzu eine kurze Erläuterung.

• Der *Funktionsbegriff* wird in MATLAB sehr allgemein gehandhabt, so daß oft nicht zwischen *Kommandos* und *Funktionen* unterschieden wird. So werden im MATLAB-Hilfefenster auch sämtliche Kommandos erläutert.

• Die von *Funktionen* benötigten *Argumente* sind bei MATLAB in *runde Klammern* einzuschließen und durch Kommas zu trennen. Dies ist ein Unterschied zu *MATLAB-Kommandos*, bei den eventuelle Parameter nur dahinter geschrieben werden, ohne Klammern zu verwenden.

• Die *Berechnung* einer in der aktuellen Kommandozeile stehenden Funktion wird durch Drücken der Eingabetaste ⏎ ausgelöst. Dabei wird *numerisch gerechnet*, wenn nicht mittels der Kommandos **sym** oder **syms** gekennzeichnete symbolische Größen zu berechnen sind.

☞

Die *Namen vordefinierter Funktionen* sollten in beiden Systemen MATH-CAD und MATLAB nicht als Namen für neudefinierte Funktionen verwendet werden, da diese dann nicht mehr zur Verfügung stehen.

♦

8 Datenverwaltung in MATHCAD und MATLAB

Die *Ein-* und *Ausgabe* von *Daten* (*Zahlen*) ist für die Arbeit mit MATHCAD und MATLAB wichtig, da bei der Lösung praktischer Aufgaben häufig *Eingabewerte* erforderlich sind (z.B. *Meßwerte*) und die berechneten Ergebnisse weiterverwendet werden. Deshalb müssen die erforderlichen *Zahlenwerte* in MATHCAD und MATLAB *eingegeben* (*eingelesen*) und die erhaltenen *Ergebnisse ausgegeben* werden. Man spricht in den Systemen auch von *Datenverwaltung*.

In diesem Kapitel befassen wir uns mit dieser Problematik, wobei wir nur Daten in Zahlenform betrachten. Die anfallenden *Zahlen* sind im allgemeinen in *Zahlendateien* zusammengefaßt, wobei man das Format von *ASCII-Dateien* voraussetzt. Bei der *Datenverwaltung* unterscheiden beide Systeme zwischen

* *Eingabe/Import/Lesen* von *Zahlendateien* von Festplatte oder anderen Datenträgern,

* *Ausgabe/Export/Schreiben* von *Zahlendateien* auf Festplatte oder andere Datenträger,

* *Austausch* von *Zahlendateien* mit *anderen Systemen*.

☞

Wir betrachten im folgenden ausschließlich *ASCII-Dateien* in *Zahlenform* (*Zahlendateien*), da diese in praktischen Anwendungen am meisten vorkommen. Diese *Zahlendateien* besitzen i.a. *Matrixform*, d.h., sie unterteilen sich in *Zeilen* und *Spalten*. In jeder Zeile einer Zahlendatei muß die gleiche Anzahl von Zahlen stehen, die durch *Trennzeichen/Separatoren* zu trennen sind. Des weiteren ist das Zeilenende zu kennzeichnen. Man spricht deshalb von *strukturierten Dateien*. Als *Trennzeichen/Separatoren* können bei Zahlendateien Leerzeichen, Komma, Tabulator und Zeilenvorschub verwendet werden. Wir benutzen in beiden Systemen

* *Leerzeichen*

  zur *Trennung* der Zahlen in einer Zeile, d.h. der *Zeilenelemente*

* *Zeilenumbruch*

  zur Kennzeichnung der *Zeilenenden*

♦

Da jeder Nutzer von MATHCAD und MATLAB die wichtigsten Ein- und
Ausgabekommandos bzw. Ein- und Ausgabefunktionen (*Dateizugriffsfunktionen*) für Zahlendateien kennen muß, besprechen wir diese im folgenden.

8.1 Dateneingabe

Die Systeme MATHCAD und MATLAB können eine Reihe von Dateiforma-
ten lesen, wobei wir uns im folgenden auf den wichtigen Fall von *ASCII-
Dateien* beschränken. Das Lesen anderer Dateiformate gestaltet sich analog.

Beim *Lesen* von *Dateien* (*Dateieingabe*) muß natürlich bekannt sein, wo
MATHCAD und MATLAB die *zu lesende Datei* finden können. Deshalb muß
ihnen der *Pfad* mitgeteilt werden.

♦

Betrachten wir im folgenden die Vorgehensweise beim *Lesen* von *Dateien*
von Diskette, CD-ROM oder Festplatte im Rahmen von MATHCAD und
MATLAB:

Zum *Lesen* von Dateien stehen in MATHCAD folgende *zwei Möglichkeiten*
zur Verfügung:

I. Verwendung der *Menüfolge*

    Insert ⇒ Component...
    (deutsche Version: **Einfügen ⇒ Komponente...**)

    wobei in dem erscheinenden *Komponentenassistenten* (englisch: *Com-
    ponent Wizard*) in der

    *   *ersten Seite*

        File Read or Write
        (deutsche Version: **Datei lesen/schreiben**)

        anzuklicken

    *   *zweiten Seite*

        Read from a file
        (deutsche Version: **Daten aus einer Datei lesen**)

        anzuklicken

    *   *dritten Seite*

        das *Dateiformat*
        (für *ASCII-Dateien:* **Text Files**, deutsche Version: **Textdateien**)

        bei

        File Format

(deutsche Version: **Dateiformat**)

und der *Pfad* der *Datei* (z.B. A:\DATEN.TXT) *einzutragen*
sind.

In das abschließend im Arbeitsfenster erscheinende *Symbol* ist in den
freien Platzhalter der Name für die Variable/Matrix einzutragen, der die
eingelesene Datei zugewiesen werden soll (siehe Beispiel 8.1).

II. *Verwendung* von *Eingabefunktionen* (*Lesefunktionen*):

READPRN (DATEN)
(deutsche Version: **PRNLESEN**)

liest die Datei DATEN in eine Matrix.

Bei *Eingabefunktionen* ist für DATEN der vollständige *Pfad* der *Datei* als
Zeichenkette zu schreiben:
Soll z.B. die Datei DATEN.TXT von *Diskette* im *Laufwerk A* gelesen und
einer *Matrix* **B** zugewiesen werden, so ist

B := READPRN (″ A:\ DATEN.TXT ″)

einzugeben.

◆

Beide Lesemöglichkeiten werden in MATHCAD mit einem Mausklick außerhalb des Ausdrucks oder Betätigung der Eingabetaste ⏎ ausgelöst.

◆

Beim *Einlesen* ist zu beachten, daß bei der *Anzeige* mit *Indizes* (Standardeinstellung von MATHCAD) die eingelesenen Werte als *rollende Ausgabetabelle* angezeigt werden, wenn die Datei mehr als neun Zeilen oder Spalten
besitzt (siehe Beispiel 8.1).

◆

Beispiel 8.1:

Auf *Diskette* im *Laufwerk* A des Computers *befindet* sich die *strukturierte
ASCII-Datei* DATEN.TXT folgender Form (19 Zeilen, 2 Spalten):

1 20
2 21
3 22
4 23
5 24
6 25
7 26
8 27
9 28
10 29

11 30

12 31

13 32

14 33

15 34

16 35

17 36

18 37

19 38

Diese Datei soll in MATHCAD *gelesen* (eingegeben) und einer *Matrix* **B** *zugewiesen* werden. Hierzu können die beiden behandelten *Möglichkeiten* herangezogen werden:

- Anwendung der *Menüfolge*

  Insert ⇒ Component...
  (deutsche Version: **Einfügen ⇒ Komponente...**)

  wobei in die einzelnen Seiten des erscheinenden *Komponentenassistenten* folgendes einzugeben ist:

  * daß eine Datei *gelesen* werden soll
  * das *Dateiformat* für *ASCII-Dateien:*

    Text Files
    (deutsche Version: **Textdateien**)
  * der *Pfad* A:\DATEN.TXT

  In das abschließend erscheinende *Symbol* ist in den freien Platzhalter der Name der *Matrix* **B** einzutragen, der die eingelesene Datei zugewiesen werden soll. Damit steht im Arbeitsfenster folgendes:

  $B :=$

  A:\DATEN.TXT

- Anwendung der *Lesefunktion:*

  B := READPRN ("A:\DATEN.TXT ")

Beide Vorgehensweisen werden mit einem Mausklick außerhalb des Ausdrucks oder Betätigung der Eingabetaste ⏎ ausgelöst und liefern folgende rollende Ausgabetabelle für die *Matrix* **B**:

$$
B = \begin{bmatrix}
1 & 20 \\
2 & 21 \\
3 & 22 \\
4 & 23 \\
5 & 24 \\
6 & 25 \\
7 & 26 \\
8 & 27 \\
9 & 28 \\
10 & 29 \\
11 & 30 \\
12 & 31 \\
13 & 32 \\
14 & 33 \\
15 & 34
\end{bmatrix}
$$

MATHCAD

MATLAB

MATLAB kann *Dateien lesen,* die im *ASCII-Format* vorliegen. Um zu kennzeichnen, daß es sich um *ASCII-Dateien* handelt, geben wir das *Attribut* –ascii ein. Dieses Attribut kann weggelassen werden, da *ASCII-Dateien* immer erkannt werden. Zum Lesen stellt MATLAB das *Kommando*

load

zur Verfügung, dessen Anwendung im folgenden Beispiel 8.2 erläutert wird.

Beispiel 8.2:

Auf Diskette im Laufwerk A befinden sich in der *ASCII-Datei* DATEN.TXT die in Matrixform (2 Zeilen, 2 Spalten) gespeicherten Zahlen

1 2
3 4

Diese Datei wird von MATLAB mittels

```
>> load A:\DATEN.TXT –ascii
```

eingelesen. Die so eingelesenen Zahlen lassen sich nach Eingabe des Dateinamens DATEN im Arbeitsfenster anzeigen:

```
>> DATEN
```

DATEN =

   1   2

   3   4

Damit bezeichnet jetzt die *Variable* DATEN die Matrix

[1 , 2 ; 3 , 4]

8.2 Datenausgabe

Die Systeme MATHCAD und MATLAB können eine Reihe von Dateiforma-
ten auf Diskette und Festplatte schreiben (speichern), wobei wir uns im folgenden auf den wichtigen Fall von *ASCII-Dateien* beschränken.

Beim *Schreiben/Speichern* von *Dateien* muß natürlich bekannt sein, wohin
MATHCAD und MATLAB die *Datei* speichern sollen, d.h., es muß der *Pfad*
mitgeteilt werden.

Zum *Schreiben* stehen in MATHCAD folgende *zwei Möglichkeiten* zur Verfügung:

I. *Ausgabe* über die *Menüfolge*

    Insert ⇒ Component...
    (deutsche Version: **Einfügen ⇒ Komponente...**)

    wobei in dem erscheinenden *Komponentenassistenten* in der

* *ersten Seite*

    File Read or Write
    (deutsche Version: **Datei lesen/schreiben**)

    anzuklicken

* *zweiten Seite*

    Write to a file
    (deutsche Version: **Daten in eine Datei schreiben**)

    anzuklicken

* *dritten Seite*
    das *Dateiformat*

(für *ASCII-Dateien:* **Formatted Text**, deutsche Version: **Formatierter Text**)

bei

File Format
(deutsche Version: **Dateiformat**)

und der *Pfad* der *Datei* (z.B. A:\DATEN.TXT)
einzutragen

sind. In das abschließend erscheinende *Symbol* ist in den freien Platzhalter der Name der zu schreibenden Variablen/Matrix einzutragen.

II. *Verwendung* von *Ausgabefunktionen* (*Schreibfunktionen*)

WRITEPRN (DATEN) := B
(deutsche Version: **PRNSCHREIBEN**)

schreibt die im Arbeitsfenster befindliche Matrix **B** in die Datei DATEN, d.h., jeder Zeile bzw. Spalte von DATEN wird eine Zeile bzw. Spalte der Matrix zugeordnet.

Bei *Schreibfunktionen* ist für DATEN der vollständige *Pfad* der *Datei* als *Zeichenkette* einzugeben.

Soll z.B. die im Arbeitsfenster stehende *Matrix* **B** in die Datei DATEN.TXT auf *Diskette* im *Laufwerk* A geschrieben werden, so ist

WRITEPRN ("A:\ DATEN.TXT ") := B

einzugeben.

☞

Beide Schreibmöglichkeiten werden mit einem Mausklick außerhalb des Ausdrucks oder Betätigung der Eingabetaste ⏎ ausgelöst.

♦
Beispiel 8.3:

Für die im folgenden verwendete *Matrix* **B** haben wir als Startwert für die Indizierung den Wert 1 eingestellt,

d.h. **ORIGIN:=1**.

Schreiben/Speichern wir die im Arbeitsfenster von MATHCAD befindliche *Matrix* **B**

$$B := \begin{pmatrix} 1 & 2 & 3 & 4 \\ 5 & 6 & 7 & 8 \\ 9 & 10 & 11 & 12 \end{pmatrix}$$

mittels der

- *Menüfolge*
  Insert ⇒ Component...

(deutsche Version: **Einfügen** ⇒ **Komponente...**)
wobei in die einzelnen Seiten des erscheinenden *Komponentenassistenten* einzugeben ist:

* daß eine *Datei geschrieben* werden soll

* das *Dateiformat*

    Formatted Text
    (deutsche Version: **Formatierter Text**)

* der *Pfad* A:\DATEN.TXT

In das im Arbeitsfenster erscheinende *Symbol* ist abschließend in den freien Platzhalter der Name der *zu schreibenden Matrix* **B** einzutragen:

B

• *Schreibfunktion*

WRITEPRN ("A:\DATEN.TXT") := B

auf *Diskette* im *Laufwerk* A als ASCII-Datei DATEN.TXT, indem beide Vorgehensweisen mit einem Mausklick außerhalb des Ausdrucks oder Betätigung der Eingabetaste ⏎ abgeschlossen werden.
Danach befindet sich die *Matrix* **B** in folgender Form auf *Diskette* in der Datei DATEN.TXT:

1	2	3	4
5	6	7	8
9	10	11	12

♦

MATLAB kann *Matrizen* mittels des *Kommandos*

save

schreiben/speichern. Wir betrachten im folgenden nur *Matrizen*, deren Elemente Zahlen sind. Diese Matrizen speichern wir im *ASCII-Format* ab. Um zu kennzeichnen, daß es sich um *ASCII-Dateien* handelt, geben wir das *Attribut* –ascii ein. Dieses Attribut kann weggelassen werden, da *ASCII-Dateien* immer erkannt werden.
Im vorangehenden Abschnitt 8.1 haben wir bereits das Einlesen derartiger *ASCII-Dateien* mit dem *Kommando* **load** kennengelernt.

Im folgenden Beispiel 8.4 illustrieren wir die Anwendung des *Kommandos* **save** und lesen die so abgespeicherte Matrix mit dem *Kommando* **load** wieder ein.

Beispiel 8.4:

Die im Kommandofenster von MATLAB stehende Matrix

$>>$B = [1 2 ; 3 4]

wird mittels

$>>$ **save** A:\ DATEN.TXT B −ascii

als ASCII-*Datei* auf Diskette im Laufwerk A *gespeichert* und steht hier in der Form

1.0000000e+000 2.0000000e+000

3.0000000e+000 4.0000000e+000

Wenn man diese abgespeicherte Matrix später wieder benötigt, kann sie mittels

$>>$ **load** A:\ DATEN.TXT −ascii

eingelesen werden und steht in der Variablen DATEN zur Verfügung:

$>>$ DATEN

DATEN =

   1   2

   3   4

♦

8.3 Datenaustausch

In den beiden vorangehenden Abschnitten haben wir bereits zwei Formen des *Datenaustausches* von MATHCAD und MATLAB kennengelernt:

Eingabe und *Ausgabe* von *Dateien.*

Dies ist aber nicht die einzige Form für den Datenaustausch. Die beiden Systeme gestatten auch den Datenaustausch mit anderen *Programmsystemen* wie z.B. EXCEL. Bezüglich weiterer Einzelheiten hierzu verweisen wir auf die Handbücher der Systeme und die integrierten Hilfen.

9 Programmierung mit MATHCAD und MATLAB

Wenn man für eine zu *berechnende Aufgabe* in MATHCAD und MATLAB *keine* entsprechenden *Funktionen/Kommandos* findet, kann man *eigene Programme* mit den in beiden Systemen integrierten *Programmiersprachen schreiben*. Dies gilt auch für die im vorliegenden Buch betrachteten Aufgaben aus Wahrscheinlichkeitsrechnung und Statistik. Hat man hierfür komplexere Aufgabenstellungen vorliegen, so kann man diese häufig durch Ausnutzung der Programmiermöglichkeiten im Rahmen von MATHCAD und MATLAB berechnen.

Deshalb geben wir im folgenden eine *Einführung* in die *Programmiermöglichkeiten* von MATHCAD und MATLAB, die es dem Anwender ermöglichen, selbst *Programme* zu *schreiben*.

Kenntnisse in der *Programmierung* sind auch nützlich, wenn man sich die bereits in beiden Systemen vorhandenen Programme ansehen will, um diese zu verstehen und gegebenenfalls den eigenen Erfordernissen anzupassen.

♦

In einigen *Computeralgebrasystemen* lassen sich die bekannten *Programmierstile:*

* *prozedurales*
* *rekursives* bzw. *regelbasiertes*
* *funktionales*
* *objektorientiertes*

Programmieren verwirklichen. Diese Systeme kann man auch als *Programmiersprachen* bezeichnen.

Wir betrachten in MATHCAD und MATLAB hauptsächlich die *prozedurale Programmierung*, deren Werkzeuge

* *Zuweisungen (Zuordnungen)*
* *Schleifen*
* *Verzweigungen*

sind. Die mit der *prozeduralen Programmierung* erstellten *Programme* reichen für viele Anwendungen aus.♦

Die in MATHCAD und MATLAB integrierten *Programmiersprachen* besitzen *Vorteile* gegenüber den klassischen *Programmiersprachen*, da die gesamte Palette der in beiden Systemen *vordefinierten Funktionen/Kommandos* bei der *Programmierung* verwendet werden kann. So lassen sich z.B. die Möglichkeiten zur Gleichungslösung, Differentiation und Integration für die Programmierung heranziehen.

♦

Betrachten wir zuerst allgemeine Gesichtspunkte der Programmierung mittels MATHCAD und MATLAB:

* MATHCAD besitzt nicht so umfangreiche Programmiermöglichkeiten, beherrscht aber die *prozedurale Programmierung*.
  Des weiteren lassen sich einfache Aufgaben der *rekursiven Programmierung* realisieren.

* Eine Besonderheit von MATHCAD bzgl. der Programmierung besteht darin, daß alle Programme in Form von *Funktionsunterprogrammen* geschrieben werden müssen. Dieser aus der Programmierung bekannte Programmtyp liefert als Ergebnis eine Zahl, einen Vektor bzw. eine Matrix.

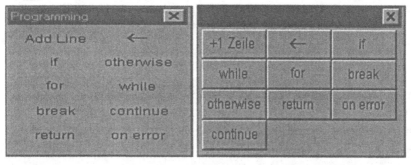

Abb.9.1. Programmierungspalette der englischen und deutschen Version von MATHCAD

* Seit der *Version 6* besitzt MATHCAD eine *Programmierungspalette* (englische Version: *Programming Palette*), die die *Programmierung erleichtert* da sie Operatoren für Zuweisungen, Verzweigungen und Schleifen enthält, die durch Mausklick eingefügt werden können.
  Die *Programmierungspalette* (*Operatorpalette Nr. 7* der *Rechenpalette*) ist in Abb.9.1 zu sehen. Einzelne *Operatoren* dieser Palette werden im folgenden *erläutert*.
  Des weiteren gestattet MATHCAD für die Programmierung noch die Eingabe von Befehlen mittels Tastatur.

- Man bezeichnet MATLAB neben den Systemen AXIOM, MACSYMA, MAPLE und MATHEMATICA als *Programmiersprache*, die ohne weiteres mit modernen (höheren) *Programmiersprachen* wie BASIC, C, FORTRAN, PASCAL,... konkurrieren kann.

- Wer schon Kenntnisse in der *Programmiersprache* C hat, kann ohne große Mühe mittels der *MATLAB-Programmiersprache* eigene *Programme erstellen*. Dies liegt darin begründet, daß die *MATLAB-Programmiersprache C-ähnliche Strukturen* aufweist.

- MATLAB bietet zusätzlich die Möglichkeit, Programme einzubinden, die in den Programmiersprachen C oder FORTRAN geschrieben sind.
  Falls man sich in diesen Programmiersprachen nicht auskennt und auch eine Beschäftigung mit den erforderlichen numerischen Methoden vermeiden möchte, kann man bereits vorhandene Programmbibliotheken in diesen Programmiersprachen heranziehen.
  Für MATLAB wurde die **NAG Toolbox** erstellt, die zahlreiche Programme zur numerischen Mathematik enthält.

- Alle in MATLAB erstellten Programme müssen in Form einer *M-Datei* verfaßt werden (siehe Abschn.3.4).

In den folgenden Abschnitten möchten wir erste Vorstellungen vermitteln, welche Möglichkeiten sich durch die *prozedurale Programmierung* in MATHCAD und MATLAB ergeben:

* Zuerst betrachten wir im Abschn.9.1 *Vergleichsoperatoren* und *logische Operatoren*, die man u.a. für Verzweigungen braucht.

* Danach beschäftigen wir uns im Abschn.9.2 mit *Zuweisungen*, die jeder Anwender beherrschen sollte, da diese die Arbeit mit MATHCAD und MATLAB wesentlich erleichtern.

* In den anschließenden Abschn.9.3 und 9.4 besprechen wir *grundlegende Befehle* zu *Verzweigungen* und *Schleifen*, um einfache Programme schreiben zu können.

* Im letzten Abschn.9.5 geben wir Hinweise zur Erstellung einfacher Programme und illustrieren die Vorgehensweise an einem Beispiel.

9.1 Vergleichsoperatoren und logische Operatoren

Vergleichsoperatoren, die auch als *Boolesche Operatoren* bezeichnet werden, und *logische Operatoren* benötigt man zur Bildung *logischer Ausdrücke*.

Diese können im Unterschied zu algebraischen Ausdrücken nur die beiden *Werte* 0 (*falsch*) oder 1 (*wahr*) annehmen.

Die nur mit *Vergleichsoperatoren* gebildeten Ausdrücke werden als *Vergleichsausdrücke* bezeichnet.

Die mit *Vergleichsoperatoren* und *logischen Operatoren* gebildeten Ausdrücke bezeichnen wir als *logische Ausdrücke*. Damit sind *Vergleichsausdrücke* Spezialfälle von *logischen Ausdrücken*.

Beispiel 9.1:

a) Die folgenden Ausdrücke sind Beispiele für *Vergleichsausdrücke:*

$x = y \qquad x \le y \qquad x \ne y$

b) Der *logische Ausdruck*

b1) $(1 < 2)$ ODER $(3 < 2)$

mit dem *logischen* ODER liefert den Wert 1 (wahr).

b2) $(1 < 2)$ UND $(3 < 2)$

mit dem *logischen* UND liefert den Wert 0 (falsch).

♦

Logische Ausdrücke finden u.a. bei der *Programmierung* von *Verzweigungen* Anwendung, so daß wir im folgenden ihre Darstellung bei der Anwendung von MATHCAD und MATLAB geben:

MATHCAD kennt *folgende Vergleichsoperatoren:*

* *gleich*

    $=$

* *kleiner*

    $<$

* *größer*

    $>$

* *kleiner gleich*

    $\le$

* *größer gleich*

    $\ge$

* *ungleich*

    $\ne$

die alle über die Operatorpalette Nr.6 durch Mausklick eingefügt werden können.

Zusätzlich lassen sich die beiden Operatoren $<$ und $>$ mittels Tastatur eingeben.

Der *Gleichheitsoperator* ▬ , der mittels des *Symbols*

aus der Operatorpalette Nr.6 erzeugt wird, ist nicht mit dem *numerischen Gleichheitszeichen* = (siehe Abschn.5.2.1) zu verwechseln, das mittels Tastatur oder über die Operatorpalette Nr.1 oder Nr.4 eingegeben wird. Beide unterscheiden sich optisch, da der *Gleichheitsoperator* mit dicken Strichen dargestellt wird.

♦

MATHCAD kennt u.a. die *logischen Operatoren*

* ∧   *logisches* UND
* ∨   *logisches* ODER
* ¬   *logisches* NICHT

die alle über die Operatorpalette Nr.6 durch Mausklick eingefügt werden können.

MATLAB kennt folgende *Vergleichsoperatoren*, die mittels Tastatur eingegeben werden:

* *kleiner*

    <

* *größer*

    >

* *kleiner gleich*

    <=

* *größer gleich*

    >=

* *gleich*

    ==   (*Gleichheitsoperator*, durch zwei Gleichheitszeichen eingegeben)

    isequal   (*Gleichheitsfunktion*)

Der *Unterschied* zwischen diesen beiden *Gleichheitsoperatoren* liegt im folgenden:

Bei der Anwendung auf Skalare liefern beide das gleiche Ergebnis. Bei der Anwendung auf Matrizen liefern beide unterschiedliche Ergebnisse, da der *Gleichheitsoperator* $=$ elementweise vergleicht, während die *Gleichheitsfunktion* **isequal** die gesamte Matrix vergleicht.

* *ungleich*

~=   (*Ungleichheitsoperator*)

Die in MATLAB vorhandenen *logischen Operatoren*

* *logisches* UND

&

* *logisches* ODER

|

* *logisches* NICHT

~

werden mittels Tastatur eingegeben.

9.2 Zuweisungen

Zuweisungen spielen bei der Arbeit mit MATHCAD und MATLAB eine wichtige Rolle, da man *Zuweisungen* von *Zahlen, Konstanten* oder *Ausdrücken* an *Variable* v häufig bei durchzuführenden Rechnungen benötigt. Des weiteren braucht man *Zuweisungen* bei der *Definition* von *Funktionen* (siehe Abschn. 13.1.3).

♦

Man unterscheidet in MATHCAD wie in den Programmiersprachen zwischen *lokalen* und *globalen Zuweisungen*, für die wir im Kap.8 bereits folgende Operatoren kennengelernt haben:

• *Lokale Zuweisungen* werden in MATHCAD mittels des Zeichens := realisiert, das durch *eine* der *folgenden Operationen* erzeugt wird:

  * Anklicken des *Zuweisungsoperators*

  in der Operatorpalette Nr.1 oder 4.

* *Eingabe* des *Doppelpunktes* mittels *Tastatur*.

- *Globale Zuweisungen* werden mittels des Zeichens ≡ realisiert, das durch Anklicken des *Zuweisungsoperators*

  in der Operatorpalette Nr.4 erzeugt wird.

Lokale Zuweisungen innerhalb von *Funktionsunterprogrammen* können nur mittels des *Zuweisungsoperators*

aus der Operatorpalette Nr.7 (*Programmierungspalette*) realisiert werden, wie in den folgenden Beispielen zu sehen ist.

◆

Durch *lokale* und *globale Zuweisungen* lassen sich analog zu Programmiersprachen *lokale* und *globale Variablen* definieren.

◆

MATLAB verwendet als *Zuweisungsoperator* das *Gleichheitszeichen*

=

d.h., die *Zuweisung* eines *Ausdrucks* A an eine *Variable* v geschieht durch

>>v = A

während für den *Gleichheitsoperator* das *doppelte Gleichheitszeichen*

==

benutzt wird.

9.3 Verzweigungen

Verzweigungen werden in *Programmiersprachen* meistens mit dem *Befehl*
if
gebildet und liefern in Abhängigkeit von *Ausdrücken* (meistens logischen Ausdrücken) verschiedene Resultate.

MATHCAD verwendet für die Programmierung von *Verzweigungen* den **if**-Befehl und den **until**-Befehl:

* Der **if**-Befehl

  kann auf zwei Arten eingegeben bzw. angewandt werden:

  * *Eingabe* über die *Tastatur* in der *Form*

    if (*ausdr, erg1, erg2*)

    Hier wird das Ergebnis *erg1* ausgegeben, wenn der Ausdruck *ausdr* ungleich *Null* (bei arithmetischen und transzendenten Ausdrücken) bzw. *wahr* (bei logischen Ausdrücken) ist, ansonsten das Ergebnis *erg2*.

  * *Eingabe* durch *Anklicken* des **if**-Operators

    in der Operatorpalette Nr.6 (*Programmierungspalette*).

* Der **until**-Befehl

  wird mittels Tastatur eingegeben und hat folgende *Form:*

  until (*ausdr* , *w*)

  Hier wird der Wert von *w* solange berechnet, bis der Ausdruck *ausdr* einen *negativen Wert* annimmt. Falls *ausdr* ein *logischer Ausdruck* ist, muß man beachten, daß MATHCAD für *wahr* 1 und für *falsch* 0 setzt. Deshalb muß man bei *logischen Ausdrücken* eine Zahl zwischen 0 und 1 abziehen, damit bei *falsch* der Ausdruck w nicht mehr berechnet wird.

In der *deutschen Version* von MATHCAD kann man die Befehle **if** und **until** auch in der übersetzten Form **wenn** bzw. **bis** benutzen.

♦
Beispiel 9.2:

Gegeben sei die folgende *stetige Funktion* f(x,y):

$$z = f(x,y) = \begin{cases} x^2 + y^2 & \text{wenn} \quad x^2 + y^2 \leq 1 \\[2ex] 1 & \text{wenn} \quad 1 < x^2 + y^2 \leq 4 \\[2ex] \sqrt{x^2 + y^2} - 1 & \text{wenn} \quad 4 < x^2 + y^2 \end{cases}$$

In MATHCAD kann die *Definition* dieser *Funktion* auf eine der folgenden Arten geschehen:

* unter Verwendung des **if**-Befehls, der mittels Tastatur in *geschachtelter Form* eingegeben wird:

$$f(x,y) := \mathbf{if}\left(x^2 + y^2 \leq 1, \, x^2 + y^2, \, \mathbf{if}\left(x^2 + y^2 \leq 4, \, 1, \, \sqrt{x^2 + y^2} - 1\right)\right)$$

* unter Verwendung des **if**-Operators aus der *Programmierungspalette*

$$f(x,y) := \begin{vmatrix} x^2 + y^2 & \text{if} \quad x^2 + y^2 \leq 1 \\[1ex] 1 & \text{if} \quad 1 < x^2 + y^2 \leq 4 \\[1ex] \sqrt{x^2 + y^2} - 1 & \text{otherwise} \end{vmatrix}$$

Dies geschieht unter zweimaliger Verwendung des *Operators* zum Einfügen von Zeilen

des **if**-Operators

und des **otherwise**-Operators

MATLAB stellt für *Verzweigungen* folgende Formen für den **if** -*Befehl* bereit:

* **if** *Bedingung* ; *Anweisungen* ; **end**

* **if** *Bedingung* ; *Anweisungen_1* ; **else** *Anweisungen_2* ; **end**

* **if** *Bedingung_1* ; *Anweisungen_1* ; **elseif** *Bedingung_2* , *Anweisungen_2* ; **end**

* **if** *Bedingung_1* ; *Anweisungen_1* ; **elseif** *Bedingung_2* ; *Anweisungen_2* ; **else** *Anweisungen_3* ; **end**

Wenn *mehrere Anweisungen* nacheinander stehen, so sind diese durch *Semikolon/Komma* zu *trennen*.
Wir verwenden im Rahmen des Buches für alle Trennungen das Semikolon.

♦

Die *Struktur* des *Befehls* **if** für *Verzweigungen* ist leicht erkennbar:

* Wenn die *Bedingung* nach **if** wahr ist, werden die danach stehenden *Anweisungen* ausgeführt, wobei *mehrere Anweisungen* durch *Semikolon/Komma* zu *trennen* sind.

* Falls der *Befehl* **else** vorkommt, werden die danach folgenden *Anweisungen* ausgeführt, wenn die *Bedingung* nach **if** nicht wahr ist.

* Der *Befehl* **elseif** ist durch Zusammenziehen von **else** und **if** entstanden.

* Der *Befehl* **end**, der jeweils einem *Befehl* **if** entspricht, schließt die Gruppe von Anweisungen ab.

♦

Beispiel 9.3:

Gegeben sei die folgende *stetige Funktion* f(x,y) aus Beispiel 9.2:

$$z = f(x,y) = \begin{cases} x^2 + y^2 & \text{wenn} \quad x^2 + y^2 \le 1 \\ 1 & \text{wenn} \quad 1 < x^2 + y^2 \le 4 \\ \sqrt{x^2 + y^2} - 1 & \text{wenn} \quad 4 < x^2 + y^2 \end{cases}$$

Um diese Funktion in MATLAB definieren zu können, benötigt man den **if**-Befehl. In MATLAB muß diese *Funktionsdefinition* im Rahmen einer *Funktionsdatei (M-Datei)* erfolgen, die im Abschn.3.4.2 behandelt wird. Wir können sie auf folgende Art schreiben:

function z = f(x,y)

if x^2 + y^2 < = 1 ; z = x^2 + y^2 ; **elseif** x^2 + y^2 <= 4 ; z = 1 ; **else** z = **sqrt** (x^2 + y^2) – 1 ; **end**

Wenn wir dieses *Funktionsdatei* unter dem Namen f.m im Verzeichnis MATLABR12 auf der Festplatte C abspeichern und MATLAB diesen Pfad mittels

cd C:\MATLABR12

mitteilen, können wir die definierte Funktion f(x,y) verwenden, d.h., z.B. Funktionswerte berechnen:

>> f(3,4)

ans =

4

9.4 Schleifen

Schleifen (*Laufanweisungen*) dienen zur *Wiederholung* von *Befehlsfolgen* und werden in den *Programmiersprachen* meistens mit den *Befehlen*

for oder **while**

gebildet. In der Programmierung unterscheidet man zwischen Schleifen mit

* bekannter Anzahl von Durchläufen (*Zählschleifen*)

* unbekannter (variabler) Anzahl von Durchläufen (*Iterationsschleifen, bedingte Schleifen*)

  Ein *typisches Beispiel* für die Anwendung von *Schleifen* mit *unbekannter Anzahl* von *Durchläufen* bilden die *Iterationsverfahren*, von denen es in der *numerischen Mathematik* eine Reihe zu näherungsweisen Lösung verschiedener Aufgaben gibt.

  Eine *variable Anzahl* von *Schleifendurchläufen* in Iterationsschleifen läßt sich realisieren, indem man die Berechnung durch Genauigkeitsprüfung mittels des relativen oder absoluten *Fehlers* zweier aufeinanderfolgender Ergebnisse beendet (siehe Beispiele 9.4b und 9.5b)

Betrachten wir die Vorgehensweise bei der Bildung von Schleifen im Rahmen von MATHCAD und MATLAB:

MATHCAD bietet zur *Bildung* von *Schleifen* folgende Möglichkeiten:

* *Verwendung* von *Bereichsvariablen:*

  Schleifen mit bekannter (vorgegebener) *Anzahl* von *Durchläufen* können in MATHCAD mit Bereichsvariablen (siehe Abschn.6.3) realisiert werden. Derartige Schleifen beginnen *mit* einer *Bereichszuweisung* (*Laufbereich*) für den *Schleifenindex* (*Schleifenzähler/Laufvariable*) i

i := m .. n

die unter Verwendung des *Zuweisungsoperators* := und des *Operators*

aus der Operatorpalette Nr.3 gebildet wird.

Eine wie der *Schleifenindex* i definierte *Variable* wird in MATHCAD als *Bereichsvariable* bezeichnet (siehe Abschn.6.3).

Die Zahlen m und n bestimmen den *Laufbereich* für den *Schleifenindex* i und stehen für den *Anfangswert* (*Startwert*) bzw. *Endwert*, wobei mit der Schrittweite 1 gezählt wird, d.h. für

* m < n

gilt i = m , m+1 , m+2 , ... , n

* m > n

gilt i = m , m−1 , m−2 , ... , n

Benötigt man für den *Schleifenindex* i eine *Schrittweite* Δi ungleich 1, so schreibt man

i := m , m+Δi .. n

An die Definition des Schleifenindex i schließen sich die in der Schleife auszuführenden *Kommandos/Befehle/Funktionen* an, die meistens vom Schleifenindex i abhängen.

Möchte man *mehrere Schleifen schachteln*, muß man die einzelnen Bereichsvariablen hintereinander oder untereinander definieren. So schreibt man z.B. für eine zweifache Schleifen mit den Bereichsvariablen i und k

i := m .. n   k := s .. r

• Mittels des **for**-Operators

aus der Operatorpalette Nr.7 (*Programmierungspalette*) für *Schleifen* mit *vorgegebener Anzahl* von *Durchläufen*. Durch Mausklick auf diesen Operator erscheint folgendes an der durch den Kursor markierten Stelle im Arbeitsfenster:

for ∎ ∈ ∎

∎

Hier sind in die Platzhalter *hinter* **for** der *Schleifenindex* und der *Laufbereich* und *unter* **for** die auszuführenden *Kommandos/Befehle/Funktionen* einzutragen. Benötigt man *geschachtelte Schleifen*, so muß man den **for**-Operator schachteln (siehe Beispiel 9.4a).

- Mittels des **while**-Operators

aus der Operatorpalette Nr.7 (*Programmierungspalette*). Hiermit können Schleifen mit unbekannter Anzahl von Durchläufen (*Iterationsschleifen*) gebildet werden, wie man sie bei Iterationsverfahren benötigt (siehe Beispiel 9.4b).

Beispiel 9.4:

a) Ein *typisches Beispiel* für die Anwendung von *Schleifen* mit *bekannter* (*vorgegebener*) *Anzahl* von *Durchläufen* bilden Operationen mit Matrizen:
Sind z.B. die *Elemente* einer *Matrix* **A** nach einer gegebenen Regel zu *berechnen*, so kann dies durch *geschachtelte Schleifen* mit endlicher (bekannter) Anzahl von Durchläufen geschehen.
Dies demonstrieren wir im folgenden auf zwei verschiedene Arten, indem wir die Elemente einer Matrix **A** vom Typ (5,6) als Summe von Zeilen- und Spaltennummer berechnen:

* *geschachtelte Schleifen* unter *Verwendung* von *Bereichsvariablen*:

$$i := 1..5 \quad k := 1..6$$

$$A_{i,k} := i + k$$

* *geschachtelte Schleifen* mittels des **for**-Operators:

Dazu verwenden wir die folgenden *Operatoren*

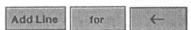

aus der Operatorpalette Nr.7 (*Programmierungspalette*):

$$A := \left| \begin{array}{l} \text{for } i \in 1..5 \\ \quad \text{for } k \in 1..6 \\ \quad\quad A_{i,k} \leftarrow i + k \\ A \end{array} \right.$$

Jede der beiden angewandten Schleifen erzeugt die *Matrix*

$$A = \begin{pmatrix} 2 & 3 & 4 & 5 & 6 & 7 \\ 3 & 4 & 5 & 6 & 7 & 8 \\ 4 & 5 & 6 & 7 & 8 & 9 \\ 5 & 6 & 7 & 8 & 9 & 10 \\ 6 & 7 & 8 & 9 & 10 & 11 \end{pmatrix}$$

deren Elemente gleich der Summe aus Zeilen- und Spaltennummer sind.

b) Berechnen wir die *Quadratwurzel* $\sqrt{a}$ einer positiven Zahl a mittels des bekannten konvergenten *Iterationsverfahren*

$$x_1 := a \qquad \text{(Startwert)}$$

$$x_{i+1} := \frac{1}{2} \cdot \left(x_i + \frac{a}{x_i} \right) \,, \quad i = 1, 2, \ldots$$

Bei diesem einfachen Iterationsverfahren wird man die effektiven *Fehlerabschätzungen*

$$\left| x_i^2 - a \right| < \varepsilon$$

für den *absoluten Fehler* bzw.

$$\left| \frac{x_i^2 - a}{a} \right| < \delta$$

für den *relativen Fehler* verwenden.

Im folgenden führen wir mit MATHCAD die *Iteration* durch, indem wir die Berechnung abbrechen, wenn die geforderte *Genauigkeit* (*absoluter Fehler* ε) erreicht ist.

Die zugehörige *Schleife* bilden wir *mittels* der Programmierungspalette, aus der wir die *Operatoren*

verwenden.

Hier ist eine *Iterationsschleife* erforderlich, die bei erreichter Genauigkeit verlassen wird.

Die *Genauigkeitsschranke* ε wird beim folgenden Funktionsunterprogramm WURZEL neben dem Startwert a als Argument eingegeben:

$$\text{WURZEL}(a, \varepsilon) := \begin{vmatrix} \text{return "Zahl kleiner Null" if } a < 0 \\[4pt] x \leftarrow a \\[4pt] \text{while } \left| x^2 - a \right| > \varepsilon \\[4pt] \qquad x \leftarrow \frac{1}{2} \cdot \left(x + \frac{a}{x} \right) \end{vmatrix}$$

$$\text{WURZEL}(2, 10^{-4}) = 1.4142$$

$$\text{WURZEL}(-2, 10^{-4}) = \text{"Zahl kleiner Null"}$$

In diesem Programm haben wir zusätzlich den *Befehl* **return** verwendet, um eine *Fehlermeldung* zu erhalten, wenn man versehentlich eine negative Zahl zur Wurzelberechnung eingibt. Das gegebene Programm WURZEL haben wir zur Berechnung der Wurzel von 2 und −2 mit einer Genauigkeit von 0.0001 herangezogen.

Zur *Programmierung* von *Schleifen* stellt MATLAB die *zwei Befehle* **for** und **while** bereit:

- für *vorgegebene Anzahl* von *Schleifendurchläufen* den *Befehl* **for**:

  for *Index* = *Startwert* **:** *Endwert* **;** *Anweisungen* **; end**

  Hier werden die *Anweisungen* solange ausgeführt, bis der *Index* mit der *Schrittweite* 1 vom *Startwert* ausgehend den *Endwert* erreicht hat.
  Benötigt man eine andere *Schrittweite*, so ist folgendes zu schreiben:

  for *Index* = *Startwert* **:** *Schrittweite* **:** *Endwert* **;** *Anweisungen* **; end**

- für *variable Anzahl* von *Schleifendurchläufen* den *Befehl* **while**:

  while *Bedingung* **;** *Anweisungen* **; end**

  Hier werden die *Anweisungen* solange ausgeführt, solange die *Bedingung* wahr ist.

☞
Wenn bei beiden *Befehlen* **if** oder **while** *mehrere Anweisungen* nacheinander stehen, so sind diese durch *Semikolon/Komma* zu *trennen*.
Wir verwenden im Rahmen des Buches für alle Trennungen das Semikolon.

Beispiel 9.5:

a) Berechnen wir das Beispiel 9.4a mittels MATLAB:

Erzeugen wir eine *Matrix* **A** vom Typ (5,6) nach der *Vorschrift*

A(i,k) = i + k

durch *Schachtelung* des *Befehls* **for**

>> **for** i = 1 **:** 5 **; for** k = 1 **:** 6 **;** A (i , k) = i + k **; end ; end ;**

>> A

A =

2	3	4	5	6	7
3	4	5	6	7	8
4	5	6	7	8	9
5	6	7	8	9	10
6	7	8	9	10	11

b) Betrachten wir die *Verwendung* von *Schleifen* am Beispiel des *Iterations-verfahrens* aus Beispiel 9.4b zur *Berechnung* der *Quadratwurzel* von a mit der *Genauigkeit* eps, wobei konkret a=2 und eps=0.0001 gewählt werden:

>> a = 2 ; eps = 10^(-4) ; x = a ; **while abs** (x^2 − a) > eps ; x = (x +

a/x)/2 ; **end** ;

>> x

x =

   1.4142

Falls man versehentlich für a eine negative Zahl eingibt, so konvergiert dieses Iterationsverfahren nicht und in MATLAB läßt sich die *Rechnung* nur durch Drücken der *Tastenkombination* Strg C *beenden*. Deshalb empfiehlt sich die Verwendung der *Befehle* **if** und **break** in folgender Form:

>> a = 2 ; eps = 10^(-4) ; x = a ; **while abs** (x^2 − a) > eps ; **if** a<0 ;

break ; **end** ; x = (x + a/x)/2 ; **end** ;

>> x

x =

   1.4142

Geben wir zusätzlich noch mittels der Funktion **disp** eine *Fehlermel-dung* aus, wenn eine Zahl a < 0 eingegeben wird:

>> a = −2 ; eps = 10^(-4) ; x = a ; **while abs** (x^2 − a) > eps ;

if a < 0 ; **disp** (' Fehler a < 0 ') ; **break** ; **end** ; x = (x + a/x)/2 ; **end** ;

Fehler a < 0

Wenn man dieses Programm mehrmals anwenden möchte, empfiehlt sich das Schreiben als *Funktionsdatei* WURZEL.M (M-Datei) mittels des MATLAB-Editors (siehe Abschn.3.4.2) in folgender Form:

function x = WURZEL (a , eps)

x = a ; **while abs** (x^2 − a) > eps ;

if a < 0 ; **disp** (' Fehler a < 0 ') ; **break** ; **end** ; x = (x + a/x)/2 ; **end** ;

Diese Funktionsdatei WURZEL.M *speichern* wir z.B. in das Verzeichnis C:\MATLABR12.

Jetzt können wir die Funktion WURZEL verwenden, indem wir MATLAB zuerst den Pfad der Funktionsdatei WURZEL.M mitteilen und anschließend z.B. die Wurzel von 2 berechnen:

>> **cd** C:\MATLABR12

>> WURZEL (2 , 10^(−4))

ans =

   1.4142

◆

9.5 Programmstruktur

Geben wir zum Abschluß noch einige allgemeine Hinweise zur Struktur von Programmen im Rahmen von MATHCAD und MATLAB:

Die Struktur von MATHCAD-Programmen haben wir im Beispiel 9.4 kennengelernt, da in MATHCAD nur Funktionsunterprogramme möglich sind. Es kann in diese Programme noch zusätzlich erläuternder Text als Zeichenkette eingegeben werden, wie aus dem folgenden Beispiel 9.6 ersichtlich ist.

In MATHCAD kann man die erstellten *Programme* als *Arbeitsblätter* abspeichern, so daß sie für weitere Anwendungen zur Verfügung stehen.

◆

Als *Struktur* der in MATLAB geschriebenen *Programme* wird folgende empfohlen:

* *Programmkopf* (als Textteil mit vorangestelltem %) mit *Erläuterungen* zur *Handhabung* des Programms und *Hilfen* zu den enthalten *Algorithmen*.

* Bei *Funktionsdateien* muß zu *Beginn* eine Zeile der folgenden Form stehen (siehe Abschn.3.4.2):

  function y = f (a , b , ...)

* *Definition* lokaler *Variabler*.

* *Programmierung* der verwendeten *Algorithmen* mittels der in MATLAB enthaltenen Programmierelemente und vordefinierter Funktionen/Kommandos. Bei *Funktionsdateien* muß der Variablen y ein Wert zugewiesen werden.

* *Programmende*
  ◆

Programme sind in MATLAB in der gegebenen Struktur als *M-Datei* mit einem *ASCII-Editor* zu schreiben (siehe Abschn.3.4.2) und abzuspeichern. Damit stehen die Programme jederzeit zur Verfügung.

Illustrieren wir die *Programmstruktur* in den Systemen MATHCAD und MATLAB in einem abschließenden *Beispiel*.

Beispiel 9.6:

Das *Newton-Verfahren* zur *näherungsweisen Bestimmung* einer *Nullstelle* einer gegebenen Funktion f(x), d.h. einer Lösung der Gleichung

$$f(x) = 0$$

ist ein *Iterationsverfahren* der Gestalt

$$x_{k+1} = x_k - \frac{f(x_k)}{f'(x_k)} \qquad (k = 1, 2, \dots)$$

Das Verfahren benötigt einen *Startwert*

$$x_1$$

und ist anwendbar solange

$$f'(x_k) \neq 0$$

gilt. Die *Konvergenz* dieses Verfahren ist *nicht gesichert*, selbst wenn der *Startwert*

$$x_1$$

nahe bei der gesuchten Nullstelle liegt.

Ein *hinreichendes Kriterium* für die *Konvergenz* des Verfahrens ist gegeben, wenn in einer *Umgebung* der zu *berechnenden einfachen Nullstelle* und auch für den *Startwert* x_1 folgende Bedingung gilt:

$$\left| \frac{f(x) \cdot f''(x)}{(f'(x))^2} \right| < 1$$

Im Falle der *Konvergenz* bieten sich folgende beiden *Abbruchschranken* an:

I. Der *absolute Fehler* zweier aufeinanderfolgend berechneter Werte ist kleiner als eine vorgegebene Genauigkeitsschranke ε ,d.h.

$$\left| x^{k+1} - x^{k} \right| = \left| \frac{f(x^{k})}{f'(x^{k})} \right| < \varepsilon$$

II. Der *Absolutbetrag* der *Funktion* f(x) ist kleiner als eine vorgegebene Genauigkeitsschranke ε, d.h.

$$\left| f(x^{k}) \right| < \varepsilon$$

Schreiben wir für das *Newton-Verfahren* in MATHCAD und MATLAB jeweils ein *Funktionsunterprogramm* NEWTON, für das wir die *Abbruchschranke II.* verwenden und zusätzlich die Maximalzahl der durchzuführenden Iterationen mittels N vorgeben. Damit vermeiden wir eine Endlosschleife im Falle der Nichtkonvergenz. Mit den erstellten Programmen berechnen wir eine Näherung für die einzige reelle *Nullstelle* der *Polynomfunktion*

$$f(x) = x^{7} + x + 1$$

für den Startwert x1=0 , die Genauigkeitsschranke ε = 0.00001 und die Maximalzahl von Iterationen N=10:

$$\text{NEWTON}(x1, f, \varepsilon, N) := \begin{vmatrix} \text{"Zuweisung des Startwertes x1"} \\ x \leftarrow x1 \\ i \leftarrow 0 \\ \text{while } |f(x)| > \varepsilon \\ \quad \begin{vmatrix} \text{"Abbruch falls Ableitung f'(x) gleich Null"} \\ \text{return "f'(x)=0"} \quad \text{if } \left| \frac{d}{dx}f(x) \right| < \varepsilon \\ i \leftarrow i + 1 \\ \text{"Abbruch falls Anzahl d. Iterationen >N"} \\ \text{break } \text{if } i > N \\ \text{"Iterationsschritt"} \\ x \leftarrow x - \frac{f(x)}{\frac{d}{dx}f(x)} \end{vmatrix} \\ \text{return "i>N"} \quad \text{if } i > N \end{vmatrix}$$

$$f(x) := x^{7} + x + 1 \qquad \text{NEWTON}(0, f, 0.00001, 10) = -0.7965$$

Die *Argumente* des Funktionsunterprogramms NEWTON bezeichnen den
Startwert x1, die Funktion f, die Genauigkeit ε und die maximale Anzahl N
von Iterationen.

Mit diesem Programm berechnet MATHCAD für den Startwert x1=0 die *Näherung* −0.7965 für die *reelle Nullstelle* mit maximal 10 Iterationen.

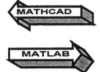

Wir schreiben in MATLAB eine *Funktionsdatei* NEWTON, die wir unter dem
Namen NEWTON.M im Verzeichnis C:\MATLABR12 abspeichern. In das
gleiche Verzeichnis sind die beiden *Funktionsdateien* f.m und fs.m abzuspeichern, die die Funktion f(x) bzw. ihre Ableitung f'(x) realisieren, für die
die Nullstelle bestimmt werden soll.

Wir wählen die folgende *Programmstruktur*, indem wir zuerst erläuternden
Text eingeben und anschließend die Iteration des Newton-Verfahrens programmieren:

%Das Newton-Verfahren zur Bestimmung einer Nullstelle der Funktion f
%erfordert einen Startwert x1, *eine Genauigkeitsschranke* eps *und eine*
%Maximalzahl N *für die Iterationen.*
%Weiterhin sind die Funktion und ihre Ableitung als Funktionsdatei f.m
%bzw. fs.m *im gleichen Verzeichnis wie das Progamm* NEWTON.M *abzu-*
%speichern.

function x = NEWTON (x1 , eps , N)

x = x1 ; i = 1 ;

while abs (f (x)) > eps ; i = i + 1 ;

if abs (fs (x)) < eps | i > N ;

disp ('Ableitung gleich Null oder Anzahl N der Iterationen überschritten') ;

break ; end ; x = x − f(x)/fs(x) ; **end ;**

Den erläuternden *Text* kann man sich mittels der *Hilfe-Funktion* **help** anzeigen lassen:

>> **help** NEWTON

Das Newton-Verfahren zur Bestimmung einer Nullstelle der Funktion f

erfordert einen Startwert x1, *eine Genauigkeitsschranke* eps *und eine*

Maximalzahl N *für die Iterationen.*

Weiterhin sind die Funktion und ihre Ableitung als Funktionsdatei f.m *bzw.*
fs.m *im gleichen Verzeichnis wie das Progamm* NEWTON.M *abzuspeichern.*

Verwenden wir die gegebene Programmvariante zur *Bestimmung* der einzigen reellen *Nullstelle* der *Polynomfunktion*

$$f(x) = x^7 + x + 1$$

indem wir die beiden *Funktionsdateien* f.m und fs.m für die Funktion f(x)
und ihre Ableitung f'(x) in der Form

function y = f(x)

y = x^7 + x + 1 ;

bzw.

function y = fs(x)

y = 7 * x^6 + 1 ;

in das gleiche Verzeichnis C:\MATLABR12 wie die *Datei* NEWTON.M abspeichern.

Wenn wir als *Startwert* x1=0, als *Genauigkeitsschranke* ε=0.00001 und als
Maximalzahl für die *Iterationen* N=10 eingeben, berechnet MATLAB:

>> NEWTON (0 , 0.00001 , 10)

ans =

  −0.7965

Wir haben hier die *Näherung* −0.7965 für die *reelle Nullstelle* mit maximal 10
Iterationen erhalten.

Falls die eingegebene *Anzahl* N der *Iterationen überschritten* wird, *bevor*
die Iteration die *vorgegebene Genauigkeit* erreicht hat, gibt MATLAB die
programmierte *Meldung* aus:

>> NEWTON (0 , 0.00001 , 3)

Ableitung gleich Null oder Anzahl N der Iterationen überschritten

ans =

  −0.8750

Hieraus ist zu sehen, daß die vorgegebene Genauigkeit nicht mit 3 Iterationen zu erreichen ist.

♦

10 MATHCAD und MATLAB in Zusammenarbeit mit anderen Programmsystemen

MATHCAD und MATLAB können mit anderen Programmsystemen zusammenarbeiten und mit ihnen Daten austauschen. Um Komponenten aus anderen Programmsystemen in MATHCAD und MATLAB nutzen zu können, müssen die entsprechenden Systeme auf dem Computer installiert sein. Ausführlicher können wir auf die Problematik der Zusammenarbeit mit anderen Programmsystemen im Rahmen des vorliegenden Buches nicht eingehen und verweisen den Leser auf die Handbücher und die integrierten Hilfen.

Betrachten wir im folgenden nur einige Beispiele für diese wichtige Problematik:

Komponenten sind spezielle OLE-Objekte, die es ermöglichen, in einem MATHCAD-Arbeitsblatt auf die Funktionen anderer Programmsysteme zuzugreifen bzw. Dateien auszutauschen. Hierzu dient in MATHCAD der *Komponentenassistent*, den wir ausführlicher im Abschn.8 kennenlernen. MATHCAD kann u.a. mit folgenden Programmsystemen zusammenarbeiten:

* AXUM

  Zum Einbinden von Grafiken und Diagrammen aus dem Grafikprogramm AXUM.

* SMARTSKETCH

  Zum Einbinden von Grafiken und Diagrammen aus dem Grafikprogramm SMARTSKETCH.

* S-PLUS

  Zum Einbinden von Grafiken und Benutzung der Programmierung aus dem Statistikprogramm S-PLUS.

* EXCEL

  Zum Zugriff auf Zellen und Formeln im Tabellenkalkulationsprogramm EXCEL. Dies ist vor allem für die Anwendung von MATHCAD zur Berechnung von Aufgaben aus der Statistik interessant, da sich mittels EXCEL zahlreiche derartige Augaben berechnen lassen.

* MATLAB

  Zum Zugriff auf die Programmierumgebung von MATLAB. Damit lassen
  sich die Programmiermöglichkeiten von MATHCAD (siehe Kap.9) wesentlich erweitern.

Aus der Vielzahl der Möglichkeiten zur Zusammenarbeit von MATLAB mit
anderen Programmsystemen seien nur folgende erwähnt:

* Austausch von Daten mit EXCEL und Texteditoren aller Art.

* Austausch von Abbildungen mit WORD und POWERPOINT

11 MATHCAD und MATLAB im Internet

Die Softwarefirmen MATHSOFT und MATHWORKS von MATHCAD bzw. MATLAB bieten bei einem *Internetanschluß* zahlreiche Möglichkeiten, um aus ihren *WWW-Seiten* Anregungen, Erklärungen und Hilfen zu erhalten und an *Internetforen* teilzunehmen. Hier kann man auch Informationen erhalten, wenn man Probleme bei der Berechnung von Aufgaben aus Wahrscheinlichkeitsrechnung und Statistik hat. Wir überlassen dies dem Leser mit Interneterfahrung.

Im folgenden zeigen wir einfache Möglichkeiten auf, um beide Systeme MATHCAD und MATLAB im Internet zu erreichen:

Die Softwarefirma MATHSOFT ist im Internet unter der Adresse

www.mathsoft.com

zu finden. Man kann dies nach dem Start von MATHCAD über das integrierte

Resource Center
(deutsche Version: **Informationszentrum**)

erreichen, das mittels der *Menüfolge*

Help ⇒ Resource Center
(deutsche Version: **? ⇒ Informationszentrum**)

geöffnet wird. Es enthält folgende zwei Einträge zum Internet

* **Web Library**
  (deutsche Version: **Web-Bibliothek**)

  ermöglicht den *Zugriff* auf die MATHCAD-WWW-*Bibliothek*, falls man über einen *Internetanschluß* verfügt und ein Webbrowser auf dem Computer installiert ist. In dieser *Bibliothek* sind *Elektronische Bücher* und interessante *Arbeitsblätter* enthalten, die man *herunterladen* kann.

* **Collaboratory**

  Hiermit kann man bei einem *Internetanschluß* und installiertem Webbrowser am *Online-Forum* von MATHCAD-Nutzern teilnehmen.

Bei einem *Internetanschluß* und installiertem Webbrowser kann man die
Möglichkeiten nutzen, die WWW-Seiten von MATHWORKS (**The Math
Works Web Site**) mittels

www.mathworks.com

aufzurufen, um *Anregungen*, *Erklärungen* und *Hilfen* für MATLAB zu erhalten. Inzwischen gibt es deutsche WWW-Seiten der Firma SCIENTIFIC COM-
PUTERS zu MATLAB, die unter der Adresse

www.mathworks.de

zu finden sind.

12 Mathematische Berechnungen mit MATHCAD und MATLAB - Teil I

Im Teil I und II der mathematischen Berechnungen mit MATHCAD und MATLAB betrachten wir mathematische Gebiete, die zur Berechnung von Aufgaben aus Wahrscheinlichkeitsrechnung und Statistik benötigt werden und illustrieren hierfür die Anwendung der Systeme MATHCAD und MATLAB. Wir können im vorliegenden Buch jedoch nur häufig benötigte Vorgehensweisen im Rahmen von MATHCAD und MATLAB diskutieren. Eine umfassende Behandlung aller Berechnungsmöglichkeiten findet man z.B. in den Büchern [75] und [77] des Autors.

Im folgenden Teil I der mathematischen Berechnungen behandeln wir Grundrechenoperationen, die Kombinatorik, die Berechnung von Summen und Produkten, Matrizen und die Lösung von Gleichungen.

12.1 Grundrechenoperationen

Die Durchführung von *Grundrechenoperationen* zählt nicht zu den Haupteinsatzgebieten von MATHCAD und MATLAB. Hierfür kann man weiterhin den Taschenrechner verwenden. Im Verlaufe einer Arbeitssitzung mit MATHCAD und MATLAB sind öfters derartige Operationen durchzuführen, so daß wir kurz darauf eingehen.

Für die *Grundrechenarten* verwendet beide Systeme MATHCAD und MATLAB folgende *Operationssymbole*

- + (*Addition*)
- − (*Subtraktion*)
- * (*Multiplikation*)
- / (*Division*)
- ∧ (*Potenzierung*)
- ! (*Fakultät*)

die sich mittels Tastatur eingeben lassen. MATHCAD stellt zusätzlich für Potenzierung und Fakultät Operatoren in der Operatorpalette Nr.1 zur Verfügung.

Einen Ausdruck, der aus reellen Zahlen und Operationssymbolen gebildet wird, bezeichnet man als (algebraischen) *Zahlenausdruck.*
Für die Durchführung von Operationen in einem Zahlenausdruck gelten die üblichen *Prioritäten,* d.h., es wird

* *zuerst* potenziert,

* *dann* multipliziert (dividiert),

* *zuletzt* addiert (subtrahiert).

Ist man sich bzgl. der Reihenfolge der durchgeführten Operationen nicht sicher, so empfiehlt sich das Setzen zusätzlicher Klammern.

♦

Die *Berechnung* eines *Zahlenausdrucks* ist in MATHCAD und MATLAB auf eine der *folgenden Arten* möglich:

* *exakt* (*symbolisch*)

* *näherungsweise* (*numerisch*)

Beide Möglichkeiten haben wir im Kap.5 kennengelernt.

♦

MATHCAD, MATLAB und die anderen *Computeralgebrasysteme* sind bei den *Grundrechenoperationen* dem *Taschenrechner überlegen,* da dieser meistens nur numerisch rechnet, während die Systeme sowohl numerisch als auch exakt rechnen können.

♦

In MATLAB sind bei Grundrechenoperationen noch folgende Besonderheiten zu beachten:

Aufgrund der *Matrixorientierung* (siehe Abschn.3.1.1) existieren in MATLAB für *Multiplikation, Division* und *Potenzierung* zusätzlich die *Operationssymbole*

.*   ./   .^

mit einem Punkt vor dem Symbol. Diese Operationssymbole bezeichnen die entsprechenden *elementweisen Rechenoperationen.* Man muß diese Operationssymbole beispielsweise verwenden, wenn man Potenzen für eine Reihe von Werten berechnen möchte, die sich in einem Vektor befinden. Wir illustrieren diesen Sachverhalt im Beispiel 12.1.

Beispiel 12.1:

Illustrieren wir in MATLAB den *Unterschied* zwischen den *Operationssymbolen* für *Multiplikation, Division* und *Potenzierung* * , / , ∧ und ihren *elementweisen Anwendungen* .* , ./ , .∧:

a) Wenn man einer Variablen (z.B. x) nur einen Wert zuweist, gibt es keinen Unterschied bei der Anwendung beider Klassen von Operationssymbolen:

Wir weisen der Variablen x einen Wert (z.B. 2) zu

```
>> x = 2
```

und wenden hierauf jeweils beide Klassen von Operationssymbolen an, die das gleiche Ergebnis liefern:

* *Multiplikation*

   ```
   >> x * x
   ans =

       4
   >> x .* x
   ans =

       4
   ```

* *Division*

   ```
   >> x/3
   ans =

       0.6667
   >> x./3
   ans =

       0.6667
   ```

* *Potenzierung*

   ```
   >> x^3
   ans =

       8
   >> x.^3
   ans =

       8
   ```

b) Wenn man einer Variablen (z.B. x) z.B. einen Vektor von Werten zuweist, gibt es einen Unterschied bei der Anwendung beider Klassen von Operationssymbolen, wie wir am Beispiel der *Multiplikation, Potenzierung* und *Berechnung* der *Funktionswerte* einer *Polynomfunktion* zeigen:

Wir weisen **x** den *Zeilenvektor* (1 , 2 , 3 , 4 , 5 , 6) zu:

>> x = 1 : 6

x =

    1   2   3   4   5   6

und führen hierfür jeweils beide Operationsformen durch:

*   *Multiplikation*

    >> x * x

    *??? Error using → ***
    Inner matrix dimensions must agree.

Hier steht * für die *Matrizenmultiplikation*, die für zwei Zeilenvektoren nicht definiert ist. Deshalb gibt MATLAB eine *Fehlermeldung* aus. Man kann höchstens folgende beiden Formen der Multiplikation unter Verwendung des transponierten Vektors durchführen, wobei die erste das *Skalarprodukt* und die zweite eine *Matrix* liefern:

>> x * x'

ans =

    91

>> x' * x

ans =

    1   2   3   4   5   6
    2   4   6   8   10   12
    3   6   9   12   15   18
    4   8   12   16   20   24
    5   10   15   20   25   30
    6   12   18   24   30   36

Im folgenden wird die *elementweise Multiplikation* durchgeführt, d.h. das *Produkt* wird für die einzelnen Komponenten des Vektors **x** berechnet.

>> x .* x

ans =

    1   4   9   16   25   36

*   *Potenzierung*

    >> x^3

    ??? Error using → ^
    Matrix must be square.

Im vorangehenden steht ∧ für die *Potenz* einer *quadratischen Matrix*, die folglich für einen Vektor nicht durchführbar ist. Deshalb gibt MATLAB eine *Fehlermeldung* aus.

`>> x.∧3`

ans =

     1   8   27   64 125 216

Im vorangehenden wird die *Potenz elementweise* für die einzelnen *Komponenten* des *Vektors* **x** berechnet.
Die gleiche Vorgehensweise muß angewandt werden, wenn man die Funktionswerte einer *Polynomfunktion*, z.B.

$$1 + x + x^2 + x^3$$

für die einzelnen Komponenten des *Vektors* **x** berechnen möchte:

`>> 1 + x + x.∧2 + x.∧3`

ans =

     4   15   40   85 156 259

♦

12.2 Kombinatorik

Die *Kombinatorik* befaßt sich damit, auf welche Art man eine vorgegebene Anzahl von *Elementen anordnen* bzw. wie man aus einer vorgegebenen Anzahl von Elementen *Gruppen* von *Elementen auswählen* kann. Dies benötigt man u.a. zur *Berechnung* von *Wahrscheinlichkeiten*. In den *Formeln* der *Kombinatorik*, die wir in den Abschn.12.2.2–12.2.4 behandeln, benötigt man *Fakultät* und *Binomialkoeffizient*, deren Berechnung mittels MATH-CAD und MATLAB wir zuerst im folgenden Abschn.12.2.1 diskutieren.

12.2.1 Fakultät und Binomialkoeffizient

Zur Berechnung von *Formeln* der *Kombinatorik* benötigt man

* die *Fakultät*

  $k! = 1 \cdot 2 \cdot 3 \cdot \ldots \cdot k$

  einer *natürlichen Zahl* k

* den *Binomialkoeffizienten*

$$\begin{pmatrix} a \\ k \end{pmatrix} = \begin{cases} \dfrac{a \cdot (a-1) \cdot \ldots \cdot (a-k+1)}{k!} & \text{für } k > 0 \\[2ex] 1 & \text{für } k = 0 \end{cases}$$

wobei a eine *reelle* und k eine *natürliche Zahl* darstellen.

Im Falle, daß a = n ebenfalls eine *natürliche Zahl* ist, läßt sich die *Formel* für den *Binomialkoeffizienten* in der folgenden Form schreiben:

$$\begin{pmatrix} n \\ k \end{pmatrix} = \frac{n!}{k! \cdot (n-k)!}$$

In MATHCAD und MATLAB kann die Berechnung von *Fakultät* und *Binomialkoeffizient* folgendermaßen geschehen:

- *Berechnung* der *Fakultät* k!

In MATHCAD ist zur Berechnung der Fakultät der Ausdruck k! auf eine der folgenden Arten in das Arbeitsfenster einzugeben:

* k!

   mittels Tastatur

* Anklicken des *Symbols*

   in der Operatorpalette Nr.1

Nach der Eingabe wird k! mittels einer *Bearbeitungslinie markiert* und die Berechnung durch Eingabe des *symbolischen* → oder *numerischen Gleichheitszeichens* = ausgelöst:

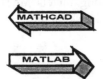

In MATLAB kann eine der folgenden *vordefinierten Funktionen* zur Berechnung der Fakultät k! im Kommandofenster verwendet werden:

* >> **prod** (1 : k)

* >> **gamma** (k + 1)

* >> **factorial** (k)

Nach der Eingabe einer dieser Funktionen wird die Berechnung durch Betätigung der Eingabetaste ⏎ ausgelöst.

* *Berechnung* des *Binomialkoeffizienten*

Da in beiden Systemen keine Funktion zur Berechnung des *Binomialkoeffizienten*

$$\binom{a}{k}$$

gefunden wurde, schreiben wir auf der Grundlage der gegebenen Berechnungsformel in MATHCAD und MATLAB das *Funktionsunterprogramm* BINOMIAL bzw. die *Funktionsdatei* BINOMIAL.M:

$$\text{BINOMIAL}(a,k) := \textbf{if}\left(k=0\,,\,1\,,\,\frac{\prod_{i=0}^{k-1}(a-i)}{k!}\right)$$

function y = BINOMIAL (a , k)

S = 1 ; **for** i = 0 : k − 1 ; S = S * (a − i) ; **end** ;

y = S / **factorial** (k) ;

12.2.2 Permutationen, Variationen und Kombinationen

Zur *Berechnung* klassischer *Wahrscheinlichkeiten* benötigt man die *Formeln* der *Kombinatorik* für

* *Permutationen*

  Anordnung von n verschiedenen *Elementen mit Berücksichtigung* der *Reihenfolge*

  n!

* *Variationen*

Auswahl von k *Elementen* aus n gegebenen Elementen *mit Berücksichtigung* der *Reihenfolge*

* $\dfrac{n!}{(n-k)!}$ *ohne Wiederholung*

* n^k *mit Wiederholung*

• *Kombinationen*

Auswahl von k *Elementen* aus n gegebenen Elementen *ohne Berücksichtigung* der *Reihenfolge*

* $\dbinom{n}{k}$ *ohne Wiederholung*

* $\dbinom{n+k-1}{k}$ *mit Wiederholung*

☞

Die *Formeln* der *Kombinatorik* lassen sich in MATHCAD und MATLAB unter Verwendung von *Fakultät* und *Binomialkoeffizient* einfach *berechnen*. Benötigt man die Formeln öfters, so empfiehlt es sich, diese als *Funktionsunterprogramme* zu schreiben.

♦

12.3 Summen und Produkte

MATHCAD und MATLAB gestatten die Berechnung *endlicher Summen* (*endlicher Reihen*) und *Produkte* der Form

$$\sum_{k=1}^{n} a_k = a_1 + a_2 + ... + a_n \quad \text{bzw.} \quad \prod_{k=1}^{n} a_k = a_1 \cdot a_2 \cdot ... \cdot a_n$$

wobei die Glieder

a_k (k = 1 , 2 , ... , n)

reelle Zahlen sind.

Des weiteren lassen sich unendliche Reihen und Produkte berechnen. Da wir dies im Rahmen der Statistik nicht benötigen, verweisen wir hierzu auf die Bücher [75] und [77] des Autors.

Betrachten wir die Vorgehensweise zur Berechnung von Summen und Produkten in MATHCAD und MATLAB:

Summen und *Produkte* berechnet MATHCAD in folgenden Schritten:

- *Zuerst* werden der *Summenoperator*

bzw. *Produktoperator*

aus der Operatorpalette Nr.5 *angeklickt* und in den im Arbeitsfenster erscheinenden *Symbolen*

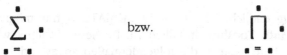

die entsprechenden *Platzhalter* in der üblichen mathematischen Schreibweise *ausgefüllt*.

- *Danach* wird der gesamte *Ausdruck* mit einer *Bearbeitungslinie markiert*.

- *Abschließend* kann die *Berechnung* der *Summe* bzw. des *Produkts* auf eine der *folgenden Arten* geschehen:

  * *Exakte Berechnung* durch *Eingabe* des *symbolischen Gleichheitszeichens* →.

  * *Numerische Berechnung* durch *Eingabe* des *numerischen Gleichheitszeichens* =.

☞

Für die *numerische Berechnung* von *Summen* und *Produkten* lassen sich zusätzlich die *Operatoren*

  bzw.

aus der Operatorpalette Nr.5 heranziehen:

- Nach dem Anklicken dieser Operatoren erscheinen die folgenden *Symbole* im Arbeitsfenster:

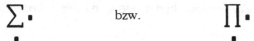

in denen der *Platzhalter* hinter dem Symbol die gleiche Bedeutung wie oben hat.

- Da in den *Platzhalter* unter dem Symbol nur die Indexbezeichnung eingetragen wird, muß oberhalb des Symbols der Laufbereich für den *Index* durch eine *Bereichsvariable* definiert werden. Dabei ist eine Summierung bzw. Produktbildung über nichtganzzahlige Indizes (d.h. beliebige Bereichsvariablen) zugelassen.

  Diese Summen und Produkte werden als *Bereichssummen* bzw. *Bereichsprodukte* bezeichnet. Sie lassen sich nur numerisch durch Eingabe des numerischen Gleichheitszeichens = berechnen.

Die *exakte Berechnung* endlicher *Summen* ist in MATLAB nur möglich, wenn die **Symbolic Math Toolbox** installiert ist. In dieser Toolbox wird die *Funktion* **symsum** bereitgestellt, die folgendermaßen angewandt werden kann:

- Falls m und n konkrete *ganze Zahlen* sind, wird die Reihe mittels

  >> **syms** k ; **symsum** (f (k) , m , n)

  berechnet, wobei das *Kommando* **syms** zur Kennzeichnung der *symbolischen Variablen* k dient.

- Falls m und n *symbolische Parameter* sind, wird die Reihe mittels

  >> **syms** k m n ; **symsum** (f (k) , m , n)

  berechnet, wobei das *Kommando* **syms** zur *Kennzeichnung* der *symbolischen Variablen* k und *Parameter* m und n dient.

☞

Zur *numerischen Berechnung* endlicher *Summen* stellt MATLAB die *Funktion* **sum** zur Verfügung, die folgendermaßen einzusetzen ist:

- >> **sum** (x)

  berechnet die *Summe* der *Komponenten* des *Vektors* **x** (Zeilen- oder Spaltenvektors) *numerisch*.

- >> **sum** (a : b : c)

  berechnet die *Summe* der *Zahlen* zwischen a und c mit der *Schrittweite* b *numerisch*.

Wendet man die *Funktion* **sum** auf eine *Matrix* an, so werden deren *Spaltensummen numerisch berechnet*. ◆

Produkte kann MATLAB nur *numerisch* berechnen und stellt hierfür die *Funktion* **prod** zur Verfügung, die folgendermaßen einzusetzen ist:

- $\gg$ **prod** (x)

  berechnet das *Produkt* der *Komponenten* des *Vektors* **x** (Zeilen- oder Spaltenvektors) *numerisch*.

- $\gg$ **prod** (a : b : c)

  berechnet das *Produkt* der *Zahlen* zwischen a und c mit der *Schrittweite* b *numerisch*. Falls die *Schrittweite* 1 beträgt, kann

  $\gg$ **prod** (a : c)

  geschrieben werden.

Wendet man die Funktion **prod** auf eine *Matrix* an, so werden deren *Spaltenprodukte numerisch berechnet*.

♦

12.4 Vektoren und Matrizen

Vektoren und *Matrizen* spielen sowohl in den Wirtschafts- als auch Technik- und Naturwissenschaften eine fundamentale Rolle. Deshalb sind in MATH-CAD und MATLAB umfangreiche Möglichkeiten zu Darstellungen und Rechenoperationen enthalten, auf die wir im Laufe dieses Kapitels kurz eingehen.

Wir betrachten allgemein *Matrizen* vom *Typ (m,n)*, d.h. Matrizen mit *m Zeilen* und *n Spalten* der Gestalt

$$\begin{pmatrix} a_{11} & a_{12} & \cdots & a_{1n} \\ a_{21} & a_{22} & \cdots & a_{2n} \\ \vdots & \vdots & \cdots & \vdots \\ a_{m1} & a_{m2} & \cdots & a_{mn} \end{pmatrix}$$

die auch als m×n–Matrizen bezeichnet werden.

Vektoren kann man als *Sonderfälle* von *Matrizen* auffassen, da

* *Zeilenvektoren*

   Matrizen vom Typ (1,n), d.h.

   $(x_1 , x_2 , ... , x_n)$

* *Spaltenvektoren*

Matrizen vom Typ (n,1), d.h.

$$\begin{pmatrix} x_1 \\ x_2 \\ \vdots \\ x_n \end{pmatrix}$$

sind.

Deshalb gelten im folgenden gegebene Fakten für Matrizen auch für Vektoren, falls es deren Typ zuläßt. Das betrifft Eingabe, Addition, Multiplikation und Transponieren.

♦

In MATHCAD ist zu beachten, daß bei speziell für *Vektoren* vorgesehenen *Rechenoperationen* nur *Spaltenvektoren* akzeptiert werden.

♦

In MATHCAD und MATLAB werden Vektoren und Matrizen unter dem Oberbegriff *Felder* geführt.

♦

In MATHCAD muß man bei *Rechnungen* mit *Vektoren* und *Matrizen* zusätzlich berücksichtigen, daß bei der *Indizierung* der *Komponenten* bzw. *Elemente* immer mit 0 begonnen wird (Standardeinstellung). In der Mathematik wird die Indizierung im allgemeinen mit dem *Startindex* 1 begonnen. Deshalb bietet MATHCAD die Möglichkeit, mittels der *Menüfolge*

Math ⇒ Options...
(deutsche Version: **Rechnen ⇒ Optionen...**)

in der erscheinenden *Dialogbox*

Math Options
(deutsche Version: **Rechenoptionen**)

bei

Built-In Variables
(deutsche Version: **Vordefinierte Variablen**)

in dem *Feld*

Array Origin
(deutsche Version: **Startindex**)

für die *vordefinierte Variable* **ORIGIN** den *Startwert* 0 durch den *Startwert* 1 für die Indizierung zu *ersetzen*.

♦

12.4.1 Eingabe

Bevor man mit *Vektoren* und *Matrizen* rechnen kann, müssen sie in das *Arbeitsfenster eingegeben* werden. Für diese Eingabe stellen MATHCAD und MATLAB zwei Möglichkeiten zur Verfügung:

*   *Einlesen* von einem *Datenträgern* (Festplatte, Diskette oder CD-ROM)
*   *Eingabe* mittels *Tastatur*

Das *Einlesen* von Datenträgern haben wir bereits im Abschn.8.1 kennengelernt.

Es empfiehlt sich, Matrizen bei der Arbeit mit den Systemen MATHCAD und MATLAB *Matrixnamen* (üblicherweise Großbuchstaben **A**, **B**, ...) zuzuweisen, mit denen dann im weiteren gerechnet wird.

♦

Im folgenden behandeln wir Möglichkeiten, die MATHCAD und MATLAB bei der Eingabe von Matrizen mittels Tastatur bieten:

Für die *Eingabe* von *Matrizen* in das Arbeitsfenster mittels Tastatur bietet MATHCAD u.a. folgende zwei *Möglichkeiten:*

I. *Eingabe* für Matrizen mit maximal 10 Zeilen und Spalten:

Nach Aktivierung der *Menüfolge*

Insert ⇒ Matrix...
(deutsche Version: **Einfügen ⇒ Matrix...**)
o d e r
Anklicken des *Matrixoperators*

in der Operatorpalette Nr.3 erscheint die *Dialogbox*

Insert Matrix
(deutsche Version: **Matrix einfügen**)

in die bei

Rows:
(deutsche Version: **Zeilen**)

die *Anzahl* der *Zeilen* und bei

Colums:
(deutsche Version: **Spalten**)

die Anzahl der *Spalten* der Matrix einzutragen sind. Danach erscheint durch *Anklicken* des *Knopfes* (Buttons)

Insert

(deutsche Version: **Einfügen**)

im Arbeitsfenster an der durch den Kursor bestimmten Stelle eine *Matrix* **A** der *Gestalt* (z.B. vom Typ (5, 6)):

in deren *Platzhalter* die konkreten *Elemente*

a_{ik} (in MATHCAD wird die Bezeichnung $A_{i,k}$ verwendet)

der Matrix **A** mittels Tastatur einzugeben sind, wobei zwischen den Platzhaltern mittels Mausklick oder Tabulatortaste ⎣⤴⎦ gewechselt werden kann.

Die eben benutzte Dialogbox dient auch zum *Einfügen* bzw. *Löschen* von *Zeilen/Spalten* in einer gegebenen Matrix.

II. *Eingabe* für Matrizen mit mehr als 10 Zeilen und Spalten:

Die Menüfolge

Insert ⇒ Component ⇒ Input Table
(deutsche Version: **Einfügen ⇒ Komponente ⇒ Eingabetabelle**)

läßt im Arbeitsfenster eine *Tabelle* mit einem Platzhalter erscheinen. In den Platzhalter ist die Bezeichnung der Matrix einzutragen. Die Anzahl der Zeilen und Spalten der Tabelle können durch Verschieben mit gedrückter Maustaste oder durch die Kursortasten eingestellt werden. Abschließend werden in die Tabelle die *Elemente* der *Matrix eingetragen.*

MATLAB gestattet die *Eingabe* einer *Matrix* **A** vom *Typ (m,n)* auf folgende zwei Arten:

*   >> A = [a11 a12 ... a1n ; a21 a22 ... a2n ; ... ; am1 am2 ... amn]

*   >> A = [a11 , a12 , ... , a1n ; a21 , a22 , ... , a2n ; ... ; am1 , am2 , ... , amn]

Man sieht, daß die Zeilen der Matrix durch Semikolon getrennt werden müssen, während die einzelnen Elemente der Zeilen (Zeilenelemente) durch Leerzeichen oder Komma zu trennen sind. Es ist weiterhin zu beachten, daß bei n Spalten in jeder Zeile der Matrix genau n Elemente stehen müssen.

In MATHCAD und MATLAB sind zahlreiche *Vektor-* und *Matrixfunktionen* vordefiniert, mit deren Hilfe man für *Vektoren* **v** und *Matrizen* **A** und **B** gewisse Berechnungen durchführen kann. Wir verwenden im Rahmen des Buches einige davon, die an der entsprechenden Stelle erklärt werden.

◆

Bevor wir die bekannten *Rechenoperationen* mit *Matrizen* im Rahmen von MATHCAD und MATLAB diskutieren, müssen wir uns noch damit beschäftigen, wie man einzelne Elemente, Spalten oder Zeilen aus einer im Arbeitsfenster definierten Matrix herausziehen kann.

Auf das *Element* der *i-ten Zeile* und *k-ten Spalte* einer im Arbeitsfenster von MATHCAD befindlichen *Matrix* **A** wird mit

$A_{i,k}$ oder $A_{(i,k)}$

zugegriffen, wobei die beiden Indizes durch Komma zu trennen und mittels des *Operators*

aus der Operatorpalette Nr.3 zu erzeugen sind (die Indizes können zusätzlich in Klammern eingeschlossen werden).

◆

Durch Anklicken des *Operators*

in der Operatorpalette Nr.3 lassen sich *Spalten* (Spaltenvektoren) aus einer gegebenen *Matrix* **A** *herausziehen*. Es erscheint im Arbeitsfenster das folgende Symbol

$\langle_\blacksquare\rangle$

Hier sind in den unteren großen Platzhalter der Name der Matrix **A** und den oberen kleinen Platzhalter die Nummer der gewünschten Spalte einzutragen.

Abschließend markiert man den Ausdruck mit einer Bearbeitungslinie, tippt das symbolische oder numerische Gleichheitszeichen ein und drückt die Eingabetaste ⏎.

Möchte man *Zeilen* (Zeilenvektoren) aus einer *Matrix* **A** herausziehen, so kann man die eben beschriebene Methode anwenden, wenn man die *Matrix* vorher *transponiert.*

Auf das *Element* der *i-ten Zeile* und *k-ten Spalte* einer im Kommandofenster von MATLAB befindlichen *Matrix* **A** wird mittels

>> A(i,k)

zugegriffen.

12.4.2 Rechenoperationen

Bei *Rechenoperationen* mit Matrizen ist zu *beachten,* daß die

* *Addition* (Subtraktion) **A** ± **B**

  nur möglich ist, wenn die *Matrizen* **A** und **B** den *gleichen Typ (m,n)* besitzen.

* *Multiplikation* **A · B**

  nur möglich ist, wenn die *Matrizen* **A** und **B** *verkettet* sind, d.h., **A** muß genauso viele Spalten haben, wie **B** Zeilen besitzt.

* *Bildung* der *Inversen*

  nur für *quadratische nichtsinguläre Matrizen* möglich ist.

Aus praktischen Gründen weist man Matrizen vor den durchzuführenden Rechenoperationen große Buchstaben **A** , **B** , **C** , ... zu und führt mit diesen die entsprechenden Operationen durch.
Dem Ergebnis einer derartigen Rechenoperation kann wieder ein neuer Matrixname zugewiesen werden.

Während die Addition, Multiplikation und Transponierung auch für größere Matrizen problemlos in MATHCAD und MATLAB durchführbar sind, stößt man bei der *Berechnung* von *Determinanten* und *Inversen* einer n-reihigen quadratischen Matrix für großes n schnell auf Schwierigkeiten, da Rechenaufwand und Speicherbedarf stark anwachsen.

Betrachten wir im folgenden die Vorgehensweise bei der Durchführung von Rechenoperationen für Matrizen im Rahmen von MATHCAD und MATLAB:

- Die *Addition* und *Multiplikation*

  zweier im Arbeitsfenster befindlicher *Matrizen* **A** und **B** vollzieht sich in MATHCAD und MATLAB *folgendermaßen*: Man gibt

  A + B

  bzw.

  A * B

  in das Arbeitsfenster ein und löst die Berechnung durch Eingabe des symbolischen → oder numerischen Gleichheitszeichens = (bei MATH-CAD) und Betätigung der Eingabetaste ⏎ (bei MATLAB) aus.

- Das *Transponieren*

  d.h. das *Vertauschen* von *Zeilen* und *Spalten* kann in MATHCAD und MATLAB für eine Matrix **A** auf *folgende Art* geschehen:

  Nach der *Anwendung des Operators*

  aus der Operatorpalette Nr.3 erscheint an der gewünschten Stelle im Arbeitsfenster das Symbol

  $$\blacksquare^T$$

  in dessen *Platzhalter* **A** eingetragen wird, wobei **A** vorher die entsprechende Matrix zugewiesen wurde. Statt **A** kann hier die Matrix auch direkt eingegeben werden. Danach wird der gesamte *Ausdruck* mit einer *Bearbeitungslinie markiert*. Abschließend liefern die *Eingabe* des *symbolischen* → bzw. *numerischen Gleichheitszeichens* = mit abschließender Betätigung der Eingabetaste ⏎ das *Ergebnis exakt* bzw. *numerisch*.

  Das *Transponieren* einer im Kommandofenster befindlichen *Matrix* **A** geschieht in MATLAB durch *Eingabe* von

  >> A'

  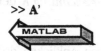

- Die *Berechnung* der *Inversen*

  $$A^{-1}$$

einer gegebenen *Matrix* **A** ist nur für quadratische (n-reihige) Matrizen möglich, wobei zusätzlich det **A** $\neq$ 0 erfüllt sein muß (*nichtsinguläre Matrix*).

Die *Berechnung* der *Inversen* geschieht in MATHCAD und MATLAB folgendermaßen:

Nach der Eingabe von

$$\mathbf{A}^{-1}$$

kann die *exakte Berechnung* durch Eingabe des *symbolischen Gleichheitszeichens* → und die *numerische Berechnung* durch die Eingabe des *numerischen Gleichheitszeichens* = mit abschließender Betätigung der Eingabetaste geschehen, wobei **A** vorher die entsprechende Matrix zugewiesen oder statt **A** die Matrix direkt eingegeben wurde.

MATLAB berechnet die *Inverse* einer im Arbeitsfenster befindlichen *Matrix* **A** mit der *vordefinierten Funktion*

>> **inv** (A)

* Die *Berechnung der Determinante*

einer *quadratischen Matrix* **A** geschieht in MATHCAD und MATLAB folgendermaßen:

Gebildet wird die *Determinante* einer *Matrix* **A** in MATHCAD mit dem *Betragsoperator*

aus der Operatorpalette Nr.3. Befindet sich die *Matrix* **A**

* bereits im Arbeitsfenster, so schreibt man nur die *Bezeichnung* **A** der Matrix in die Betragsstriche, d.h.

|A|

* noch nicht im Arbeitsfenster, so schreibt man durch Anklicken des *Matrixoperators*

aus der Operatorpalette Nr.3 das Matrixsymbol in die Betragsstriche, wobei abschließend die *Elemente* in die freien Platzhalter einzutragen sind.

Die *Berechnung* einer so im Arbeitsfenster gebildeten *Determinante* kann durch Eingabe des symbolischen → oder numerischen Gleichheitszeichens = mit abschließender Betätigung der Eingabetaste ⏎ geschehen.

MATLAB berechnet die *Determinante* einer *quadratischen Matrix* **A** mit der *vordefinierten Funktion*

>> **det** (A)

numerisch.

12.5 Gleichungen

Im folgenden illustrieren wir die Berechnung von Lösungen allgemeiner Gleichungen im Rahmen der Systeme MATHCAD und MATLAB, da man für Aufgaben der Wahrscheinlichkeitsrechnung und Statistik auch Gleichungen lösen muß. Wir geben nur einige Standardmethoden, die für unsere Betrachtungen ausreichen. Für eine umfassende Darstellungen wird auf die beiden Bücher [75] und [77] des Autors verwiesen.

Die *Lösungstheorie* für *Gleichungen* unterscheidet zwischen linearen und nichtlinearen Gleichungen:

- Ein allgemeines *lineares Gleichungssystem* mit m *Gleichungen* und n *Variablen/Unbekannten* $x_1, ..., x_n$ hat die *Form*

$$a_{11} \cdot x_1 + \cdots + a_{1n} \cdot x_n = b_1$$

$$a_{21} \cdot x_1 + \cdots + a_{2n} \cdot x_n = b_2 \qquad (\, m \geq 1 \,, \, n \geq 1 \,)$$

$$\vdots \qquad\qquad \vdots$$

$$a_{m1} \cdot x_1 + \cdots + a_{mn} \cdot x_n = b_m$$

und lautet in *Matrizenschreibweise*

$$\mathbf{A} \cdot \mathbf{x} = \mathbf{b}$$

wobei

$$\mathbf{A} = \begin{pmatrix} a_{11} & a_{12} & \cdots & a_{1n} \\ a_{21} & a_{22} & \cdots & a_{2n} \\ \vdots & \vdots & \vdots & \vdots \\ a_{m1} & a_{m2} & \cdots & a_{mn} \end{pmatrix} \qquad \mathbf{x} = \begin{pmatrix} x_1 \\ x_2 \\ \vdots \\ x_n \end{pmatrix} \qquad \mathbf{b} = \begin{pmatrix} b_1 \\ b_2 \\ \vdots \\ b_m \end{pmatrix}$$

gelten und

* **A** als *Koeffizientenmatrix*,

* **x** als *Vektor* der *Unbekannten*,

* **b** als *Vektor* der *rechten Seiten*

bezeichnet werden.

Für *Systeme linearer Gleichungen* gibt es eine umfassende *Lösungstheorie*, die in Abhängigkeit von der Koeffizientenmatrix **A** und der rechten Seite **b** Bedingungen dafür gibt, wann für **x**

* *genau eine Lösung*

* *keine Lösung*

* *beliebig viele Lösungen*

existieren und im Falle der Lösbarkeit die Lösung in einer endlichen Anzahl von Schritten liefert (endlicher Algorithmus). Die dabei häufig benutzte Lösungsmethode ist der bekannte Gaußsche Algorithmus.

● *Nichtlineare Gleichungssysteme* mit m Gleichungen und n Variablen/Unbekannten haben die *Form*

$$u_1(x_1, \ldots, x_n) = 0$$

$$\vdots$$

$$u_m(x_1, \ldots, x_n) = 0$$

wobei *beliebige Funktionen*

$$u_1(x_1, \ldots, x_n) , \ldots , u_m(x_1, \ldots, x_n)$$

auftreten können.

Offensichtlich sind *lineare Gleichungen* Spezialfälle *nichtlinearer Gleichungen*. Die für lineare Gleichungen vorhandenen endlichen Lösungsalgorithmen lassen sich nicht auf nichtlineare Gleichungen übertragen. Deshalb ist man bei nichtlinearen Gleichungen in den meisten Fällen auf

Näherungsverfahren (*numerische Verfahren*) angewiesen, wobei vor allem *Iterationsverfahren* (*Newton-Verfahren*) verwendet werden, die

* *Näherungswerte* für die *Lösungen* liefern,

* als *Startwerte Schätzwerte* für eine *Lösung* benötigen, die durch das numerische Verfahren im Falle der Konvergenz verbessert werden,

* *nicht konvergieren müssen*, d.h., kein Ergebnis liefern (z.B. das *Newton-Verfahren*), auch wenn der *Startwert* nahe bei einer *Lösung* liegt.

Die *Wahl* der *Startwerte* läßt sich bei *einer Gleichung*

u(x) = 0

mit einer *Variablen/Unbekannten* x erleichtern, wenn man die *Funktion* u(x) *grafisch darstellt* und hieraus Näherungswerte für die Nullstellen abliest.

♦

Betrachten wir Standardmethoden in MATHCAD und MATLAB zur Lösung von Gleichungen:

MATHCAD stellt u.a. folgende Methoden zur Lösung von Gleichungen/Gleichungssystemen zur Verfügungen:

I. Eine *effektive Lösungsmethode* von MATHCAD zur *exakten Lösung* von Gleichungssystemen vollzieht sich in folgenden Schritten:

* Man gibt das Kommando

  Given
  (deutsche Version: **Vorgabe**)

  in das Arbeitsfenster ein. Dabei ist zu beachten, daß dies im *Rechenmodus* geschehen muß.

* Darunter ist anschließend das zu lösende *Gleichungssystem* einzutragen. Dabei muß das *Gleichheitszeichen* in den einzelnen Gleichungen unter Verwendung des *Gleichheitsoperators*

  aus der Operatorpalette Nr.6 eingegeben werden.

* Unter dem zu lösenden Gleichungssystem ist die *Funktion*

  Find (...)
  (deutsche Version: **Suchen**)

  ebenfalls im *Rechenmodus* einzugeben, wobei im Argument die Variablen (durch Komma getrennt) erscheinen müssen, nach denen aufgelöst werden soll. Der durch **Given** und **Find** begrenzte Bereich wird als *Lösungsblock* bezeichnet, wobei auch **given** und **find** geschrieben werden kann.

* Die Eingabe des *symbolischen Gleichheitszeichens* → nach **Find** und abschließende Betätigung der Eingabetaste ⏎ liefern das *exakte Ergebnis*, falls das Gleichungssystem lösbar ist. Man kann das *berechnete Ergebnis* auch mittels der *Zuweisung*

  x := Find (...) →

  einem *Lösungsvektor* **x** zuweisen (siehe Beispiele 12.2).

II. Falls die exakte Lösung von Gleichungssystemen kein Ergebnis liefert, kann man zur *numerischen Lösung* übergehen:

Die Vorgehensweise gestaltet sich bis auf zwei Ausnahmen analog zur in I. beschriebenen exakten Lösung mittels **Given** und **Find**:

* *Zuweisung* von *Startwerten* an alle *Variablen* vor **Given** (deutsche Version: **Vorgabe**)

* Nach **Find** (deutsche Version: **Suchen**) muß das *numerische Gleichheitszeichen* = statt des symbolischen → eingegeben werden.

III. Eine weitere *effektive Lösungsmethode* von MATHCAD verwendet das *Schlüsselwort* **solve** und gestaltet sich ähnlich zur Methode I.:

* Man aktiviert das *Schlüsselwort*

  solve
  (deutsche Version: **auflösen**)

  durch Anklicken des *Operators*

  solve

  in der Operatorpalette Nr.9 der Rechenpalette

* Danach schreibt man in das erscheinende *Symbol*

  ∎ solve, ∎ →

  in den linken *Platzhalter* das zu lösende *Gleichungssystem* und in den rechten Platzhalter die *unbekannten Variablen*, wobei diese jeweils als Komponenten eines Vektors einzugeben sind (siehe Beispiel 12.2).
  Das *Gleichheitszeichen* in den einzelnen Gleichungen muß wie bei I. eingegeben werden.
  Man kann das *berechnete Ergebnis* auch mittels der *Zuweisung*

  x := ∎ solve, ∎ →

  einem *Lösungsvektor* **x** zuweisen (siehe Beispiele 12.2).

* Die Eingabe des *symbolischen Gleichheitszeichens* → und die abschließende Betätigung der Eingabetaste ⏎ liefern das *exakte Ergebnis*, falls das Gleichungssystem lösbar ist.

IV. Wenn ein *Gleichungssystem keine Lösungen* besitzt, kann die *vordefinierte Numerikfunktion*

Minerr (x_1 , x_2 , ... , x_n)

(deutsche Version: **Minfehl**)

anstatt von

Find (x_1 , x_2 , ... , x_n)

(deutsche Version: **Suchen**)

bei Methode I. angewandt werden.

Minerr minimiert die Quadratsumme aus den linken Seiten der Gleichungen des gegebenen Systems, d.h.

$$\sum_{i=1}^{m} u_i^2(x_1 , x_2,..., x_n) \rightarrow \underset{x_1 , x_2,..., x_n}{\text{Minimum}}$$

und bestimmt damit eine *Lösung im verallgemeinerten Sinne.*

Beispiel 12.2:

a) Bestimmen wir die *eindeutige Lösung* des *linearen Gleichungssystems*

$$x_1 + x_2 = \frac{10}{21}$$

$$x_1 - x_2 = \frac{4}{21}$$

mittels MATHCAD:

* Anwendung der Methode I.:

given

$$x_1 + x_2 = \frac{10}{21}$$

$$x_1 - x_2 = \frac{4}{21}$$

$$\text{find}(x_1 , x_2) \rightarrow \begin{pmatrix} \dfrac{1}{3} \\ \dfrac{1}{7} \end{pmatrix}$$

* Anwendung der Methode III.:

$$\begin{pmatrix} x_1 + x_2 = \dfrac{10}{21} \\ \\ x_1 - x_2 = \dfrac{4}{21} \end{pmatrix} \text{solve}, \begin{pmatrix} x_1 \\ x_2 \end{pmatrix} \rightarrow \begin{pmatrix} \dfrac{1}{3} & \dfrac{1}{7} \end{pmatrix}$$

b) Bestimmen wir eine *numerische Lösung* des folgenden *nichtlinearen Gleichungssystems*, für das MATHCAD keine exakte Lösung findet:
Da wir nichts über die Lösung wissen, verwenden wir die willkürlichen *Startwerte* (1,2)

$$x_1 := 1 \qquad x_2 := 2$$

Given

$$\sin(x_1) + x_2{}^2 = \frac{10}{21}$$

$$x_1{}^3 - \ln(x_2) = \frac{4}{21}$$

$$\text{Find}(x_1, x_2) = \begin{pmatrix} -0.198 \\ 0.82 \end{pmatrix}$$

MATLAB stellt u.a. folgende Methoden zur Lösung von Gleichungen zur Verfügung:

I. Zur *exakten* bzw. *numerischen Lösung* eines gegebenen *linearen* oder *nichtlinearen Gleichungssystems* wird die *vordefinierte Funktion* **solve** angeboten, die folgendermaßen anzuwenden ist:

    >> [x1 , x2 , ... , xn] = **solve** (' u1(x1,...,xn) = 0 , ... , um(x1,...,xn) = 0 '

    , ' x1 , ... , xn ')

    d.h., die *Gleichungen* und *Variablen* sind als *Zeichenketten* einzugeben. Falls hiermit eine Lösung berechnet wurde, so weist sie MATLAB den verwendeten Variablen (Unbekannten) zu. Falls MATLAB für das gegebene System *keine exakten Lösungen* findet, wird *numerisch gerechnet*.

II. Speziell für *lineare Gleichungen* bietet MATLAB zusätzlich die *vordefinierte Funktion* **linsolve** zur *exakten Lösung* an, die man folgendermaßen anwendet:

>> x = **linsolve** (A , b)

wenn vorher die *Koeffizientenmatrix* **A** und die *rechte Seite* **b** (als Spaltenvektor) des linearen Gleichungssystems eingegeben wurden. Hier wird die *Lösung* dem *Spaltenvektor* **x** *zugewiesen*.

III. Die *numerische Lösung* eines gegebenen *linearen Gleichungssystems* kann zusätzlich durch Eingabe von

>> x = A\b

in das Kommandofenster geschehen, wenn vorher der *Koeffizientenmatrix* **A** und der *rechten Seite* **b** des linearen Gleichungssystems die konkreten Werte zugewiesen wurden. Dabei ist zu beachten, daß **b** ein *Spaltenvektor* ist. Das *Ergebnis* wird dem *Spaltenvektor* **x** *zugewiesen*. Wenn man das *Kommando* **sym** voranstellt, d.h.

>> x = **sym** (A\b)

so wird die *Lösung exakt berechnet*.

Beispiel 12.3:

a) Bestimmen wir die *eindeutige Lösung* des *linearen Gleichungssystems*

$$x_1 + x_2 = \frac{10}{21}$$

$$x_1 - x_2 = \frac{4}{21}$$

mittels MATLAB, indem wir zuerst die *Koeffizientenmatrix* **A** und den *Vektor der rechten Seiten* **b** die konkreten Werte zuweisen:

>> A = [1 1 ; 1 −1] ; b = [10/21 ; 4/21] ;

Nun können wir die von MATLAB gebotenen Möglichkeiten anwenden:

a1) *Exakte Berechnung* durch Anwendung der *vordefinierten Funktion* **solve**:

>> [x1 , x2] = **solve** ('x1 + x2 = 10/21 , x1 − x2 = 4/21' , 'x1 , x2')

x1 =

1/3

x2 =

1/7

a2) *Exakte Berechnung* durch Anwendung der *vordefinierten Funktion* **linsolve**:

>> x = **linsolve** (A , b)

x =

[1/3]
[1/7]

a3) Berechnung durch *Anwendung* von A\b:

* *numerisch*

   >> x = A\b

   x =

   0.3333
   0.1429

* *exakt*

   >> x = **sym** (A\b)

   x =

   [1/3]
   [1/7]

b) Bestimmen wir eine *numerische Lösung* des *nichtlinearen Gleichungssystems* aus Beispiel 12.2b mittels der in MATLAB *vordefinierten Funktion* **solve**:

>> [x1,x2] = **solve**('sin(x1)+x2^2=10/21 , x1^3–log(x2)=4/21' , 'x1 , x2')

x1 =

–.19781236001894215884991696772400

x2 =

.82019223385335236342506674054849

◆

13 Mathematische Berechnungen mit MATHCAD und MATLAB - Teil II

Im folgenden Teil II der mathematischen Berechnungen behandeln wir Funktionen, Differential- und Integralrechnung.

13.1 Funktionen

Funktionen spielen in *Aufgaben* aus Technik, Natur- und Wirtschaftswissenschaften eine *fundamentale Rolle*
Man benötigt sie auch in zahlreichen Aufgaben der Wahrscheinlichkeitsrechnung und Statistik
In den Systemen MATHCAD und MATLAB sind eine Vielzahl von Funktionen vordefiniert, die die Arbeit wesentlich erleichtern. Man spricht in den Systemen von *Built-In-Funktionen* . Dabei unterscheiden wir zwischen *allgemeinen* und *mathematischen Funktionen*, auf die wir kurz in den folgenden Abschn.13.1.1 und 13.1.2 eingehen.
Wir haben bisher schon eine Reihe vordefinierter Funktionen kennengelernt und werden in den folgenden Kapitel weitere antreffen.

Falls man zur Berechnung einer Aufgabe eine Funktion benötigt, die in MATHCAD oder MATLAB nicht vordefiniert ist, so bieten beide Systeme die Möglichkeit, diese Funktion zu definieren. Die hierfür erforderliche Vorgehensweise betrachten wir im Abschn.13.1.3.

◆

Einen *Überblick* über sämtliche in den Systemen MATHCAD und MATLAB *vordefinierten Funktionen* erhält man folgendermaßen:

Die in MATHCAD *vordefinierten Funktionen* sind aus der *Dialogbox*

Insert Function
(deutsche Version: **Funktion einfügen**)

ersichtlich, die auf zwei Arten geöffnet werden kann:

* mittels der *Menüfolge*
  Insert ⇒ Function ...

(deutsche Version: **Einfügen ⇒ Funktion ...**)

* durch Anklicken des *Symbols*

in der *Symbolleiste*.

Die *Bezeichnung* einer in MATHCAD *vordefinierten Funktion* kann man im Arbeitsfenster an der durch den Kursor markierten Stelle auf zwei verschiedene Arten eingeben:

I. *Direkte Eingabe* mittels *Tastatur*.

II. Einfügen durch Mausklick auf die gewünschte Funktion in der *Dialogbox*

    Insert Function
    (deutsche Version: **Funktion einfügen**)

Dem Anwender wird empfohlen, die Methode II. zu verwenden, da man hier neben der *Schreibweise* der *Funktion* zusätzlich eine kurze *Erläuterung* erhält.

Alle in MATLAB *vordefinierten Funktionenklassen* werden bei Eingabe des Kommandos **help** im Kommandofenster angezeigt (siehe Abschn. 3.5). Möchte man Informationen zu einzelnen Funktionen einer Funktionsklasse erhalten, so gibt man zuerst

help *Name der Funktionsklasse*

ein und erhält eine Auflistung aller Funktionen dieser Klasse. Danach kann man durch Eingabe einer der folgenden Kommandos

* **help** *Funktionsname*
* **type** *Funktionsname*
* **helpwin** *Funktionsname*

Informationen zu einer speziellen vordefinierten Funktion erhalten (siehe Abschn.3.5).

Die Eingabe einer benötigten vordefinierten Funktion in das Kommandofenster von MATLAB geschieht mittels Tastatur.

Weiterhin ist in MATHCAD und MATLAB bei der Verwendung vordefinierter Funktionen zu beachten, daß die

* *Argumente* der Funktionen stets in *runde Klammern* einzuschließen sind.

* *Berechnung* von *Funktionswerten* exakt oder numerisch erfolgen kann. Die Vorgehensweise ist hier analog zu der im Kap.5 besprochenen, so daß wir das Ausprobieren dem Leser überlassen.

♦

13.1.1 Allgemeine Funktionen

MATHCAD und MATLAB besitzen eine Vielzahl allgemeiner vordefinierter Funktionen, von denen wir bereits einige kennengelernt haben, so z.B. im Kap.8 die *Ein-* und *Ausgabefunktionen* (*Dateizugriffsfunktionen*). Weiterhin gehören hierzu noch Rundungs-, Sortier- und Zeichenkettenfunktionen, die wir bei der entsprechenden Anwendung erklären.

13.1.2 Mathematische Funktionen

In MATHCAD und MATLAB sind eine Vielzahl *mathematischer Funktionen* vordefiniert, die man üblicherweise in zwei Gruppen aufteilt:

* *elementare Funktionen*

    Hierzu zählen Potenz-, Logarithmus- und Exponentialfunktionen, trigonometrische und hyperbolische Funktionen und deren inverse Funktionen (Umkehrfunktionen), die MATHCAD und MATLAB alle kennen.

* *höhere Funktionen*

    Hiervon kennen MATHCAD und MATLAB z.B. die Besselfunktionen.

Bei den mathematischen Funktionen spielen die *Elementarfunktionen* eine dominierende Rolle, da sie in vielen Anwendungen auftreten.

☞

MATHCAD und MATLAB kennen *weitere Funktionen*, wie

* *Funktionen komplexer Variablen*

* *Statistische Funktionen*

* *Matrixfunktionen*

die ebenfalls zu den *mathematischen Funktionen* zählen und die wir in den entsprechenden Kapiteln kennenlernen.

♦

13.1.3 Definition von Funktionen

Obwohl MATHCAD und MATLAB eine Vielzahl von Funktionen kennen, ist es für ein effektives Arbeiten erforderlich, weitere *Funktionen* zu *definieren*. Betrachten wir *zwei charakteristische Fälle*, bei denen eine *Funktionsdefinition* zu empfehlen ist:

I. Wenn man im Verlaufe einer Arbeitssitzung *Formeln* oder *Ausdrücke* öfters anwenden möchte, die nicht in den Systemen vordefiniert sind.

II. Wenn man als *Ergebnis* einer *Rechnung* (z.B. Differentiation oder Integration einer Funktion) *Ausdrücke* erhält, die in weiteren Rechnungen benötigt werden.

Derartige *Funktionsdefinitionen* haben den *Vorteil*, daß man bei weiteren Rechnungen nur die gewählte *Funktionsbezeichnung* verwendet, anstatt jedes Mal den gesamten Ausdruck eingeben zu müssen.

♦

Bei der *Definition* von *Funktionen* ist in MATHCAD und MATLAB zu *beachten*, daß

*   bei den *Funktionsnamen* zwischen Groß- und Kleinschreibung unterschieden wird.

*   nicht Namen *vordefinierter Funktionen* verwendet werden, da diese dann nicht mehr verfügbar sind.

♦

Im folgenden fassen wir die *Vorgehensweisen* bei *Funktionsdefinitionen* in MATHCAD und MATLAB zusammen:

Einem gegebenen Ausdruck

$$A(x_1, x_2, ..., x_n)$$

wird mittels

$$f(x_1, x_2, ..., x_n) := A(x_1, x_2, ..., x_n)$$

die *Funktion* f *zugewiesen*.

Die *Definition* von *Funktionen* geschieht in MATLAB in Form von Funktionsdateien (M-Dateien). Diese Art von Dateien haben wir ausführlicher im Abschn.3.4.2 besprochen, so daß wir uns im folgenden auf eine *Zusammenfassung* beschränken:

Die *Definition* einer *Funktion*

f(x1 , ... , xn)

für einen *Funktionsausdruck*

 A(x1 , ... , xn)

kann *mittels* der *Funktionsdatei* (*M-Datei*)
f.m
geschehen, die die *Gestalt*

function z = f(x1 , x2 , ... , xn)
z = A(x1 , x2 , ... , xn) ;

hat, wobei diese *Datei* f.m mit einem *Texteditor* als ASCII-*Datei* zu *schreiben*
ist und anschließend auf Festplatte oder Diskette abgespeichert wird.

Möchte man eine mittels einer *Funktionsdatei* (M-Datei) f.m *definierte Funktion* f verwenden, so muß man MATLAB vorher mittels des *Kommandos*

cd

den *Pfad* des *Verzeichnis mitteilen*, in das die *zugehörige Funktionsdatei*
f.m abgespeichert wurde. Wurde die Datei z.B. auf der *Festplatte* C im *Verzeichnis* MATLABR12 gespeichert, so ist vor Verwendung der *definierten Funktion* f das *folgende Kommando* einzugeben:

cd C:\MATLABR12
◆

Falls sich eine zu definierende *Funktion* aus *mehreren analytischen Ausdrücken* zusammensetzt, wie z.B.

$$f(x_1,x_2,..., x_n) = \begin{cases} A_1(x_1,x_2,...,x_n) & \text{wenn } (x_1,x_2,...,x_n) \in D_1 \\ A_2(x_1,x_2,...,x_n) & \text{wenn } (x_1,x_2,...,x_n) \in D_2 \\ A_3(x_1,x_2,...,x_n) & \text{wenn } (x_1,x_2,...,x_n) \in D_3 \end{cases}$$

so kann die Definition in beiden Systemen MATHCAD und MATLAB unter Verwendung der Programmiermöglichkeiten (Verzweigungen) geschehen, wie in den Beispielen 9.2 und 9.3 illustriert wird.
◆

Im folgenden Beispiel 13.1 illustrieren wir die Vorgehensweise bei der Definition von Funktionen.

Beispiel 13.1:

a) Der *Funktionsausdruck*

   $x \cdot y + \sin(x + y)$

   kann mittels MATHCAD und MATLAB folgendermaßen einer Funktion

   $F(x,y)$

   zugewiesen werden:

$F(x,y) := x * y + \sin(x + y)$

mittels der folgenden *Funktionsdatei (M-Datei)* F.m

function $z = F(x,y)$
$z = x * y + \sin(x + y)$;

b) Die *Polynomfunktion*

   $f(x) = 1 + x^2 + x^3$

   kann mittels MATHCAD und MATLAB folgendermaßen einer Funktion
   $f(x)$ zugewiesen werden:

$f(x) := 1 + x^2 + x^3$

mittels der folgenden *Funktionsdatei (M-Datei)* f.m

function $y = f(x)$

$y = 1 + x.^2 + x.^3$;

d.h. man verwendet zweckmäßigerweise den *Operator* .∧ für die *elementweise Potenzierung*, so daß man mit dieser Funktion auch Werte für einen Vektor **x** berechnen kann.

Die Berechnung von Funktionswerten mittels der definierten Polynomfunktion für einen Vektor **x**, wie z.B

$$\mathbf{x} = (\,1\,,2\,,3\,,4\,,5\,)$$

gestaltet sich folgendermaßen:

Am einfachsten gelingt dies in MATHCAD, wenn man **x** als Bereichsvariable definiert:

$$x := 1..5$$

$$f(x) =$$

3
13
37
81
151

```
>> x = 1 : 5

x =

    1    2    3    4    5

>> f(x)

ans =

    3   13   37   81  151
```

♦

13.2 Differentialrechnung

Für die *Berechnung* der *Ableitungen* einer *differenzierbaren Funktion*, die sich aus *elementaren Funktionen* (siehe Abschn.13.1.2) zusammensetzt, läßt sich ein *endlicher Algorithmus* angeben. Dieser *Algorithmus beruht* auf den bekannten *Ableitungen* für *elementare Funktionen* und den *Differentiations-regeln*:

* *Produktregel*

* *Quotientenregel*

* *Kettenregel*

Deshalb können die Systeme MATHCAD und MATLAB die *Differentiation* derartiger Funktionen mit dem integrierten Symbolprozessor von MAPLE im Rahmen der Computeralgebra problemlos durchführen Das betrifft sowohl die *Berechnung* von *Ableitungen*

$$f'(x),\ f''(x),...,\ f^{(n)}(x)\ ,\ ...$$

für *Funktionen* $y = f(x)$ *einer Variablen* x, als auch *partielle Ableitungen*

$$f_{x_1} = \frac{\partial f}{\partial x_1}\ ,\ f_{x_1 x_1} = \frac{\partial^2 f}{\partial x_1^2}\ ,\ f_{x_1 x_2} = \frac{\partial^2 f}{\partial x_1 \partial x_2}\ ,...$$

für *Funktionen* $z = f(x_1, x_2,...,x_n)$ von n Variablen $x_1, x_2,...,x_n$.

Betrachten wir im folgenden die erforderliche Vorgehensweise für die Diffe-rentiation im Rahmen von MATHCAD und MATLAB:

MATHCAD berechnet Ableitungen folgendermaßen:

* *Ableitungen erster Ordnung* einer Funktion nach einer Variablen:

  Nach der Aktivierung des *Differentiationsoperator*

  aus der Operatorpalette Nr.5 mittels Mausklick werden in dem erschei-nenden *Symbol*

  $$\frac{d}{d\,\blacksquare}\blacksquare$$

  die beiden *Platzhalter* wie folgt ausfüllt:

  $$\frac{d}{dx_i} f(x_1, x_2,...,x_n)$$

  wenn man nach der Variablen

$$x_i$$

differenzieren möchte.

- *Ableitungen höherer Ordnung* einer Funktion nach einer Variablen:

  Unter Verwendung des *Differentiationsoperators*

  aus der Operatorpalette Nr.5 lassen sich *Ableitungen n-ter Ordnung* (n = 1, 2, 3, ...) einer Funktion direkt berechnen, indem man die *Platzhalter* des erscheinenden *Symbols*

  $$\frac{d^{\,\blacksquare}}{d_{\,\blacksquare}{}^{\blacksquare}}\ \blacksquare$$

  folgendermaßen ausfüllt

  $$\frac{d^n}{d x_i{}^n} f(x_1, x_2, ..., x_n)$$

  wenn man nach der Variablen

  $$x_i$$

  n-mal differenzieren möchte. Bei gemischten Ableitungen höherer Ordnung muß dieser Operator geschachtelt werden (siehe Beispiel 13.2).

Bei den gegebenen Methoden wird die *exakte Berechnung* nach *Markierung* des gesamten Ausdrucks mit einer *Bearbeitungslinie* durch die Eingabe des symbolischen Gleichheitszeichens → und abschließender Betätigung der Eingabetaste ⏎ ausgelöst.

Wenn die **Symbolic Math Toolbox** *installiert* ist, berechnet MATHCAD Ableitungen mit seiner *vordefinierten Funktion* **diff** zur *symbolischen Differentiation* folgendermaßen:

- *Berechnung* von *Ableitungen* für *Funktionen*

  $$y = f(x)$$

  einer Variablen x

  * *n-te Ableitung* (n = 1 , 2 , 3 , ...)

    >> **syms** x ; **diff** (f(x) , x , n)

Das *Kommando* **syms** dient zur Kennzeichnung der *symbolischen Variablen* x. Ohne Verwendung von **syms** ist folgendes zu schreiben:

>> **diff** ('f(x)' , 'x' , n)

d.h., Funktionsausdruck f(x) und Variable x müssen als *Zeichenketten* eingegeben werden.

- *Berechnung* von *partiellen Ableitungen* für *Funktionen*

$$z = f(x_1, x_2, ..., x_n)$$

von *n Variablen*

$$x_1, x_2, ..., x_n$$

geschieht auf folgende Arten:

* *n-te partielle Ableitung* der *Funktion* bzgl. der *Variablen* x_k

  >> **syms** x1 x2 ... xn ; **diff** (f (x1 , x2 ,..., xn) , xk , n)

  bzw.

  >> **diff** ('f (x1 , x2 ,..., xn)' , 'xk' , n)

  d.h. die partiellen Ableitungen bzgl. einer Variablen vollziehen sich analog zu Ableitungen von Funktionen einer Variablen.

* *gemischte partielle Ableitungen* werden durch *Schachtelung* von **diff** berechnet, so z.B. die *Ableitung*

$$\frac{\partial^{m+n}}{\partial^m x \, \partial^n y} f(x, y)$$

mittels

  >> **syms** x y ; **diff** (**diff** (f(x,y) , x , m) , y , n)

  bzw.

  >> **diff** (**diff** ('f(x,y)' , 'x' , m) , 'y' , n)

Das *Kommando* **syms** dient zur Kennzeichnung der *symbolischen Variablen*. Ohne Verwendung von **syms** sind die *symbolischen Funktionsausdrücke* und *Variablen* als *Zeichenketten* einzugeben.

Illustrieren wir die Berechnung von Ableitungen in den Systemen MATHCAD und MATLAB im folgenden Beispiel.

Beispiel 13.2:

Berechnen wir für die Funktion

$f(x,y) = x^y$

mittels MATHCAD und MATLAB eine *gemischte partielle Ableitung*. Hieraus ist bereits ohne weitere Erklärungen die Vorgehensweise in beiden Systemen ersichtlich:

$$\frac{d}{dx}\frac{d^2}{dy^2}x^y \to x^y \cdot \frac{y}{x}\cdot\ln(x)^2 + 2\cdot x^y\cdot\frac{\ln(x)}{x}$$

`>> syms x y ; diff ( diff ( x^y , y , 2 ) , x )`

`ans =`

`x^y * y/x * log ( x )^2 + 2 * x^y * log ( x )/x`

◆

13.3 Integralrechnung

In den Anwendungen benötigt man hauptsächlich das *bestimmte Integral*

$$\int_a^b f(x)\ dx$$

mit dem *Integranden* f(x), der *Integrationsvariablen* x und den *Integrationsgrenzen* a und b, das durch den *Hauptsatz* der *Differential-* und *Integralrechnung*

$$\int_a^b f(x)\ dx\ = F(b) - F(a)$$

mit dem *unbestimmten Integral* verbunden ist, da F(x) mit F'(x)=f(x) eine *Stammfunktion* des *Integranden* f(x) ist, d.h.

$$F(x) = \int f(x)dx\ + c$$

Der *Wert* eines *bestimmten Integrals* ist folglich *gegeben*, wenn eine *Stammfunktion* F(x) des Integranden f(x) bekannt ist.

Im Unterschied zur Differentialrechnung, die die Ableitung einer aus elementaren Funktionen zusammengesetzten differenzierbaren Funktion immer in endlich vielen Schritten liefert, kann die Integralrechnung nicht jede gegebene Funktion exakt integrieren.

Betrachten wir im folgenden die erforderliche Vorgehensweise für die Integration im Rahmen von MATHCAD und MATLAB:

MATHCAD berechnet Integrale folgendermaßen:

• Die *exakte Berechnung unbestimmter Integrale*

  Nach Anklicken des *Integraloperators* für die *unbestimmte Integration*

  in der Operatorpalette Nr.5 erscheint das *Integralsymbol*

$$\int \blacksquare \, d\blacksquare$$

  im Arbeitsfenster an der durch den Kursor bestimmten Stelle. Anschließend trägt man in die beiden *Platzhalter* den *Integranden* f(x) und die *Integrationsvariable* x ein, d.h.

$$\int f(x) \, dx$$

  Nach der Eingabe des *symbolischen Gleichheitszeichens* → *markiert* man den gesamten *Ausdruck* mit einer *Bearbeitungslinie*. Die abschließende Betätigung der Eingabetaste ⏎ löst die *exakte Berechnung* des *unbestimmten Integrals* aus.

• Die *exakte* und *numerische Berechnung bestimmter Integrale*

$$\int_a^b f(x) \, dx$$

  geschieht in MATHCAD *folgendermaßen:*

  * *Zuerst* wird durch Anklicken des *Integraloperators* für die *bestimmte Integration*

  in der Operatorpalette Nr.5 im Arbeitsfenster an der durch den Kursor bestimmten Stelle das *Integralsymbol*

$$\int_{\blacksquare}^{\blacksquare} \blacksquare \; d\blacksquare$$

mit vier Platzhaltern erzeugt.

* *Anschließend* trägt man in die entsprechenden *Platzhalter* die *Integrationsgrenzen* a und b, den *Integranden* f(x) und die *Integrationsvariable* x ein und erhält

$$\int_{a}^{b} f(x)\; dx$$

* Nach der Eingabe des *symbolischen* → oder *numerischen Gleichheitszeichens* = *markiert* man den gesamten *Ausdruck* mit einer *Bearbeitungslinie*. Die abschließende Betätigung der Eingabetaste ⏎ löst die *exakte* bzw. *numerische Berechnung* des *bestimmten Integrals* aus.

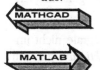

MATLAB berechnet Integrale folgendermaßen:

* Falls die **Symbolic Math Toolbox** installiert ist, kann zur *exakten* (*symbolischen*) *Berechnung* von *unbestimmten Integralen*

$$\int f(x)\; dx$$

mit dem *Integranden* f(x) und der *Integrationsvariablen* x die *Funktion* **int** in einer der folgenden Formen angewandt werden:

* \>> **syms** x ; **int** (f(x) , x)

* \>> **syms** x ; **int** (f(x))

* \>> **int** ('f(x)' , 'x')

* \>> **int** ('f(x)')

Man sieht, daß man den *Integranden* f(x) und die *symbolische Integrationsvariable* x als Zeichenkette schreiben muß, falls die symbolische Variable x nicht mittels des *Kommandos* **syms** gekennzeichnet wird.
Weiterhin ist zu beachten, daß MATLAB das Ergebnis ohne Integrationskonstante liefert.

* Wenn die **Symbolic Math Toolbox** installiert ist, kann zur *exakten* (*symbolischen*) *Berechnung* von *bestimmten Integralen*

$$\int_a^b f(x)\ dx$$

mit dem *Integranden* f(x), der *Integrationsvariablen* x und den *Integrationsgrenzen* a und b ebenfalls die Funktion **int** in einer der folgenden Formen angewandt werden:

* * >> **syms** x ; **int** (f(x) , x , a , b)

* * >> **syms** x ; **int** (f(x) , a , b)

* * >> **int** ('f(x)' , 'x' , a , b)

* * >> **int** ('f(x)' , a , b)

Man sieht, daß man *Integrand* f(x) und *symbolische Integrationsvariable* x als Zeichenkette schreiben muß, falls x nicht mittels des *Kommandos* **syms** gekennzeichnet wird. Falls die *Integrationsgrenzen* a und b keine konkreten Zahlen sind, müssen sie ebenfalls mittels **syms** gekennzeichnet werden.

• Da die exakte (symbolische) Berechnung bestimmter Integrale nicht immer möglich ist, bietet MATLAB folgende *Numerikfunktionen* an, um *bestimmte Integrale*

$$\int_a^b f(x)\ dx$$

mit dem *Integranden* f(x), der *Integrationsvariablen* x und den *Integrationsgrenzen* a , b (Zahlenwerte) *näherungsweise berechnen* zu können:

* * **trapz**

  Hier wird die *Trapezregel* angewandt, wofür *Zeilenvektoren* **x** und **y** mit gleicher Komponentenzahl benötigt werden, die x-Werte aus dem *Integrationsintervall* [a,b] bzw. die dazugehörigen Funktionswerte y = f(x) des Integranden enthalten. Aus der numerischen Mathematik ist bekannt, daß die Genauigkeit eines mittels der Trapezregel berechneten Integrals auch von der Anzal der verwendeten Punkte aus dem Integrationsintervall abhängt. Man verwendet hier i.a. gleichabständige x-Werte, so daß man den *Vektor* **x** in MATLAB auf eine der folgenden Arten erzeugen kann:

  I. >> x = a : h : b

  II. >> x = **linspace** (a , b , n)

  Dabei hängen die *Schrittweite* h und die *Anzahl* der *x-Werte* n über

  n = (b − a)/h

zusammen. Da MATLAB matrixorientiert arbeitet, kann man anschließend für diesen so erzeugten *Vektor* **x** den Vektor der zugehörigen
Funktionswerte **y** einfach mittels

>> y = f(x)

berechnen, wobei die Funktion f(x) eine in MATLAB vordefinierte
Funktion ist oder als *Funktionsdatei* vorliegen muß (siehe Ab-
schn.3.4.2). Nach der eben beschriebenen Erzeugung der Vektoren **x**
und **y** ist die Funktion **trapz** folgendermaßen einzugeben:

>> **trapz** (x , y)

* >> **quad** ('*Integrand*' , a , b)

Hier wird die *Simpsonformel* angewandt.

* >>**quad8** ('*Integrand*' , a , b)

Hier werden die *Newton-Cotes-Formeln* angewandt.

In den Numerikfunktionen **quad** und **quad8** steht *Integrand* für den Integranden f(x), so daß hierfür eine in MATLAB vordefinierte *Funktion*
oder eine vom Nutzer *definierte Funktion* (*Funktionsdatei*) zu verwenden ist.

Beispiel 13.3:

Berechnen wir für den Integranden

$$x^2 \cdot e^x$$

mittels MATHCAD und MATLAB das *unbestimmte Integral* exakt und das
bestimmte Integral mit den Integrationsgrenzen 1 und 2 exakt und numerisch. Hieraus ist bereits ohne weitere Erklärungen die Vorgehensweise in
beiden Systemen ersichtlich:

MATHCAD

$$\int x^2 \cdot e^x \, dx \rightarrow x^2 \cdot \exp(x) - 2 \cdot x \cdot \exp(x) + 2 \cdot \exp(x)$$

$$\int_1^2 x^2 \cdot e^x \, dx \rightarrow 2 \cdot \exp(2) - \exp(1)$$

$$\int_1^2 x^2 \cdot e^x \, dx = 12.06 \ \blacksquare$$

```
>> syms x ; int ( x^2 * exp ( x ) , x )
```

ans =

$$x^2 * \exp(x) - 2 * x * \exp(x) + 2 * \exp(x)$$

```
>> syms x ; int (x^2 * exp ( x ) , x , 1 , 2 )
```

ans =

$$2 * \exp(2) - \exp(1)$$

Für die *numerische Berechnung* mittels

```
>> quad ( ' f ' , 1 , 2 )
```

ans =

   12.0598

muß der Integrand als folgende *Funktionsdatei* f.m vorliegen:

function y = f (x)

y = x .^2 .* **exp** (x) ;

MATLAB

14 Grafiken mit MATHCAD und MATLAB

Mittels der in MATHCAD und MATLAB enthaltenen *Grafikmöglichkeiten* kann man u.a.

* *Kurven* in der *Ebene* R^2 (*ebene Kurven*)
* *Kurven* im *Raum* R^3 (*Raumkurven*)
* *Flächen* im *Raum* R^3

im Arbeitsfenster *darstellen*. Derartige *grafische Darstellungen* spielen in zahlreichen Anwendungen so auch in Wahrscheinlichkeitsrechnung und Statistik eine große Rolle, da sich aus *Grafiken* für den *Praktiker* bereits viele *Eigenschaften ablesen* lassen.

Wir können im Rahmen des vorliegenden Buches von den umfangreichen *Grafikmöglichkeiten* in MATHCAD und MATLAB nur diejenigen behandeln, die wir im Rahmen der Wahrscheinlichkeitsrechnung und Statistik benötigen. Wir empfehlen dem Anwender deshalb, mit beiden Systeme zu *experimentieren*, um die *Grafikmöglichkeiten* näher kennenzulernen. Dazu können weitere Informationen aus der integrierten Hilfe erhalten werden.

Da wir im Rahmen des vorliegenden Buches hauptsächlich die grafische Darstellung von Kurven, Punkten und Diagrammen in der Ebene und im Raum benötigen, werden wir hierfür in den folgenden Abschn.14.1–14.3 grundlegende Vorgehensweisen in MATHCAD und MATLAB kennenlernen. Abschließend diskutieren wir im Abschn.14.4 kurz die grafische Darstellung von Flächen.

Bei beiden Systemen MATHCAD und MATLAB ist zu beachten, daß *Grafikfenster* beim Erstellen von Grafiken geöffnet werden, in denen die zu zeichnenden *Grafiken* dargestellt und bearbeitet werden können.

◆

14.1 Kurven

Zur grafischen Darstellung *ebener Kurven* bieten MATHCAD und MATLAB u.a. folgende Vorgehensweisen:

Von MATHCAD wurden die *Grafikfunktionen* von MAPLE nicht übernommen. Man hat für MATHCAD ein *eigenes System* zur *grafischen Darstellung*
von *Kurven* entwickelt, das wir im folgenden kurz besprechen:

- *Ebene Kurven:*

  * Ist eine *ebene Kurve* durch die *Funktion* y = f(x) gegeben, so sind
    folgende Schritte erforderlich:

    - *Zuerst* erzeugt man durch Anklicken des *Grafikoperators*

      in der Operatorpalette Nr.2 im Arbeitsfenster an der durch den
      Kursor bestimmten Stelle ein *Grafikfenster.*

    - *Danach* sind in diesem *Grafikfenster* in den mittleren *Platzhalter*
      der x-Achse

      x

      und in den mittleren *Platzhalter* der y-Achse die *Funktionsbe-
      zeichnungen*

      f(x)

      einzutragen, wenn diese Funktion vorher definiert wurde. Ande-
      renfalls muß statt f(x) der entsprechende Funktionsausdruck ein-
      getragen werden. Möchte man mehrere Funktionen im gleichen
      Grafikfenster darstellen, so sind diese hier durch Komma getrennt
      einzutragen.
      Die restlichen (äußeren) Platzhalter dienen zur Festlegung des
      Maßstabs (*Achsenskalierung*). Trägt man hier keine Werte ein, so
      wählt sie MATHCAD.

    - *Anschließend* kann *über* dem *Grafikfenster* unter Verwendung
      des *Operators*

      aus der Operatorpalette Nr.3 der gewünschte *x-Bereich* (*Defini-
      tionsbereich*, z.B. a ≤ x ≤ b) in der *Form*

      x := a .. b   (*Schrittweite* 1)

      bzw.

      x := a , a + Δx .. b   (*Schrittweite* Δx)

      eingegeben, d.h. x als *Bereichsvariable* definiert werden (siehe
      Abschn. 6.3). Falls man x über dem Grafikfenster nicht als Be-

reichsvariable definiert, erzeugt MATHCAD einen *Quick-Plot* für den *x-Bereich* [–10,10].

– *Abschließend* zeichnet MATHCAD die gewünschte *Funktionskurve* durch einen *Mausklick* außerhalb des Grafikfensters oder durch Drücken der Eingabetaste ⏎.

* Liegt eine *ebene Kurve* in *Parameterdarstellung*

x = x(t) , y = y(t) t ∈ [a, b]

vor, so geschieht die *grafische Darstellung* mittels MATHCAD in folgenden *Schritten:*

– *Zuerst* erzeugt man auf die gleiche Art wie vorangehend im Arbeitsfenster ein *Grafikfenster* an der durch den Kursor bestimmten Stelle.

– *Danach* werden in die mittleren Platzhalter der x und y-Achse die Funktionen x(t) bzw. y(t) eingetragen.

– *Anschließend* kann *über* dem *Grafikfenster* unter Verwendung des *Operators*

aus der Operatorpalette Nr.3 der gewünschte *t-Bereich* (*Definitionsbereich*, z.B. a ≤ t ≤ b) in der *Form*

t := a .. b   (*Schrittweite* 1)

bzw.

t := a , a + Δt .. b   (*Schrittweite* Δt)

eingegeben, d.h. t als *Bereichsvariable* definiert werden. Falls man t nicht als Bereichsvariable definiert, erzeugt MATHCAD einen *Quick-Plot* für den *t-Bereich* [–10,10].

– *Abschließend* erhält man die gewünschte *Funktionskurve* durch einen *Mausklick* außerhalb des Grafikfensters oder durch Drücken der Eingabetaste ⏎.

• *Raumkurven:*

Liegt eine *Raumkurve* in der *Parameterdarstellung*

x = x(t) , y = y(t) , z = z(t)   t ∈ [a , b]

mit den Parameterfunktionen x(t), y(t) und z(t) vor, so kann die *grafische Darstellung* mittels MATHCAD in folgenden *Schritten* geschehen:

* *Zuerst* wird durch Anklicken des *Grafikoperators*

in der Operatorpalette Nr.2 ein *Grafikfenster* im Arbeitsfenster an der durch den Kursor bestimmten Stelle erzeugt.

* Danach werden oberhalb des Grafikfensters im Arbeitsfenster die konkreten Parameterfunktionen definiert, d.h.

  $x(t) := \ldots \qquad y(t) := \ldots \qquad z(t) := \ldots$

* *Anschließend* sind in das *Grafikfenster* in den *unteren Platzhalter* die *Namen* der Parameterfunktionen in der Form

  (x , y , z)

  einzutragen.

* *Abschließend* erhält man die gewünschte *Raumkurve* durch einen *Mausklick* außerhalb des Grafikfensters oder durch Drücken der Eingabetaste ⏎. Durch zweifachen Mausklick auf die angezeigte Grafik können in der erscheinenden Dialogbox **3-D Plot Format** alle erforderlichen Eingaben wie Parameterbereich [a,b], Form der Kurve usw. vorgenommen werden. Wir überlassen dies dem Leser (siehe Beispiel 14.1). Des weiteren kann wie bei ebenen Kurven der Parameter als Bereichsvariable definiert werden.

MATHCAD *zeichnet* die *Funktionskurven* im Arbeitsfenster durch Berechnung der Funktionswerte und verbindet die so erhaltenen Punkte durch Geradenstücke.

Wenn die von MATHCAD gezeichnete *Grafik* zu *grob* erscheint, kann man bei der *Definition* der *Bereichsvariablen* die *Schrittweite verkleinern*, um die Anzahl der zu zeichnenden Punkte zu erhöhen.

◆

MATLAB hat die *Grafikfunktionen* nicht von MAPLE übernommen, sondern ein *eigenes System* zur *grafischen Darstellung* von *Kurven* entwickelt, von dem wir im folgenden wichtige *Grafikfunktionen* besprechen:

● *Ebene Kurven*

  * Bei der *Grafikfunktion*

    plot

    müssen in MATLAB zuerst die *Koordinaten*

    $(x_i, y_i) \qquad i = 1, \ldots, n$

der zu *zeichnenden Punkte* der *Funktionskurve* berechnet und den *Vektoren* **x** bzw. **y** zugeordnet werden. Anschließend *zeichnet*

>> **plot** (x , y)

die *Funktionskurve* in das *Grafikfenster*, indem sie die durch die Komponenten der *Vektoren* **x** und **y** gegebenen *Punkte* durch *Geradenstücke verbindet*. Es ist hier offensichtlich, daß die Kurvendarstellung besser wird, wenn man die Anzahl n der zu zeichnenden Punkte erhöht.

Mit der *Grafikfunktion* **plot** können *ebene Kurven* in *expliziter Darstellung* bzw. in *Parameterdarstellung* gezeichnet werden, wenn man die *Vektoren* **x** und **y** folgendermaßen erzeugt

– Bei *expliziter Darstellung* y = f(x):

>> x = a : Δx : b ; y = f(x) ;

– Bei *Parameterdarstellung*

>> t = a : Δt : b ; x = x(t) ; y = y(t) ;

Man kann durch die Wahl hinreichend kleiner Schrittweiten Δx bzw. Δt die Qualität der von MATLAB erstellten Grafik beeinflussen. Die Funktionen f(x), x(t) und y(t) müssen aus vordefinierten Funktionen bestehen bzw. als Funktionsdateien vorliegen. Bei beiden Formen ist zu beachten, daß die Operationssymbole für elementweise Operationen zu verwenden sind.

* Die *Grafikfunktion* **ezplot** zeichnet mittels

>> **syms** x ; **ezplot** (f(x) , [a , b])

die *Funktionskurve* der *Funktion*

y = f(x)

im *Intervall* a $\leq$ x $\leq$ b in das *Grafikfenster*. Hierzu muß die **Symbolic Math Toolbox** installiert sein. Das *Kommando* **syms** dient zur *Kennzeichnung* der *symbolischen Variablen* x und y.

• *Raumkurven*

In MATLAB können *Raumkurven* auf folgende zwei Arten dargestellt werden:

* Die *Grafikfunktion* **ezplot3** *zeichnet* im *Grafikfenster* mittels

>> **syms** t ; **ezplot3** (x(t) , y(t) , z(t) , [a , b])

eine *Raumkurve*, die durch die *Parameterdarstellung*

x = x(t) , y = y(t) , z = z(t)

gegeben ist, wobei der *Parameter* t das *Intervall*

a ≤ t ≤ b

durchläuft. Hierzu muß die **Symbolic Math Toolbox** installiert sein. Das *Kommando* **syms** dient zur *Kennzeichnung* der *symbolischen Variablen* t.

* Bei der Anwendung der *Grafikfunktion*

plot3

müssen analog wie bei ebenen Kurven zuerst die *Koordinaten*

$$(x_i , y_i , z_i)   i = 1 , ... , n$$

der zu *zeichnenden Punkte* der *Raumkurve* berechnet und den *Vektoren* **x** , **y** bzw. **z** zugeordnet werden. Anschließend *zeichnet*

\>> **plot3** (x , y , z)

die *Raumkurve* in das *Grafikfenster*, indem sie die durch die Komponenten der *Vektoren* **x , y** und **z** gegebenen *Punkte* durch *Geradenstücke verbindet*.
Die Kurvendarstellung wird hier besser, wenn man die Anzahl n der zu zeichnenden Punkte erhöht.

Es wird darauf hingewiesen, daß

* die *Grafikfunktionen* **ezplot** und **ezplot3** in MATLAB nur zur Verfügung stehen, wenn die **Symbolic Math Toolbox** installiert ist. Zusätzlich müssen bei ihrer Anwendung die *symbolischen Variablen* mittels des *Kommandos* **syms** gekennzeichnet werden.

* bei der *Erzeugung* der *Vektoren* **x , y , z** für die *Grafikfunktionen* **plot** und **plot3** die erforderlichen *Rechenoperationen* *elementweise* durchgeführt werden, d.h. es muß ein *Punkt* vor die Operationszeichen geschrieben werden

♦

Mit den *Grafikfunktionen* **plot** und **plot3d** können *mehrere Kurven* im *gleichen Koordinatensystem* in ein *Grafikfenster* gezeichnet werden, wenn für jede Kurve die Vektoren für die Kurvenpunkte berechnet werden. Abschließend ist die *Grafikfunktion* in der *Form*

plot (x , y , u , v , ...)   bzw.   **plot3** (x , y , z , u , v , w , ...)

einzugeben.
Möchte man mit den *Grafikfunktion* **ezplot** und **ezplot3** *mehrere Kurven* im *gleichen Koordinatensystem* in einem *Grafikfenster* darstellen, so ist zwischen jede Aktivierung das *Kommando*

hold on

aufzurufen.

♦

Da wir im Beispiel 24.5 Kurven in der Ebene gezeichnet haben, geben wir im folgenden Beispiel 14.1 nur die grafische Darstellung einer Raumkurve in den beiden Systemen MATHCAD und MATLAB.

Beispiel 14.1:

Zeichnen wir das Bild einer *Schraubenlinie*, die in Parameterdarstellung gegeben ist:

In MATHCAD muß oberhalb des Grafikfensters die Parameterdarstellung der Schraubenlinie durch Definition der Parameterfunktionen gegeben werden.

$$x(t) := \cos(t) \quad y(t) := \sin(t) \quad z(t) := t$$

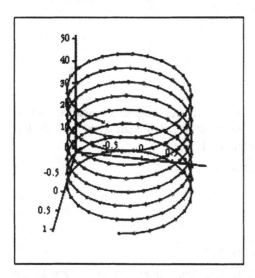

(x, y, z)

Wir zeichnen die Schraubenlinie in MATLAB mittels der *Grafikfunktion* **ezplot3** aus der **Symbolic Math Toolbox** für den *Parameterbereich* $0 \leq t \leq 20$:

>> **syms** t ; **ezplot3** (cos(t) , sin(t) , t , [0 , 20])

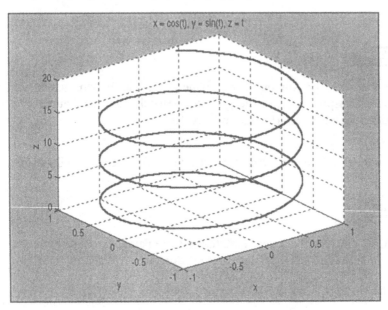

14.2 Punktgrafiken

Bei *praktischen Aufgabenstellungen* z.B. in der Regressionsanalyse (siehe Kap.30) trifft man häufig den Sachverhalt an, daß man zwei und dreidimensionale Stichproben vom Umfang n, d.h.

*   n *Stichprobenpunkte* in der *Ebene*

$$(x_1, y_1), (x_2, y_2), ..., (x_n, y_n)$$

*   n *Stichprobenpunkte* im Raum

$$(x_1, y_1, z_1), (x_2, y_2, z_2), ..., (x_n, y_n, z_n)$$

zu untersuchen hat. Aus einer grafischen Darstellung dieser Punkte lassen sich häufig Eigenschaften ablesen, wie z.B. über die Art eines funktionalen Zusammenhangs der betrachteten Merkmale (Zufallsgrößen) X, Y, ... Deshalb bieten die Systeme MATHCAD und MATLAB zahlreiche Möglichkeiten zur grafischen Darstellung von Punkten, die man als *Punktgrafiken* bezeichnet:

MATHCAD bietet folgende Möglichkeit, vorliegende *Punkte grafisch darzustellen:*

* Die *grafische Darstellung* von *n Punkten* in der *Ebene (Zahlenpaaren)* vollzieht sich in *folgenden Schritten:*

  * *Zuerst* werden die *x-Werte* einem *Vektor* X und die *y-Werte* einem *Vektor* Y mit jeweils n Komponenten zugewiesen.

  * *Anschließend* erzeugt man durch Anklicken des *Grafikoperators*

    in der Operatorpalette Nr.2 im Arbeitsfenster an der durch den Kursor bestimmten Stelle ein *Grafikfenster.*

  * *Danach* sind in diesem *Grafikfenster* in den mittleren *Platzhalter* der x-Achse die Bezeichnung des Vektors X, d.h.

    X

    und in den mittleren *Platzhalter* der y-Achse die Bezeichnung des Vektors Y, d.h.

    Y

    einzutragen.

  * *Abschließend* erhält man die gewünschte *Punktgrafik* durch einen *Mausklick* außerhalb des Grafikfensters oder durch Drücken der Eingabetaste ⏎

* Die *grafische Darstellung* von *n Punkten* im *Raum (Zahlentripeln)* vollzieht sich in *folgenden Schritten:*

  * *Zuerst* werden die *x-Werte* einem *Vektor* X, die *y-Werte* einem *Vektor* Y und die *z-Werte* einem *Vektor* Z mit jeweils n Komponenten zugewiesen.

  * *Anschließend* erzeugt man mittels Anklicken des *Grafikoperators*

    in der Operatorpalette Nr.2 ein *Grafikfenster* im Arbeitsfenster an der durch den Kursor bestimmten Stelle.

  * *Danach* sind in diesem *Grafikfenster* in den unteren *Platzhalter* die Bezeichnungen der drei Vektoren (durch Komma getrennt) in der Form

    (X , Y , Z)

    einzutragen.

* *Abschließend* erhält man die gewünschte *Punktgrafik* durch einen *Mausklick* außerhalb des Grafikfensters oder durch Drücken der Eingabetaste ⏎.

Wie bei allen grafischen Darstellung in MATHCAD kann man für Punktgrafiken verschiedene Darstellungsarten wählen.

So lassen sich z.B. durch zweifachen Mausklick auf die Punktgrafik in der erscheinenden Dialogbox die gezeichneten *Punkte*

* durch *Geraden verbinden*

* *isoliert* in verschiedenen Formen *darstellen*

♦

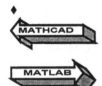

MATLAB gestattet die *grafische Darstellung* gegebener *Punkte* in der Ebene und im Raum und stellt hierfür die *vordefinierten Grafikfunktionen* **plot** bzw. **plot3** zur Verfügung, die folgendermaßen anzuwenden sind:

* >> **plot** (X , Y)

  zeichnet *Punkte* in der *Ebene*, wobei die *x*- und *y-Koordinaten* der zu *zeichnenden Punkte* vorher den *Vektoren* X bzw. Y zugewiesen sein müssen, d.h.

  >> X = (x1 , x2 , ... , xn) ; Y = (y1 , y2 , ... , yn) ;

* >> **plot3** (X , Y , Z)

  zeichnet *Punkte* im Raum, wobei die *x-* , *y-* und *z-Koordinaten* der zu *zeichnenden Punkte* vorher den *Vektoren* X , Y bzw. Z zugewiesen sein müssen, d.h.

  >> X = (x1 , x2 , ... , xn) ; Y = (y1 , y2 , ... , yn) ; Z = (z1 , z2 , ... , zn) ;

Bei beiden Funktionen **plot** und **plot3** werden die *gezeichneten Punkte* von MATLAB durch *Geraden verbunden*. Man kann dies verhindern, wenn man mittels der Menüfolge

Tools ⇒ Edit Plot

das Editieren einstellt, so daß nach zweimaligem Mausklick auf die Grafik die *Dialogbox* **Property Editor** erscheint, in der bei **Style** in **Line Style** *No* *line* einzutragen ist. Die *Form* und *Farbe* der gezeichneten *Punkte* kann man hier bei **Marker Properties** bzw. **Color** einstellen.

♦

14.3 Diagramme

In der beschreibenden Statistik werden häufig zur grafischen Veranschaulichung von Zahlenmaterial Diagramme eingesetzt. MATHCAD und MATLAB stellen hierfür ebenfalls Möglichkeiten zur Verfügung, von denen wir im folgenden einige betrachten:

MATHCAD kann sogenannte *3D-Säulendiagramme* erzeugen. In diesen Diagrammen werden die Elemente einer gegebenen *Matrix* **M** durch Säulen dargestellt. Dazu ist folgende *Vorgehensweise* erforderlich:

* *Zuerst* muß die erforderliche *Matrix* **M** erzeugt werden.

* *Anschließend* erzeugt man durch Anklicken des *Grafikoperators* für *3D-Säulendiagramme*

  in der Operatorpalette Nr.2 im Arbeitsfenster an der durch den Kursor bestimmten Stelle ein *Grafikfenster* für Säulendiagramme.

* *Danach* ist in diesem *Grafikfenster* in den unteren *Platzhalter* die Bezeichnung **M** für die *Matrix* einzutragen.

* *Abschließend* erhält man das gewünschte *Säulendiagramm* durch einen *Mausklick* außerhalb des Grafikfensters oder durch Drücken der Eingabetaste ⏎.

Des weiteren gestattet MATHCAD die Darstellung von Diagrammen in der Ebene. Man benötigt dies z.B. in der beschreibenden Statistik bei der Darstellung von Histogrammen. MATHCAD stellt hierfür die *Funktion* **hist** zur Verfügung, die wir im Abschn.24.3 kennenlernen.

MATLAB gestattet die Darstellung von Diagrammen in der Ebene. Man benötigt dies z.B. in der beschreibenden Statistik bei der Darstellung von Hi-

stogrammen. MATLAB stellt hierfür die *Funktion* **hist** zur Verfügung, die
wir im Abschn.24.3 kennenlernen.

14.4 Flächen

Im vorliegenden Buch verwenden wir keine grafischen Darstellungen von
Flächen. Da sie aber z.B. bei zweidimensionalen Wahrscheinlichkeitsverteilungen benötigt werden, geben wir im folgenden eine kurze Einführung in
diese Problematik.
Gleichungen von *Flächen* im *dreidimensionalen Raum* können in einem
Kartesischen Koordinatensystem eine der *folgenden Formen* haben (man
vergleiche die Analogie zu Kurven):

* *explizite Darstellung*

  durch *Funktionen* von *zwei Variablen* der *Form*

  $z = f(x,y)$

  mit $(x,y) \in D$ (*Definitionsbereich*).

* *Parameterdarstellung*

  $x = x(u,v)$, $y = y(u,v)$, $z = z(u,v)$

  mit dem *Definitionsbereich*

  $a \le u \le b$, $c \le v \le d$

  für die *Parameter* u und v.

Zur grafischen Darstellung von *Flächen* bieten MATHCAD und MATLAB u.a.
folgende Vorgehensweisen:

MATHCAD hat die *Grafikfunktionen* für Flächen nicht von MAPLE übernommen. Man hat ein *eigenes System* für *3D-Grafiken* entwickelt, auf das
wir im folgenden eingehen:

* Bei der *grafischen Darstellung* von *Flächen*, die in kartesischen Koordinaten durch eine *Funktion*

  $z = f(x,y)$

  gegeben sind, kann man in MATHCAD folgendermaßen vorgehen:

  * Zuerst wird die zu zeichnende Funktion mittels

    $f(x,y) := \ldots\ldots$

    definiert.

* Danach wird durch Anklicken von

in der Operatorpalette Nr.2 ein *Grafikfenster* geöffnet, in dessen unteren Platzhalter man die Bezeichnung f der definierten Funktion einträgt.

* *Abschließend* zeichnet MATHCAD die gewünschte *Fläche* durch einen *Mausklick* außerhalb des Grafikfensters oder durch Drücken der Eingabetaste $\boxed{\hookleftarrow}$.

● Liegt die *Fläche* in *Parameterdarstellung*

$x = x(u,v)$, $y = y(u,v)$, $z = z(u,v)$

vor, so gestaltet sich die *grafische Darstellung* wie eben geschildert. Man muß nur statt der Funktion f die *drei Funktionen* X , Y und Z

$X(u,v) := \dots$ $Y(u,v) := \dots$ $Z(u,v) := \dots$

definieren und diese in der Form

(X , Y , Z)

in den Platzhalter des Grafikfensters eintragen.

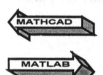

MATLAB hat die *Grafikfunktionen* für Flächen nicht von MAPLE übernommen. Man hat ein *eigenes System* für *3D-Grafiken* entwickelt, auf das wir im folgenden eingehen:

● Wenn eine durch die *Funktion*

$z = f(x,y)$

gegebene Fläche über dem *Rechteck*

$[a , b] \times [c , d]$

zu *zeichnen* ist, kann dies in MATLAB durch die *Funktion*

* **mesh** folgendermaßen geschehen:

>> [x , y] = **meshgrid** (a : Δx : b , c : Δy : d) ; z = f (x , y) ;

>> **mesh** (x , y , z)

Hier wird mittels **meshgrid** ein *Gitter* für den *Definitionsbereich* in der xy-Ebene erzeugt, über dem die *Funktionswerte* der Funktion f(x,y) *berechnet* werden. Aus diesen Funktionswerten konstruiert dann MATLAB die gesuchte *grafische Darstellung* der *Fläche*.

Deshalb sind für *konkrete grafische Darstellungen* die *Grenzen* a , b , c und d des *Definitionsbereichs (Rechteck)* und die *Schrittweiten* Δx und Δy für die Berechnung der Flächenpunkte durch konkrete Zahlenwerte und die *Funktion* f(x,y) durch den konkreten Ausdruck zu ersetzen. Die Funktion f(x,y) kann auch als Funktionsdatei vorliegen. Beim *Funktionsausdruck* f(x,y) ist zu beachten, daß die *Operationszeichen* für *elementweise Operationen* geschrieben werden, weil **x** und **y** *Vektoren* darstellen (siehe Beispiel 22.4a).

*   **ezsurf** folgendermaßen geschehen:

>> **syms** x y ; **ezsurf** (f(x,y) , [a , b , c , d])

Diese Funktion ist nur anwendbar, wenn die **Symbolic Math Toolbox** installiert ist. Das *Kommando* **syms** dient zur *Kennzeichnung* der *symbolischen Variablen* x, y.

●   Wenn eine durch die *Parameterdarstellung*

x = x(u,v) , y = y(u,v) , z = z(u,v)

mit dem *Definitionsbereich*   ●
$a \leq u \leq b$, $c \leq v \leq d$

gegebene Fläche zu *zeichnen* ist, kann dies in MATLAB durch die *Funktion*

*   **mesh** folgendermaßen geschehen:

>> [u , v] = **meshgrid** (a : Δu : b , c : Δv : d) ;

>> x = x (u , v) ; y = y(u , v) ; z = z (u , v) ;

>> **mesh** (x , y , z)

Hier wird mittels **meshgrid** ein *Gitter* für den *Definitionsbereich* der Parameter u und v erzeugt, über dem die Funktionswerte der *Funktionen* x(u,v) , y(u,v) und z(u,v) berechnet werden. Aus diesen Funktionswerten konstruiert dann MATLAB die gesuchte *grafische Darstellung* der *Fläche*.
Deshalb sind für *konkrete grafische Darstellungen* die *Grenzen* a , b , c und d des *Definitionsbereichs (Rechteck)* und die *Schrittweiten* Δu und Δv für die Berechnung der Flächenpunkte durch konkrete Zahlenwerte und die *Funktionen* x(u,v) , y(u,v) und z(u,v) durch konkrete Ausdrücke zu ersetzen. Die Funktionen können auch als Funktionsdateien vorliegen. Bei den *Funktionsausdrücken* x(u,v) , y(u,v) und z(u,v) ist zu beachten, daß die *Operationszeichen* für *elementweise Operationen* geschrieben werden, weil **u** und **v** *Vektoren* darstellen.

*   **ezsurf** folgendermaßen geschehen:

>> **syms** u v ; **ezsurf** (x(u,v) , y(u,v) , z(u,v) , [a , b , c , d])

Diese Funktion ist nur anwendbar, wenn die **Symbolic Math Toolbox** installiert ist. Das *Kommando* **syms** dient zur *Kennzeichnung* der *symbolischen Variablen* u, v.

Betrachten wir ein Beispiel für die grafische Darstellung von Flächen mittels MATHCAD und MATLAB.

Beispiel 14.2:

Zeichnen wir die *spezielle Dichtefunktion*

$$f(x,y) := \frac{1}{2 \cdot \pi} \cdot e^{\frac{-1}{2} \cdot (x^2 + y^2)}$$

für eine *zweidimensionale Normalverteilung* mittels MATHCAD und MATLAB:

$$f(x,y) := \frac{1}{2 \cdot \pi} \cdot e^{\frac{-1}{2} \cdot (x^2 + y^2)}$$

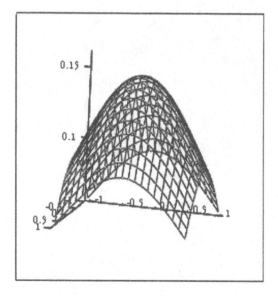

f

Aus der obigen Grafik ist ersichtlich, daß man in MATHCAD zuerst die zu zeichnende Funktion f(x,y) definieren muß und danach im aufgerufenen Grafikfenster in den unteren Platzhalter die Bezeichnung f der Funktion einträgt. Ein Mausklick außerhalb des Fensters liefert die Grafik.

Wenn die **Symbolic Math Toolbox** installiert ist, zeichnet MATLAB die Dichtefunktion f(x,y) über dem Quadrat [−1,1]×[−1,1] mittels der vordefinierten *Grafikfunktion* **ezsurf** durch Eingabe von:

>> **syms** x y ; **ezsurf** (**exp** (−(x^2 + y^2)/2)/(2*pi) , [−1 , 1 , −1 , 1])

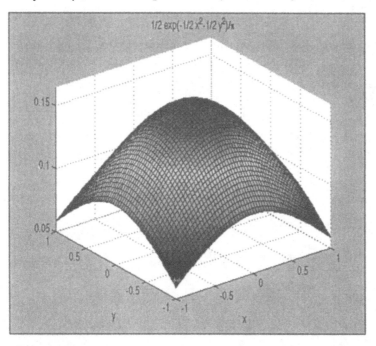

♦

15 Wahrscheinlichkeitsrechnung

15.1 Einführung

Bei *deterministischen Ereignissen* (*Erscheinungen*) in Technik- und Naturwissenschaften ist der *Ausgang* eindeutig *bestimmt*. Hier sind die Versuchs-
ausgänge reproduzierbar, d.h., es stellen sich unter gleichen Versuchsbedingungen immer dieselben Versuchsergebnisse ein.

Beispiel 15.1:

Aus *Technik* und *Naturwissenschaften* (Physik , Chemie , Biologie, ...) sind
zahlreiche *deterministische Erscheinungen* bekannt, so daß wir es beim
Ohmschen Gesetz aus der *Physik* belassen wollen:

$U = I \cdot R$

Hier ergibt sich die *Spannung* U eindeutig aus dem Produkt des fließenden
Stromes I und des vorhandenen *Widerstandes* R und man erhält bei jedem
Experiment für gleichem Strom und Widerstand dasselbe Ergebnis U.

♦

In vielen *praktischen Anwendungen* spielen *Ereignisse* (*Erscheinungen*) eine große Rolle, die vom *Zufall abhängen*, d.h., deren Ausgang *unbestimmt*
ist. Derartige Ereignisse (Erscheinungen) als *Realisierungen* von *Zufallsexperimenten* werden als *zufällige Ereignisse* (*Erscheinungen*) oder *Zufalls-
ereignisse* (*Zufallserscheinungen*) bezeichnet. *Zufällige Ereignisse* erlangen
in Technik, Natur- und auch Wirtschaftswissenschaften zunehmend an Bedeutung, da sich hier zahlreiche Prozesse (Massenerscheinungen) nicht
mehr deterministisch erfassen lassen.

♦

In der *Mathematik* versteht man unter *zufälligen Ereignissen* (*Erscheinungen*) mögliche *Realisierungen* (*Ergebnisse*) von *Zufallsexperimenten* (*zufälligen Versuchen*), wobei sich *Zufallsexperimente* folgendermaßen *charakterisieren* lassen:

* Sie werden unter *gleichbleibenden genau festgelegten Bedingungen* (*Versuchsbedingungen*) durchgeführt und lassen sich beliebig oft *wiederholen*.

* Es sind mehrere *verschiedene Ergebnisse* möglich, wobei diese vor der Durchführung des Experiments bekannt sind.

* Das *Eintreffen* oder *Nichteintreffen* eines *Ergebnisses* kann nicht sicher vorausgesagt werden, d.h., es ist *zufällig*.

Ein *zufälliges Ereignis* wird durch die *Möglichkeit* (und nicht die Notwendigkeit) gekennzeichnet, daß es als *Ergebnis* eines *Zufallsexperiments* eintreten kann.

♦

Man unterscheidet *zwei Klassen* von *zufälligen Ereignissen* (*Erscheinungen*):

* Erscheinungen, über die prinzipiell nur wahrscheinlichkeitstheoretische Aussagen gemacht werden können, weil Ursachen und Wirkungen zu komplex sind, um erfaßt werden zu können. Typische Beispiele hierfür sind das Würfeln, der radioaktive Zerfall und die Entwicklung der Weltbevölkerung.

* Erscheinungen, bei denen es nicht sinnvoll ist, das individuelle Verhalten zu beschreiben. Ein typisches Beispiel hierfür liefert die Thermodynamik, in der nicht die Bewegung einzelner Gasmoleküle untersucht wird, sondern makroskopische Parameter wie Temperatur, Druck und Volumen.

♦

Beispiel 15.2:

Beispiele für *Zufallsexperimente* sind

* *Werfen* einer *Münze:*

  Hier sind die beiden zufälligen Ereignisse *Wappen* oder *Zahl* möglich.

* *Werfen* mit einem *idealen Würfel*, d.h., einem Würfel, der geometrisch genau konstruiert und aus homogenem Material hergestell ist, so daß alle sechs Seiten gleichberechtigt sind:

  Hier sind die *sechs zufälligen Ereignisse* möglich, daß eine der Zahlen 1, 2, 3, 4, 5, 6 geworfen wird.

* *Ziehen* von *Lottozahlen*

  Je nach Lottoart treten hier als *zufällige Ereignisse* alle Möglichkeiten der Auswahl von m Zahlen (Gewinnzahlen) aus einer Zahlenmenge von n (>m) ganzen Zahlen auf (siehe Beispiel 16.3c).

* Die Bestimmung der *Lebensdauer* (*Funktionsdauer*) technischer Geräte aufgrund der zufälligen Entnahme einzelner Geräte aus der laufenden

Produktion. Diese Problematik wird in der *Zuverlässigkeitstheorie* untersucht.

Als *zufällige Ereignisse* treten hier Zahlen auf, die größer oder gleich Null sind und die die gemessene Funktionsdauer der entnommenen Geräte darstellen.

* Die zufällige Entnahme von *Produkten* aus einer *Produktion* und die Ermittlung ihrer *Qualität*. Dies stellt eine Hauptaufgabe der *Qualitätskontrolle* dar, wobei bei Massenproduktionen nicht alle hergestellten Produkte untersucht werden können, sondern nur *Stichproben* (siehe Kap.23).

Hier treten offensichtlich die beiden *zufälligen Ereignisse* brauchbar oder nicht brauchbar (defekt) auf.

♦

Die *Wahrscheinlichkeitsrechnung* untersucht *zufällige Ereignisse* mit den Mitteln der Mathematik, indem sie unter Verwendung der Begriffe

* *Wahrscheinlichkeit*

* *Zufallsgröße*

* *Verteilungsfunktion*

quantitative Aussagen über *zufällige Ereignisse* gewinnt, d.h., es werden *mathematische Modelle* zur Beschreibung zufälliger Ereignisse aufgestellt und analysiert.

Die *Wahrscheinlichkeitsrechnung* wird in der Mathematik zusammen mit der *mathematischen Statistik* unter dem Oberbegriff *Stochastik* zusammengefaßt.

♦

Die *Wurzeln* der *Wahrscheinlichkeitsrechnung* gehen bis ins 17. Jahrhundert zurück, wo Fragen des Glücksspiels (Roulette, Kartenspiele) durch die bekannten Mathematiker *Bernoulli, Fermat, Huygens* und *Pascal* betrachtet wurden. So entwickelten sich Begriffe und erste Methoden der Wahrscheinlichkeitsrechnung aus Problemen der Glücksspiele

Huygens erkannte schon die Bedeutung der *Wahrscheinlichkeitsrechnung* zur Untersuchung von Gesetzmäßigkeiten zufälliger Erscheinungen in den *Naturwissenschaften*.

Seit Beginn des 19. Jahrhundert wurde durch den Aufschwung der Naturwissenschaften ein Aufbau der Wahrscheinlichkeitsrechnung über den Rahmen von Glücksspielen hinaus erforderlich. An dieser Entwicklung der Wahrscheinlichkeitsrechnung zu einem eigenständigen Teilgebiet der Mathematik waren so bekannte Mathematiker wie Laplace, Gauß, Poisson, Tschebyscheff, Markow und Kolmogorow beteiligt.

Da die Untersuchung *zufälliger Ereignisse* eng mit der Untersuchung von *Massenerscheinungen* verbunden ist, nimmt die Bedeutung der Wahrscheinlichkeitsrechnung ständig zu. Sie bildet die Grundlage der *mathematischen Statistik*, die wir ab Kap.22 betrachten und die einen Hauptgegenstand des vorliegenden Buches bildet.

♦

Aus der Vielzahl der *Probleme* in *Technik, Natur-* und *Wirtschaftswissenschaften*, die mit Hilfe der *Wahrscheinlichkeitsrechnung* untersucht werden, zählen wir nur folgende wenige auf:

* Theorie der *Wartesysteme:* z.B. die in einer Telefonzentrale ankommenden Gespräche.

* *Zuverläßigkeitstheorie:* z.B. die Lebensdauer technischer Geräte und Bauteile.

* *Qualitätskontrolle:* z.B. Abweichungen der Eigenschaften und Maße eines produzierten Produkts von den Sollwerten.

* *Signalübertragung:* z.B. das Zufallsrauschen.

* *Brownsche Molekularbewegung*

* *Flugweite* von *Geschossen*

* *Beobachtungs-* und *Meßfehler*
   ♦

15.2 Grundlegende Gebiete

Die *Anwendungsgebiete* der *Wahrscheinlichkeitsrechnung* sind sehr zahlreich. Da im vorliegenden Buch die *Statistik* im Vordergrund steht, werden wir nur die hierfür relevanten Gebiete der Wahrscheinlichkeitsrechnung betrachten.

Da das vorliegende Buch für Anwender aus Technik, Natur- und Wirtschaftswissenschaften geschrieben ist, verzichten wir auf eine strenge mathematische Einführung der Wahrscheinlichkeitsrechnung auf der Grundlage der Maßtheorie und führen die notwendigen Begriffe auf anschauliche Weise ein.

♦

Ausgehend vom Begriff des Zufallsexperiments geben wir in den Kap.16-21 eine Einführung in grundlegende Begriffe und Aussagen der Wahrscheinlichkeitsrechnung. Dazu

* betrachten wir im *Kap.16* die *Definition* des fundamentalen Begriffs der *Wahrscheinlichkeit* und geben eine Reihe von Anwendungen.

* führen wir im *Kap.17* den Begriff der *Zufallsgröße* (*Zufallsvariablen*) ein, mit deren Hilfe man den Ergebnissen eines Zufallsexperiments reelle Zahlen zuordnet, so daß der gesamte Apparat der Mathematik in der Wahrscheinlichkeitsrechnung anwendbar ist.

* betrachten wir im *Kap.18* wesentliche *Verteilungsfunktionen*, mit deren Hilfe man Wahrscheinlichkeiten berechnen kann.

* illustrieren wir im *Kap.19* die beiden wichtigen Parameter/Momente *Erwartungswert* und *Varianz*, mit deren Hilfe sich Wahrscheinlichkeitsverteilungen charakterisieren lassen.

* diskutieren wir im *Kap.20* wichtige *Grenzwertsätze*, die die praktische Anwendung der Wahrscheinlichkeitsrechnung erst ermöglichen.

* befassen wir uns im *Kap.21* mit *Zufallszahlen* und geben einfache Beispiele für ihre Anwendung im Rahmen der *Monte-Carlo-Simulation*.

In den Kap.16-21 werden wir illustrieren, wie man die Systeme MATHCAD und MATLAB zur Berechnung von Aufgaben der Wahrscheinlichkeitsrechnung heranziehen kann.

♦

16 Wahrscheinlichkeit

Da es bei *Zufallsexperimenten* ungewiß ist, welches der möglichen Ereignisse eintritt, reicht es nicht aus, wenn man alle *Ereignisse* angibt. Um anwendbare Aussagen zu erhalten, muß man die *Zufälligkeit* ihres *Auftretens* noch *quantifizieren*. Deshalb hat man für *zufällige Ereignisse* A als *Maßzahl* P(A) die *Wahrscheinlichkeit* P eingeführt, die die *Chance* für das *Eintreten* eines *Ereignisses* A beschreibt. Wie wir im folgenden sehen, bietet sich für die *Wahrscheinlichkeit* P eine *reelle Zahl* zwischen 0 und 1 an, wobei die *Wahrscheinlichkeiten* 0 und 1 folgendermaßen vergeben werden:

* 0

  für das *unmögliche Ereignis* $\emptyset$, das nie eintritt, d.h. P($\emptyset$)=0.

* 1

  für das *sichere Ereignis* Ω, das immer eintritt, d.h. P(Ω)=1.

Hieraus ist bereits zu ersehen, daß jedem Ereignis, das ungleich dem unmöglichen oder sicheren Ereignis ist, eine Wahrscheinlichkeit gößer Null und kleiner Eins zugewiesen wird.

☞

Die *Wahrscheinlichkeit* ist eine *Funktion*, die den *Ereignissen* reelle *Zahlen* aus dem *Intervall* [0,1] *zuordnet*. Diese Zuordnung kann natürlich nicht willkürlich geschehen, wenn man ein Maß für das Eintreten eines Ereignis erhalten möchte. Deshalb befassen wir uns in diesem Kapitel mit der *Definition* und den *Eigenschaften* der *Wahrscheinlichkeit*.

♦

Bevor wir zur Definition der Wahrscheinlichkeit kommen, werden wir uns im folgenden Abschn.16.1 noch etwas näher mit Ereignissen und möglichen Rechenoperationen zwischen ihnen beschäftigen.

16.1 Ereignisse und Ereignisraum

Beim *Rechnen* mit *Ereignissen* hat es sich als zweckmäßig erwiesen, die Symbolik und Sprechweise der *Mengenlehre* zu verwenden. Deshalb ist es zum Verständnis der Wahrscheinlichkeitsrechnung erforderlich, daß wir diese Problematik kurz illustrieren:

- Man verwendet den *Mengenbegriff* als mathematisches *Modell* für *zufällige Ereignisse* und bezeichnet Ereignisse ebenso wie Mengen mit großen Buchstaben A, B, C, ... , die falls erforderlich noch indiziert sein können.

- Alle möglichen sich gegenseitig ausschließenden *Ereignisse* für den *Ausgang* eines *Zufallsexperiments* bezeichnet man als *Elementarereignisse*, d.h., Elementarereignisse sind nicht in weitere Ereignisse zerlegbar. Elementarereignisse bezeichnet man meistens mit kleinen griechischen Buchstaben, die indiziert sein können, wie z.B.

   $\omega_1, \omega_2, \omega_3, ...$

- Die *Menge* aller *Elementarereignisse* ω eines *Zufallsexperiments* wird *Ereignisraum* genannt und häufig mit Ω bezeichnet. In der Literatur findet man hierfür noch die Begriffe *Ereignismenge* oder *Stichprobenraum*. Jedes Elementarereignis ω ist damit ein Element des Ereignisraumes. Je nach Art des Zufallsexperiments kann der *Ereignisraum* Ω

   * *endlich viele*, d.h. $\Omega = \{\omega_1, \omega_2, ..., \omega_n\}$

   * *abzählbar unendlich viele*, d.h. $\Omega = \{\omega_1, \omega_2, \omega_3, ...\}$

   * *überabzählbar unendlich viele*, d.h. $\Omega = \{\omega_t \ / \ t \in [a,b] \subset R\}$

   Elementarereignisse ω enthalten (siehe Beispiel 16.1a).

- Jede *Teilmenge* A des *Ereignisraumes* Ω, d.h.

   $A \subset \Omega$

   wird als *Ereignis* A bezeichnet. Ein *Ereignis* A ist demzufolge *eingetreten*, wenn das *Ergebnis* (*Elementarereignis*) des *Zufallsexperiments* zu A gehört. Ein beliebiges Ereignis ist damit eine Teilmenge, die mehrerere Elemente (Elementarereignisse) enthalten kann. In diesem Fall spricht man von *zusammengesetzten Ereignissen*. Für *Ereignisse* wird die *Mengenschreibweise* mit geschweiften Klammern, verwendet, so bezeichnet z.B.

   $A = \{\omega \in \Omega \ / \ Bedingungen\}$

   ein *Ereignis* A, das aus allen *Elementarereignissen* ω eines *Ereignisraumes* Ω besteht, die gewisse *Bedingungen* erfüllen.
   Ein *Elementarereignis* ist folglich eine Teilmenge von Ω mit einem Element. Weiterhin

   * wird das *unmögliche Ereignis*, das nie eintritt, mit dem Symbol der leeren Menge $\emptyset$ bezeichnet.

   * ist das *sichere Ereignis*, das immer eintritt, gleich dem *Ereignisraum* Ω.

- Ein Ereignis, das genau dann eintritt, wenn das Ereignis $A \subset \Omega$ nicht eintritt, heißt das zu A *komplementäre Ereignis* $\overline{A} \subset \Omega$

Illustrieren wir im folgenden Beispiel anschaulich die grundlegenden Begriffe Elementarereignis, Ereignis, komplementäres Ereignis und Ereignisraum.

Beispiel 16.1:

a) Betrachten wir die möglichen *Formen* eines *Ereignisraumes* Ω:

a1) Beim *Zufallsexperiment* des *Werfen* mit einem idealen *Würfel* treten *sechs Elementarereignisse* auf, und zwar das Werfen der Zahlen 1 , 2 , 3 , 4 , 5 , 6. Damit besteht hier der *Ereignisraum*

$$\Omega = \{ 1 , 2 , 3 , 4 , 5 , 6 \}$$

aus *endlich* vielen (sechs) *Elementarereignissen*

$$\omega_i = i \qquad (i = 1, 2, ... , 6)$$

a2) Beim *Zufallsexperiment* der pro Minute von einer *radioaktiven Substanz ausgestoßenen Teilchen* erhält man den *Ereignisraum*

$$\Omega = \{ 1 , 2 , 3 , 4 , ... \}$$

der aus *abzählbar* vielen *Elementarereignissen* besteht.

a3) Beim *Zufallsexperiment* der Bestimmung der *Lebensdauer* einer zufällig aus der Tagesproduktion entnommenen Glühbirne erhält man den *Ereignisraum*

$$\Omega = \{ \omega_t \ / \ t \text{ reelle Zahl} \geq 0 \}$$

der aus *überabzählbar unendlich* vielen *Elementarereignissen*

$$\omega_t = t \qquad (t - \text{Lebensdauer der Glühlampe in Stunden})$$

besteht, da jede Dauer $t \geq 0$ möglich ist.

b) Illustrieren wir die Begriffe *Elementarereignis, Ereignis, komplementäres, unmögliches* und *sicheres Ereignis* am einfachen Beispiel des *Werfens* mit einem idealen *Würfel:*

* Den Ereignisraum $\Omega = \{ 1 , 2 , 3 , 4 , 5 , 6 \}$ haben wir bereits im Beispiel a1 kennengelernt.

* Das *unmögliche Ereignis* $\emptyset$ besteht hier darin, daß eine Zahl ungleich der Zahlen 1 , 2 , 3 , 4 , 5 , 6 geworfen wird.

* Das *sichere Ereignis* ist gleich dem gesamten *Ereignisraum* Ω, d.h., es wird eine der Zahlen 1 , 2 , 3 , 4 , 5 , 6 geworfen.

* Ein *Ereignis* $A \subset \Omega$ kann z.B. darin bestehen, daß eine *gerade Zahl* geworfen wird, d.h., A besteht dann aus den drei Elementarereignissen 2 , 4 , 6 und man schreibt

$$A = \{\, 2\,,4\,,6\,\}$$

Damit tritt das Ereignis A ein, wenn eine der Zahlen 2, 4 oder 6 geworfen wurde.

Das zu $A \subset \Omega$ gehörende *komplementäre Ereignis* $\overline{A} \subset \Omega$ besteht darin, eine *ungerade Zahl* zu werfen, d.h.

$$\overline{A} = \{\, 1\,,3\,,5\,\}$$
♦

☞

Häufig treten *Ereignisse* auf, die sich aus *anderen Ereignissen* des zugrundeliegenden Ereignisraums Ω *zusammensetzen*. Für dieses Zuammensetzen von Ereignissen lassen sich die *Rechenoperationen* der *Mengenlehre* übertragen:

Man kann für *zwei* gegebene *Ereignisse*

$$A \subset \Omega\,,B \subset \Omega$$

eines *Ereignisraumes* Ω weitere *Ereignisse* bzw. *Relationen* auf folgende Art *bilden:*

(1) Das *Ereignis* $C \subset \Omega$ mit

    $C = A \cup B$ (entspricht der *Vereinigung* von *Mengen*)

tritt genau dann ein, wenn die Ereignisse A oder B (oder beide gleichzeitig) eintreten. Man spricht von der *Summe* der *Ereignisse* A und B.

(2) Das *Ereignis* $C \subset \Omega$ mit

    $C = A \cap B$ (entspricht dem *Durchschnitt* von *Mengen*)

tritt genau dann ein, wenn die Ereignisse A und B eintreten. Man spricht vom *Produkt* der *Ereignisse* A und B. *Zwei Ereignisse* A und B mit

$$A \cap B = \varnothing$$

schließen sich gegenseitig aus, d.h., wenn A eintritt, kann B nicht eintreten und umgekehrt. Man nennt derartige *Ereignisse disjunkt, unvereinbar* oder *einander ausschließend*. Man nennt ein System von n Ereignissen

$$A_1\,,A_2\,,\dots,A_n$$

paarweise disjunkt (paarweise unvereinbar oder einander ausschließend), wenn gilt

    $A_i \cap A_k = \varnothing$ für alle $i \neq k$

(3) Das *Ereignis* $C \subset \Omega$ mit

    $C = A \setminus B$ (entspricht der *Differenz* von *Mengen*) tritt genau dann ein, wenn das Ereignis A aber nicht das Ereignis B eintreten. Man spricht von der *Differenz* des *Ereignisses* A zum *Ereignis* B.

(4) $A \subseteq B$ (entspricht dem *Enthaltensein* von *Mengen*)

bedeutet, daß das *Ereignis* A das *Ereignis* B nach sich zieht, d.h., wenn das Ereignis A eintritt, so tritt auch das Ereignis B ein.

♦

Falls für die Zerlegung eines *Ereignisraums* Ω in endlich viele oder abzählbar unendlich viele paarweise disjunkte *Ereignisse*

$A_i \subseteq \Omega$ (i = 1, 2, 3, ...)

folgendes gilt

$$\Omega = \bigcup_{i=1}^{\infty} A_i$$

so wird dieses *System* von Ereignissen A_i als *vollständiges System* von *Ereignissen* in Ω bezeichnet.

♦

In der *Mengenlehre* bezeichnet man die Menge aller Teilmengen einer gegebenen Menge M als *Potenzmenge* von M. Da diese Potenzmenge für einen *Ereignisraum* Ω sehr umfangreich sein kann, wählt man in der *Wahrscheinlichkeitsrechnung Systeme* E von *Ereignissen* (Teilmengensysteme) aus einem *Ereignisraum* Ω aus, die folgende *drei Bedingungen* erfüllen:

(1) $\Omega \in E$

(2) Mit $A \in E$ gelte auch $\overline{A} \in E$

(3) Mit $A \in E$ und $B \in E$ gelte auch $A \cup B \in E$

Ein derartiges *Ereignissystem* bezeichnet man als *Ereignisfeld* (*Ereignisalgebra*). Für *Ereignisfelder* E lassen sich aus den gegebenen Bedingungen folgende *Eigenschaften* beweisen:

* $\emptyset \in E$

* Aus $A \in E$ und $B \in E$ folgt $A \cap B \in E$

* Aus $A \in E$ und $B \in E$ folgt $A \setminus B \in E$

Falls man die Bedingung (3) auf abzählbar unendlich viele Ereignisse erweitert, d.h.

(3') Mit $A_i \in E$ (i = 1, 2, 3, ...) gelte auch $\bigcup_{i=1}^{\infty} A_i \in E$

so bezeichnet man E als *Sigma-Algebra* (σ-Algebra).

♦

☞

Man kann ein *Zufallsexperiment* durch den Ereignisraum und eine passende σ-Algebra E beschreiben und bezeichnet das Paar

(Ω , E)

als *Meßraum*.

♦

Betrachten wir im folgenden Beispiele für die *Rechenoperationen* mit *Ereignissen*.

Beispiel 16.2:

a) Betrachten wir das *Zufallsexperiment* des *Werfens* mit einem idealen *Würfel*, wofür der *Ereignisraum* Ω die folgende Form besitzt:

$$\Omega = \{ 1 , 2 , 3 , 4 , 5 , 6 \}$$

a1) Hierfür betrachten wir *folgende Ereignisse*

* $A = \{ 2 , 4 , 6 \}$

 d.h., das *Werfen* einer *geraden Zahl*.

* $B = \{ 1 , 3 , 5 \}$

 d.h., das *Werfen* einer *ungeraden Zahl*.

* $C_k = \{ k \}$

 d.h., das Werfen der Zahl k ($1 \leq k \leq 6$).

Für diese Ereignisse kann man die *Rechenoperationen* Summe, Produkt und Differenz durchführen, so z.B.

* $A \cap B = \emptyset$

 d.h., das Werfen einer geraden und einer ungeraden Zahl ist gleichzeitig nicht möglich, so daß sich das *unmögliche Ereignis* ∅ ergibt.

* $A \cup B = \Omega$

 d.h., das Werfen einer geraden oder einer ungeraden Zahl tritt immer auf, so daß sich das *sichere Ereignis* Ω ergibt.

* $A \cap C_2 = \{ 2 \} = C_2$

 d.h., das Werfen einer geraden Zahl und der Zahl 2 liefert das Ereignis, daß die Zahl 2 geworfen wird.

* $A \setminus C_4 = \{ 2 , 6 \}$

 d.h., das Werfen einer geraden Zahl außer der Zahl 4 liefert das Ereignis, daß eine der Zahlen 2 oder 6 geworfen werden.

* Es gilt z.B. $C_k \subseteq A$ (für k=2, 4, 6), da das Werfen einer 2, 4 oder 6 das Werfen einer geraden Zahl, d.h. das Ereignis A nach sich zieht.

a2) Das *Ereignisfeld* besteht beim Werfen mit einem Würfel bereits aus 64 zufälligen Ereignissen:

6 Elementarereignisse

+ 15 Ereignisse, daß eine von zwei Zahlen geworfen wird

+ 20 Ereignisse, daß eine von drei Zahlen geworfen wird

+ 15 Ereignisse, daß eine von vier Zahlen geworfen wird

+ 6 Ereignisse, daß eine von fünf Zahlen geworfen wird

+ das unmögliche Ereignis $\emptyset$

+ das sichere Ereignis Ω

b) Betrachten wir das *Zufallsexperiment* der *Geschwindigkeitsmessung* (in km/h) auf einer Autobahn, wobei *folgende Ereignisse* (unter dem Gesichtspunkt von Strafgeldern) betrachtet werden:

$A = \{ x \ / \ 0 < x \leq 100 \}$	erlaubte Geschwindigkeiten
$B = \{ x \ / \ 110 < x \leq 130 \}$	Strafgelder
$C = \{ x \ / \ 130 < x \leq 200 \}$	Strafgelder + Strafpunkte
$D = \{ x \ / \ 80 \leq x \leq 103 \}$	angemessene Geschwindigkeiten
$E = \{ x \ / \ 100 < x \}$	nichterlaubte Geschwindigkeiten
$F = \{ x \ / \ 200 < x \}$	Führerscheinentzug

Der *Ereignisraum* hat hier z.B. die Gestalt

$$\Omega = \{ x \ / \ 0 < x \leq 250 \}$$

wenn man annimmt, daß nur Autos mit einer Geschwindigkeit von maximal 250 km/h zugelassen sind. Dieser *Ereignisraum* ist überabzählbar unendlich, da alle Geschwindigkeiten (*Elementarereignisse*) bis 250 km/h möglich sind, wenn man einmal von der endlichen Meßgenauigkeit absieht.

b1) Für die gegebenen Ereignisse A,B,C,D,E,F des Ereignisraumes Ω gelten z.B folgende einfache Sachverhalte:

* Die Ereignisse

A, B, C und F   bzw.   B, C, D und F

sind *paarweise unvereinbar*.

* Das Eintreten eines der Ereignisse B, C und F zieht das Eintreten des Ereignis E nach sich, d.h.

$B \subseteq E$, $C \subseteq E$, $F \subseteq E$

b2)Innerhalb einer bestimmten Zeit seien die *Meßwerte*

$x1=85$, $x2=70$, $x3=135$

ermittelt worden, für die folgendes gilt:

* $x1 \in A$, $x1 \in D$ d.h., die Ereignisse A und D sind eingetreten und damit auch das Ereignis

$A \cap D = \{ x \ / \ 80 \leq x \leq 100 \}$

* $x2 \in A$, d.h., das Ereignis A ist eingetreten, während die Ereignisse B, C, D E und F nicht eingetreten sind.

* $x3 \in C$, $x3 \in E$, d.h., die Ereignisse C und E sind eingetreten und damit auch das Ereignis

$C \cap E = \{ x \ / \ 130 < x \leq 200 \} = C$
♦

16.2 Definitionen

Im folgenden befassen wir uns mit der *Definition* der *Wahrscheinlichkeit* für das Eintreten eines beliebigen *Ereignis* A aus einem gegebenen *Ereignisraum* Ω. Für einfache Fälle reichen hierfür die *anschaulichen Definitionen* als

* *klassische Wahrscheinlichkeit* (siehe Abschn.16.2.1)
* *relative Häufigkeit* (siehe Abschn.16.2.2)
* *geometrische Wahrscheinlichkeit*

aus, die bereits zu Beginn der Entwicklung der Wahrscheinlichkeitstheorie Anwendung fanden.

☞

Bei der weiteren Entwicklung der Wahrscheinlichkeitsrechnung hat sich jedoch herausgestellt, daß man nur mit einer *axiomatischen Definition* (siehe Abschn.16.2.3) eine allgemeine Theorie aufbauen kann.
♦

16.2.1 Klassische Definition

In der *klassischen Definition* wird die *Wahrscheinlichkeit* P(A) für das Auftreten eines *Ereignisses* A aus dem *Ereignisraum* Ω

als Quotient aus Anzahl der für das Ereignis A günstigen Fälle und Anzahl der für das Ereignis möglichen Fälle festgelegt,

d.h.

$$P(A) = \frac{\text{Anzahl der günstigen Fälle}}{\text{Anzahl der möglichen Fälle}}$$

Dabei ist die *Anzahl der möglichen* Fälle gleich der *Anzahl* der im Ereignisraum Ω enthaltenen *Elementarereignisse*, während die *Anzahl der günstigen Fälle* gleich der Anzahl der Elementarereignisse aus dem Ereignisraum Ω ist, die zum Eintreten des Ereignis A führen.

Diese *Definition* der *klassischen Wahrscheinlichkeit*

- ist eine a priori Definition, da sie aufgrund logischer Schlüsse gegeben wird.

- ist *nur anwendbar*, wenn der *Ereignisraum* für das *Zufallsexperiment* aus *endlich vielen gleichmöglichen Elementarereignissen* besteht. Man spricht hier von einem *Laplace-Experiment*.

- liefert im Falle der Anwendbarkeit bereits *wesentliche Eigenschaften* für die *Wahrscheinlichkeit* P(A) eines Ereignisses A:

  * P(A) ist stets eine Zahl aus dem Intervall [0,1], d.h., es gilt

    $0 \leq P(A) \leq 1$

    da die Anzahl der günstigen Fälle immer kleiner oder gleich der Anzahl der möglichen Fälle ist.

  * Die *Wahrscheinlichkeit* für das *unmögliche Ereignis* ist gleich 0, d.h.

    $P(\emptyset) = 0$

    da hier die Anzahl der günstigen Fälle gleich Null ist.

  * Die *Wahrscheinlichkeit* für das *sichere Ereignis* ist gleich 1, d.h.

    $P(\Omega) = 1$

    da hier die Anzahl der günstigen Fälle gleich der Anzahl der möglichen Fälle ist.

  * Die *Wahrscheinlichkeit* für die *Summe* von zwei *disjunkten Ereignissen* A und B ergibt sich offensichtlich als Summe der einzelnen Wahrscheinlichkeiten, d.h.

    $P(A \cup B) = P(A) + P(B)$

Klassische Wahrscheinlichkeiten lassen sich unter Verwendung der Formeln der *Kombinatorik* berechnen, die im Abschn.12.2 gegeben werden (siehe Beispiele 16.3b und c). ♦

Beispiel 16.3:

a) Betrachten wir das *Werfen* mit einem *idealen Würfel*. Im Beispiel 16.2a haben wir erfahren, daß hier *sechs Elementarereignisse* möglich sind und der *Ereignisraum* die folgende Gestalt hat:

$$\Omega = \{1, 2, 3, 4, 5, 6\}$$

a1) Die Wahrscheinlichkeit dafür, eine vorgegebene Zahl zwischen 1 und 6 zu würfeln beträgt 1/6, da man hier einen günstigen Fall und 6 mögliche Fälle hat.

a2) Die Wahrscheinlichkeit dafür, eine gerade (ungerade) Zahl zu würfeln beträgt 3/6=1/2, da hier jeweils drei günstige Fälle auftreten.

b) Betrachten wir das *Werfen* mit *zwei idealen Würfeln*, wobei diese als unterscheidbar angesehen werden (z.B. unterschiedliche Farbe). Mittels *Kombinatorik* kann man berechnen, daß hier

* *36 Elementarereignisse* (36 mögliche Fälle) auftreten können.

  Diese Anzahl erhält man mittels der Formel für *Variationen*, die die Anzahl der Auswahlmöglichkeiten von zwei Zahlen aus sechs Zahlen mit Berücksichtigung der Reihenfolge und mit Wiederholung berechnet (siehe Abschn.12.2.2):

  $$6^2 = 36$$

* der *Ereignisraum* Ω aus folgenden Elementarereignissen:

  $$\Omega = \{ (1,2), \ldots, (1,6), (2,1), \ldots, (2,6), (3,1), \ldots, (3,6), (4,1), \ldots,$$

  $$(4,6), (5,1), \ldots, (5,6), (6,1), \ldots, (6,6) \}$$

  besteht.

Berechnen wir die Wahrscheinlichkeit dafür, daß beim Werfen mit zwei unterscheidbaren Würfeln die Augenzahl bei einem Wurf größer oder gleich 10 ist:
Das zugehörige *Ereignis A* hat die Form

$$A = \{ (4,6), (5,5), (5,6), (6,4), (6,5), (6,6) \}$$

d.h., B enthält 6 Elementarereignisse (6 günstige Fälle), so daß die Formel für die klassische Wahrscheinlichkeit

$$P(A) = 6/36 = 1/6$$

den Wert 1/6 für die Wahrscheinlichkeit des Ereignisses A liefert.

c) Berechnen wir *Wahrscheinlichkeiten* für einen *Gewinn* beim Lotto 6 aus 49:

Als Modell für die Ziehung der Lottozahlen kann man einen Behälter verwenden, der 49 durchnumerierte Kugeln enthält. Die Ziehung der 6 Lottozahlen geschieht nun durch zufällige Auswahl von 6 Kugeln aus diesem Behälter ohne Zurücklegen der gezogenen Kugeln.

Die *Anzahl der möglichen Fälle* für die gezogenen Zahlen berechnet sich als eine *Kombination* ohne *Wiederholung* (siehe Abschn.12.2.2), d.h., als Auswahl von 6 Zahlen aus 49 Zahlen ohne Berücksichtigung der Reihenfolge und ohne Wiederholung, so daß man folgenden Wert erhält:

$$\binom{49}{6} = 13\,983\,816$$

Damit berechnet sich die *Wahrscheinlichkeit* für

* *6 richtig getippte Zahlen* zu 1/13 983 816, da es hier nur einen günstigen Fall gibt.

* das Ereignis A_k, daß *k Zahlen* (k = 0, 1, 2, 3, 4, 5, 6) *richtig getippt* wurden, aus der *Formel*

$$P(A_k) = \frac{\binom{6}{k} \cdot \binom{43}{6-k}}{\binom{49}{6}}$$

die wir im Rahmen der *hypergeometrischen Verteilung* besprechen (siehe Abschn. 18.1 und Beispiel 18.1c).

♦

16.2.2 Statistische Definition

Die klassische Definition der Wahrscheinlichkeit kann schon bei einfachen Problemen nicht anwendbar sein, da eine der beiden Voraussetzungen

* Gleichwahrscheinlichkeit
* endliche Anzahl von Elementarereignissen

nicht erfüllt ist, wie das folgende Beispiel zeigt.

Beispiel 16.4:

a) Betrachten wir das *Zufallsexperiment* des *zweimaligen Münzwurfs*, bei dem die beiden Ereignisse Wappen W oder Zahl Z auftreten können. Der *Ereignisraum* Ω hat hier die folgende Form

$$\Omega = \{ (W,Z) , (Z,W) , (Z,Z) , (W,W) \}$$

d.h., er besteht aus vier Elementarereignissen, die alle mit der Wahrscheinlichkeit 1/4 eintreten.

Wenn man sich jedoch bei diesem Experiment nur für die *Anzahl* der *geworfenen Zahlen* interessiert, so hat der *Ereignisraum* Ω folgende Form

$$\Omega = \{\, 0\,,\, 1\,,\, 2\, \}$$

d.h., er besteht aus *drei Elementarereignissen*

$$\omega_0 = 0\,,\ \omega_1 = 1\,,\ \omega_2 = 2$$

die mit den *unterschiedlichen Wahrscheinlichkeiten*

$$P(\omega_0) = 1/4\,,\ P(\omega_1) = 2/4\ ,\ P(\omega_2) = 1/4$$

eintreten.

b) Wenn man im Beispiel 16.3b für das Werfen mit zwei Würfeln die Unterscheidbarkeit der Würfel wegläßt, so kann die Wahrscheinlichkeit, eine Zahl ≥ 10 zu werfen, nicht mittels klassischer Wahrscheinlichkeit berechnet werden, da z.B. schon die günstigen Ereignisse

$$(4,6)\,,\, (5,5)\,,\, (5,6)\,,\, (6,6)$$

nicht mit gleicher Wahrscheinlichkeit auftreten.

♦

Wenn die klassische Definition der Wahrscheinlichkeit nicht anwendbar ist, bietet sich für den Praktiker folgende Möglichkeit an, um auf experimentellen Wege zu einem Wert für die *Wahrscheinlichkeit* P(A) eines *zufälligen Ereignisses* A zu gelangen:
Man führt das zugrundeliegende *Zufallsexperiment* n mal durch und beobachtet hierbei, wie oft das Ereignis A auftritt, so z.B. m mal ($m \leq n$).
Als *Näherung* für die *Wahrscheinlichkeit* P(A) kann bei einer hinreichend großen Anzahl von Experimenten der Quotient

$$H_n(A) = \frac{m}{n}$$

verwendet werden, der als *relative Häufigkeit* bezeichnet wird. Dies bezeichnet man als *statistische Definition* der *Wahrscheinlichkeit.*

☞

Die *statistische Definition* ist eine a posteriori Bestimmung der *Wahrscheinlichkeit,* da man erst eine größere Anzahl von Zufallsexperimenten durchführen muß, um zu einem Wert zu gelangen.

♦

☞

Durch eine Anzahl von durchgeführten Zufallsexperimenten gelangt man zu einer Folge von relativen Häufigkeiten, die um einen festen Wert (die Wahrscheinlichkeit) schwankt. Man spricht von einem *Stabilisierungseffekt* der *Folge* der *relativen Häufigkeiten,* wenn die Anzahl der durchgeführten Experimente genügend groß ist. Damit lassen sich *Näherungswerte* für die unbekannte *Wahrscheinlichkeit* P(A) eines Ereignisses A erhalten. Man hat aber i.a. keine Konvergenz der Folge der relativen Häufigkeiten im Sinne der mathematischen Analysis. Eine Präzisierung dieser Problematik liefert das *Gesetz der großen Zahlen*, das im Abschn.20.2 behandelt wird (siehe Beispiel 20.2).

♦

Die *statistische Definition* liefert ebenfalls wesentliche *Eigenschaften* für die *Wahrscheinlichkeit* P(A) eines Ereignisses A:

* P(A) ist stets eine Zahl aus dem Intervall [0,1], d.h.

    $0 \leq P(A) \leq 1$

    da m immer kleiner oder gleich n ist.

* Die *Wahrscheinlichkeit* für das *unmögliche Ereignis* ist gleich 0, d.h.

    $P(\varnothing) = 0$

    da hier m gleich Null ist.

* Die *Wahrscheinlichkeit* für das *sichere Ereignis* ist gleich 1, d.h.

    $P(\Omega) = 1$

    da hier m gleich n ist.

* Die *Wahrscheinlichkeit* für die *Summe* von zwei *disjunkten Ereignissen* A und B ergibt sich als Summe der einzelnen Wahrscheinlichkeiten, d.h.

    $P(A \cup B) = P(A) + P(B)$

    da sich die relativen Häufigkeiten für die beiden Ereignisse addieren.

♦

Beispiel 16.5:

In der Literatur findet man zahlreiche Beispiele für die Durchführung von einer großen Anzahl von Zufallsexperimenten z.B. für das Würfeln oder den Münzwurf, deren statische Häufigkeiten Näherungswerte für die entsprechenden Wahrscheinlichkeiten liefern. Die folgende Tabelle wurde aus dem Buch [5] entnommen und zeigt relative Häufigkeiten beim Münzwurf für das Auftreten des Ereignis, daß Wappen geworfen wurde:

Anzahl der Würfe	Anzahl der Wappen	relative Häufigkeit
4040	2048	0.5069
12000	6019	0.5016
24000	12012	0.5005

♦

16.2.3 Axiomatische Definition

Die Entwicklung der Technik und Naturwissenschaften führte zu Aufgaben, auf die sich die *klassische Definition* der *Wahrscheinlichkeit* nicht mehr anwenden läßt, da die Anzahl der möglichen Fälle nicht immer endlich ist und auch nicht Gleichwahrscheinlichkeit vorliegt. Die *relative Häufigkeit* liefert auch keine Möglichkeit zur Definition von Wahrscheinlichkeiten, wie im Abschn.16.2.2 diskutiert wurde.

Obwohl *klassische* und *statistische Definition* nicht geeignet sind, eine allgemein anwendbare Theorie der Wahrscheinlichkeit aufzubauen, liefern sie aber die *Basis* für eine *axiomatische Definition*.

♦

Bei der *axiomatischen Definition* haben sich die Ideen des russischen Mathematikers Kolmogorow durchgesetzt, der zu Beginn der dreißiger Jahre dieses Jahrhunderts ein *Axiomensystem* aufstellte, das von den Haupteigenschaften der klassischen und statistischen Definition ausgeht.

Zur Definition der *Wahrscheinlichkeit* P für *Ereignisse* eines *Ereignisraumes* Ω gibt *Kolmogorow* folgende *drei Axiome:*

(1) Es gilt für alle Ereignisse $A \subset \Omega$

$$0 \leq P(A)$$

(2) Für das *sichere Ereignis* Ω gilt

$$P(\Omega) = 1$$

(3) Für zwei *disjunkte Ereignisse* $A \subset \Omega$ und $B \subset \Omega$ gilt

$$P(A \cup B) = P(A) + P(B)$$

♦

Die gegebenen Axiome stellen eine Abstraktion der Eigenschaften der klassischen und statistischen Definition der Wahrscheinlichkeit dar. Die Axiome sind widerspruchsfrei, aber nicht vollständig. Sie bilden die Grundlage für den Aufbau der Wahrscheinlichkeitsrechnung.

♦

Jedem *Ereignis* A eines vorliegenden *Ereignisraums* Ω wird durch die *Wahrscheinlichkeit* P(A) eine reelle Zahl zwischen 0 und 1 zugeordnet.
Ein *Zufallsexperiment* läßt sich damit durch den Ereignisraum Ω, ein Ereignisfeld (σ-Algebra) E und die Wahrscheinlichkeit P charakterisieren. Dieses Tripel

$$(\Omega , E , P)$$

bezeichnet man als *Wahrscheinlichkeitsraum.*

♦

Aus dem gegebenen *Axiomensystem* lassen sich die Wahrscheinlichkeiten für konkrete Ereignisse A nicht berechnen, aber dafür Eigenschaften für Wahrscheinlichkeiten herleiten, so z.B.

* $P(\varnothing) = 0$

* $0 \leq P(A) \leq 1$ für alle $A \subset \Omega$

* $P(\overline{A}) = 1 - P(A)$ für alle $A \subset \Omega$

* $P(A) \leq P(B)$ für alle $A \subset \Omega$ und $B \subset \Omega$ mit $A \subseteq B$

* $P(A \cup B) = P(A) + P(B) - P(A \cap B)$ für alle $A \subset \Omega$ und $B \subset \Omega$

* $P(A \setminus B) = P(A) - P(A \cap B)$ für alle $A \subset \Omega$ und $B \subset \Omega$

* Mittels vollständiger Induktion läßt sich das Axiom (3) auf endlich viele paarweise disjunkte Ereignisse erweitern, d.h., für n disjunkte Ereignisse

$$A_i \subset \Omega \qquad (i = 1, \dots, n)$$

folgt

$$P\left(\bigcup_{i=1}^{n} A_i\right) = \sum_{i=1}^{n} P(A_i)$$

Für abzählbar unendlich viele paarweise disjunkte Ereignisse geht dies allerdings nicht mehr. Deshalb ist es sinnvoll dieses Axiom hierauf auszudehnen, indem man n=∞ setzt.

♦

16.3 Bedingte Wahrscheinlichkeiten

Die bisher betrachteten Wahrscheinlichkeiten hängen nur von den Versuchsbedingungen des durchgeführten Zufallsexperiments ab und werden deshalb als *unbedingte Wahrscheinlichkeiten* bezeichnet. In der Praxis treten jedoch Aufgaben auf, in denen die Wahrscheinlichkeiten von mindestens einer zusätzlichen Bedingung (Ereignis) abhängen. Man bezeichnet mit

$P(A/B)$

die *bedingte Wahrscheinlichkeit* dafür, daß das *Ereignis* $A \subset \Omega$ auftritt, wenn vorher das *Ereignis* $B \subset \Omega$ aufgetreten ist, wobei der Ausdruck A/B nicht mit der Differenz A\B der Ereignisse A und B zu verwechseln ist. Man untersucht also mit *bedingten Wahrscheinlichkeiten*, ob durch das Eintreten des Ereignisses B die Chancen für das Eintreten des Ereignisses A verändert werden und definiert die *bedingte Wahrscheinlichkeit* folgendermaßen:

$$P(A/B) = \frac{P(A \cap B)}{P(B)}$$

wobei P(B)>0 vorauszusetzen ist. Analog definiert man die bedingte Wahrscheinlichkeit des Ereignisses B unter der Bedingung, daß das Ereignis A aufgetreten ist:

$$P(B/A) = \frac{P(A \cap B)}{P(A)}$$

wobei P(A)>0 vorauszusetzen ist.

In der gegebenen *Formel* für die *bedingte Wahrscheinlichkeit* wird davon ausgegangen, daß die *Wahrscheinlichkeiten* P(A∩B) und P(B) bzw. P(A) bekannt sind.

♦

Die *bedingte Wahrscheinlichkeit* besitzt folgende *Eigenschaften:*

* Im Falle, daß die *Ereignisse* A und B *disjunkt* sind, d.h. P(A∩B) = 0 gilt, sind die bedingten Wahrscheinlichkeiten gleich Null, d.h.

  $$P(A/B) = P(B/A) = 0$$

* Im allgemeinen sind die beiden *bedingten Wahrscheinlichkeiten*

  $$P(A/B) \quad \text{und} \quad P(B/A)$$

  voneinander *verschieden*. Es gilt auf Grund der Definition zwischen ihnen jedoch die Beziehung

  $$P(A/B) \cdot P(B) = P(B/A) \cdot P(A) = P(A \cap B)$$

  die man als *Multiplikationsregel* für *Wahrscheinlichkeiten* bezeichnet. Aus dieser *Multiplikationsregel* kann man die *Wahrscheinlichkeit* P(A∩B) für das Eintreten der Ereignisse A und B berechnen, wenn die bedingten Wahrscheinlichkeiten und die Wahrscheinlichkeiten für die einzelnen Ereignisse bekannt sind (siehe Beispiel 16.6b).

  ♦

Beispiel 16.6:

a) Illustrieren wir die *bedingte Wahrscheinlichkeit* P(A/B) am Beispiel des Werfens mit zwei unterscheidbaren idealen Würfeln (36 mögliche Fälle - siehe Beispiel 16.3b), indem wir folgende beide Ereignisse A und B betrachten:

  * A sei das Ereignis, daß die Augensumme größer oder gleich 10 ist, d.h.

A = { (4,6) , (5,5) , (5,6) , (6,4) , (6,5) , (6,6) }

d.h., dieses Ereignis besteht aus 6 Elementarereignissen (*6 günstige Fälle*) und besitzt die Wahrscheinlichkeit P(A) = 6/36.

* B sei das Ereignis, daß die Augensumme gerade ist. Dieses Ereignis besteht aus 18 Elementarereignissen (*18 günstige Fälle*), wie man leicht nachprüfen kann und besitzt die Wahrscheinlichkeit P(B)=18/36.

Die Wahrscheinlichkeit für das Ereignis A unter der Bedingung, daß das Ereignis B eingetreten, beträgt

P(A/B) = 4/18 = 2/9

da hier nur noch *4 günstige Fälle* bei 18 möglichen Fällen auftreten und ist somit größer als die Wahrscheinlichkeit

P(A)=6/36=1/6

für das Ereignis A.

b) Berechnen wir unter Verwendung der *Multiplikationsregel* für die Ereignisse A und B aus Beispiel a die Wahrscheinlichkeit P(A∩B) für das Eintreten der Ereignisse A und B, indem wir die bekannten Wahrscheinlichkeiten P(A/B) und P(B) verwenden:

P(A ∩ B) = P(A/B) · P(B) = 2/9 · 18/36 = 1/9

Das gleiche Ergebnis erhält man natürlich, wenn mann die klassische Wahrscheinlichkeit auf das Ereignis A∩B anwendet, für das 4 günstige bei 36 möglichen Fällen auftreten, d.h.

P(A ∩ B) = 4/36 = 1/9

♦

Unter Verwendung bedingter Wahrscheinlichkeiten ergeben sich zwei wichtige Formeln der Wahrscheinlichkeitsrechnung:

* Bilden die *Ereignisse* A_i (i = 1 , ... , n) eines Ereignisraums Ω ein *vollständiges System*, so berechnet sich die (totale bzw. unbedingte) Wahrscheinlichkeit des Ereignisses B des gleichen Ereignisraums aus

$$P(B) = \sum_{i=1}^{n} P(B / A_i) \cdot P(A_i)$$

Dies wird als *Formel der totalen Wahrscheinlichkeit* bezeichnet.

* Unter der gleichen Voraussetzung wie bei der totalen Wahrscheinlichkeit ergibt sich die *Bayessche Formel:*

$$P(A_i / B) = \frac{P(B/A_i) \cdot P(A_i)}{\sum\limits_{k=1}^{n} P(B/A_k) \cdot P(A_k)}$$

◆

Beispiel 16.7:

Illustrieren wir die *Formeln* der *totalen Wahrscheinlichkeit* und von *Bayes* am Beispiel der Schraubenproduktion in einer Fabrik, die die Produktion dieser Schrauben auf drei Maschinen A , B und C zu 55%, 30% bzw. 15% verteilt. Die einzelnen Maschinen produzieren mit einem Ausschußanteil von 2%, 3% bzw. 4%.

a) Mit X bezeichnen wir das *Ereignis*, daß eine zufällig aus der Produktion ausgewählte Schraube fehlerhaft ist und suchen hierfür die Wahrscheinlichkeit. Diese Wahrscheinlichkeit läßt sich mit der *Formel* der *totalen Wahrscheinlichkeit* berechnen, da die *Wahrscheinlichkeiten*

$P(A) = 0.55$, $P(B) = 0.3$, $P(C) = 0.15$

und die *bedingten Wahrscheinlichkeiten*

$P(X/A) = 0.02$, $P(X/B) = 0.03$, $P(X/C) = 0.04$

bekannt sind:

$P(X) = P(X/A) \cdot P(A) + P(X/B) \cdot P(B) + P(X/C) \cdot P(C)$

$= 0.02 \cdot 0.55 + 0.03 \cdot 0.3 + 0.04 \cdot 0.15 = 0.026$

b) Berechnen wir die *Wahrscheinlichkeit* P(A/X), daß man eine defekte Schraube ausgewählt hat, die von der Maschine A produziert wurde. Dazu läßt sich die *Formel* von *Bayes* heranziehen:

$$P(A/X) = \frac{P(X/A) \cdot P(A)}{P(X/A) \cdot P(A) + P(X/B) \cdot P(B) + P(X/C) \cdot P(C)}$$

$$= \frac{0.02 \cdot 0.55}{0.02 \cdot 0.55 + 0.03 \cdot 0.3 + 0.04 \cdot 0.15} = \frac{11}{26}$$

◆

16.4 Unabhängige Ereignisse

Die (*stochastische*) *Unabhängigkeit* von zwei *Ereignissen* A und B besitzt in der Wahrscheinlichkeitsrechnung eine große Bedeutung. Intuitiv könnte man sagen, daß zwei Ereignisse A und B unabhängig sind, wenn die Wahrscheinlichkeit, daß ein Ereignis A eintritt nicht durch das Ein- oder Nichteintreten des anderen Ereignisses B beeinflußt wird. Diese anschauliche *Definition* läßt sich unter Verwendung der *bedingten Wahrscheinlichkeit* exakt formulieren (unter den Bedingungen P(A)>0, P(B)>0):

Die *Wahrscheinlichkeit* P(A) eines Ereignisses A ⊂ Ω und seine *bedingte Wahrscheinlichkeit* P(A/B) unter der Bedingung, daß das Ereignis B ⊂ Ω eingetreten ist, unterscheiden sich im allgemeinen (siehe Abschn.16.3). Falls beide gleich sind, d.h.

P(A/B) = P(A)

so spricht man von der (*stochastischen*) *Unabhängigkeit* der beiden *Ereignisse* A und B. Durch Vertauschung von A und B erhält man die *weitere Definition* für die (*stochastische*) *Unabhängigkeit* der Ereignisse A und B:

P(B/A) = P(B)

Durch Anwendung der gegebenen Formel für die bedingte Wahrscheinlichkeit ergibt sich aus den letzten beiden Definitionen für *unabhängige Ereignisse* A und B die *Wahrscheinlichkeit* P(A∩B) für das Eintreten beider aus der Relation

P(A∩B) = P(A) · P(B)

Diese letzte Beziehung kann man als eine *dritte Definition* für die (*stochastische*) *Unabhängigkeit* heranziehen. Diese besitzt noch den Vorteil, daß man die Beschränkungen P(A)>0, P(B)>0 weglassen kann.

♦

Illustrieren wir im folgenden Beispiel die Unabhängigkeit von Ereignissen.

Beispiel 16.8:

a) Betrachten wir beim Werfen mit einem idealen Würfel in dem zugehörigen *Ereignisraum*

Ω = {1 , 2 , 3 , 4 , 5 , 6 }

die *folgenden Ereignisse*

* A = { 1 , 3 , 5 }

    d.h., eine ungerade Zahl wird geworfen, wobei P(A)=3/6=1/2 gilt.

* B = { 3 , 4 , 5 , 6 }

    d.h., eine Zahl ≥ 3 wird geworfen, wobei P(B)=4/6=2/3 gilt.

* C = { 4 , 5 , 6 }

    d.h., eine Zahl ≥ 4 wird geworfen, wobei P(C)=3/6=1/2 gilt.

Für diese Ereignisse folgt

A∩B = { 3 , 5} , A∩C = {5} und B∩C = C
und man erhält, daß

* A und B *unabhängig* sind, da

$P(A \cap B) = 2/6 = P(A) \cdot P(B) = 3/6 \cdot 4/6$

* A und C *abhängig* sind, da

$P(A \cap C) = 1/6 \neq P(A) \cdot P(C) = 3/6 \cdot 3/6$

* B und C *abhängig* sind, da $C \subset B$. Dies bestätigt auch die folgende Rechnung

$P(B \cap C) = P(C) = 1/2 \neq P(B) \cdot P(C) = 4/6 \cdot 3/6 = 1/3$

Die anschauliche Deutung der berechneten Abhängigkeit bzw. Unabhängigkeit der Ereignisse A, B und C überlassen wir dem Leser. Als Hinweis sei gegeben, daß hierfür die Anzahl gerader und ungerader Zahlen in den entsprechenden Ereignissen bedeutsam ist.

b) Betrachten wir ein *Urnenmodell* und untersuchen die Unabhängigkeit von Ereignissen beim Ziehen (Entnehmen) mit und ohne Zurücklegen: Es seien die Zahlen 1, 2, 3, 4 in Form numerierter Kugeln gegeben, die sich in einem Kasten (Urne) befinden.

Es werden nacheinander 2 Zahlen (Kugeln) zufällig ausgewählt, wobei die beiden Fälle

b1) mit Zurücklegen

b2) ohne Zurücklegen

betrachtet werden.

Bei diesem *Zufallsexperiment* interessieren uns die folgenden zwei Ereignisse A und B:

A = { 1. ausgewählte Zahl ist eine 2 }

B = { 2. ausgewählte Zahl ist eine 3 }

Der *Ereignisraum* Ω hat für das durchgeführte Zufallsexperiment die folgende *Form:*

* für b1 (*mit Zurücklegen*)

   $\Omega = \{ (1,1),(1,2),(1,3),(1,4) , \ldots , (4,1),(4,2),(4,3),(4,4) \}$

   d.h., er enthält

   $4^2 = 16$

   Elementarereignisse, wie sich aus der Formel für Variationen mit Wiederholung ergibt und es gilt $P(A) = 4/16$, $P(B) = 4/16$.

* für b2 (*ohne Zurücklegen*)

   $\Omega = \{ (1,2),(1,3),(1,4) , \ldots , (4,1),(4,2),(4,3) \}$

   d.h., er enthält

$$\frac{4!}{2!} = 12$$

Elementarereignisse, wie sich aus der Formel für Variationen ohne Wiederholung ergibt und es gilt $P(A) = 3/12$, $P(B) = 3/12$.

Für die *Unabhängigkeit* bzw. *Abhängigkeit* der beiden *Ereignisse* A und B ergibt sich damit folgendes:

* für b1 (*mit Zurücklegen*)

  $P(A \cap B) = P(\{(2,3)\}) = 1/16 = P(A) \cdot P(B) = 4/16 \cdot 4/16$

  d.h., A und B sind *unabhängig*.

* für b2 (*ohne Zurücklegen*)

  $P(A \cap B) = P(\{(2,3)\}) = 1/12 \neq P(A) \cdot P(B) = 3/12 \cdot 3/12$

  d.h., A und B sind *abhängig*.

Damit haben wir den Sachverhalt illustriert, daß beim Entnehmen mit Zurücklegen die Ereignisse A und B unabhängig sind, während sie beim Entnehmen ohne Zurücklegen abhängig sind.

♦

17 Zufallsgrößen

Bei einer Reihe von *Zufallsexperimenten* treten als *Ergebnisse (Ereignisse)* bereits *Zahlenwerte* auf. Man spricht hier auch von *quantitativen Ergebnissen*. Es gibt aber auch *Zufallsexperimente*, deren *Ergebnisse qualitativen Charakter* besitzen. Illustrieren wir die Problematik im folgenden Beispiel.

Beispiel 17.1:

a) Bei allen *Zufallsexperimenten*, die auf der Grundlage von *Messungen* durchgeführt werden, treten die Ergebnisse (*Meßwerte*) in Form von *Zahlenwerten* auf, d.h., man hat *quantitative Ergebnisse*. Deshalb bietet es sich an, als Zahlenwerte für ein derartiges Zufallsexperiment alle möglichen Meßwerte zu verwenden.

b) Betrachten wir das *Zufallsexperiment* des *Münzwurfs*, bei dem die beiden Ergebnisse Wappen W oder Zahl Z auftreten können, d.h., man hat *qualitative Ergebnisse*. Man kann hier jedoch die qualitativen Ergebnisse in quantitative überführen, indem man z.B. dem Wappen W eine 0 und der Zahl Z eine 1 zuordnet (siehe Beispiel 17.2c).

◆

Um mathematische Methoden anwenden zu können, benötigt man bei allen Zufallsexperimenten eine *Darstellung* der *Ergebnisse (Ereignisse)* durch *Zahlenwerte*. Dies bedeutet, daß man den zugehörigen *Ereignisraum* Ω durch Zahlen charakterisieren muß.

Deshalb werden in der Wahrscheinlichkeitsrechnung *Zufallsgrößen (zufällige Größen, Zufallsvariable* oder *zufällige Variable)* eingeführt, die den Ereignissen Zahlen zuordnen.

◆

Zufallsgrößen gehören neben *Wahrscheinlichkeiten* (siehe Kap.16) und *Verteilungsfunktionen* (siehe Kap.18) zu den *grundlegenden Begriffen* der *Wahrscheinlichkeitsrechnung*.

◆

Eine exakte *Definition* der *Zufallsgröße* ist mathematisch anspruchsvoll. Für die Anwendung genügt es zu wissen, daß *Zufallsgrößen* X als *Funktionen* definiert sind, die den Ergebnissen (*Elementarereignissen*) ω eines *Zufalls-*

experiments eindeutig reelle *Zahlen zuordnen.* Diese Zuordnung kann auf
verschiedene Weise geschehen, so daß man für ein Zufallsexperiment verschiedene Zufallsgrößen erhalten kann (siehe Beispiel 17.3c). Man wird
natürlich eine dem praktischen Problem angepaßte Zufallsgröße wählen,
wie aus den Beispielen 17.3 und 17.4 ersichtlich ist.

♦

Wenn man bei einem Zufallsexperiment nur das Verhalten einer Größe
(eines Merkmals) untersucht, so spricht man von *eindimensionalen Zufallsgrößen* im Gegensatz zu *mehrdimensionalen Zufallsgrößen* (siehe Abschn.
17.3).

♦

Eine *eindimensionale Zufallsgröße* oder kurz *Zufallsgröße*

X

ist eine *reellwertige Funktion,* die auf einem *Ereignisraum* Ω (siehe Abschn.
16.1) *definiert* ist und jedem *Elementarereignis* ω eine *reelle Zahl* x zuordnet, d.h.

$x = X(\omega)$

Eine *Zufallsgröße* X realisiert folglich eine *Abbildung* des *Ereignisraums* Ω
in den *Raum* R der *reellen Zahlen:*

$X : \Omega \rightarrow R$

Zusätzlich muß für eine *Zufallsgröße* X noch gefordert werden, daß jedem
Zahlenintervall mittels der Inversen der Zufallsgröße X^{-1} ein Ereignis aus
dem Zufallsexperiment entspricht, d.h. eine Teilmenge des zugrundeliegenden Ereignisraums Ω.

♦

Die *Mächtigkeit* des *Ereignisraumes* Ω (siehe Abschn.16.1), auf dem eine
Zufallsgröße X definiert ist, hat eine Unterscheidung der Zufallsgrößen zur
Folge. Ist der *Ereignisraum* Ω

*   endlich oder abzählbar unendlich

    so heißt die *Zufallsgröße diskret* (siehe Abschn.17.1)

*   überabzählbar unendlich

    so heißt die *Zufallsgröße stetig* (siehe Abschn.17.2)

Eine *Zufallsgröße* X transformiert folglich die Ereignisse eines Zufallsexpe-
riments (d.h. eines Ereignisraums Ω) in Ereignisse im Raum R der reellen
Zahlen. Erläutern wir dies an einem Beispiel:
Das *Ereignis*

$A = \{ \omega \in \Omega \, / \, a \leq X(\omega) \leq b\}$

aus dem *Ereignisraum* Ω enthält alle *Elementarereignisse* $\omega \subset \Omega$, für die eine zugehörige *Zufallsgröße* X Funktionswerte $X(\omega)$ aus dem Intervall [a,b] annimmt.

Durch die Zufallsgröße X wird damit das Ereignis A in das *Ereignis*

$\{ a \leq X(\omega) \leq b\}$

d.h. in das Intervall [a,b] im Raum R der reellen Zahlen transformiert.

♦

Die Menge aller reellen Zahlen, die von einer *Zufallsgröße* X angenommen werden können, bezeichnet man ebenso wie bei reellen Funktionen als *Wertebereich* und schreibt hierfür $X(\Omega)$, d.h. in Mengenschreibweise

$X(\Omega) = \{ x \in R \, / \, x = X(\omega) \, , \, \omega \in \Omega \}$

Damit hat man mit dem *Wertebereich* $X(\Omega)$ der *Zufallsgröße* X aus dem *gegebenen Ereignisraum* Ω einen *neuen Ereignisraum* $X(\Omega)$ erhalten, der durch Zahlen charakterisiert ist.

♦

Zufallsgrößen werden in der Wahrscheinlichkeitsrechnung mit großen Buchstaben X , Y , ... bezeichnet und man unterscheidet zwischen *zwei Arten*:

* *diskrete Zufallsgrößen*

* *stetige Zufallsgrößen*

die wir in den folgenden beiden Abschn.17.1 bzw. 17.2 näher betrachten.

♦

Sind X und Y *Zufallsgrößen* auf demselben *Ereignisraum* Ω, dann sind

* *Summe* X + Y, definiert durch $(X + Y)(\omega) = X(\omega) + Y(\omega)$

* *Produkt* X · Y, definiert durch $(X \cdot Y)(\omega) = X(\omega) \cdot Y(\omega)$

* X + c (c − reelle Konstante) , definiert durch $(X + c)(\omega) = X(\omega) + c$

* c · X (c − reelle Konstante) , definiert durch $(c \cdot X)(\omega) = c \cdot X(\omega)$

ebenfalls *Zufallsgrößen* auf dem *Ereignisraum* Ω.

♦

Für die *Charakterisierung* einer *Zufallsgröße* X reicht die Angabe ihre möglichen Zahlenwerte $X(\omega)$ nicht aus. Da diese Zahlenwerte $X(\omega)$ *zufallsabhängig* sind, benötigt man zusätzlich *Wahrscheinlichkeiten*.

♦

Die *Wahrscheinlichkeiten* für das *Eintreten* von *Ereignissen* eines *Zufallsexperiments* werden mittels einer zugehörigen *Zufallsgröße* X auf Wahrscheinlichkeiten für *Bereiche* (Intervalle) im Raum der *reellen Zahlen* übertragen. Damit kann man für eine *Zufallsgröße* X *Wahrscheinlichkeiten* P für *Ereignisse* definieren, die in *Form* von *Zahlen* oder *Intervallen* vorliegen. So ist z.B. aufgrund der *Definition* einer *Zufallsgröße* X die Menge

$$\{ \omega \, / \, a \leq X(\omega) \leq b\}$$

ein *Ereignis* aus dem *Ereignisraum* Ω und deshalb ist auch die *Wahrscheinlichkeit*

$$P (a \leq X(\omega) \leq b)$$

für das Intervall [a,b] im *Ereignisraum* $X(\Omega)$ definiert, der durch die Zufallsgröße X bestimmt wird (siehe auch Beispiel 17.2).

♦

Beispiel 17.2:

Im *Ereignisraum* $X(\Omega)$ kann man für *Ereignisse*, die hier die Form von Zahlen oder Intervallen haben, wie z.B.

* X bilde auf die Zahl a ab, d.h. { $X(\omega) = a$ }

* X bilde auf Zahlen $\leq$ b ab, d.h. { $X(\omega) \leq b$ }

* X bilde auf Zahlen $\geq$ a ab, d.h. { $a \leq X(\omega)$ }

* X bilde auf das Intervall [a,b] ab, d.h. { $a \leq X(\omega) \leq b$ }

ebenfalls *Wahrscheinlichkeiten* P angeben, d.h.

* $P (X = a)$

* $P (X \leq b)$

* $P (a \leq X)$

* $P (a \leq X \leq b)$

wobei man bei der Schreibweise die Mengenklammern wegläßt.

♦

Die im vorangehenden Beispiel erhaltenen *Wahrscheinlichkeiten* für *Ereignisse* des *neuen Ereignisraums* $X(\Omega)$ können durch *Verteilungsfunktionen* beschrieben werden, wie im Kap.18 behandelt wird.

♦

17.1 Diskrete Zufallsgrößen

Zufallsgrößen X, die nur endlich viele oder abzählbar unendlich viele *reelle Zahlenwerte*

$$x_1 , x_2 , x_3 , \dots , x_n , \dots$$

annehmen können, heißen *diskrete Zufallsgrößen*.

Eine *diskrete Zufallsgröße* X ist durch die Angabe ihrer *Zahlenwerte*

$$x_1 , x_2 , x_3 , \dots , x_n , \dots$$

und die *Wahrscheinlichkeiten*

$$P(X=x_1)=p_1, \ P(X=x_2)=p_2 , \ P(X=x_3)=p_3 , \dots , P(X=x_n)=p_n , \dots$$

für diese Werte *vollständig charakterisiert*.

♦

Endliche und abzählbar unendliche *Ereignisräume* Ω lassen sich damit durch *diskrete Zufallsgrößen* abbilden. Dies resultiert aus der Tatsache, daß hier der Wertebereich $X(\Omega)$ von X ebenfalls endlich oder abzählbar unendlich ist.

♦

Geben wir einfache *Beispiele* zur Erläuterung *diskreter Zufallsgrößen*.

Beispiel 17.3:

a) Betrachten wir das *Standardbeispiel* des *Werfens* mit einem idealen *Würfel*, wobei hier ein *Zufallsexperiment* mit *quantitativen Charakter* vorliegt. Der *Ereignisraum* kann deshalb z.B. in der Form

$$\Omega = \{ 1 , 2 , 3 , 4 , 5 , 6 \}$$

gegeben werden, wenn man die geworfene Augenzahl als *Elementarereignisse* nimmt.

Damit ist der *Ereignisraum* endlich und besteht aus den *sechs Elementarereignissen*

$$\omega_i = i \qquad (i = 1, 2, \dots , 6)$$

die dem Werfen der einzelnen Zahlen 1, 2, ... , 6 entsprechen.

Als *diskrete Zufallsgröße*

X

für dieses *zufällige Experiment* kann man z.B. die dem Problem angepaßte Funktion verwenden, die dem *Elementarereignis* ω_i des Werfens der Zahl i genau die Zahl i zuordnet. Damit ist die so gewählte *Zufallsgröße* X eine *Funktion*, die die Werte

1 , 2 , 3 , 4 , 5 , 6

annimmt, wobei gilt

$X(\omega_i) = i$ (i = 1, 2, ... , 6)

Bei diesem Beispiel ist die Überführung der Elementarereignisse in Zahlen leicht möglich, da diese bereits durch Zahlen repräsentiert werden. Die gewählte Zufallsgröße X kann deshalb als dem Problem angepaßt bezeichnet werden.

b) Betrachten wir die *Anzahl* der täglich in einer Firma in einem bestimmten Zeitraum *produzierten Teile*. Dieses *Zufallsexperiment* hat ebenfalls *quantitativen Charakter*.
Deshalb kann der *Ereignisraum* hierfür z.B. in der Form

$\Omega = \{\, 1\, , 2\, , ... \, , n \,\}$

gegeben werden, wobei die *Elementarereignisse*

$\omega_1, \omega_2, ... , \omega_n$

die möglichen Anzahlen der produzierten Teile darstellen, d.h., der Ereignisraum ist endlich und besteht aus den n *Elementarereignissen*

$\omega_i = i$ (i = 1, 2, ... , n)

Als *diskrete Zufallsgröße* X kann man z.B. die dem Problem angepaßte Funktion verwenden, die dem *Elementarereignis* ω_i (Anzahl i produzierter Teile) genau die Zahl i zuordnet, d.h., die *Zufallsgröße* X ist eine *Funktion*, die die Werte

1 , 2 , ... , n

annehmen kann, wobei gilt

$X(\omega_i) = i$ (i = 1, 2, ... , n)

Bei diesem Beispiel ist die Überführung der Elementarereignisse in Zahlen leicht möglich, da diese bereits durch Zahlen repräsentiert werden. Die gewählte Zufallsgröße X kann deshalb als dem Problem angepaßt bezeichnet werden.

c) Betrachten wir das *Zufallsexperiment* des *Münzwurfs*, bei dem die beiden *Elementarereignisse*

ω_1 (Wappen W)

oder

ω_2 (Zahl Z)

auftreten können, d.h., dieses *Zufallsexperiment* hat nur *qualitativen Charakter.* Der *Ereignisraum* Ω besitzt hier die Form

$$\Omega = \{\, \omega_1 \,,\, \omega_2 \,\}$$

d.h., er besteht aus den zwei Elementarereignissen, daß Wappen W oder Zahl Z auftreten.

Bei diesem Zufallsexperiment liegt im Unterschied zu den Beispielen a und b keine natürliche Vorgabe von Zahlen vor, so daß man eine *Zufallsgröße* X hierfür willkürlich definieren kann, die für die Elementarereignisse Wappen oder Zahl einen gewissen Zahlenwert annimmt. Beispielsweise kann man für Wappen 0 und für Zahl 1 nehmen, so daß gilt

$$X(\omega_1) = 0 \quad \text{und} \quad X(\omega_2) = 1$$

Es könnte aber auch für Wappen und Zahl andere Zahlenwerte genommen werden, wie z.B. 10 bzw. 20, so daß gilt

$$X(\omega_1) = 10 \quad \text{und} \quad X(\omega_2) = 20$$
♦

17.2 Stetige Zufallsgrößen

Man bezeichnet eine Zufallsgröße X als *stetige Zufallsgröße*, wenn sie jede *beliebige* reelle Zahl innerhalb eines bestimmten Intervalls annehmen kann, d.h., der Wertebereich von X ist ein Intervall [a,b] der reellen Zahlengeraden oder die gesamte Zahlengerade. Damit sind *stetige Zufallsgrößen* im Unterschied zu diskreten nicht durch ihre möglichen Werte und die entsprechenden Wahrscheinlichkeiten beschreibbar.

☞

Überabzählbar unendliche *Ereignisräume* Ω lassen sich durch stetige Zufallsgrößen abbilden.
♦

Geben wir einfache *Beispiele* für *stetige Zufallsgrößen*.

Beispiel 17.4:

a) Die *Temperatur* eines zu *bearbeitenden Werkstücks* kann als *stetige Zufallsgröße* X aufgefaßt werden, der man als Zahlenwerte alle Werte zuordnet, die die Temperatur in einem gewissen *Intervall* annehmen kann, das für die Bearbeitung erforderlich ist (Toleranzintervall).

b) Der *Benzinverbrauch* eines Pkw kann als *stetige Zufallsgröße* X aufgefaßt werden, der man als Zahlenwerte alle Werte innerhalb eines gewissen Bereiches (Intervall) zuordnet.

c) Falls *Messungen* (mit Meßfehlern) vorliegen, so kann man bei diesen Zufallsexperimenten annehmen, daß die zur Messung gehörige *Zufalls-*

größe X *stetig* ist. Allgemein treten stetige Zufallsgrößen in Technik und Naturwissenschaften überall dort auf, wo Abweichungen von Sollwerten zu untersuchen sind.

♦

17.3 Mehrdimensionale Zufallsgrößen

Bisher haben wir bei *Zufallsexperimenten* immer nur das Verhalten eines Merkmals X untersucht und hierfür eine (*eindimensionale*) *Zufallsgröße* X definiert. Bei einer Reihe von praktischen Problemen ist es jedoch erforderlich, mehrere Merkmale gleichzeitig zu betrachten. Hierfür benötigt man *mehrere Zufallsgrößen* X, Y, ... , die man zu einem Vektor zusammenfaßt und als *mehrdimensionale* (n-dimensionale) *Zufallsgröße* oder (n-dimensionalen) *Zufallsvektor* bezeichnet.

Man könnte nun annehmen, daß die bei einem Zufallsexperiment zu untersuchenden Merkmale X, Y, ... durch *einzelne eindimensionale Zufallsgrößen* X, Y, ... beschrieben werden können. Diese Betrachtungsweise ist aber i.a. nicht zulässig, da die betrachteten Zufallsgrößen in einem gewissen Sinne zusammenhängen und das Ergebnis eines Experiments sind, das beispielsweise durch eine Reihe von Messungen aller Zufallsgrößen ermittelt wurde. Deshalb erweist sich die Verwendung *mehrdimensionaler Zufallsgrößen* als notwendig, um praktisch anwendbare Ergebnisse zu erhalten.

♦

Da bei höherdimensionalen Zufallsgrößen die Problematik analog ist, beschränken wir uns im folgenden auf *zweidimensionale Zufallsgrößen*, d.h. *Zufallsvektoren* der Form

(X , Y)

in den X und Y (eindimensionale) Zufallsgrößen sind. Bei zweidimensionalen Zufallsgrößen wird damit jedem Elementarereignis aus dem Ereignisraum ein Paar reeller Zahlen (x,y) zugeordnet.

♦

Analog zu eindimensionalen Zufallsgrößen unterscheidet man bei mehrdimensionalen ebenfalls zwischen *diskreten* und *stetigen Zufallsgrößen*. So bezeichnet man eine *zweidimensionale Zufallsgröße*

(X , Y)

als

* *diskret*

wenn die *Zufallsgrößen* X und Y *diskret* sind, d.h., die *zweidimensionale Zufallsgröße* (zweidimensionaler Zufallsvektor) (X,Y) kann nur endlich oder abzählbar unendlich viele *Zahlenpaare*

$$(x_i, y_k)$$

annehmen. Analog wie im eindimensionalen Fall ist die *zweidimensionale Zufallsgröße* (X,Y) durch diese *Zahlenpaare* und die dazugehörigen *Wahrscheinlichkeiten*

$$P(X = x_i, Y = y_k) = p_{ik} \qquad (i = 1, 2, \dots ; \quad k = 1, 2, \dots)$$

vollständig charakterisiert (siehe Beispiel 17.5a).

* *stetig*, wenn die *Zufallsgrößen* X und Y *stetig* sind, d.h., die *zweidimensionale Zufallsgröße* (*zweidimensionaler Zufallsvektor*) (X,Y) kann *beliebig viele* (überabzählbar unendlich viele) *Wertepaare* (Zahlenpaare)

$$(x, y)$$

innerhalb eines Gebietes in der Ebene R^2 annehmen (siehe Beispiel 17.5b).

◆

☞

Zusätzlich zu eindimensionalen Zufallsgrößen kann bei mehrdimensionalen noch der Effekt auftreten, daß ein Teil der Komponenten diskret und der andere stetig ist. So kann bei einer zweidimensionalen Zufallsgröße eine Komponente diskret und eine stetig sein. Man nennt sie in diesem Fall *gemischt*. Auf diese Problematik gehen wir im Rahmen des Buches nicht ein.

◆

Beispiel 17.5:

a) Das gleichzeitige *Werfen* mit einem idealen *Würfel* und einer *Münze* läßt sich durch eine *diskrete zweidimensionale Zufallsgröße*

(X,Y)

beschreiben, worin

* X die *Zufallsgröße* für den *Münzwurf* realisiert und die Zahlenwerte 0 (Wappen) und 1 (Zahl) annehmen kann.

* Y die *Zufallsgröße* für das Werfen mit dem *Würfel* realisiert und die Zahlenwerte (Augenzahl) 1, 2, ... , 6 annehmen kann.

Man kann sich nun leicht überlegen, daß hier die *diskrete zweidimensionale Zufallsgröße* (X,Y) die *zwölf Wertepaare*

(0,1) , (0,2) , ... , (0,6) , (1,1) , (1,2) , ... , (1,6)

annehmen kann. Die Berechnung der zugehörigen Wahrscheinlichkeiten überlassen wir dem Leser.

b) Bei der Herstellung von Bolzen in einer Autozulieferfirma sind die Länge
   und der Durchmesser dieser Bolzen wesentlich, die innerhalb gegebener
   Toleranzgrenzen liegen müssen. Die Qualitätsbeschreibung dieses Pro-
   duktionsprozesses ist durch eine *zweidimensionale Zufallsgröße* (X,Y)
   möglich, wobei die *Zufallsgrößen* X und Y für *Länge* bzw. *Durchmesser*
   stehen und beide *stetig* sind, da jeder Zahlenwert aus dem Toleranzintervall angenommen werden kann.

17.4 Stochastische Prozesse

Auf die umfangreiche Problematik der *stochastischen Prozesse* können wir
im Rahmen dieses Buches nicht eingehen. Wir wollen nur den Begriff kurz
illustrieren.

Da bei einer Reihe von praktischen Problemen *Prozesse* auftreten, die
zeitabhängig sind, ist es erforderlich, *Zufallsgrößen*

$$X = X_t$$

zu betrachten, die von der *Zeit abhängen*. So untersucht man z.B. bei der
Qualitätskontrolle zufällige Abweichungen vom Sollwert über einen länge-
ren Zeitraum, d.h. in Abhängigkeit von der Zeit.

Mathematisch versteht man unter einem *stochastischen Prozeß* eine *Familie*
von *Zufallsgrößen*, wobei man zwischen zwei Arten unterscheidet:

* *Stochastische Prozesse* mit *diskreter Zeit*, wenn man für ein Problem eine
  abzählbare Folge

  $$X_1, X_2, X_3, \ldots$$

  von Zufallsgrößen hat, die für diskrete Zeitpunkte genommen wurden.

* *Stochastische Prozesse* mit *stetiger Zeit*, wenn für jeden Zeitpunkt t aus
  einem Intervall T eine Zufallsgröße

  $$X_t$$

  für ein Problem existiert.

☞

Im allgemeinen sind die einzelnen Zufallsgrößen eines stochastischen Pro-
zesses nicht unabhängig und nicht identisch verteilt. Falls dies jedoch der
Fall ist, spricht man vom weißen Rauschen.

♦

18 Verteilungsfunktionen

Im Kap.17 haben wir gesehen, daß bei der *Verwendung* von eindimensionalen *Zufallsgrößen* die *Ereignisse* auf *reelle Zahlen* oder *Intervalle* der Zahlengeraden R abgebildet werden. Ist eine *Zufallsgröße* X gegeben, so stellt sich die Frage, mit welchen *Wahrscheinlichkeiten* ihre *Zahlenwerte* realisiert werden. Wie wir im Beispiel 17.2 illustrierten, treten bei der Verwendung von Zufallsgrößen *Ereignisse* der Form

* $\{ X(\omega) = a \}$
* $\{ X(\omega) \neq a \}$
* $\{ X(\omega) \leq b \}$
* $\{ a \leq X(\omega) \}$
* $\{ a \leq X(\omega) \leq b \}$

auf. Für die *Wahrscheinlichkeiten* P dieser *Ereignisse* läßt man die Mengenklammern weg und schreibt:

* $P(X=a)$
* $P(X \neq a)$
* $P(X \leq b)$
* $P(a \leq X)$
* $P(a \leq X \leq b)$

Die Gesamtheit derartiger Wahrscheinlichkeiten einer Zufallsgröße X heißt *Wahrscheinlichkeitsverteilung* (kurz *Verteilung*) von X.
Zur Berechnung dieser Wahrscheinlichkeiten hat man *Verteilungsfunktionen* eingeführt, die im folgenden behandelt werden.

Die (eindimensionale) *Verteilungsfunktion* F(x) einer (eindimensionalen) *Zufallsgröße* X ist durch

$$F(x) = P(X \leq x)$$

definiert, wobei

$$P(X \leq x)$$

die *Wahrscheinlichkeit* dafür angibt, daß die *Zufallsgröße* X einen Wert kleiner oder gleich der reellen Zahl x annimmt, d.h. einen *Wert* aus dem *Intervall*

$$(-\infty , x]$$

Wie man mit den Verteilungsfunktionen Wahrscheinlichkeiten P dafür berechnet, daß eine Zufallsgröße X Werte aus einem beliebigen Intervall, z.B. [a,b], annimmt, behandeln wir im folgenden.

♦

In der Literatur zur Wahrscheinlichkeitsrechnung und Statistik wird neben der im vorliegenden Buch gegebenen *Definition* für *Verteilungsfunktionen* noch die Definition

$$F(x) = P(X<x)$$

mit dem strengen Kleinerzeichen angewandt.
Da MATHCAD und MATLAB die Definition $F(x) = P(X \leq x)$ verwenden, haben wir uns dieser angeschlossen.

♦

Für *Verteilungsfunktionen* F(x) lassen sich *folgende Eigenschaften* beweisen, die sowohl für diskrete als auch stetige Zufallsgrößen gelten:

* F ist *monoton wachsend*, d.h., es gilt $F(a) \leq F(b)$, falls $a \leq b$

* Es gelten $\lim\limits_{x \to -\infty} F(x) = 0$ und $\lim\limits_{x \to \infty} F(x) = 1$

* F(x) ist rechtsseitig stetig

* $P(X > a) = 1 - F(a)$

* $P(a < X \leq b) = F(b) - F(a)$

♦

In der *Wahrscheinlichkeitsrechnung* und *Statistik* benötigt man Quantile. Sie spielen bei der Charakterisierung von Verteilungen und bei Methoden der schließenden Statistik eine wesentliche Rolle.
Man bezeichnet den *Wert* x_s als *s-Quantil* oder *Quantil* der *Ordnung s* einer *Zufallsgröße* X, wenn gilt

$$F(x_s) = P (X \leq x_s) = s$$

wobei s eine gegebene Zahl aus dem Intervall [0,1] ist, d.h. $0 \leq s \leq 1$.
Wenn die *inverse Verteilungsfunktion*

$$F^{-1}(s)$$

existiert, so ermittelt sich

$$x_s$$

aus

$$x_s = F^{-1}(s)$$

Bei der Arbeit mit Quantilen ist zu beachten, daß sie nur eindeutig bestimmt sind, wenn die Verteilungsfunktion F(x) der Zufallsgröße X stetig und streng monoton wachsend ist. In diesem Fall existiert eine stetige inverse Verteilungsfunktion.

♦

18.1 Diskrete Verteilungsfunktionen

Für eine *diskrete Zufallsgröße* X mit den *Zahlenwerten*

$$x_1 , x_2 , \dots , x_n , \dots$$

benötigt man die *Wahrscheinlichkeiten* (*Einzelwahrscheinlichkeiten*)

$$P(X = x_i) = p_i \qquad (i = 1 , 2 , \dots , n , \dots)$$

mit der diese *Zahlenwerte* x_i von X angenommen werden. Für andere Zahlenwerte beträgt die Wahrscheinlichkeit 0, d.h.

$$P(X = x) = 0 \quad \text{für } x \neq x_i \qquad (i = 1 , 2 , \dots , n , \dots)$$

Die bei diskreten Zufallsgrößen auftretenden *Einzelwahrscheinlichkeiten* p_i haben folgende *Eigenschaften:*

* $0 \leq p_i \leq 1$

* $\sum_i p_i = 1$

♦

Statt der *Einzelwahrscheinlichkeiten*

$$p_i$$

kann man bei *diskreten Zufallsgrößen* X die *Wahrscheinlichkeitsfunktion* verwenden, die folgendermaßen definiert ist:

$$f(x) = \begin{cases} p_i & \text{für } x = x_i \quad i = 1, 2, \ldots \\ \\ 0 & \text{sonst} \end{cases} = P(X = x)$$

Die Wahrscheinlichkeitsfunktion wird als *Wahrscheinlichkeitsdichte* (kurz *Dichte*) bezeichnet und begegnet uns wieder bei stetigen Verteilungsfunktionen.

♦

Zur *Charakterisierung* einer *diskreten Zufallsgröße* X wird die *Verteilungsfunktion* herangezogen, die man als *diskrete Verteilungsfunktion* bezeichnet. Sie besitzt die Form

$$F(x) = P(X \leq x) = \sum_{x_i \leq x} p_i$$

wobei die *Summation* über alle p_i erfolgt, für die die Zahlenwerte x_i kleiner oder gleich x sind.

Unter Verwendung der Wahrscheinlichkeitsfunktion f(x) schreibt sich die gegebene diskrete Verteilungsfunktion F(x) in der Form

$$F(x) = P(X \leq x) = \sum_{x_i \leq x} f(x_i)$$

Die *grafische Darstellung* der Wahrscheinlichkeits- und Verteilungsfunktion für eine konkrete diskrete Wahrscheinlichkeitsverteilung (Binomialverteilung) findet man in Abb.18.2.

♦

Für *Verteilungsfunktionen* F(x) *diskreter Zufallsgrößen* gelten außer den zu Beginn dieses Kapitels gegebenen allgemeinen Eigenschaften noch folgende:

* Sie sind rechtsseitig stetige *Treppenfunktionen*. *Grafische Darstellungen* von *diskreten Verteilungsfunktionen* findet man in Abb.18.1. und 18.2.

* Sie besitzen in den Werten x_i *Sprünge* der Höhe p_i.

* Die Verteilungsfunktion F(x) berechnet die Wahrscheinlichkeit dafür, daß die *diskrete Zufallsgröße* X Werte aus dem Intervall (−∞,x) annimmt. Falls man die Wahrscheinlichkeit sucht, daß X Werte aus einem beliebigen Intervall [a,b] annimmt, so überträgt sich dieses Intervall auf die Summation in der gegebenen Summe der Verteilungsfunktion, so z.B.

$$P(a \leq X \leq b) = \sum_{a \leq x_i \leq b} p_i$$

♦

Man sieht aus dem bisher gesagten, daß die *Verteilungsfunktion* F(x) für eine *diskrete Zufallsgröße* X durch die Vorgabe der Zahlenwerte x_i und der dazugehörigen Wahrscheinlichkeiten p_i *eindeutig bestimmt* ist. Es bleibt das Problem, die Wahrscheinlichkeiten p_i einer gegebenen diskreten Zufallsgröße X zu bestimmen. Deshalb betrachten wir im folgenden *diskrete Wahrscheinlichkeitsverteilungen* (kurz: diskrete Verteilungen), bei denen die Wahrscheinlichkeiten für praktisch auftretende Probleme formelmäßig gegeben sind. In einigen der gegebenen Formeln tritt der *Binomialkoeffizient*

$$\binom{n}{k}$$

auf, dessen Berechnung im Abschn.12.2.1 behandelt wird:

- *Null-Eins-Verteilung*

  Eine diskrete *Zufallsgröße* X heißt *Null-Eins-verteilt*, wenn sie nur *zwei* verschiedene *Zahlenwerte*

  0 oder 1

  mit den *Wahrscheinlichkeiten*

  $1 - p$ bzw. p

  annehmen kann.

  Die Zahlenwerte 0 und 1 wählt man aus praktischen Gründen. Man könnte zwei beliebige reelle Zahlen benutzen, wobei man dann von einer *Zweipunktverteilung* spricht.

  Derartig verteilte Zufallsgrößen finden bei Zufallsexperimenten Anwendung, bei denen nur die beiden Ereignisse A und das zu A komplementäre Ereignis $\overline{A}$ auftreten können. Hierfür kann man z.B. folgende *Null-Eins-verteilte Zufallsgröße* X definieren

  $$X = \begin{cases} 0 & \text{Ereignis } \overline{A} \text{ eingetreten} \\ 1 & \text{Ereignis } A \text{ eingetreten} \end{cases}$$

  mit

  $P(X=0) = 1 - p$ und $P(X=1) = p$

  Einfache Anwendungen dieser Verteilung findet man u.a. beim Münzwurf (Wappen oder Zahl) und bei der Qualitätskontrolle (brauchbar oder defekt).

- *Diskrete gleichmäßige Verteilung*

  Eine diskrete *Zufallsgröße* X, die n verschiedene Zahlenwerte (reelle Zahlen)

  $x_1, x_2, \ldots, x_n$

mit der gleichen *Wahrscheinlichkeit*

$$P(X = x_k) = \frac{1}{n} \qquad\qquad (k = 1, 2, 3, \dots, n)$$

annimmt, heißt *gleichmäßig verteilt.*
Diese Verteilung haben wir beim Standardbeispiel des Werfens mit einem idealen Würfel kennengelernt.

• *Geometrische Verteilung*

Eine diskrete *Zufallsgröße* X, die die Zahlen

$$0, 1, 2, 3, \dots$$

mit den *Wahrscheinlichkeiten*

$$P(X=k) = p \cdot (1-p)^k \qquad\qquad (k = 0, 1, 2, \dots)$$

annimmt, heißt *geometrisch verteilt* mit dem *Parameter*
p   (0 < p < 1).

Geometrische Verteilungen kann man als diskretes *Analogon* zur *Exponentialverteilung* ansehen und werden bei der Untersuchung der Lebensdauer technischer Geräte verwendet.

• *Binomialverteilung* (*Bernoulli-Verteilung*) B(n,p):

Eine diskrete *Zufallsgröße* X, die die n Zahlen

$$0, 1, 2, 3, \dots, n$$

mit den *Wahrscheinlichkeiten*

$$P(X=k) = \binom{n}{k} \cdot p^k \cdot (1-p)^{n-k} \qquad (k = 0, 1, 2, 3, \dots, n)$$

annimmt, heißt *binomialverteilt* mit den *Parametern* n und p.

Zur *Erklärung* der *Binomialverteilung* kann man das folgende *Modell* verwenden:

Zufällige Entnahme von Elementen aus einer Gesamtheit m i t Zurücklegen.

Dieses Modell beinhaltet folgendes:

Gesucht ist die *Wahrscheinlichkeit* P(X=k), daß bei n *unabhängigen Zufallsexperimenten*, bei denen nur das *Ereignis*

A   (mit der *Wahrscheinlichkeit* p)

oder das zu A *komplementäre Ereignis*

$\overline{A}$ (mit der *Wahrscheinlichkeit* 1–p)

eintreten kann, das *Ereignis* A *k-mal auftritt* (k = 0, 1 ,..., n).

Derartige *Zufallsexperimente* heißen *Bernoulli-Experimente* und treten z.B. bei der *Qualitätskontrolle* auf. Hier bestehen die *Zufallsexperimente* darin, aus einem großen Warenposten von Erzeugnissen (z.B. Schrauben, Werkstücke, Fernsehgeräte, Radios, Computer) *zufällig* einzelne *Erzeugnisse* nacheinander *auszuwählen* und auf *Brauchbarkeit* (*Ereignis* A) oder *Ausschuß* (*Ereignis* $\overline{A}$) zu untersuchen (siehe Beispiel 18.1a). Die *Unabhängigkeit* der einzelnen Experimente wird dadurch erreicht, daß man das herausgenommene Erzeugnis nach der Untersuchung wieder in den Warenposten zurücklegt und den Posten gut durchmischt. Man spricht von einem Experiment *Ziehen mit Zurücklegen*.
Bei großem n ist die *Unabhängigkeit* näherungsweise auch ohne Zurücklegen gegeben.

♦

Für n=1 besitzt die binomialverteilte *Zufallsgröße* X offensichtlich eine Null-Eins-Verteilung, d.h., die *Null-Eins-Verteilung* ist ein *Spezialfall* der *Binomialverteilung*.

♦

• *Hypergeometrische Verteilung* H(M,K,n) :

Eine diskrete *Zufallsgröße* X, die die Zahlen

0 , 1 , 2 , 3 , ...

mit den *Wahrscheinlichkeiten*

$$P(X=k) \; = \; \frac{\binom{K}{k} \cdot \binom{M-K}{n-k}}{\binom{M}{n}} \qquad (\, k = 0 \, , 1 \, , 2 \, , 3 \, , \dots \,)$$

annimmt, heißt *hypergeometrisch verteilt* mit den *Parametern* M, K und n, wobei zwischen den Werten k und den Parametern M, K und n folgende Relationen bestehen:

*   k ≤ Minimum (K , n)

*   n – k ≤ M – K

*   1 ≤ K < M

*   1 ≤ n ≤ M

Zur *Erklärung* der *hypergeometrischen Verteilung* kann man das folgende *Modell* verwenden:

Zufällige Entnahme von Elementen aus einer Gesamtheit o h n e Zurücklegen.

Dieses Modell beinhaltet folgendes:

Gesucht ist die *Wahrscheinlichkeit* P(X=k), daß bei n *Versuchen* der *zufälligen Entnahme* eines *Elements ohne Zurücklegen* aus einer Gesamtheit von M Elementen, von denen K eine *gewünschte Eigenschaft* E haben, k Elemente (k = 0, 1 ,..., min(n,K)) mit dieser Eigenschaft E auftreten.

Konkret nimmt man hierfür meistens das *Urnenmodell:*
Man hat eine *Urne* mit M *Kugeln,* wobei K davon eine bestimmte (z.B. rote) Farbe und M–K eine andere (z.B. schwarze) Farbe haben. *Gesucht* ist die *Wahrscheinlichkeit,* daß bei n *Entnahmen* einer Kugel *ohne Zurücklegen* k von den entnommenen Kugeln die bestimmte (z.B. rote) Farbe haben (siehe Beispiele 18.1b und c). Wird die *Entnahme mit Zurücklegen* vorgenommen, so ist die Zufallsgröße binomialverteilt mit den Parametern n und p = K/M, d.h., man hat eine *Binomialverteilung* B(n,K/M).

- *Poisson-Verteilung* P(λ) :

  Eine diskrete *Zufallsgröße* X, die die Zahlen

  0 , 1 , 2 , 3 , ...

  mit den *Wahrscheinlichkeiten*

$$P(X=k) \;=\; \frac{\lambda^k}{k!} \cdot e^{-\lambda} \qquad\qquad (\, k = 0 \, , \, 1 \, , \, 2 \, , \, ... \,)$$

  annimmt, heißt *Poisson-verteilt* mit dem *Parameter* λ.
  Diese Verteilung kann als gute *Näherung* für die *Binomialverteilung* verwendet werden, wenn n groß und die *Wahrscheinlichkeit* p klein sind und n · p konstant gleich λ gesetzt wird. Aufgrund der kleinen Wahrscheinlichkeiten wird die Poisson-Verteilung *Verteilung* der *seltenen Ereignisse* genannt.

  Poisson-Verteilungen treten u.a. bei *folgenden Ereignissen* auf:

  * Anzahl von Teilchen, die von einer radioaktiven Substanz emittiert werden (siehe auch Beispiel 26.1b).

  * Anzahl der Druckfehler pro Seite bei dicken Büchern.

  * Anzahl der Anrufe pro Zeiteinheit in einer Telefonzentrale.

MATHCAD und MATLAB stellen für alle praktisch wichtigen *diskreten Wahrscheinlichkeitsverteilungen* vordefinierte *Funktionen* zur Verfügung, von denen wir im folgenden wesentliche betrachten:

Die in MATHCAD *vordefinierten Funktionen* zu *diskreten Wahrscheinlichkeitsverteilungen* beginnen für die *Wahrscheinlichkeiten* mit **d**, die *Verteilungsfunktionen* mit **p** und die *inversen Verteilungsfunktionen* zur Berechnung von *s-Quantilen* mit **q** vor dem Namen der ensprechenden Verteilung:

* *Geometrische Verteilung*

    * **dgeom** (k , p)

       berechnet die *Wahrscheinlichkeit* P(X=k) für die *geometrische Verteilung* mit dem *Parameter* p.

    * **pgeom** (x , p)

       berechnet die *Verteilungsfunktion* F(x) = P(X≤x) für die *geometrische Verteilung* mit dem *Parameter* p.

    * **qgeom** (s , p)

       berechnet das *s-Quantil* x_s aus

       $$F(x_s) = P(X \le x_s) = s$$

       für die *geometrische Verteilung* mit dem *Parameter* p.

* *Binomialverteilung*

    * **dbinom** (k , n , p)

       berechnet die *Wahrscheinlichkeit* P(X=k) für die *Binomialverteilung* B(n,p).

    * **pbinom** (x , n , p)

       berechnet die *Verteilungsfunktion* F(x) = P(X≤x) für die *Binomialverteilung* B(n,p).

    * **qbinom** (n , p , s)

       berechnet das *s-Quantil* x_s aus

       $$F(x_s) = P(X \le x_s) = s$$

       für die *Binomialverteilung* B(n,p).

* *Hypergeometrische Verteilung*

    * **dhypergeom** (k , K , M–K , n)

       berechnet die *Wahrscheinlichkeit* P(X=k) für die *hypergeometrische Verteilung* H(M,K,n).

* **phypergeom** (x , K , M–K , n)

  berechnet die *Verteilungsfunktion* F(x)=P(X≤x) für die *hypergeometrische Verteilung* H(M,K,n).

* **qhypergeom** (s , K , M–K , n)

  berechnet das *s-Quantil* x_s aus

  $$F(x_s) = P(X \le x_s) = s$$

  für die *hypergeometrische Verteilung* H(M,K,n).

• *Poisson-Verteilung*

  * **dpois** (k , λ)

    berechnet die *Wahrscheinlichkeit* P(X=k) für die *Poisson-Verteilung* P(λ).

  * **ppois** (x , λ)

    berechnet die *Verteilungsfunktion* F(x)=P(X≤x) für die *Poisson-Verteilung* P(λ).

  * **qpois** (s , λ)

    berechnet das *s-Quantil* x_s aus

    $$F(x_s) = P(X \le x_s) = s$$

    für die *Poisson-Verteilung* P(λ).

☞

Die Gesamtheit der in MATHCAD vordefinierten Funktionen zu Wahrscheinlichkeitsverteilungen kann man sich auflisten und erläutern lassen, wenn man in der *Hilfe* den *Suchbegriff* **probability distributions** eingibt.

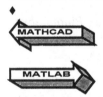

Wenn die **Statistics Toolbox** installiert ist, stellt MATLAB für *diskrete Wahrscheinlichkeitsverteilungen* eine Reihe von *vordefinierten Funktionen* zur Verfügung, von denen wir wichtige angeben. Dabei enden die in MATLAB vordefinierten Funktionen nach dem Namen der entsprechenden *Verteilung* mit **pdf** (Abkürzung der englischen Bezeichnung *probability density function*) für die *Dichtefunktionen*, mit **cdf** (Abkürzung der englischen Bezeichnung *cumulative distribution function*) für die *Verteilungsfunktionen* und mit **inv** für die *inversen Verteilungsfunktionen* zur Berechnung von *s-Quantilen*:

- *Diskrete gleichmäßige Verteilung*

  * **unidpdf** (k , n)

    berechnet die *Wahrscheinlichkeit* P(X=k) für die *diskrete gleichmäßige Verteilung*.

  * **unidcdf** (x , n)

    berechnet die *Verteilungsfunktion* F(x)=P(X≤x) für die *diskrete gleichmäßige Verteilung*.

  * **unidinv** (s , n)

    berechnet das *s-Quantil* x_s aus

    $$F(x_s) = P(X \le x_s) = s$$

    für die *diskrete gleichmäßige Verteilung*.

- *Geometrische Verteilung*

  * **geopdf** (k , p)

    berechnet die *Wahrscheinlichkeit* P(X=k) für die *geometrische Verteilung* mit dem *Parameter* p.

  * **geocdf** (x , p)

    berechnet die *Verteilungsfunktion* F(x)=P(X≤x) für die *geometrische Verteilung* mit dem *Parameter* p.

  * **geoinv** (s , p)

    berechnet das *s-Quantil* x_s aus

    $$F(x_s) = P(X \le x_s) = s$$

    für die *geometrische Verteilung* mit dem *Parameter* p.

- *Binomialverteilung*

  * **binopdf** (k , n , p)

    berechnet die *Wahrscheinlichkeit* P(X=k) für die *Binomialverteilung* B(n,p).

  * **binocdf** (x , n , p)

    berechnet die *Verteilungsfunktion* F(x)=P(X≤x) für die *Binomialverteilung* B(n,p).

  * **binoinv** (s , n , p)

    berechnet das *s-Quantil* x_s aus

    $$F(x_s) = P(X \le x_s) = s$$

für die *Binomialverteilung* B(n,p).

- *Hypergeometrische Verteilung*

  * **hygepdf** (k , M , K , n)

    berechnet die *Wahrscheinlichkeit* P(X=k) für die *hypergeometrische Verteilung* H(M,K,n).

  * **hygecdf** (x , M , K , n)

    berechnet die *Verteilungsfunktion* F(x)=P(X≤x) für die *hypergeometrische Verteilung* H(M,K,n).

  * **hygeinv** (s , M , K , n)

    berechnet das *s-Quantil* x_s aus

    $$F(x_s) = P(X \leq x_s) = s$$

    für die *hypergeometrische Verteilung* H(M,K,n).

- *Poisson-Verteilung*

  * **poisspdf** (k , λ)

    berechnet die *Wahrscheinlichkeit* P(X=k) für die *Poisson-Verteilung* P(λ).

  * **poisscdf** (x , λ)

    berechnet die *Verteilungsfunktion* F(x)=P(X≤x) für die *Poisson-Verteilung* P(λ).

  * **poissinv** (s , λ)

    berechnet das *s-Quantil* x_s aus

    $$F(x_s) = P(X \leq x_s) = s$$

    für die *Poissonverteilung* P(λ).

Die Gesamtheit der in MATLAB vordefinierten Funktionen zu Verteilungen kann man sich auflisten und erläutern lassen, wenn man in der *Hilfe* (**MATLAB Help Window**) den Eintrag

toolbox\stats – Statistics Toolbox

anklickt.

Betrachten wir einige Beispiele für die Anwendung von diskreten Wahrscheinlichkeitsverteilungen.

Beispiel 18.1:

a) Beim *Herstellungsprozeß* einer *Ware* ist *bekannt*, daß 80% *fehlerfrei*, 15% mit *leichten* (vernachlässigbaren) *Fehlern* und 5% mit *großen Fehlern* hergestellt werden. Wie groß ist die *Wahrscheinlichkeit* P, daß von den nächsten hergestellten 100 Exemplaren dieser Ware

a1)höchstens 3

a2)genau 10

a3)mindestens 4

große Fehler besitzen?

Als *Zufallsgröße* X verwenden wir die *Anzahl* der *Waren* mit *großen Fehlern*. Zur Lösung dieser Aufgabe kann man die *Binomialverteilung*

B(100,0.05)

heranziehen, wofür wir MATLAB verwenden. Die Anwendung von MATHCAD überlassen wir dem Leser.

Die zugehörige *Verteilungsfunktion* können wir mit MATLAB unter Verwendung einer der beiden folgenden Kommandofolgen

>> x = 0 : 0.1 : 15 ; **plot** (x , **binocdf** (x , 100 , 0.05))

o d e r

>> x = 0 : 15 ; **stairs** (x , **binocdf** (x , 100 , 0.05))

grafisch darstellen (siehe Abb.18.1), d.h., es kann auch die in MATLAB vordefinierte *Funktion* **stairs** zur Darstellung von *Treppenfunktionen* verwendet werden.

MATLAB berechnet mit den *Funktionen* **binopdf** bzw. **binocdf** für die *Binomialverteilung folgende Werte* für die gesuchten *Wahrscheinlichkeiten:*

a1) $P(X \leq 3) = F(3)$

>> **binocdf** (3 , 100 , 0.05)

ans =

0.2578

d.h., die *Wahrscheinlichkeit* beträgt 0.2578, daß höchstens 3 der 100 entnommenen Exemplare große Fehler besitzen.

a2) $P(X=10) = P(X \leq 10) - P(X \leq 9) = F(10) - F(9)$

>> **binocdf** (10 , 100 , 0.05) − **binocdf** (9 , 100 , 0.05)

ans =

0.0167

oder *direkte Berechnung* von P(X=10) mit der *Funktion* **binopdf** :

>> **binopdf** (10 , 100 , 0.05)

ans =

0.0167

d.h., die *Wahrscheinlichkeit* beträgt 0.0167, daß genau 10 der 100 entnommenen Exemplare große Fehler besitzen.

a3) P (X ≥ 4) = 1 − P (X < 4) = 1 − P (X ≤ 3) = 1 − F (3)

>> 1 − **binocdf** (3 , 100 , 0.05)

ans =

0.7422

d.h., die *Wahrscheinlichkeit* beträgt 0.7422, daß mindestens 4 der 100 entnommenen Exemplare große Fehler besitzen.

b) Betrachten wir eine klassische *Urnenaufgabe:*
In einer Urne befinden sich 100 weiße und 60 schwarze Kugeln und wir ziehen nacheinander 25 Kugeln, wobei wir die beiden *Möglichkeiten*

* *mit Zurücklegen*

* *ohne Zurücklegen*

berücksichtigen, die die *Anwendung* der *Binomialverteilung* bzw. *hypergeometrischen Verteilung* erfordern, um die Wahrscheinlichkeiten zu berechnen, daß k (k = 0, 1, 2, ... , 25) der gezogenen Kugeln *schwarz* sind. Im folgenden berechnen wir diese Wahrscheinlichkeiten mit MATHCAD sowohl mit der *Binomial-* als auch der *hypergeometrischen Verteilung*, so daß man beide Ergebnisse vergleichen kann. Die Anwendung von MATLAB überlassen wir dem Leser.

• *Anwendung der Binomialverteilung* B(n,p)

Es werde nacheinander 25-mal eine Kugel *mit Zurücklegen* gezogen. Die Wahrscheinlichkeit dafür, daß von den gezogenen Kugeln k schwarz sind, bestimmt man mittels der *Binomialverteilung*

B(25, 3/8)

für die sich die Wahrscheinlichkeit p als Quotient 60/160=3/8 aus der Anzahl 60 der schwarzen Kugeln (günstige Fälle) und der Gesamtzahl 160 an Kugeln (mögliche Fälle) berechnet.

Jetzt können wir mit der *Binomialverteilung* Wahrscheinlichkeiten berechnen und die dazugehörige Verteilungsfunktion zeichnen.

$$\text{dbinom}\left(k, 25, \frac{3}{8}\right) = \begin{pmatrix} 7.889 \times 10^{-6} \\ 1.183 \times 10^{-4} \\ 8.52 \times 10^{-4} \\ 3.919 \times 10^{-3} \\ 0.013 \\ 0.033 \\ 0.065 \\ 0.106 \\ 0.143 \\ 0.162 \\ 0.156 \\ 0.128 \\ 0.089 \\ 0.054 \\ 0.028 \\ 0.012 \\ 4.547 \times 10^{-3} \\ 1.444 \times 10^{-3} \\ 3.851 \times 10^{-4} \\ 8.513 \times 10^{-5} \\ 1.532 \times 10^{-5} \\ 2.189 \times 10^{-6} \\ 2.388 \times 10^{-7} \\ 1.869 \times 10^{-8} \\ 9.345 \times 10^{-10} \\ 2.243 \times 10^{-11} \end{pmatrix}$$

Die vorangehende *Wertetabelle* enthält die berechneten Wahrscheinlichkeiten mittels der in MATHCAD vordefinierten *Funktion*

dbinom (k , 25 , 3/8)

für die *Binomialverteilung* an den Stellen

k = 0, 1, 2, ... , 25

wozu vorher k als *Bereichsvariable* zu definieren ist:

k := 0 .. 25

Die *grafische Darstellung* von *Wahrscheinlichkeitsfunktion* und *Verteilungsfunktion* für die gegebene *Binomialverteilung* B(25, 3/8) über dem Intervall [0,25] mittels der MATHCAD-Funktionen **dbinom** bzw. **pbinom** findet man in Abb.18.2.

- *Anwendung der hypergeometrischen Verteilung* H(M,K,n)

Es werde nacheinander 25-mal eine Kugel *ohne Zurücklegen* gezogen. Die Wahrscheinlichkeit dafür, daß von den gezogenen Kugeln k schwarz sind, bestimmt man für diesen Fall mittels der *hypergeometrischen Verteilung* mit den *Parametern* M=160, K=60 und n=25.

$$\text{dhypergeom}(k, 60, 100, 25) = \begin{pmatrix} 2.147 \times 10^{-6} \\ 4.237 \times 10^{-5} \\ 3.896 \times 10^{-4} \\ 2.221 \times 10^{-3} \\ 8.813 \times 10^{-3} \\ 0.026 \\ 0.059 \\ 0.105 \\ 0.151 \\ 0.176 \\ 0.169 \\ 0.134 \\ 0.088 \\ 0.048 \\ 0.022 \\ 8.151 \times 10^{-3} \\ 2.519 \times 10^{-3} \\ 6.378 \times 10^{-4} \\ 1.311 \times 10^{-4} \\ 2.158 \times 10^{-5} \\ 2.793 \times 10^{-6} \\ 2.771 \times 10^{-7} \\ 2.026 \times 10^{-8} \\ 1.025 \times 10^{-9} \\ 3.191 \times 10^{-11} \\ 4.595 \times 10^{-13} \end{pmatrix} \bullet$$

Die vorangehende *Wertetabelle* enthält die berechneten Wahrscheinlichkeiten mittels der in MATHCAD vordefinierten *Funktion*

dhypergeom (k , 60 , 100 , 25)

für die *hypergeometrische Verteilung* an den Stellen

k = 0, 1, 2, ... , 25

wozu vorher k als *Bereichsvariable* zu definieren ist:

k := 0 .. 25

c) Betrachten wir die Anwendung der *hypergeometrischen Verteilung* beim *Lotto* 6 aus 49. Dieses Beispiel haben wir bei der Anwendung der klassischen Wahrscheinlichkeit kennengelernt (siehe Beispiel 16.3c).

Man kann hier das *Urnenmodell* erfolgreich anwenden, um die Wahrscheinlichkeiten zu berechnen, k Zahlen richtig getippt zu haben (k=0,1,2,3,4,5,6):

So kann man z.B. für die bei der Ziehung ermittelten 6 Zahlen *6 schwarze* für alle anderen Zahlen *43 rote Kugeln* nehmen. Das Tippen der 6 Zahlen auf dem Lottoschein läßt sich als Entnahme von 6 Kugeln ohne Zurücklegen auffassen. Damit ergeben sich k richtig getippte Zahlen, wenn man k schwarze Kugeln entnommen hat. Zur Berechnung der Wahrscheinlichkeit für k richtig getippte Zahlen kann die *hypergeometrische Verteilung*

H(M,K,n)

mit K=6, M=49 und n=6 angewendet werden, wobei sich

$$P(X = k) = \frac{\binom{6}{k} \cdot \binom{43}{6-k}}{\binom{49}{6}}$$

ergibt. Die Berechnung der einzelnen Wahrscheinlichkeiten für

k = 0 , 1 , 2 , 3 , 4 , 5 , 6

richtig getippte Zahlen ergibt mittels MATHCAD und MATLAB folgendes:

k := 0 .. 6

dhypergeom (k , 6 , 43 , 6)

0.436
0.413
0.132
0.018
$9.686 \cdot 10^{-4}$
$1.845 \cdot 10^{-5}$
$7.151 \cdot 10^{-8}$

>> k = 0 : 6 ;

>> **hygepdf** (k , 49 , 6 , 6)

ans =

   0.4360   0.4130   0.1324   0.0177   0.0010   0.0000   0.0000

♦

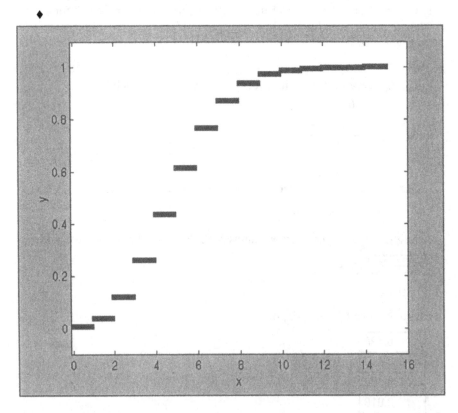

Abb.18.1. Grafische Darstellung der Verteilungsfunktion für die Binomialverteilung aus
Beispiel 18.1a mittels MATLAB

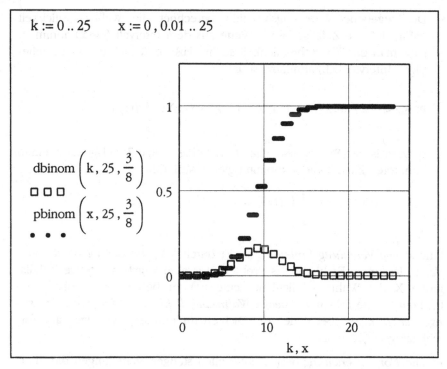

k := 0 .. 25   x := 0, 0.01 .. 25

$dbinom\left(k, 25, \dfrac{3}{8}\right)$
□ □ □
$pbinom\left(x, 25, \dfrac{3}{8}\right)$
● ● ●

k, x

Abb.18.2. Grafische Darstellung der Wahrscheinlichkeits- und Verteilungsfunktion für die Binomialverteilung aus Beispiel 18.1b mittels MATHCAD

18.2 Stetige Verteilungsfunktionen

Die *Verteilungsfunktion* F(x) einer *stetigen Zufallsgröße* X (als *stetige Verteilungsfunktion* bezeichnet) ist durch

$$F(x) = P(X \le x) = \int_{-\infty}^{x} f(t)\, dt$$

gegeben, wobei $f(t) \ge 0$ die *Wahrscheinlichkeitsdichte* (kurz *Dichte*) bezeichnet, für die gilt

$$\int_{-\infty}^{\infty} f(t)\, dt = 1$$

Für *stetige Verteilungsfunktionen* gelten außer den zu Beginn dieses Kapitels gegebenen allgemeinen *Eigenschaften* noch folgende:

* F'(x) = f(x) in allen Stetigkeitspunkten von f(x)

* Die gegebene Verteilungsfunktion berechnet die Wahrscheinlichkeit dafür, daß die Zufallsgröße X Werte aus dem Intervall $(-\infty, x)$ annimmt. Falls man die Wahrscheinlichkeit sucht, daß sie Werte aus einem beliebigen Intervall [a,b] annimmt, so gilt

$$P(a \leq X \leq b) = P(a < X \leq b) = P(a \leq X < b) = P(a < X < b) = \int_a^b f(t) \, dt$$

* speziell ist die Wahrscheinlichkeit, daß eine stetige Zufallsgröße X einen konkreten Zahlenwert a annimmt gleich Null, d.h.

$$P(X=a) = P(a \leq X \leq a) = \int_a^a f(t) \, dt = 0$$

♦

Eine *stetige Verteilungsfunktion* F(x) ist durch Vorgabe der *Dichte* f(t) *eindeutig bestimmt*. Es bleibt das Problem, für eine gegebene stetige Zufallsgröße X die Wahrscheinlichkeitsdichte f(t) zu bestimmen. Deshalb betrachten wir im folgenden *stetige Wahrscheinlichkeitsverteilungen* (kurz *stetige Verteilungen*), bei denen die Dichten für praktisch wichtige Fälle formelmäßig gegeben sind:

• Die *Normalverteilung* besitzt unter allen stetigen Verteilungen die überragende Bedeutung, wie aus den Ausführungen des Kap.20 ersichtlich wird (siehe auch Beispiele 18.2 und 26.1a).

Falls eine *stetige Zufallsgröße* X die *Dichtefunktion*

$$f(t) = \frac{1}{\sigma \cdot \sqrt{2 \cdot \pi}} \cdot e^{-\frac{1}{2} \cdot \left(\frac{t-\mu}{\sigma}\right)^2}$$

besitzt, wobei

* μ den *Erwartungswert* (siehe Abschn.19.1)

* σ die *Standardabweichung* (siehe Abschn.19.2)

darstellen, so heißt sie N(μ,σ)-*normalverteilt*.

Die *Verteilungsfunktion* dieser N(μ,σ)-Normalverteilung hat damit die Gestalt

$$F(x) = \frac{1}{\sigma \cdot \sqrt{2 \cdot \pi}} \cdot \int_{-\infty}^x e^{-\frac{1}{2} \left(\frac{t-\mu}{\sigma}\right)^2} \, dt$$

Die *grafische Darstellung* der *Dichtefunktion* der *Normalverteilung* N(μ,σ) findet man für μ=2 und σ=0.5 in Abb.18.3. Sie wurde aus dem

Abschn.3.2 des *Elektronischen Buches* **Practical Statistics** von MATH-CAD entnommen.

Gelten für *Erwartungswert* μ und *Standardabweichung* σ der Normalverteilung

$\mu = 0$ bzw. $\sigma = 1$

so spricht man von der *standardisierten* (oder *normierten*) *Normalverteilung*

$N(0,1)$

deren *Verteilungsfunktion* mit Φ bezeichnet wird. Sie besitzt die *Dichte*

$$f(t) = \frac{1}{\sqrt{2 \cdot \pi}} \cdot e^{-\frac{1}{2} \cdot t^2}$$

und damit hat die *Verteilungsfunktion* die Form

$$\Phi(x) = \frac{1}{\sqrt{2 \cdot \pi}} \cdot \int_{-\infty}^{x} e^{-\frac{1}{2} \cdot t^2} dt$$

Da die Dichte der *standardisierten Normalverteilung* eine gerade Funktion ist, folgen für die Verteilungsfunktion Φ die Beziehungen

$\Phi(0) = 1/2$ und $\Phi(-x) = 1 - \Phi(x)$

die wir öfters benötigen.

Die *grafische Darstellung* der Dichte und Verteilungsfunktion der *standardisierten Normalverteilung* findet man in Abb.18.4.

Falls eine *Zufallsgröße* X die *Normalverteilung*

$N(\mu,\sigma)$

mit dem *Erwartungswert* μ und der *Standardabweichung* σ besitzt, so genügt die aus X gebildete *Zufallsgröße* Y der Form

$$Y = \frac{X - \mu}{\sigma}$$

der *standardisierten Normalverteilung*

$N(0,1)$

Deshalb können *Wahrscheinlichkeiten* einer N(μ,σ)-verteilten *Zufallsgröße* X mit Hilfe der *Verteilungsfunktion* Φ der *standardisierten Normalverteilung* folgendermaßen berechnet werden:

$$* \quad P(X \leq x) = P\left(\frac{X - \mu}{\sigma} \leq \frac{x - \mu}{\sigma}\right) = P(Y \leq u) = \Phi\left(\frac{x - \mu}{\sigma}\right) = \Phi(u)$$

* $P(X \geq x) = 1 - P(X \leq x) = 1 - P\left(\dfrac{X-\mu}{\sigma} \leq \dfrac{x-\mu}{\sigma}\right) = 1 - \Phi\left(\dfrac{x-\mu}{\sigma}\right) = 1 - \Phi(u)$

* $P(a \leq X \leq b) = P\left(\dfrac{X-\mu}{\sigma} \leq \dfrac{b-\mu}{\sigma}\right) - P\left(\dfrac{X-\mu}{\sigma} \leq \dfrac{a-\mu}{\sigma}\right) = \Phi\left(\dfrac{b-\mu}{\sigma}\right) - \Phi\left(\dfrac{a-\mu}{\sigma}\right)$

wobei sich u offensichtlich aus

$$u = \frac{x-\mu}{\sigma}$$

ergibt.

• Außerdem wird im Rahmen der Normalverteilung die *Fehlerfunktion*

$$erf(x) = \frac{2}{\sqrt{\pi}} \cdot \int_0^x e^{-t^2}\, dt \quad , \quad x \geq 0$$

verwendet.

• *Exponentialverteilung*

Eine *stetige Zufallsgröße* X mit der *Dichtefunktion*

$$f(t) = \begin{cases} 0 & \text{für } t < 0 \\[2mm] a \cdot e^{-a \cdot t} & \text{für } t \geq 0 \end{cases}$$

heißt *exponentialverteilt* mit dem *Parameter* a > 0.
Diese Verteilung tritt bei einer Reihe von Prozessen in Technik und Naturwissenschaften auf, so z.B. bei der Untersuchung der Lebensdauer
von Bauelementen und technischen Systemen.

• *Stetige gleichmäßige Verteilung (Rechteckverteilung)*

Diese Verteilung ist das Analogon zur diskreten gleichmäßigen Verteilung. Eine *stetige Zufallsgröße* X, die im Intervall [a,b] mit a < b alle
Werte annehmen kann und die *Dichtefunktion*

$$f(t) = \begin{cases} \dfrac{1}{b-a} & \text{für } a \leq t \leq b \\[4mm] 0 & \text{für } t < a \text{ und } t > b \end{cases}$$

besitzt, heißt *stetig gleichmäßig verteilt* über dem *Intervall* [a,b].

- *Chi-Quadrat-Verteilung*

  Die *Verteilung* der *stetigen Zufallsgröße* Z mit

  $$Z = X_1^2 + X_2^2 + \ldots + X_n^2$$

  heißt *Chi-Quadrat-Verteilung* mit *n Freiheitsgraden* oder kurz

  $\chi^2(n)$ - *Verteilung*

  wenn die n *stetigen Zufallsgrößen*

  $$X_1, X_2, \ldots, X_n$$

  unabhängig und N(0,1)- normalverteilt sind. Es läßt sich zeigen, daß die *Dichtefunktion* für die *Zufallsgröße* Z folgende Form hat

  $$f_n(t) = \begin{cases} 0 & \text{für } t \le 0 \\[2em] \dfrac{1}{2^{\frac{n}{2}} \cdot \Gamma\left(\dfrac{n}{2}\right)} \cdot t^{\frac{n}{2}-1} \cdot e^{-\frac{t}{2}} & \text{für } t > 0 \end{cases}$$

  Für wachsendes n nähert sich diese Dichte der Dichte der Normalverteilung an, wie mittels des zentralen Grenzwertsatzes (siehe Abschn.20.3) gezeigt werden kann.

- *F-Verteilung*

  Die Verteilung der *stetigen Zufallsgröße*

  $$Z = \frac{X/m}{Y/n}$$

  heißt *F-Verteilung* mit (m,n) *Freiheitsgraden* oder kurz

  F(m,n)- *Verteilung*

  wenn die unabhängigen *stetigen Zufallsgrößen*
  * $X - \chi^2(m)$-verteilt

  * $Y - \chi^2(n)$-verteilt

  sind. Diese *Verteilung* für die *Zufallsgröße* Z besitzt die *Dichtefunktion*

$$f_{m,n}(t) = \begin{cases} 0 & \text{für } t \le 0 \\[2em] \dfrac{\Gamma\left(\dfrac{m+n}{2}\right)}{\Gamma\left(\dfrac{m}{2}\right)\cdot\Gamma\left(\dfrac{n}{2}\right)} \cdot m^{\frac{m}{2}} \cdot n^{\frac{n}{2}} \cdot \dfrac{t^{\frac{m-2}{2}}}{(m\cdot t + n)^{\frac{m+n}{2}}} & \text{für } t > 0 \end{cases}$$

- *t-Verteilung (Student-Verteilung)*

  Die Verteilung der *stetigen Zufallsgröße*

  $$Z = \frac{X}{\sqrt{Y/n}}$$

  heißt *t-Verteilung* mit *n Freiheitsgraden* oder kurz

  t(n)- *Verteilung*

  wenn die unabhängigen *stetigen Zufallsgrößen*

  * X − N(0,1)- normalverteilt

  * Y − χ^2(n) -verteilt

  sind. Diese *Verteilung* für die *Zufallsgröße* Z besitzt die *Dichtefunktion*

  $$f_n(t) = \frac{\Gamma\left(\dfrac{n+1}{2}\right)}{\Gamma\left(\dfrac{n}{2}\right)\cdot\sqrt{\pi\cdot n}}\cdot\left(1+\frac{t^2}{n}\right)^{-\frac{n+1}{2}}$$

☞

Chi-Quadrat-, *F-* und *t-Verteilungen* werden besonders bei Schätz- und Testverfahren in der *Statistik* benötigt (siehe Kap. 26 − 29).

♦

Man sieht aus den Formeln der Dichtefunktionen, daß sich damit die Verteilungsfunktionen nicht per Hand berechnen lassen. Deshalb stellen MATHCAD und MATLAB für alle praktisch interessanten *stetigen Verteilungen* vordefinierte Funktionen zur Verfügung, die wir im folgenden betrachten:

Die in MATHCAD vordefinierten Funktionen zu stetigen Verteilungen beginnen für die *Dichtefunktionen* mit **d**, die *Verteilungsfunktionen* mit **p** und die *inversen Verteilungsfunktionen* zur Berechnung von *s-Quantilen* mit **q** vor dem Namen der ensprechenden Verteilung:

- *Normalverteilung*

  * **dnorm** (t , μ , σ)

    berechnet die *Dichte* für die *Normalverteilung*

    $N(\mu, \sigma)$

  * **pnorm** (x , μ , σ)

    berechnet die *Verteilungsfunktion* F(x) = P(X≤x) für die *Normalverteilung*

    $N(\mu, \sigma)$

  * **qnorm** (s , μ , σ)

    berechnet das *s-Quantil* x_s aus

    $$F(x_s) = P(X \leq x_s) = s$$

    für die *Normalverteilung*

    $N(\mu, \sigma)$

  * **cnorm** (x)
    (deutsche Version: **knorm**)

    berechnet die *Verteilungsfunktion* F(x) = P(X≤x) für die *standardisierte Normalverteilung* Φ(x), d.h. für

    N(0,1)

  * **erf** (x)
    (deutsche Version: **fehlf**)

    berechnet das *Fehlerintegral* Fi(x, 0).

- *Exponentialverteilung*

  * **dexp** (t , a)

    berechnet die *Dichte* für die *Exponentialverteilung* mit dem *Parameter* a.

  * **pexp** (x , a)
    berechnet die *Verteilungsfunktion* F(x) = P(X≤x) für die *Exponentialverteilung* mit dem *Parameter* a.

  * **qexp** (s , a)

    berechnet das *s-Quantil* x_s aus

$$F(x_s) = P(X \le x_s) = s$$

für die *Exponentialverteilung* mit dem *Parameter* a.

- *Stetige gleichmäßige Verteilung (Rechteckverteilung)*

    * **dunif** (t , a , b)

      berechnet die *Dichte* für die *stetige gleichmäßige Verteilung* über dem *Intervall* [a,b].

    * **punif** (x , a , b)

      berechnet die *Verteilungsfunktion* $F(x) = P(X \le x)$ für die *stetige gleichmäßige Verteilung* über dem *Intervall* [a,b].

    * **qunif** (s , a , b)

      berechnet das *s-Quantil* x_s aus

      $$F(x_s) = P(X \le x_s) = s$$

      für die *stetige gleichmäßige Verteilung* über dem *Intervall* [a,b].

- *Chi-Quadrat-Verteilung*

    * **dchisq** (t , n)

      berechnet die *Dichte* für die *Chi-Quadrat-Verteilung* mit n *Freiheitsgraden.*

    * **pchisq** (x , n)

      berechnet die *Verteilungsfunktion* $F(x) = P(X \le x)$ für die *Chi-Quadrat-Verteilung* mit n *Freiheitsgraden.*

    * **qchisq** (s , n)

      berechnet das *s-Quantil* x_s aus

      $$F(x_s) = P(X \le x_s) = s$$

      für die *Chi-Quadrat-Verteilung* mit n *Freiheitsgraden.*

- *F-Verteilung*

    * **dF** (t , m , n)

      berechnet die *Dichte* für die *F-Verteilung* mit (m,n) *Freiheitsgraden.*
    * **pF** (x , m , n)

      berechnet die *Verteilungsfunktion* $F(x) = P(X \le x)$ für die *F-Verteilung* mit (m,n) *Freiheitsgraden.*

    * **qF** (s , m , n)

berechnet das *s-Quantil* x_s aus

$$F(x_s) = P(X \le x_s) = s$$

für die *F-Verteilung* mit (m,n) *Freiheitsgraden*.

- *t-Verteilung*

  * **dt** (t , n)

    berechnet die *Dichte* für die *t-Verteilung* mit n *Freiheitsgraden*.

  * **pt** (x , n)

    berechnet die *Verteilungsfunktion* F(x)=P(X≤x) für die *t-Verteilung* mit n *Freiheitsgraden*.

  * **qt** (s , n)

    berechnet das *s-Quantil* x_s aus

    $$F(x_s) = P(X \le x_s) = s$$

    für die *t-Verteilung* mit n *Freiheitsgraden*.

Die Gesamtheit der in MATHCAD vordefinierten Funktionen zu Verteilungen kann man sich auflisten und erläutern lassen, wenn man in der *Hilfe* den *Suchbegriff* **probability distributions** eingibt.

◆

Wenn die **Statistics Toolbox** installiert ist, stellt MATLAB zu *stetigen Verteilungen* eine Reihe von *vordefinierten Funktionen* zur Verfügung. Diese enden nach dem Namen der entsprechenden *Verteilung* mit **pdf** (Abkürzung der englischen Bezeichnung *probability density function*) für die *Dichtefunktionen*, mit **cdf** (Abkürzung der englischen Bezeichnung *cumulative distribution function*) für die *Verteilungsfunktionen* und mit **inv** für die *inversen Verteilungsfunktionen* zur Berechnung von *s-Quantilen*:

- *Normalverteilung*

  * **normpdf** (t , μ , σ)

    berechnet die *Dichte* für die *Normalverteilung*

    N (μ , σ)

  * **normcdf** (x , μ , σ)

berechnet die *Verteilungsfunktion* F(x) = P(X≤x) für die *Normalvertei-lung*

$N(\mu, \sigma)$

* **norminv** (s , μ , σ)

berechnet das *s-Quantil* x_s aus

$$F(x_s) = P(X \leq x_s) = s$$

für die *Normalverteilung*

$N(\mu, \sigma)$

* **erf** (x)

berechnet die *Fehlerfunktion* an der Stelle x.

Die *grafische Darstellung* der *Dichte* und *Verteilungsfunktion* für die *standardisierte Normalverteilung* N(0,1) im Intervall [–3,3] kann mittels MATLAB z.B. durch die Kommandofolge

>> x = –3 : 0.1 : 3 ; plot (x , **normpdf** (x , 0 , 1))

>> **hold on**

>> **plot** (x , **normcdf** (x , 0 , 1))

geschehen und ist aus Abb.18.4 ersichtlich.

• *Exponentialverteilung*

* **exppdf** (t , 1/a)

berechnet die *Dichte* für die *Exponentialverteilung* mit dem *Parame-ter* a.

* **expcdf** (x , 1/a)

berechnet die *Verteilungsfunktion* F(x) = P(X≤x) für die *Exponential-verteilung* mit dem *Parameter* a.

* **expinv** (s , 1/a)

berechnet das *s-Quantil* x_s aus

$$F(x_s) = P(X \leq x_s) = s$$

für die *Exponentialverteilung* mit dem *Parameter* a.

• *Stetige gleichmäßige Verteilung (Rechteckverteilung)*

* **unifpdf** (t , a , b)

berechnet die *Dichte* für die *stetige gleichmäßige Verteilung* über dem *Intervall* [a,b].

* **unifcdf** (x , a , b)

  berechnet die *Verteilungsfunktion* F(x) = P(X≤x) für die *stetige gleichmäßige Verteilung* über dem *Intervall* [a,b].

* **unifinv** (s , a , b)

  berechnet das *s-Quantil* x_s aus

  $$F(x_s) = P(X \le x_s) = s$$

  für die *stetige gleichmäßige Verteilung* über dem *Intervall* [a,b].

• *Chi-Quadrat-Verteilung*

  * **chi2pdf** (t , m)

    berechnet die *Dichte* für die *Chi-Quadrat-Verteilung* mit m *Freiheitsgraden.*

  * **chi2cdf** (x , m)

    berechnet die *Verteilungsfunktion* F(x) = P(X≤x) für die *Chi-Quadrat-Verteilung* mit m *Freiheitsgraden.*

  * **chi2inv** (s , m)

    berechnet das *s-Quantil* x_s aus

    $$F(x_s) = P(X \le x_s) = s$$

    für die *Chi-Quadrat-Verteilung* mit m *Freiheitsgraden.*

• *F-Verteilung*

  * **fpdf** (t , m , n)

    berechnet die *Dichte* für die *F-Verteilung* mit (m,n) *Freiheitsgraden.*

  * **fcdf** (x , m , n)

    berechnet die *Verteilungsfunktion* F(x) = P(X≤x) für die *F-Verteilung* mit (m,n) *Freiheitsgraden.*

  * **finv** (s , m , n)

    berechnet das *s-Quantil* x_s aus

    $$F(x_s) = P(X \le x_s) = s$$

    für die *F-Verteilung* mit (m,n) *Freiheitsgraden.*

• *t-Verteilung*

  * **tpdf** (t , n)

    berechnet die *Dichte* für die *t-Verteilung* mit n *Freiheitsgraden.*

* **tcdf** (x , n)

  berechnet die *Verteilungsfunktion* F(x) = P(X≤x) für die *t-Verteilung* mit n *Freiheitsgraden.*

* **tinv** (s , n)

  berechnet das *s-Quantil* x_s aus

  $$F(x_s) = P(X \le x_s) = s$$

  für die *t-Verteilung* mit n *Freiheitsgraden.*

☞

Die Gesamtheit der in MATLAB vordefinierten Funktionen zu Verteilungen kann man sich auflisten und erläutern lassen, wenn man in der *Hilfe* (**MATLAB Help Window**) den Eintrag *toolbox\stats – Statistics Toolbox* anklickt.

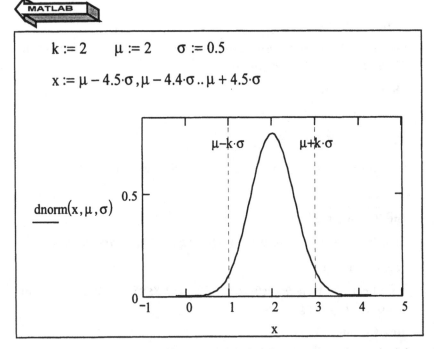

Abb.18.3. Grafische Darstellung der Dichtefunktion der Normalverteilung N(μ,σ) für μ=2 und σ=0.5 aus dem Abschn.3.2 des Elektronischen Buches **Practical Statistics** von MATHCAD

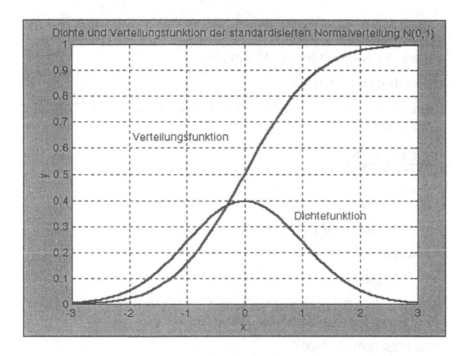

Abb.18.4. Grafische Darstellung der Verteilungsfunktion und Dichtefunktion der standardisierten Normalverteilung N(0,1) mittels MATLAB

Betrachten wir einfache praktische *Anwendungen* für die *Normalverteilung* im folgenden Beispiel.

Beispiel 18.2:

a) Die *Lebensdauer* von *Fernsehgeräten* werde als *normalverteilt* angenommen. Der *Erwartungswert* betrage

$\mu = 10000$ Stunden

und die *Standardabweichung*

$\sigma = 1000$ Stunden.

Wie groß ist die *Wahrscheinlichkeit*, daß ein zufällig der Produktion entnommenes *Fernsehgerät*

a1) *mindestens* 12000 Stunden

a2) *höchstens* 6500 Stunden

a3) *zwischen* 7500 *und* 10500 Stunden

läuft?

Die vorliegende *Grundgesamtheit* (siehe Kap.23) besteht hier aus allen Fernsehgeräten eines bestimmten Produktionszeitraums. Das in dieser Grundgesamtheit betrachtete Merkmal ist die Lebensdauer eines Fernsehgeräts (in Stunden), für die wir die *normalverteilte Zufallsgröße* X verwenden.

Mittels der *Normalverteilung* $N(\mu, \sigma)$ für

$\mu = 10000$ und $\sigma = 1000$

berechnen sich die gesuchten Wahrscheinlichkeiten mit MATLAB folgendermaßen:

a1) P $(X \geq 12000) = 1 - P(X<12000) = 1 - F(12000)$

>> 1 − **normcdf** (12000 , 10000 , 1000)

ans =

   0.0228

d.h., die *Wahrscheinlichkeit* beträgt 0.0228, daß das entnommene Fernsehgerät mindestens 12000 Stunden läuft.

a2) $P(X \leq 6500) = F(6500)$

>> **normcdf** (6500 , 10000 , 1000)

ans =

   2.3263e-004

d.h., die *Wahrscheinlichkeit* 0.00023263 ist sehr klein, daß das entnommene Fernsehgerät nur höchstens 6500 Stunden läuft.

a3) $P(7500 \leq X \leq 10500) = F(10500) - F(7500)$

>>**normcdf**(10500 , 10000 , 1000) − **normcdf**(7500 , 10000 , 1000)

ans =

   0.6853

d.h., die *Wahrscheinlichkeit* beträgt 0.6853, daß das entnommene Fernsehgerät *zwischen* 7500 und 10500 Stunden läuft.

b) Betrachten wir eine weitere Aufgabe für die praktische *Anwendung* der *Normalverteilung*:

Eine Zulieferfirma stellt auf einer ihrer Werkzeugmaschinen Bolzen für die Autoindustrie her. Aufgrund der Einstellung und Beschaffenheit der Werkzeugmaschine nimmt man an, daß die *Länge* eines *Bolzens* N(50,0.2)-verteilt ist, d.h. mit dem *Erwartungswert* $\mu = 50$ mm und der *Standardabweichung* $\sigma = 0.2$ mm. Der Bolzen ist nicht verwendbar (d.h.

defekt), wenn seine Länge um mehr als 0.25 mm vom Sollwert 50 mm abweicht. Folglich ist die *Wahrscheinlichkeit* dafür interessant, daß ein der Produktion zufällig entnommener Bolzen defekt ist.

Wenn man in der betrachteten *Grundgesamtheit* (siehe Kap.23) der *Bolzen* das *Merkmal* der *Länge* der Bolzen (in mm) als *Zufallsgröße* X verwendet, erhält man mittels der *Verteilungsfunktion* der *Normalverteilung* N(50,0.2) bzw. der *standardisierten Normalverteilung* $\Phi(x)$:

$$P(|X - 50| > 0.25) = 1 - P(|X - 50| \le 0.25)$$

$$= 1 - P(50 - 0.25 \le X \le 50 + 0.25)$$

$$= 1 - P\left(\frac{50 - 0.25 - 50}{0.2} \le \frac{X - 50}{0.2} \le \frac{50 + 0.25 - 50}{0.2} \right)$$

$$= 1 - (\Phi(1.25) - \Phi(-1.25))$$

$$= 1 - (2 \cdot \Phi(1.25) - 1) = 2 - 2 \cdot \Phi(1.25)$$

Berechnen wir die gesuchte Wahrscheinlichkeit mittels MATHCAD unter Verwendung der vordefinierten Funktionen **pnorm** oder **cnorm**:

$1 -$ **pnorm** (50.25 , 50 , 0.2) + **pnorm** (49.75 , 50 , 0.2) = 0.211

bzw.

$2 - 2 \cdot$ **cnorm** (1.25) = 0.211

Damit beträgt die *gesuchte Wahrscheinlichkeit* 0.211, daß ein entnommener Bolzen defekt ist.

c) Betrachten wir eine einfache Aufgabe für die praktische *Anwendung* der *inversen Verteilungsfunktion* für die *Normalverteilung*, d.h. die Berechnung von Quantilen:

Das Gewicht (in kg) von 50kg-Zementsäcken sei

N(50,1)-verteilt

d.h., der Erwartungswert beträgt μ=50kg und die Standardabweichung σ=1kg. In dieser *Grundgesamtheit* (siehe Kap.23) betrachten wir als Merkmal das Gewicht, das durch die Zufallsgröße X beschrieben werde. Gesucht ist das Gewicht, das ein zufällig entnommener Zementsack mit einer Wahrscheinlichkeit von 0.9 (90%) höchstens wiegt. Hierfür ist die Gleichung

$$P(X \leq x) = F(x) = 0.9$$

nach x aufzulösen, wobei F für die *Verteilungsfunktion* der *Normalverteilung* N(50,1) steht.
Zur Lösung dieser Aufgabe kann man die in MATHCAD und MATLAB vordefinierten *inversen Verteilungsfunktionen* heranziehen:

qnorm (0.9 , 50 , 1) = 51.282

>> **norminv** (0.9 , 50 , 1)

ans =

51.2816

Die Berechnungen ergeben, daß das Gewicht eines zufällig entnommenen Zementsacks mit einer Wahrscheinlichkeit von 0.9 höchstens 51.282 kg beträgt.
♦

18.3 Verteilungsfunktionen für mehrdimensionale Zufallsgrößen

Bisher haben wir Verteilungsfunktionen für einzelne (eindimensionale) Zufallsgrößen betrachtet. In diesem Abschnitt werden wir die *Verteilungsfunktionen* auf *mehrdimensionale Zufallsgrößen (Zufallsvektoren)* ausdehnen, wobei wir uns wie im Abschn.17.3 auf zweidimensionale beschränken, da die Problematik bei mehrdimensionalen analog ist.
Zufallsvektoren der Form

(X,Y)

können ebenfalls wie eindimensionale Zufallsgrößen durch *Verteilungsfunktionen* charakterisiert werden, die hier folgendermaßen definiert sind:

$F(x,y) = P(X \leq x, Y \leq y)$

d.h. die *zweidimensionale Verteilungsfunktion* F(x,y) gibt die *Wahrscheinlichkeit* dafür an, daß die *Zufallsgrößen* X und Y Werte annehmen die kleiner oder gleich x bzw. y sind. Sie besitzt analoge Eigenschaften wie im eindimensionalen Fall.

☞

Um Aussagen über die einzelnen *Komponenten* X und Y des *Zufallsvektors* (X,Y) zu erhalten, berechnet man folgende Wahrscheinlichkeiten

* $P(X \leq x) = P(X \leq x, Y < \infty) = F(x, \infty)$

* $P(Y \leq y) = P(X < \infty, Y \leq y) = F(\infty, y)$

und definiert *eindimensionale Verteilungsfunktionen*

$F_X(x)$ und $F_Y(y)$

mittels

* $F_X(x) = F(x, \infty)$

* $F_Y(y) = F(\infty, y)$

die man als *Randverteilungen* des *Zufallsvektors* (X,Y) bezeichnet und die (eindimensionale) *Verteilungsfunktionen* seiner Komponenten (eindimensionalen Zufallsgrößen) X bzw. Y sind.

♦

18.3.1 Diskrete Verteilungsfunktionen

Ein *diskreter Zufallsvektor* (X,Y) nimmt endlich oder abzählbar unendlich viele *Wertepaare*

(x_i, y_k) ($i = 1, 2, \ldots, n, \ldots$; $k = 1, 2, \ldots, n, \ldots$)

mit den *Wahrscheinlichkeiten*

$p_{ik} = P(X = x_i, Y = y_k)$ ($i = 1, 2, \ldots, n, \ldots$; $k = 1, 2, \ldots, n, \ldots$)

an, wobei

$$\sum_i \sum_k p_{ik} = 1$$

gilt. Diese Wahrscheinlichkeiten lassen sich in Matrixform in Form einer Verteilungstabelle anordnen.

Die *Verteilungsfunktion* F(x,y) des *diskreten Zufallsvektors* (X,Y) läßt sich in der Form

$$F(x,y) = P(X \leq x, Y \leq y) = \sum_{x_i \leq x} \sum_{y_k \leq y} p_{ik}$$

darstellen. Die *Randverteilungen*

$$F_X(x) \text{ und } F_Y(y)$$

für diese Verteilung F(x,y) werden durch die Wahrscheinlichkeiten

$$p_i^X = P(X=x_i) = \sum_k p_{ik}$$

bzw.

$$p_k^Y = P(Y=y_k) = \sum_i p_{ik}$$

bestimmt.

18.3.2 Stetige Verteilungsfunktionen

Für einen *stetigen Zufallsvektor* (X,Y) ist die *Verteilungsfunktion* F(x,y) in der Form

$$F(x,y) = \int_{-\infty}^{x} \int_{-\infty}^{y} f(s,t)\, ds\, dt$$

gegeben, wobei f(s,t) ≥ 0 die *Dichtefunktion* von (X,Y) ist, für die folgendes gilt:

$$\int_{-\infty}^{\infty} \int_{-\infty}^{\infty} f(s,t)\, ds\, dt = 1$$

Für die *Randverteilungen* erhält man die *Dichten*

$$f_X(s) \text{ und } f_Y(t)$$

durch Integration über die Dichte f(s,t) von (X,Y) bzgl. t bzw. s:

$$* \quad f_X(s) = \int_{-\infty}^{\infty} f(s,t)\, dt$$

$$* \quad f_Y(t) = \int\limits_{-\infty}^{\infty} f(s,t) \, ds$$

18.4 Unabhängigkeit von Zufallsgrößen

Die (stochastische) Unabhängigkeit von Ereignissen, die wir im Abschn.16.4 kennengelernt haben und die eine große Rolle in Wahrscheinlichkeitsrechnung und Statistik spielt, läßt sich auf Zufallsgrößen übertragen.

Zwei Zufallsgrößen X und Y heißen (stochastisch) *unabhängig*, wenn für die Verteilungsfunktion F(x,y) des aus ihnen gebildeten Zufallsvektors (X,Y) folgendes gilt:

$$F(x,y) = F_X(x) \cdot F_Y(y)$$

d.h., die Verteilungsfunktion des Zufallsvektors (X,Y) ergibt sich als Produkt der beiden zugehörigen Randverteilungen.

Die gegebene Unabhängigkeit für Zufallsgrößen überträgt sich unmittelbar aus der im Abschn.16.4 definierten *Unabhängigkeit* von *Ereignissen*, wenn man die *Ereignisse*

$$A = \{\, X \leq x \,\} \quad \text{und} \quad B = \{\, Y \leq y \,\}$$

betrachtet, für die gilt

$$A \cap B = \{\, X \leq x \,,\, Y \leq y \,\}$$

so daß aus der *Unabhängigkeit* der *Ereignisse* A und B, d.h. aus

$$P(A \cap B) = P(X{\leq}x, Y{\leq}y) = P(A) \cdot P(B) = P(X{\leq}x) \cdot P(Y{\leq}y)$$

unmittelbar die Unabhängigkeit der beiden entsprechenden Zufallsgrößen X und Y folgt.

☞

Die eben definierte *Unabhängigkeit* für beliebige Zufallsgrößen stellt sich für *diskrete* und *stetige Zufallsgrößen* folgendermaßen dar:

* Die beiden *diskreten Zufallsgrößen* X und Y mit den Werten

   $$x_1 \,,\, x_2 \,,\, \dots \,,\, x_n \,,\, \dots$$

   bzw.

   $$y_1 \,,\, y_2 \,,\, \dots \,,\, y_n \,,\, \dots$$

   und den *Wahrscheinlichkeiten*

   $$p_i^X = P(X = x_i) \quad (\, i = 1\,,\, 2\,,\, \dots\,,\, n\,,\, \dots\,)$$

   bzw.

$$p_k^Y = P(Y = y_k) \quad (k = 1, 2, \ldots, n, \ldots)$$

sind *unabhängig*, wenn sich die Wahrscheinlichkeit

$$p_{ik} = P(X = x_i, Y = y_k)$$

für die Annahme des Wertepaares

$$(x_i, y_k)$$

durch den Zufallsvektor (X,Y) als Produkt aus den Wahrscheinlichkeiten der einzelnen Zufallsgrößen X und Y berechnet:

$$p_{ik} = P(X = x_i, Y = y_k) = P(X = x_i) \cdot P(Y = y_k) = p_i^X \cdot p_k^Y$$

* Die beiden *stetigen Zufallsgrößen* X und Y sind *unabhängig*, wenn sich die Dichte f(x,y) des Zufallsvektors (X,Y) als Produkt der Dichten der Zufallsgrößen X und Y berechnet:

$$f(x,y) = f_X(x) \cdot f_Y(y)$$

♦

19 Parameter einer Verteilung

Die Verteilungsfunktion (kurz: *Verteilung*) einer Zufallsgröße X ist bei praktischen Problemen nicht immer bekannt bzw. schwer zu handhaben. Deshalb ist man an zusätzlichen *charakteristischen Kenngrößen* interessiert, die Aussagen über die Verteilung liefern. Man spricht von *Parametern* der *Verteilung* bzw. der *Zufallsgröße* X. Wir behandeln im folgenden die beiden wichtigen Parameter

* *Erwartungswert* (*Mittelwert*)

* *Varianz/Streuung*

Beide sind spezielle *Momente* (siehe Abschn.19.1) der betrachteten *Zufallsgröße* X, d.h., sie bilden das

* *Moment erster Ordnung* (Erwartungswert)

* *zentrale Moment zweiter Ordnung* (Varianz)

19.1 Erwartungswert

Der *Erwartungswert* einer *Zufallsgröße* X gibt an, welchen Wert sie im *Durchschnitt* realisieren wird. Er bezeichnet gewissermaßen den *mittleren Wert* der *Zufallsgröße* X. Deshalb wird für ihn auch die Bezeichnung *Mittelwert* verwendet.

Den *Erwartungswert* einer (eindimensionalen) *Zufallsgröße* X bezeichnet man mit E(X) oder E X oder mit dem griechischen Buchstaben μ, d.h.

$$\mu = E(X) = E\,X$$

Im folgenden geben wir seine *Definition* für *diskrete* und *stetige Zufallsgrößen:*

* Der *Erwartungswert* für *diskrete Zufallsgrößen* X

  mit den *Werten*

  $$x_i \qquad\qquad (\,i = 1\,,\,2\,,\,...\,)$$

  und den *Wahrscheinlichkeiten*

  $$p_i = P(X = x_i) \qquad (\,i = 1\,,\,2\,,\,...\,)$$

  ist folgendermaßen definiert:

$$E(X)=\sum_{i=1}^{n}x_i \cdot p_i \qquad \text{(für \textit{endlich} viele \textit{Werte} } x_i, i = 1, 2, \dots, n)$$

$$E(X)=\sum_{i=1}^{\infty}x_i \cdot p_i \qquad \text{(für \textit{abzählbar unendlich} viele \textit{Werte} } x_i)$$

- Der *Erwartungswert* einer *stetigen Zufallsgröße* X

  deren *Dichte*

  f(t)

  gegeben ist, wird durch

$$E(X)= \int_{-\infty}^{\infty} t \cdot f(t)dt$$

definiert. Es ist hier nicht schwer, die Analogie zum Erwartungswert einer diskreten Zufallsgröße zu erkennen.

In den Formeln für den *Erwartungswert* wird die *Konvergenz* der unendlichen Reihe bzw. des uneigentlichen Integrals vorausgesetzt.

♦

Der *Erwartungswert* für *Zufallsgrößen* X, Y, ... besitzt eine Reihe von *Eigenschaften*, von denen wir im folgenden wichtige aufzählen:

*   E(X+Y) = E(X) + E(Y)

*   E(X∩Y) = E(X) · E(Y), falls X und Y unabhängig sind

*   E(a · X + b) = a · E(X) + b , wenn a und b reelle Zahlen sind.

♦

Der Erwartungswert einer Zufallsgröße X muß nicht unbedingt eine mögliche Realisierung (Funktionswert) von X sein, wie aus dem Beispiel 19.1a zu ersehen ist.

♦

Im folgenden geben wir die *Erwartungswerte* für häufig benötigte *Verteilungen* an:

*   *Null-Eins-Verteilung*

    Für die diskrete *Zufallsgröße* X

$$X = \begin{cases} 0 & \text{Ereignis } \overline{A} \text{ eingetreten} \\ 1 & \text{Ereignis } A \text{ eingetreten} \end{cases}$$

mit

$$P(X=0) = 1 - p \text{ und } P(X=1) = p \qquad (0 < p < 1)$$

berechnet sich der *Erwartungswert* E(X) aus

$$E(X) = 0 \cdot (1 - p) + 1 \cdot p = p$$

* *Diskrete gleichmäßige Verteilung*

Für die diskrete *Zufallsgröße* X, die die Zahlenwerte

$$x_1, x_2, \dots, x_n$$

mit den *Wahrscheinlichkeiten* 1/n annimmt, berechnet sich der *Erwartungswert* E(X) aus

$$E(X) = \frac{1}{n} \cdot \sum_{i=1}^{n} x_i$$

* *Geometrische Verteilung*

Für die diskrete *Zufallsgröße* X, die die Zahlen

$$0, 1, 2, 3, \dots$$

mit den *Wahrscheinlichkeiten*

$$P(X=k) = p \cdot (1-p)^k \qquad (k = 0, 1, 2, \dots; 0 < p < 1)$$

annimmt, berechnet sich der *Erwartungswert* E(X) aus

$$E(X) = \frac{1-p}{p}$$

* *Binomialverteilung*

Für die diskrete *Zufallsgröße* X, die die Zahlen

$$0, 1, 2, 3, \dots, n$$

mit den *Wahrscheinlichkeiten*

$$P(X=k) = \binom{n}{k} \cdot p^k \cdot (1-p)^{n-k} \qquad (k = 0, 1, 2, 3, \dots, n; 0 < p < 1)$$

annimmt, berechnet sich der *Erwartungswert* E(X) aus

$$E(X) = n \cdot p$$

* *Hypergeometrische Verteilung*

Für die diskrete *Zufallsgröße* X, die die Zahlen

0 , 1 , 2 , 3 , ...

mit den *Wahrscheinlichkeiten*

$$P(X=k) \; = \; \frac{\binom{K}{k} \cdot \binom{M-K}{n-k}}{\binom{M}{n}} \qquad (\, k = 0 , 1 , 2 , 3 , ... \,)$$

annimmt, berechnet sich der *Erwartungswert* E(X) aus

$$E(X) = n \cdot p \quad \text{mit} \quad p = \frac{K}{M}$$

* *Poisson-Verteilung*

Für die diskrete *Zufallsgröße* X, die die Zahlen

0 , 1 , 2 , 3 , ...

mit den *Wahrscheinlichkeiten*

$$P(X=k) \; = \; \frac{\lambda^{k}}{k!} \cdot e^{-\lambda} \qquad (\, k = 0 , 1 , 2 , ... \,)$$

annimmt, berechnet sich der *Erwartungswert* E(X) aus

$$E(X) = \lambda$$

* *Normalverteilung*

Bei der *Normalverteilung* N(μ,σ) ist der *Erwartungswert* μ=E(X) unmittelbar aus der Dichtefunktion ablesbar (siehe Abschn.18.2).

* *Exponentialverteilung*

Für die stetige *Zufallsgröße* X mit der *Dichtefunktion*

$$f(t) \; = \; \begin{cases} 0 & \text{für } t < 0 \\[2mm] a \cdot e^{-a \cdot t} & \text{für } t \geq 0 \end{cases}$$

berechnet sich der *Erwartungswert* E(X) aus
$$E(X) = 1/a$$

* *Stetige gleichmäßige Verteilung (Rechteckverteilung)*

Für die stetige *Zufallsgröße* X, die im Intervall [a,b] mit a < b alle Werte annehmen kann und die *Dichtefunktion*

$$f(t) = \begin{cases} \dfrac{1}{b-a} & \text{für } a \le t \le b \\ \\ 0 & \text{für } t < a \text{ und } t > b \end{cases}$$

besitzt, berechnet sich der *Erwartungswert* E(X) aus

E(X) = (a + b)/2

* *Chi-Quadrat-Verteilung* ($\chi^2(n)$)

Für die stetige *Zufallsgröße* Z

$$Z = X_1^2 + X_2^2 + \dots + X_n^2$$

wobei die n unabhängigen *stetigen Zufallsgrößen*

$$X_1, X_2, \dots, X_n$$

N(0,1)-normalverteilt sind, berechnet sich der *Erwartungswert* E(Z) aus

E(Z) = n

* *F-Verteilung*

Für die stetige *Zufallsgröße*

$$Z = \frac{X/m}{Y/n}$$

wobei die unabhängigen *stetigen Zufallsgrößen* X und Y

$\chi^2(m)$- bzw. $\chi^2(n)$ -verteilt

sind, berechnet sich der *Erwartungswert* E(Z) aus

E(Z) = n/(n−2)

* *t-Verteilung* (*Student-Verteilung*)

Für die stetige *Zufallsgröße*

$$Z = \frac{X}{\sqrt{Y/n}}$$

wobei die unabhängigen stetigen *Zufallsgrößen* X und Y

N(0,1)-normalverteilt bzw. $\chi^2(n)$ -verteilt

sind, berechnet sich der *Erwartungswert* E(Z) aus

E(Z) = 0

Beispiel 19.1:

a) Betrachten wir die *Zufallsgröße* X für das *Werfen* mit einem idealen *Würfel*, die die Zahlen 1 , 2 ,..., 6 jeweils mit der *Wahrscheinlichkeit* 1/6 annimmt. Diese Zufallsgröße ist gleichverteilt. Damit berechnet sich der *Erwartungswert* E(X) aus

$$E(X) = \sum_{i=1}^{6} i \cdot \frac{1}{6} = 3.5$$

Der erhaltene Erwartungswert von 3.5 stellt keinen Funktionswert der gegebenen Zufallsgröße X dar.

b) Berechnen wir für die *Binomialverteilung* B(100,0.05) aus *Beispiel 18.1a* den *Erwartungswert* E(X):

$$E(X) = n \cdot p = 100 \cdot 0.05 = 5$$

◆

Falls für die Zufallsgröße X^n der Erwartungswert

$$E(X^n)$$

für n = 2 , 3 , ... existiert, so kann man zeigen, daß der Erwartungswert E(X) und folgende Erwartungswerte für k = 1, 2 , 3 , ... , n existieren, die als *Momente* der *Zufallsgröße* X bezeichnet werden:

* $E\left(X^k\right)$

  k-tes Moment oder *Moment k-ter Ordnung*

* $E\left(|X|^k\right)$

  k-tes absolutes Moment oder *absolutes Moment k-ter Ordnung*

* $E\left((X - E(X))^k\right)$

  k-tes zentrales Moment oder *zentrales Moment k-ter Ordnung*

* $E\left(|X - E(X)|^k\right)$

  k-tes zentrales absolutes Moment oder *zentrales absolutes Moment k-ter Ordnung*

◆

19.2 Varianz/Streuung

Während der *Erwartungswert* E(X) den mittleren Wert (*Mittelwert*) einer *Zufallsgröße* X charakterisiert, fehlt noch eine Größe, die die *durchschnittliche Abweichung* der Werte der Zufallsgröße X vom Erwartungswert beurteilt. Dies wird durch die *Varianz* gegeben, die man anschaulich als *Streuung* bezeichnet.

Die *Varianz/Streuung* einer (eindimensionalen) *Zufallsgröße* X bezeichnet man mit

$$\sigma_X^2 \,,\; \sigma^2(X) \quad \text{oder } V(X)$$

Mit dem *gegebenen Erwartungswert* E(X) ist die *Varianz/Streuung* einer diskreten oder stetigen *Zufallsgröße* X folgendermaßen definiert:

$$\sigma_X^2 = \sigma^2(X) = V(X) = E((X-E(X))^2)$$

In der Sprache der Momente einer Zufallsgröße X stellt die *Varianz/Streuung* das *zentrale Moment 2.Ordnung* dar. Die Wurzel aus der Varianz/Streuung bezeichnet man als *Standardabweichung* und schreibt hierfür

$$\sigma_X \quad \text{oder } \sigma(X)$$

Falls nur eine Zufallsgröße betrachtet wird und keine Verwechslungen auftreten können, läßt man bei den Bezeichnungen für die *Varianz/Streuung* und die *Standardabweichung* die Zufallsgröße weg und schreibt nur

$$\sigma^2 \quad \text{bzw. } \sigma$$

♦

Durch einfache Berechnung von

$$E((X-E(X))^2) = E(X^2 - 2 \cdot X \cdot E(X) + (E(X))^2) = E(X^2) - E(X)^2$$

unter Verwendung der Eigenschaften des Erwartungswertes ergibt sich folgende *Formel* für die *Varianz/Streuung*

$$\sigma_X^2 = \sigma^2(X) = V(X) = E(X^2) - E(X)^2$$

die sich konkret für

* *diskrete Zufallsgrößen* X in der Form

$$\sigma_X^2 = \sigma^2(X) = V(X) = \sum_{i=1}^{\infty} x_i^2 \cdot p_i - E(X)^2$$

* *stetige Zufallsgrößen* X in der Form

$$\sigma_X^2 = \sigma^2(X) = V(X) = \int_{-\infty}^{\infty} t^2 \cdot f(t) \, dt \; - E(X)^2$$

schreibt.

◆

Im folgenden geben wir die *Varianz/Streuung* $\sigma^2(X)$ für häufig benötigte *Verteilungen* an:

* *Null-Eins-Verteilung*

    Für die diskrete *Zufallsgröße* X

    $$X = \begin{cases} 0 & \text{Ereignis } \overline{A} \text{ eingetreten} \\ 1 & \text{Ereignis A eingetreten} \end{cases}$$

    mit

    $$P(X{=}0) = 1 - p \;\text{ und }\; P(X{=}1) = p$$

    berechnet sich die *Varianz/Streuung* $\sigma^2(X)$ aus

    $$\sigma^2(X) = E(X^2) - E(X)^2 = p - p^2 = p \cdot (1 - p)$$

* *Diskrete gleichmäßige Verteilung*

    für die diskrete *Zufallsgröße* X, die die Zahlenwerte

    $x_1, x_2, \ldots, x_n$

    mit den Wahrscheinlichkeiten $1/n$ annimmt, berechnet sich die *Varianz/Streuung* $\sigma^2(X)$ aus

    $$\sigma^2(X) = \frac{1}{n} \cdot \sum_{i=1}^{n} x_i^2 - \left(\frac{1}{n} \cdot \sum_{i=1}^{n} x_i \right)^2$$

* *Geometrische Verteilung*

    Für die diskrete *Zufallsgröße* X, die die Zahlen

    $0, 1, 2, 3, \ldots$

    mit den *Wahrscheinlichkeiten*

    $$P(X{=}k) = p \cdot (1-p)^k \qquad\qquad (k = 0, 1, 2, \ldots; \; 0{<}p{<}1)$$

    annimmt, berechnet sich die *Varianz/Streuung* $\sigma^2(X)$ aus

    $$\sigma^2(X) = \frac{1-p}{p^2}$$

* *Binomialverteilung*

Für die diskrete *Zufallsgröße* X, die die n Zahlen

$0, 1, 2, 3, \dots, n$

mit den *Wahrscheinlichkeiten*

$$P(X=k) = \binom{n}{k} \cdot p^k \cdot (1-p)^{n-k} \qquad (k = 0, 1, 2, 3, \dots, n \; ; \; 0<p<1)$$

annimmt, berechnet sich die *Varianz/Streuung* $\sigma^2(X)$ aus

$$\sigma^2(X) = n \cdot p \cdot (1-p)$$

* *Hypergeometrische Verteilung*

Für die diskrete *Zufallsgröße* X, die die Zahlen

$0, 1, 2, 3, \dots$

mit den *Wahrscheinlichkeiten*

$$P(X=k) = \frac{\binom{K}{k} \cdot \binom{M-K}{n-k}}{\binom{M}{n}} \qquad (k = 0, 1, 2, 3, \dots)$$

annimmt, berechnet sich die *Varianz/Streuung* $\sigma^2(X)$ aus

$$\sigma^2(X) = n \cdot \frac{M-n}{M-1} \cdot p \cdot (1-p) \qquad \text{mit } p = \frac{K}{M}$$

d.h., sie unterscheidet sich für hinreichend großes M und kleines n nur wenig von der der Binomialverteilung.

* *Poisson-Verteilung*

Für die diskrete *Zufallsgröße* X, die die Zahlen

$0, 1, 2, 3, \dots$

mit den *Wahrscheinlichkeiten*

$$P(X=k) = \frac{\lambda^k}{k!} \cdot e^{-\lambda} \qquad (k = 0, 1, 2, \dots)$$

annimmt, berechnet sich die *Varianz/Streuung* $\sigma^2(X)$ aus

$$\sigma^2(X) = \lambda$$

d.h., sie ist gleich dem Erwartungswert.

* *Normalverteilung*

Bei der *Normalverteilung* $N(\mu, \sigma)$ ist die *Varianz/Streuung* $\sigma^2 = \sigma^2(X)$ unmittelbar aus der Dichtefunktion ablesbar (siehe Abschn. 18.2).

* *Exponentialverteilung*

Für die stetige *Zufallsgröße* X mit der *Dichtefunktion*

$$f(t) = \begin{cases} 0 & \text{für } t < 0 \\ a \cdot e^{-a \cdot t} & \text{für } t \geq 0 \end{cases}$$

berechnet sich die *Varianz/Streuung* $\sigma^2(X)$ aus

$$\sigma^2(X) = \frac{1}{a^2}$$

* *Stetige gleichmäßige Verteilung (Rechteckverteilung)*

Für die stetige *Zufallsgröße* X, die im Intervall [a,b] mit a < b alle Werte annehmen kann, berechnet sich die *Varianz/Streuung* $\sigma^2(X)$ aus

$$\sigma^2(X) = \frac{(b-a)^2}{12}$$

* *Chi-Quadrat-Verteilung* $(\chi^2(n))$

Für die stetige *Zufallsgröße* Z

$$Z = X_1^2 + X_2^2 + \ldots + X_n^2$$

wobei die n unabhängigen *stetigen Zufallsgrößen*

$$X_1, X_2, \ldots, X_n$$

$N(0,1)$-normalverteilt sind, berechnet sich die *Varianz/Streuung* $\sigma^2(Z)$ aus

$$\sigma^2(Z) = 2 \cdot n$$

* *F-Verteilung*

Für die stetige *Zufallsgröße*

$$Z = \frac{X/m}{Y/n}$$

wobei die unabhängigen *stetigen Zufallsgrößen* X und Y

$\chi^2(m)$- bzw. $\chi^2(n)$-verteilt

sind, berechnet sich die *Varianz/Streuung* $\sigma^2(Z)$ aus

$$\sigma^2(Z) = \frac{2 \cdot n^2 \cdot (n+m-2)}{m \cdot (n-4) \cdot (n-2)^2} \qquad (\text{ für } n \geq 5)$$

* *t-Verteilung (Student-Verteilung)*

  Für die stetige *Zufallsgröße*

  $$Z = \frac{X}{\sqrt{Y/n}}$$

  wobei die unabhängigen *stetigen Zufallsgrößen* X und Y

  N(0,1)-normalverteilt bzw. $\chi^2(n)$-verteilt

  sind, berechnet sich die *Varianz/Streuung* $\sigma^2(Z)$ aus

  $$\sigma^2(Z) = n/(n-2) \quad (\text{ für } n \geq 3)$$

Beispiel 19.2:

a) Berechnen wir für das *Werfen* mit einem idealen *Würfel* die *Varianz/Streuung* unter Verwendung des in Beispiel 19.1a berechneten Erwartungswertes von 3.5:

$$\sigma^2(X) = \sum_{i=1}^{6} i^2 \cdot \frac{1}{6} - 3.5^2 = 2.92$$

b) Berechnen wir für die *Binomialverteilung* B(100,0.05) aus *Beispiel 18.1a* die *Varianz/Streuung:*

$$\sigma^2(X) = n \cdot p \cdot (1-p) = 100 \cdot 0.05 \cdot (1-0.05) = 5 \cdot 0.95 = 4.75$$

♦

19.3 Berechnung von Erwartungswert und Varianz/Streuung

Zur *Berechnung* von *Erwartungswert* und *Varianz/Streuung* stellt nur MATLAB *vordefinierte Funktionen* zur Verfügung. In MATHCAD kann man diese jedoch ebenfalls berechnen, wenn man die vordefinierten Funktionen zur Berechnung von Summen/Reihen bzw. Integralen heranzieht.

Falls die **Statistics Toolbox** installiert ist, stellt MATLAB *vordefinierte Funktionen* zur Berechnung von *Erwartungswert* und *Varianz/Streuung* zur Verfügung, von denen wir im folgenden wichtige angeben:

- >> [E , S] = **unidstat** (n)

  berechnet *Erwartungswert* E und *Varianz/Streuung* S für die *diskrete gleichmäßige Verteilung*, wenn die zugehörige Zufallsgröße X die Zahlen 1 , 2 , ... , n annimmt.

- >> [E , S] = **geostat** (p)

  berechnet *Erwartungswert* E und *Varianz/Streuung* S für die *geometrische Verteilung* mit dem Parameter p.

- >> [E , S] = **binostat** (n , p)

  berechnet *Erwartungswert* E und *Varianz/Streuung* S für die *Binomialverteilung* B(n,p).

- >> [E , S] = **hygestat** (N , M , n)

  berechnet *Erwartungswert* E und *Varianz/Streuung* S für die *hypergeometrische Verteilung* H(N,M,n).

- >> [E , S] = **poisstat** (λ)

  berechnet *Erwartungswert* E und *Varianz/Streuung* S für die *Poisson-Verteilung* P(λ).

- >> [E , S] = **normstat** (μ,σ)

  berechnet *Erwartungswert* E=μ und *Varianz/Streuung* S=σ^2 für die *Normalverteilung* N(μ,σ).

- >> [E , S] = **expstat** (1/a)

  berechnet *Erwartungswert* E und *Varianz/Streuung* S für die *Exponentialverteilung* mit dem Parameter a.

- >> [E , S] = **unifstat** (a , b)

  berechnet *Erwartungswert* E und *Varianz/Streuung* S für die *stetige gleichmäßige Verteilung* über dem Intervall [a,b].

- >> [E , S] = **chi2stat** (n)

berechnet *Erwartungswert* E und *Varianz/Streuung* S für die *Chi-Quadrat-Verteilung* mit n Freiheitsgraden.

* >> [E , S] = **fstat** (m , n)
  berechnet *Erwartungswert* E und *Varianz/Streuung* S für die *F-Verteilung* mit (m,n) Freiheitsgraden.

* >> [E , S] = **tstat** (n)

  berechnet *Erwartungswert* E und *Varianz/Streuung* S für die *t-Verteilung* mit n Freiheitsgraden.

Beispiel 19.3:

Berechnen wir mit MATLAB Erwartungswert und Varianz/Streuung.

a) Überprüfen wir mittels MATLAB die in den Beispielen 19.1a und 19.2a berechneten Ergebnisse für *Erwartungswert* E und *Varianz/Streuung* S beim Werfen mit einem Würfel:

>> [E , S] = **unidstat** (6)

E =

   3.5000

S =

   2.9167

b) Überprüfen wir mittels MATLAB die in den Beispielen 19.1b und 19.2b berechneten Ergebnisse für *Erwartungswert* E und *Varianz/Streuung* S für die *Binomialverteilung* B(100,0.05):

>> [E , S] = **binostat** (100 , 0.05)

E =

   5

S =

   4.7500

   ♦

MATHCAD und MATLAB stellen auch Funktionen zur Berechnung *empirischer Erwartungswerte* und *Streuungen* für entnommene *Stichproben* zur Verfügung, die wir im Rahmen der beschreibenden Statistik im Abschn.24.5 behandeln. ♦

20 Gesetze der großen Zahlen und Grenzwertsätze

Im folgenden betrachten wir das Verhalten einer großen Anzahl zufälliger Einflüsse, d.h. das Grenzverhalten (Konvergenz) von Folgen von Zufallsgrößen.

Wir können im Rahmen des Buches nicht ausführlich auf diese Problematik eingehen, sondern diskutieren wesentliche Aussagen, die für das Verständnis der Statistik notwendig sind. Dazu betrachten wir im

* Abschn.20.1

    die Tschebyscheffsche Ungleichung, die man zum Abschätzen von Wahrscheinlichkeiten und zum Ableiten theoretischer Resultate benötigt.

* Abschn.20.2

    die Problematik von Gesetzen der großen Zahlen.

* Abschn.20.3

    Aussagen von Grenzwertsätzen.

Für die folgenden Untersuchungen benötigt man *Konvergenzbegriffe* für *Folgen* von *Zufallsgrößen*

$$\{ X_n \}$$

im Rahmen der Wahrscheinlichkeitsrechnung. Wir betrachten die folgenden:

* *Konvergenz in Wahrscheinlichkeit*

    Eine Folge von *Zufallsgrößen* heißt *konvergent in Wahrscheinlichkeit* gegen eine *Zufallsgröße* X, wenn für jedes $\varepsilon > 0$ gilt

    $$\lim_{n \to \infty} P (|X_n - X| \le \varepsilon) = 1$$

    o d e r

    $$\lim_{n \to \infty} P (|X_n - X| > \varepsilon) = 0$$

* *Konvergenz mit Wahrscheinlichkeit 1*

Eine Folge von *Zufallsgrößen* heißt *konvergent mit Wahrscheinlichkeit 1* gegen eine *Zufallsgröße* X, wenn gilt

$$P\left(\lim_{n\to\infty} X_n = X \right) = 1$$

☞

Die gegebenen Konvergenzbegriffe für Folgen von Zufallsgrößen im Rahmen der Wahrscheinlichkeitsrechnung dürfen nicht mit der Konvergenz von Folgen in der mathematischen Analysis verwechselt werden.

♦

20.1 Tschebyscheffsche Ungleichung

Wenn man für eine *Zufallsgröße* X die *Verteilungsfunktion* kennt, können die *Wahrscheinlichkeiten*

$$P(\,|\,X - \mu\,|\, > a\,)\qquad(\,a - \text{vorgegebene Zahl} > 0\,)$$

für die *Abweichung* ihrer *Werte* vom *Erwartungswert* $\mu = E(X)$ *exakt berechnet* werden.

Bei einer Reihe praktischer Problemstellungen hat man jedoch für X keine Verteilungsfunktion, sondern nur Werte (z.B. *Erfahrungswerte*) für *Erwartungswert* (Mittelwert) μ und *Standardabweichung* σ. Unter Verwendung der *Tschebyscheffschen Ungleichung* lassen sich in diesem Fall *Abschätzungen* für die benötigten *Wahrscheinlichkeiten* angeben (siehe Beispiel 20.1). Ein derartiges Resultat ist zu erwarten, da die Standardabweichung für die Zufallsgröße X ein Maß für die Abweichung vom Erwartungswert darstellt.

☞

Die von *Tschebyscheff* aufgestellte *Ungleichung* liefert die folgende *Abschätzung*

$$P(\,|\,X - \mu\,|\, > k \cdot \sigma\,) < \frac{1}{k^2}$$

für die *Wahrscheinlichkeiten* der *Ereignisse*

$$\{\,|\,X - \mu\,|\, > k \cdot \sigma\,\}$$

für beliebiges $k > 0$, d.h., die Ungleichung gibt eine *Abschätzung* der Wahrscheinlichkeiten für die *Abweichung* der Werte der Zufallsgröße X von ihrem *Erwartungswert* $\mu = E(X)$.

♦

Indem man

$$k = a\,/\,\sigma$$

setzt, ergibt sich die folgende Form für die *Tschebyscheffsche Ungleichung:*

$$P(|X-\mu|>a) < \frac{\sigma^2}{a^2}$$

die man in einer Reihe von Lehrbüchern findet.

◆

Die *Abschätzung* für *Wahrscheinlichkeiten* aus der *Tschebyscheffschen Ungleichung* ist *grob*. Deshalb wird man man sie für praktische Untersuchungen nur anwenden, wenn von der betrachteten *Zufallsgröße* X außer Erwartungswert und Standardabweichung keine weiteren Eigenschaften (wie z.B. Werte der Verteilungsfunktion) bekannt sind. Die größere Bedeutung besitzt die *Tschebyscheffsche Ungleichung* für die Herleitung theoretischer Aussagen, wie für das im nächsten Abschn.20.2 vorgestellte *Gesetz der großen Zahlen.*

◆

Aus der *Tschebyscheffschen Ungleichung* folgt unmittelbar die *Abschätzung*

$$P(|X-\mu|\leq k\cdot\sigma) \geq 1-\frac{1}{k^2}$$

für das *komplementäre Ereignis*

$$\{\ |X-\mu|\leq k\cdot\sigma\ \}$$

◆

Die beiden gegebenen *Tschebyscheffschen Ungleichungen* lassen sich in *folgender Form* angeben:

$$P(|X-\mu|\geq k\cdot\sigma) \leq \frac{1}{k^2}$$

bzw.

$$P(|X-\mu|< k\cdot\sigma) > 1-\frac{1}{k^2}$$

◆

Beispiel 20.1:

a) Von einer *Zufallsgröße* X seien der *Erwartungswert* μ=50 und die *Standardabweichung* σ=4 bekannt. Es ist das Intervall um den Erwartungswert μ gesucht, in den die Werte von X mindestens mit der *Wahrscheinlichkeit* 3/4 fallen.

Die *Tschebyscheffsche Ungleichung* hat für diese Aufgabe die Form

$$P(\,|X-50|\le k\cdot 4\,)\ge 1-\frac{1}{k^2}=3/4$$

aus der man $k=2$ erhält. Damit ergibt sich das *Intervall*

$$42\le X\le 58$$

in das die Werte der *Zufallsgröße* X mindestens mit der *Wahrscheinlichkeit* 3/4 fallen, d.h.

$$P(42\le X\le 58)\ge 3/4$$

Falls nur die *Standardabweichung* $\sigma=4$ für X bekannt ist, so erhält man aus der *Tschebyscheffschen Ungleichung*

$$P(\,|X-\mu|\le 2\cdot 4\,)\ge\frac{3}{4}$$

noch die *Aussage*, daß die *Zufallsgröße* X mindestens mit der *Wahrscheinlichkeit* 3/4 Werte aus dem Intervall

$$\mu-8\le X\le\mu+8$$

um den unbekannten *Erwartungswert* μ annimmt.

b) Betrachten wir eine *Längenmessung*, bei der eine *mittlere Länge (Erwartungswert)* von $\mu=100$ m und eine *Standardabweichung* von 2 m ermittelt wurde. Gesucht ist z.B. eine obere Schranke für die Wahrscheinlichkeit, daß eine Abweichung von mehr als 6 m vom Erwartungswert μ auftritt. Die Anwendung der Tschebyscheffschen Ungleichung liefert hierfür:

$$P(\,|X-100|\ge 6\,)=P(\,|X-100|\ge 3\cdot 2\,)\le 1/9=0.11$$

d.h., die *Wahrscheinlichkeit* beträgt *höchstens* 0.11.

♦

20.2 Gesetze der großen Zahlen

Es gibt verschiedene Fassungen für *Gesetze der großen Zahlen*. Des weiteren unterscheidet man zwischen schwachen und starken Gesetzen. Alle diese Gesetze treffen im wesentlichen Aussagen über die *Konvergenz* (für $n\to\infty$) des *arithmetischen Mittels*

$$\frac{X_1+X_2+\dots+X_n}{n}$$

von n Zufallsgrößen

$$X_i\qquad(\,i=1,2,\dots,n\,)$$

Wir können im Rahmen des Buches keine mathematisch exakte Formulierung dieser Gesetze geben, sondern nur einen wesentlichen Inhalt anführen, der darin besteht, daß unter gewissen Voraussetzungen die *Konvergenz in Wahrscheinlichkeit* gesichert ist, wie unter Verwendung der Tschebyscheffschen Ungleichung gezeigt werden kann.

Eine Illustration dieses Sachverhalts erfolgt im Beispiel 20.2, in dem als Anwendung die Problematik der relativen Häufigkeit betrachtet wird.

Die *Gesetze* der *großen Zahlen* liefern eine Rechtfertigung dafür, daß für ein durchgeführtes Zufallsexperiment der *Erwartungswert* (Mittelwert) bei n Messungen zuverlässiger ist, als wenn man nur eine einzelne Messung durchführt.

♦

Beispiel 20.2:

Man kann die bei n *Zufallsexperimenten* ermittelte *relative Häufigkeit* (siehe Abschn.16.2.2)

$$H_n(A)$$

für ein mögliches Ereignis A in der Form

$$H_n(A) = \frac{X_1 + X_2 + ... + X_n}{n}$$

schreiben, wobei die einzelnen Zufallsgrößen

$$X_i \qquad (i = 1, 2, ..., n)$$

nur die Werte 1 (A eingetreten) oder 0 (A nicht eingetreten) annehmen können (*Bernoulli-Experiment*, siehe Abschn.18.1 − Binomialverteilung).

Damit läßt sich als *Folgerung* aus den *Gesetzen der großen Zahlen* zeigen, daß für ein *Ereignis* A die *relative Häufigkeit* in Wahrscheinlichkeit gegen die *Wahrscheinlichkeit* P(A) von A *konvergiert*, d.h., für jedes $\varepsilon > 0$ gilt

$$\lim_{n \to \infty} P(\,|\,H_n(A) - P(A)\,| \leq \varepsilon\,) = 1$$

o d e r äquivalent

$$\lim_{n \to \infty} P(\,|\,H_n(A) - P(A)\,| > \varepsilon\,) = 0$$

♦

Beispiel 20.2 zeigt den *Zusammenhang* zwischen *Wahrscheinlichkeit* und *relativer Häufigkeit* auf und gibt eine mathematische Erklärung für die Schwankung der Folge *relativer Häufigkeiten* $H_n(A)$ um die *Wahrscheinlichkeit* P(A) eines Ereignis A (siehe Abschn.16.2.2). Damit ist der im Abschn.16.2.2 erwähnte Stabilisierungseffekt für eine Folge relativer Häufigkeiten präzisiert worden.

♦

20.3 Grenzwertsätze

Grenzwertsätze liefern *Aussagen* über das Grenzverhalten (die Konvergenz) von *Folgen* von *Zufallsgrößen*, wobei aufgrund praktischer Erfordernisse Aussagen über die Verteilungsfunktion von Summen n unabhängiger Zufallsgrößen für großes n (n → ∞) interessieren.

Wir beschränken uns auf den *zentralen Grenzwertsatz* der eine wichtige Rolle in den Anwendungen spielt. Die Bezeichnung *zentraler Grenzwertsatz* steht für eine Reihe von Sätzen, die beinhalten, daß die Verteilungsfunktion einer *Summe* von *n unabhängigen Zufallsgrößen* unter gewissen Voraussetzungen für n → ∞ gegen eine *Normalverteilung konvergiert.*

Auf eine genaue Angabe aller Voraussetzungen und Aussagen von *zentralen Grenzwertsätzen* möchten wir im Rahmen dieses Buches verzichten. Wir geben nur wesentliche Aussagen:

Wenn sich eine *Zufallsgröße* X als *Summe* von n *Zufallsgrößen*

$$X_1, X_2, \ldots, X_n$$

darstellen läßt, d.h.

$$X = X_1 + X_2 + \ldots + X_n$$

so besitzt X *näherungsweise Normalverteilung,* falls die

* Anzahl n der Zufallsgrößen hinreichend groß ist.

* Zufallsgrößen

$$X_1, X_2, \ldots, X_n$$

unabhängig sind, dieselbe Wahrscheinlichkeitsverteilung besitzen und gleichen Einfluß ausüben.

☞

Der *zentrale Grenzwertsatz* liefert bei vielen *praktischen Anwendungen* die Rechtfertigung dafür, daß man eine betrachtete *Zufallsgröße* näherungsweise als *normalverteilt* voraussetzt, da sie als Überlagerung (Summe) einer großen Anzahl einwirkender Einflüsse (unabhängiger Zufallsgrößen) angesehen werden kann.

♦

Beispiel 20.3:

a) Eine *Zufallsgröße* X mit *Binomialverteilung* B(n,p) läßt sich als *Summe*

$$X = X_1 + X_2 + \ldots + X_n$$

von n unabhängigen *Zufallsgrößen*

$$X_i \qquad (i = 1, 2, \ldots, n)$$

darstellen, die jeweils nur die Werte 1 oder 0 annehmen können, je nachdem, ob das betrachtete Ereignis A aufgetreten ist oder nicht. Deshalb kann man diese Zufallsgröße X für hinreichend großes n *näherungsweise* als *normalverteilt* mit *Erwartungswert*

$$n \cdot p$$

und *Varianz/Streuung*

$$n \cdot p \cdot (1-p)$$

annehmen, wobei in der Praxis für die Wahl eines hinreichend großen n die Ungleichung

$$n \cdot p \cdot (1-p) > 9$$

einen *Richtwert* liefert.

b) Bei einer *Messung* werde der *zufällige Meßfehler* durch die *Zufallsgröße* X dargestellt. Dieser Meßfehler entsteht i.a. durch additive Überlagerung einer Reihe voneinander unabhängiger Fehlerursachen, die einzeln einen gleichgroßen (aber geringen) Einfluß auf X ausüben. Deshalb kann man für X aufgrund des zentralen Grenzwertsatzes eine *Normalverteilung* annehmen.

♦

Wenn man wie im vorangehenden Beispiel 20.3a eine *diskrete Verteilung* näherungsweise durch eine *stetige* ersetzt, kann die Genauigkeit durch eine sogenannte *Stetigkeitskorrektur* verbessert werden. Da für die *diskrete Zufallsgröße* X bzgl. einer gesuchten Wahrscheinlichkeit, wie z.B.

$$P (X \le 10) = P (X < 11)$$

gilt, verwendet man beim Übergang zur *Normalverteilung* den Wert 10.5, d.h., man korrigiert um 1/2. Den gleichen Effekt erreicht man aufgrund der Eigenschaften der Normalverteilung, wenn man den verwendeten *Erwartungswert* entsprechend um −1/2 *korrigiert*, d.h.

$$n \cdot p - 1/2$$

verwendet. Illustrieren wir die Vorgehensweise im folgenden Beispiel 20.4

♦

Beispiel 20.4:

In einem Produktionsprozeß werden mit der *Wahrscheinlichkeit* p=0.03 (d.h. 3%) *defekte Teile* produziert (Ausschußanteil). Gesucht ist z.B. die Wahrscheinlichkeit, daß unter n=500 zufällig herausgegriffenen Teilen höchstens 10 defekte enthalten sind. Die Anzahl defekter Teile werde durch die *Zufallsgröße* X charakterisiert, die offensichtlich der *Binomialverteilung* B(500,0.03) genügt. Damit ist für X die *Wahrscheinlichkeit* P(X≤10) zu berechnen, die sich als Wert der Verteilungsfunktion $F_B(10)$ der *Binomialverteilung* $B(500,0.03)$ ergibt.

Der gesuchte Wert $F_B(10)$ der Verteilungsfunktion der *Binomialverteilung* kann *näherungsweise* durch den Wert der Verteilungsfunktion F_N der *Normalverteilung* mit folgenden *Erwartungswerten* μ und *Standardabweichung* σ berechnet werden:

* $\mu = n \cdot p - 1/2 = 14.5$ und $\sigma = \sqrt{n \cdot p \cdot (1-p)} = 3.81$

Da hier die *Stetigkeitskorrektur* beim Erwartungswert vorgenommen wurde, ist mit der Normalverteilung der Wert $F_N(10)$ zu berechnen.

* $\mu = n \cdot p = 15$ und $\sigma = \sqrt{n \cdot p \cdot (1-p)} = 3.81$

Da hier die *Stetigkeitskorrektur nicht* beim Erwartungswert vorgenommen wurde, ist mit der Normalverteilung der Wert $F_N(10.5)$ zu berechnen.

Führen wir die Berechnung der gesuchten Wahrscheinlichkeit $P(X \leq 10)$ für beide Verteilungen mit MATHCAD und MATLAB durch und vergleichen die Ergebnisse:

* *Binomialverteilung*

    pbinom (10 , 500 , 0.03) = 0.115

* *Normalverteilung*

    pnorm (10 , 14.5 , 3.81) = 0.119

    bzw.

    pnorm (10.5 , 15 , 3.81) = 0.119

MATHCAD

MATLAB

* *Binomialverteilung*

    >> **binocdf** (10 , 500 , 0.03)

    ans =

    0.1148

* *Normalverteilung*

>> **normcdf** (10 , 14.5 , 3.81)

ans =

0.1188

bzw.

>> **normcdf** (10.5 , 15 , 3.81)

ans =

0.1188

Aus den von MATHCAD und MATLAB berechneten Ergebnissen kann man die gute Übereinstimmung für die Anwendung beider Verteilungen (Normal- und Binomialverteilung) erkennen.

♦

21 Zufallszahlen und Simulation

Unter *Simulation* versteht man die Untersuchung des Verhaltens eines Vorgangs/Prozesses/Systems aus *Technik, Natur-* oder *Wirtschaftswissenschaften* mit Hilfe eines *Ersatzsystems*. Man spricht von einer *Nachbildung* mittels eines *Modells*. Derartige *Simulationsmethoden* sind für die Anwendung von großem Nutzen, da sie

* meistens kostengünstiger sind.

* häufig schneller Ergebnisse liefern.

* in einer Reihen von Fällen erst die Untersuchung eines realen Objekts ermöglichen, weil direkte Untersuchungen an diesem Objekt zu kostspielig oder nicht möglich sind.

Für das *Ersatzsystem* wird in zahlreichen Fällen ein *mathematisches Modell* verwandt, das unter Verwendung von *Computern* ausgewertet wird. Deshalb benutzt man den Begriff *digitale Simulation*. Wenn das benutzte mathematische Modell auf Methoden der Wahrscheinlichkeitstheorie basiert, spricht man von *stochastischer (digitaler) Simulation*.

Stochastische Simulationen, die man als *Monte-Carlo-Simulationen* oder *Monte-Carlo-Methoden* bezeichnet, werden in *Technik, Natur-* und *Wirtschaftswissenschaften* angewandt, wenn die betrachteten Vorgänge/Prozesse/Systeme so komplex sind, daß die Anwendung deterministischer mathematischer Modelle zu aufwendig wird oder wenn gewisse zu untersuchende Größen zufallsbedingt sind.

♦

Stochastische Simulationen werden u.a. bei folgenden Problemen angewandt:

* Meß- und Prüfvorgänge

* Lagerhaltungsprobleme

* Verkehrsabläufe

* Bedienungs- und Reihenfolgeprobleme

* Lösung von Optimierungsaufgaben und Augaben aus der mathematischen Analysis (z.B. Integralberechnung).

♦

Zur *stochastischen Simulation* benötigt man i.a. eine Folge von *Zufallszahlen*, die einer vorgegebenen *Wahrscheinlichkeitsverteilung* genügen. Diese lassen sich mittels Computer erzeugen. Die Systeme MATHCAD und MATLAB stellen zur Erzeugung von Zufallszahlen *vordefinierte Funktionen* zur Verfügung. Hierauf gehen wir im folgenden Abschn.21.1 ein. Daran anschließend illustrieren wir im Abschn.21.2 die Anwendung von MATHCAD und MATLAB bei der Realisierung von *Simulationsmethoden* an einem Beispiel der *Monte-Carlo-Simulation* zur Berechnung bestimmter Integrale.

21.1 Erzeugung von Zufallszahlen

Bei *stochastischen Simulationsmethoden* (*Monte-Carlo-Simulationen*) benötigt man *Zufallszahlen* (siehe Abschn.21.2). Dabei versteht man unter einer Zufallszahl den von einer Zufallsgröße angenommenen Zahlenwert.

Zufallszahlen lassen sich auf dem *Computer* mittels *Zufallszahlengenerator* oder *Rekursionsformeln erzeugen,* wobei dies am einfachsten für im Intervall [0,1] *gleichmäßig verteilte Zufallszahlen* gelingt.
Aus den erzeugten *gleichmäßig verteilten Zufallszahlen* kann man durch Transformation *Zufallszahlen* gewinnen, die einer *beliebig vorgegebenen Wahrscheinlichkeitsverteilung* genügen.

♦

Da man *Zufallszahlen* auf dem Computer häufig ausgehend von einem Startwert mittels *deterministischer Rekursionsformeln* berechnet (siehe [4]), werden sie als *Pseudozufallszahlen* bezeichnet.

♦

MATHCAD und MATLAB stellen eine Reihe vordefinierter *Funktionen* zur Berechnung von *Pseudeozufallszahen* für verschiedene Wahrscheinlichkeitsverteilungen zur Verfügung:

In MATHCAD beginnen die *vordefinierten Funktionen* zur *Erzeugung* von *Zufallszahlen,* die einer bestimmten Verteilung genügen, mit dem Buchstaben **r** vor dem Namen der ensprechenden Verteilung:

* **rgeom** (k , p)

  berechnet *k Zufallszahlen,* die der *geometrischen Verteilung* mit dem *Parameter* p genügen.

* **rbinom** (k , n , p)

  berechnet *k Zufallszahlen,* die der *Binomialverteilung*
  B(n,p)

genügen.

* **rhypergeom** (k , K , M–K , n)

berechnet *k Zufallszahlen*, die der *hypergeometrischen Verteilung* H(M,K,n)
genügen.

* **rpois** (k , λ)

berechnet *k Zufallszahlen*, die der *Poisson-Verteilung* P(λ)
genügen.

* **rnorm** (k , μ , σ)

berechnet *k Zufallszahlen*, die der *Normalverteilung*

N(μ,σ)

genügen.

* **rexp** (k , a)

berechnet *k Zufallszahlen*, die der *Exponentialverteilung* mit dem *Parameter* a genügen.

* **runif** (k , a , b)

berechnet *k Zufallszahlen*, die der *stetigen gleichmäßigen Verteilung* über dem *Intervall* [a,b] genügen. Benötigt man eine gleichverteilte Zufallszahl aus dem Intervall [0,x], so kann man zusätzlich die Funktion **rnd** (x) verwenden, die der Funktion **runif** (1 , 0 , x) entspricht.

* **rchisq** (k , n)

berechnet *k Zufallszahlen*, die der *Chi-Quadrat-Verteilung* mit n *Freiheitsgraden* genügen.

* **rF** (k , m , n)

berechnet *k Zufallszahlen*, die der *F-Verteilung* mit (m,n) *Freiheitsgraden* genügen.

* **rt** (k , n)

berechnet *k Zufallszahlen*, die der *t-Verteilung* mit n *Freiheitsgraden* genügen.

Die *Berechnung* von *Zufallszahlen* mittels der in MATHCAD vordefinierten Funktionen wird nach der Eingabe dieser Funktionen mit den entsprechenden Argumenten in das Arbeitsfenster *ausgelöst*, indem man die eingegebene Funktion mit einer Bearbeitungslinie markiert und abschließend das *numerische Gleichheitszeichen* = eintippt. Die *Ausgabe* der berechneten *Zufallszahlen* erfolgt im Arbeitsfenster je nach Einstellung als *Tabelle* oder *Spaltenvektor*.

Den *Funktionen* zur *Erzeugung* von *Zufallszahlen* ist in MATHCAD ein sogenannter *Rekursivwert* zugeordnet.
Wenn man diesen *Rekursivwert* (ganze Zahl) in der nach der Aktivierung der *Menüfolge*

Math ⇒ **Options**
(deutsche Version: **Rechnen** ⇒ **Optionen**)

erscheinenden *Dialogbox*

Math Options
(deutsche Version: **Rechenoptionen**)

bei

Built-In Variables
(deutsche Version: **Vordefinierte Variablen**)

im Feld

Seed value for random numbers
(deutsche Version: **Rekursivwert für Zufallsdaten**)

verändert, so erzeugt MATHCAD eine andere Folge von Zufallszahlen.

MATLAB stellt in der **Statistics Toolbox** zahlreiche *Funktionen* zur *Erzeugung* von *Zufallszahlen* bereit.
In MATLAB enden die *vordefinierten Funktionen* zur *Erzeugung* von *Zufallszahlen*, die einer bestimmten Verteilung genügen, nach dem Namen der entsprechenden *Verteilung* mit **rnd**:

*   >> R = **unidrnd** (N , m , n)

  berechnet eine Matrix **R** vom Typ (m,n), deren Elemente *Zufallszahlen* sind, die der *diskreten gleichmäßige Verteilung* mit N Werten genügen.

*   >> R = **geornd** (p , m , n)

  berechnet eine Matrix **R** vom Typ (m,n), deren Elemente *Zufallszahlen* sind, die der *geometrische Verteilung* mit dem *Parameter* p genügen.

*   >> R = **binornd** (n , p , m , n)

berechnet eine Matrix **R** vom Typ (m,n), deren Elemente *Zufallszahlen* sind, die der *Binomialverteilung* B(n,p) genügen.

* >> R = **hygernd** (M , K , N , m , n)

berechnet eine Matrix **R** vom Typ (m,n), deren Elemente *Zufallszahlen* sind, die der *hypergeometrischen Verteilung* H(M,K,N) genügen.

* >> R = **poissrnd** (λ , m , n)

berechnet eine Matrix **R** vom Typ (m,n), deren Elemente *Zufallszahlen* sind, die der *Poisson-Verteilung* P(λ) genügen.

* >> R = **normrnd** (μ , σ , m , n)

berechnet eine *Matrix* **R** vom Typ (m,n), deren Elemente *Zufallszahlen* sind, die der *Normalverteilung* N(μ,σ) genügen.

* >> R = **exprnd** (1/a , m , n)

berechnet eine *Matrix* **R** vom Typ (m,n), deren Elemente *Zufallszahlen* sind, die der *Exponentialverteilung* mit dem *Parameter* a genügen.

* >> R = **unifrnd** (a , b , m , n)

berechnet eine *Matrix* **R** vom Typ (m,n), deren Elemente *Zufallszahlen* sind, die der *stetigen gleichmäßigen Verteilung* über dem *Intervall* [a,b] genügen.

* >> R = **unifrnd** (A , B)

berechnet eine *Zufallszahl* R die der *stetigen gleichmäßigen Verteilung* über dem Intervall [A,B] genügt. Wenn **A** und **B** Matrizen gleichen Typs (m,n) sind, so wird durch **unifrnd** eine *Matrix* **R** vom gleichen Typ berechnet, die gleichverteilte Zufallszahlen aus den Intervallen enthält, deren Grenzen durch die einzelnen Elemente der Matrizen **A** und **B** gegeben sind (siehe Beispiele 21.1c).

* >> R = **chi2rnd** (t , m , n)

berechnet eine *Matrix* **R** vom Typ (m,n), deren Elemente *Zufallszahlen* sind, die der *Chi-Quadrat-Verteilung* mit t *Freiheitsgraden* genügen.

* >> R = **frnd** (s , t , m , n)

berechnet eine *Matrix* **R** vom Typ (m,n), deren Elemente *Zufallszahlen* sind, die der *F-Verteilung* mit (s,t) *Freiheitsgraden* genügen.

* >> R = **trnd** (t , m , n)

berechnet eine *Matrix* **R** vom Typ (m,n), deren Elemente *Zufallszahlen* sind, die der *t-Verteilung* mit t *Freiheitsgraden* genügen.

Wenn man bei den Funktionen, die Matrizen von Zufallszahlen erzeugen, die beiden Parameter für den Typ der Matrix wegläßt, so wird nur eine Zufallszahl berechnet.

Illustrieren wir die Erzeugung von Zufallszahlen mittels MATHCAD und MATLAB im folgenden Beispiel.

Beispiel 21.1:

a) Möchte man 5 *stetig gleichverteilte Zufallszahlen* aus dem Intervall [0,2] erzeugen, so kann dies mit MATHCAD und MATLAB folgendermaßen geschehen:

$$\mathbf{runif}\,(5,0,2) = \begin{pmatrix} 2.537 \times 10^{-3} \\ 0.387 \\ 1.17 \\ 0.701 \\ 1.646 \end{pmatrix}$$

>> **unifrnd** (0 , 2 , 5 , 1)

ans =

   1.9003
   0.4623
   1.2137
   0.9720
   1.7826

b) Im folgenden erzeugen wir 5 *normalverteilte Zufallszahlen* mit dem *Erwartungswert* 0 und der *Standardabweichung* 1 mittels MATHCAD und MATLAB:

$$\textbf{rnorm}\,(5,0,1)\;=\;\begin{pmatrix} 0.044 \\ -0.121 \\ 0.556 \\ 2.192 \\ 0.809 \end{pmatrix}$$

`>> normrnd ( 0 , 1 , 5 , 1 )`

ans =

    −0.4326
    −1.6656
     0.1253
     0.2877
    −1.1465

c) Erzeugen wir eine *zweireihige Matrix* von *stetig gleichverteilten Zufallszahlen*, deren Elemente über den Intervallen [1,3] , [2,4] , [3,5] bzw. [4,9] verteilt sind und verwenden hierfür MATLAB.

`>> R = unifrnd ( [ 1 2 ; 3 4 ] , [ 3 4 ; 5 9 ] )`

`R =`

    2.2137   3.7826
    3.9720   7.8105

d) Erzeugen wir eine (4,3)-*Matrix* mit *normalverteilten Zufallszahlen* mit dem *Erwartungswert* 4 und der *Standardabweichung* 2 und verwenden hierfür MATLAB:

>> R = **normrnd** (4 , 2 , 4 , 3)

R =
    2.3353   7.2471   0.8125
    4.5888   2.6164   1.1181
    1.3276   5.7160   5.1423
    5.4286   6.5080   3.2002

♦

21.2 Monte-Carlo-Methoden

Monte-Carlo-Methoden (*Monte-Carlo-Simulationen*), d.h. *stochastische Simulationen*, beruhen auf Methoden der Wahrscheinlichkeitsrechnung und Statistik. Derartige Methoden lassen sich folgendermaßen charakterisieren:

* Ein gegebenes praktisches deterministisches oder stochastisches Problem wird durch ein formales *mathematisches stochastisches Modell* angenähert.

* Anhand des aufgestellten *stochastischen Modells* werden unter Verwendung von *Zufallszahlen* zufällige *Experimente* auf einem *Computer* durchgeführt.

* In *Auswertung* der *Ergebnisse* dieser *zufälligen Experimente* werden *Näherungswerte* für das *gegebene Problem* erhalten.

Das charakteristische für *Monte-Carlo-Methoden* ist die Verwendung von *Zufallszahlen*
♦

Monte-Carlo-Methoden können zur *Lösung* einer Reihe *mathematischer Aufgaben* herangezogen werden, die rein deterministischen Charakter besitzen, so u.a. zur

* *Lösung* von algebraischen *Gleichungen* und *Differentialgleichungen*

* *Berechnung* von *Integralen*

* *Lösung* von *Optimierungsaufgaben*

Sie sind nur zu *empfehlen*, wenn *höherdimensionale Probleme* vorliegen, wie dies z.B. bei mehrfachen Integralen oder der Minimierung von Funktionen mehrerer Variablen der Fall ist. Hier sind die Monte-Carlo-Methoden in gewissen Fällen den deterministischen numerischen Verfahren überlegen.

♦

☞

Wir können im Rahmen des Buches nicht das komplexe Gebiet der *Simulationsmethoden* behandeln. Wir illustrieren an einem Beispiel nur die Problematik der *Monte-Carlo-Simulation*.

Da sich die *Erzeugung* von *Zufallszahlen* mittels MATHCAD und MATLAB einfach realisieren läßt, wie wir im Abschn.21.1 gesehen haben, eignen sich beide zur Durchführung von *Monte-Carlo-Simulationen*.

Unter Verwendung der Programmiermöglichkeiten von MATHCAD und MATLAB lassen sich *Algorithmen* zur *Monte-Carlo-Simulation* problemlos realisieren. Im folgenden illustrieren wir dies für die näherungsweise *Berechnung bestimmter Integrale*.

♦

Berechnen wir *bestimmte Integrale* der Form

$$I = \int_a^b f(x)\, dx$$

mittels *Monte-Carlo-Simulation:*

* Für eine einfache Anwendung muß das *Integral* in eine Form *transformiert* werden, in der der *Integrationsbereich* durch das Intervall [0,1] gegeben ist und die *Funktionswerte* des *Integranden* f(x) zwischen 0 und 1 liegen.

* Wir benötigen folglich das *Integral* in der *Form*

$$\int_0^1 h(x)\, dx \qquad \text{mit } 0 \le h(x) \le 1$$

* Unter der Voraussetzung, daß der *Integrand* f(x) auf dem Intervall [a,b] *stetig* ist, kann man durch Berechnung von

$$m = \underset{x \in [a,b]}{\text{Minimum}} f(x) \quad \text{und} \quad M = \underset{x \in [a,b]}{\text{Maximum}} f(x)$$

das gegebene Integral I in die *folgende Form* transformieren:

$$I = (M - m) \cdot (b - a) \cdot \int_0^1 h(x)\, dx + (b - a) \cdot m$$

wobei die Funktion

$$h(x) = \frac{f(a + (b - a) \cdot x) - m}{M - m}$$

die geforderte Bedingung $0 \le h(x) \le 1$ erfüllt.

* Das entstandene *Integral*

$$\int_0^1 h(x)\, dx$$

bestimmt *geometrisch* die *Fläche* unterhalb der Funktionskurve von $h(x)$ im *Einheitsquadrat* $x \in [0,1]$, $y \in [0,1]$.

* Dieser *geometrische Sachverhalt* läßt sich einfach zur *näherungsweisen Berechnung* des *Integrals* heranziehen, indem man eine *Simulation* mit *gleichverteilten Zufallszahlen* verwendet:
Man erzeugt n *Zahlenpaare*

$$(x_i , y_i)$$

von im Intervall [0,1] *gleichverteilten Zufallszahlen* und zählt nach, welche Anzahl $z(n)$ der Zahlenpaare davon in die durch $h(x)$ bestimmte Fläche fallen, d.h. für die

$$y_i \le h(x_i)$$

gilt.

* Damit liefert unter Verwendung der *relativen Häufigkeit* (siehe Abschn.16.2.2) der Quotient $z(n)/n$ eine *Näherung* für das zu berechnende *Integral*, d.h.

$$\int_0^1 h(x)\, dx \approx \frac{z(n)}{n}$$

☞

Bei der Anwendung der Monte-Carlo-Simulation mit MATHCAD und MATLAB ist zu beachten, daß bei jeder Durchführung mit gleicher Anzahl von Zufallszahlen i.a. ein anderes Ergebnis auftritt, da bei jedem Aufruf der entsprechenden Funktionen eine andere Folge von Zufallszahlen geliefert wird. Im folgenden Beispiel ist dies bei der Berechnung eines konkreten Integrals zu sehen.

♦
Beispiel 21.2:

Das bestimmte *Integral*

$$I = \int_1^3 x^x\, dx$$

kann MATHCAD und MATLAB *nicht exakt berechnen:*

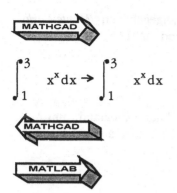

$$\int_{1}^{3} x^x \, dx \rightarrow \int_{1}^{3} x^x \, dx$$

>> **syms** x ; **int** (x^x , x , 1 , 3)

Warning: Explicit integral could not be found.

> In C:\MATLABR11\toolbox\symbolic\@sym\int.m at line 58

ans =

int (x^x , x = 1 .. 3)

Die *numerische Berechnung* (siehe Abschn.13.3) mittels MATHCAD und MATLAB liefert:

$$\int_{1}^{3} x^x \, dx = 13.725 \quad \blacksquare$$

>> x = 1 : 0.001 : 3 ;

>> **trapz** (x , x.^x)

ans =

13.7251

Berechnen wir dieses *Integral* mittels der angegebenen *Monte-Carlo-Simulation* unter Verwendung von MATHCAD und MATLAB:

In MATHCAD gehen wir folgendermaßen vor:

* Wir zeichnen zuerst die zu integrierende Funktion (Integrand), um Aussagen über ihr Minimum m und Maximum M im Intervall [1,3] zu erhalten:

$$x := 1, 1.0001 .. 3$$

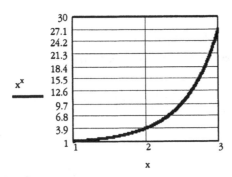

Aus der Zeichnung entnehmen wir, daß der Integrand x^x auf dem Intervall [1,3] streng monoton wächst, so daß m = 1 und M = 27 für das Minimum bzw. Maximum folgen. Damit haben wir alle benötigten Werte zusammen, da die *Integrationsgrenzen* a=1 und b=3 ebenfalls bekannt sind.

* Jetzt können wir das gegebene Integral mittels der abgeleiteten Formel der *Monte-Carlo-Simulation* näherungsweise berechnen, wofür wir in MATHCAD das *Unterprogramm* IN(a,b,m,M,n,f) *schreiben*, in dem die Parameter folgendes bedeuten:

  * a und b die *Integrationsgrenzen*

  * m und M *Minimum* bzw. *Maximum* des *Integranden* f(x) auf dem Intervall [a,b]

  * n die *Zahl* der von MATHCAD zu erzeugenden *Zufallszahlen*

  * f den *Integranden*

Das erstellte Unterprogramm kann zur Berechnung beliebiger bestimmter Integrale benutzt werden. Es müssen nur vor dem Aufruf des Programms

  * dem Integranden f(x) in einer Funktionsdefinition die konkrete Funktion zugewiesen,

* Minimum m und Maximum M des Integranden f(x) auf dem Intervall [a,b] ermittelt,

* die Anzahl n zu erzeugender Zufallszahlen festgelegt

werden.

Im folgenden ist eine mögliche Variante des Unterprogramms zu sehen:

$$IN(a,b,m,M,n,f) := \begin{vmatrix} IN \leftarrow 0 \\ \text{for } i \in 1..n \\ \begin{vmatrix} x \leftarrow rnd(1) \\ y \leftarrow rnd(1) \\ IN \leftarrow IN + 1 \quad \text{if} \quad y \leq \dfrac{f[a+(b-a)\cdot x] - m}{M - m} \end{vmatrix} \\ IN \leftarrow (M-m)\cdot(b-a)\cdot\dfrac{IN}{n} + (b-a)\cdot m \end{vmatrix}$$

* Der Aufruf des erstellten Programms zur Berechnung des gegebenen Integrals geschieht folgendermaßen, wobei für die Anzahl n der zu erzeugenden Zufallszahlen 1000 genommen wurde:

$$f(x) := x^x$$

$$IN(1,3,1,27,1000,f) = 13.752$$

Man sieht, daß vor dem Aufruf des Programms die Funktionsdefinition für den Integranden erfolgen muß.

* In der folgenden Tabelle geben wir die Ergebnisse der Berechnung des Integrals I mit dem für MATHCAD erstellten Unterprogramm IN für einige Werte von n:

n	I
10	12.400
100	11.360
1000	14.064
10 000	13.326
100 000	13.702

* Für n = 10 sind die zufälligen erzeugten Zahlenpaare aus der folgenden Grafik zu entnehmen:
Wir sehen in der grafischen Darstellung, daß von 10 erzeugten Zahlenpaaren 2 in die zu berechnende Fläche fallen, so daß sich ein Näherungswert für das Integral I aus

$$I = 26 \cdot 2 \cdot 2 / 10 + 2 = 12.4$$

berechnet.

$x := 0, 0.01 .. 1$

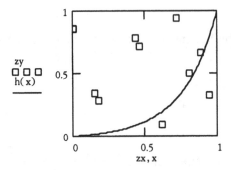

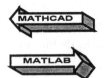

* *Berechnen* wir das gegebene *Integral* für n = 1000 durch mehrmaliges Erzeugen der 1000 Zufallszahlen:

Versuch	Wert des Integrals
1.	13.336
2.	12.920
3.	13.804
4.	13.856
5.	12.764
6.	13.596

Man sieht, daß MATHCAD jedesmal ein anderes Ergebnis erhält, da andere Zufallszahlen berechnet werden.

MATHCAD

MATLAB

In MATLAB erstellen wir zur Berechnung von Integralen mit der angegebenen Monte-Carlo-Simulation die *Funktionsdatei* (*M-Datei*)

IN (a , b , m , M , n)

und berechnen anschließend mit dieser Funktionsdatei das zu Beginn gegebene Integral für verschiedene Anzahlen von Zufallszahlen.
Die Parameter a, b, m, M, n haben in dieser Funktionsdatei die gleiche Bedeutung wie bei MATHCAD:

* Schreiben wir zuerst die *Funktionsdatei* IN und speichern diese in ein Verzeichnis von MATLAB:

function z = IN (a , b , m , M , n)

z = 0 ;

for i = 1 : n ; x = **unifrnd** (0 , 1) ; y = **unifrnd** (0 , 1) ;

  if y <= (f (a + (b – a) * x) – m) / (M – m) ;

    z = z + 1 ; **end** ;

end ;

z = (M – m) * (b – a) * z / n + (b – a) * m ;

Zu Anwendung des Funktionsunterprogramms

IN (a , b , m , M , n)

benötigt man noch eine *Funktionsdatei* f zur Berechnung der zu integrierenden Funktion (Integrand). Diese *Funktionsdatei* f muß im gleichen Verzeichnis von MATLAB wie die *Funktionsdatei* IN stehen und hat für das in unserem Beispiel zu berechnende Integral folgende Form:

function z = f(x)

z = x.^x ;

Bei der Berechnung eines anderen Integrals braucht man nur die *Funktionsdatei* f zu verändern und die Parameter a, b, m, M, n in die *Funktionsdatei* IN entsprechend einzugeben.

Zur Berechnung des gegebenen Integrals mittels der erstellten Funktionsdatei ist in das MATLAB-Kommandofenster folgendes einzugeben, wenn wir n=10000 wählen, d.h. 10000 Zufallszahlen berechnen:

>> **IN** (1 , 3 , 1 , 27 , 10000)

ans =

    13.8924

- In der folgenden Tabelle geben wir die Ergebnisse der Berechnung des Integrals mit dem für MATLAB erstellten Programm für einige Werte von n:

n	I
10	12.4000
100	14.4800
1000	13.3360
10 000	13.9340
100 000	13.6901

- *Berechnen* wir das gegebene *Integral* für n = 1000 durch mehrmaliges Erzeugen der 1000 Zufallszahlen:

Versuch	Wert des Integrals
1.	14.0640
2.	13.7000
3.	13.0240
4.	13.5960
5.	14.7920
6.	13.8560

Man sieht, daß MATLAB jedesmal ein anderes Ergebnis erhält, da andere Zufallszahlen berechnet werden.

Das gegebene Beispiel läßt erkennen, daß die *Monto-Carlo-Simulation* zur Berechnung einfacher Integrale keinen Vorteil gegenüber den in MATHCAD und MATLAB enthaltenen Methoden zur numerischen Integration bringt. Zu empfehlen ist diese Simulation erst bei höherdimensionalen Problemen, z.B. bei mehrfachen Integralen. Für die Berechnung mehrfacher Integrale mittels Monte-Carlo-Simulation ist das Vorgehen analog zu einfachen Integralen. Dies überlassen wir dem fortgeschrittenen Anwender. Ausführliche Hinweise hierzu findet man in den beiden Büchern [15] und [50].

♦

22 Statistik

Der *Ursprung* der *Statistik* liegt im Sammeln und Auswerten von Daten (Zahlen), z.B. im Zusammenhang mit Volkszählungen. Heute wird man mit der Problematik der *Statistik* bereits im täglichen Leben konfrontiert. So treten in den Medien laufend Begriffe wie Preis-, Unfall-, Besuchs-, Industrie-, Bankenstatistik usw. auf. Dabei denkt man zuerst an irgendwelche Tabellen, Übersichten, Auswertungen, Zusammenfassungen, d.h., an Zahlenwerte, die gegebene Sachverhalte charakterisieren. Die Statistik spielt nicht nur im täglichen Leben eine Rolle, sondern hat Einzug in Technik, Natur- und Wirtschaftswissenschaften gehalten, die ohne statistische Methoden nicht mehr auskommen.

22.1 Einführung

In einer ersten *groben Charakterisierung* kann man die *Statistik* als *Wissenschaft* von der Gewinnung, Aufbereitung und Auswertung von Informationen bezeichnen, die man allgemein als *Daten* bezeichnet und die in der Statistik in Form von Zahlen gewonnen werden. Deshalb bezeichnet man das vorliegende *Datenmaterial* als *Zahlenmaterial*.

◆

Eine Hauptaufgabe der *Statistik* besteht in der *Untersuchung* von *Massenerscheinungen* in Technik, Natur- und Wirtschaftswissenschaften. Diese *Massenerscheinungen* sind dadurch charakterisiert, daß sie nicht in ihrer Gesamtheit erfaßbar sind, sondern nur durch entnommene *Stichproben* untersucht werden können (siehe Kap.23). Ein typisches Beispiel hierfür liefert die *Qualitätskontrolle* bei Massenproduktionen.
Die *Statistik* liefert *Methoden*, um derartige *Massenerscheinungen*

* zu *beschreiben*
* zu *beurteilen*
* *quantitativ* zu *erfassen*

Für derartige Untersuchungen wird in der Statistik der Begriff der *Grundgesamtheit* eingeführt. (siehe Kap.23).

◆

☞

Unter dem Oberbegriff *Statistik* sind eine Reihe von Gebieten zusammenge-faßt, die man in einer ersten Aufteilung in eine *allgemeine Statistik* und *spezielle Statistiken* unterscheiden kann. Zu *speziellen Statistiken* zählen u.a. Wirtschafts-, Bevölkerungs-, Sozial-, Medizinstatistik und technische Statistik. Die hier verwandten Methoden werden in der *allgemeinen Statistik* bereit-gestellt, die sich wiederum in *theoretische* (*mathematische*) und *praktische Statistik* aufteilen läßt. Während sich die *praktische Statistik* mit Methoden zur *Datenerhebung* befaßt, liefert die *theoretische* (*mathematische*) *Statistik* die Methoden zur Darstellung und Auswertung vorhandener Daten. Die hier für die Statistik gegebene Einteilung ist nicht einheitlich, so daß man sich bei den in der Literatur verwendeten Begriffen über ihre Definition infor-mieren sollte.

♦

Im Rahmen des vorliegenden Buches befassen wir uns mit der *mathemati-schen Statistik*, deren beide wesentliche Teile

∗ *beschreibende* (*deskriptive*) *Statistik*

∗ *schließende* (*induktive*) *Statistik*

in den folgenden Abschn.22.2 und 22.3 kurz charakterisiert werden. Die restlichen Kapitel des Buches befassen sich dann ausführlicher mit wichti-gen Gebieten der mathematischen Statistik. Da statistische Untersuchungen meistens auf umfangreichem Zahlenmaterial basieren, sind sie nur unter Verwendung von Computern durchführbar. Deshalb zeigen wir im weite-ren, wie man hierzu die Systeme MATHCAD und MATLAB heranziehen kann, um typische Aufgaben zu lösen.

☞

Beide Gebiete der mathematischen Statistik befassen sich mit der *Auswer-tung* vorliegenden *Zahlenmaterials*, allerdings in unterschiedlicher Form, wie wir in den Abschn.22.2 und 22.3 illustrieren.

Häufig wird nur die *schließende Statistik* als *mathematische Statistik* be-zeichnet, da man hier den wesentlich umfangreicheren mathematischen Apparat benötigt.

♦

Das in der *mathematischen Statistik* auszuwertende *Zahlenmaterial* wird in der Praxis hauptsächlich in Form von *Stichproben* gewonnen, die wir im Kap.23 näher erläutern.

♦

22.2 Beschreibende Statistik

In der *beschreibenden* *(deskriptiven)* *Statistik* wird *vorliegendes Zahlen-material* (z.B. aus einer *Stichprobe*) *aufbereitet* und *verdichtet*, d.h. in *an-schaulicher Form* mittels

* *Punktgrafiken*

* *Diagrammen*

* *Histogrammen*

dargestellt und anhand *statistischer Maßzahlen*, wie z.B.

* *Mittelwert*

* *Median*

* *Varianz/Streuung, Standardabweichung*

charakterisiert.

In der *beschreibenden Statistik* werden *nur Aussagen* über *vorliegendes Zahlenmaterial* (z.B. einer *Stichprobe*) getroffen. Dies ist der wesentliche Unterschied zur *schließenden Statistik*.

Die Aussagen der beschreibenden Statistik sind sicher, können aber nicht auf die Grundgesamtheit übertragen werden, aus der die Stichprobe stammt.

Deshalb benötigt man für die Betrachtungsweisen der beschreibenden Statistik keine Methoden der Wahrscheinlichkeitsrechnung, wie wir im Kap.24 sehen.

♦

Beispiel 22.1:

Betrachten wir zwei *typische Beispiele* für die Anwendung von Methoden der *beschreibenden Statistik*.

a) Wenn eine Firma ein Produkt in geringer Stückzahl herstellt, so kann die gesamte Tagesproduktion untersucht werden. Damit können die Eigenschaften der Tagesproduktion in Form von Tabellen, Grafiken und Maßzahlen beschrieben und Änderungen gegenüber der Produktion vorangehender Tage dargestellt werden.

b) Nach einer durchgeführten Wahl können nach Auszählung aller Stimmen, die Stimmanteile der einzelnen Parteien in verschiedenen Formen grafisch dargestellt und Gewinne und Verluste usw. berechnet werden.

♦

22.3 Schließende Statistik

Die *Hauptaufgabe* der *schließenden Statistik* besteht darin, anhand von vorliegendem *Zahlenmaterial* Aussagen über *Massenerscheinungen* zu erhalten, die man in ihrer Gesamtheit nicht mehr untersuchen kann. Dabei betrachtet man gewisse Merkmale X, Y, ... dieser Massenerscheinungen.

In der schließenden Statistik verwendet man hierfür den Begriff der *Grundgesamtheit*, deren *Merkmale* man durch *Zufallsgrößen* X, Y, ... beschreibt (siehe Kap.23). Das vorliegende *Zahlenmaterial* bezeichnet man als *zufällige Stichprobe*, da es i.a. nur einen (kleinen) zufällig entnommenen Teil der betrachteten *Grundgesamtheit* repräsentiert. Eine *zufällige Stichprobe* wird als eine *Realisierung* der betrachteten *Zufallsgrößen* X, Y, ... *aufgefaßt*. Ausführlicher gehen wir auf diese Problematik im Kap.23 ein.

In der *schließenden (induktiven) Statistik* werden unter Verwendung der *Wahrscheinlichkeitsrechnung* aus einer entnommenen *Stichprobe* allgemeine *Aussagen* über die betrachtete *Grundgesamtheit* gewonnen. Dies ist der wesentliche *Unterschied* zur *beschreibenden Statistik*, die nur Aussagen über die vorliegende Stichprobe liefert.

Die *Grundidee* der *schließenden Statistik* besteht also kurz gesagt im *Schluß* vom *Teil* aufs *Ganze*, wobei die erhaltenen Schlüsse nie absolut sicher sind. Sie lassen sich nur mit einer gewissen Wahrscheinlichkeit aufstellen.

♦
Beispiel 22.2:
Betrachten wir zwei *typisches Beispiele* für die Anwendung von Methoden der *schließenden Statistik*:

a) In der *Qualitätskontrolle* stellt sich folgende Aufgabe:

In einer Firma möchte man für ein hergestelltes Massenprodukt (z.B. Glühlampen, Schrauben, Fernsehgeräte) aus den Merkmalen einer entnommenen *Stichprobe* Aussagen über die Merkmale (z.B. die *Qualität*) der *Gesamtproduktion* eines bestimmten Zeitraumes erhalten, die hier die betrachtete *Grundgesamtheit* darstellt. Als Merkmale sind dabei z.B. die Brauchbarkeit bzw. Nichtbrauchbarkeit (Ausschuß) gefragt.

b) Vor einer Wahl werden durch repräsentative Umfragen in der Bevölkerung Prognosen über die zu erwartenden Stimmanteile der teilnehmenden Parteien aufgestellt. Da man aus ökonomischen Gründen nicht alle Wahlberechtigten fragen kann, ist bloß eine Stichprobe vorhanden, aus der die bekannten Wahlprognosen mittels statistischer Methoden abgeleitet werden.

♦

23 Grundgesamtheit und Stichproben

23.1 Einführung

Der Begriff der *Stichprobe* ist für statistische Untersuchungen von fundamentaler Bedeutung, da Stichproben die Grundlagen für statistische Aussagen über *Massenerscheinungen* bilden. Beim *Sammeln* von *Daten* (*Zahlen*), die *Eigenschaften* (*Merkmale*) von *Massenerscheinungen* betreffen, ist es meistens *unmöglich* oder *ökonomisch nicht vertretbar*, die *gesamte Massenerscheinung/Menge* zu *betrachten*.

Anstatt die gesamte *Massenerscheinung* zu untersuchen, betrachtet man hieraus nur einen kleinen *Teil*, der *Stichprobe* genannt wird.

In der Praxis werden die mit Methoden der *mathematischen Statistik* auszuwertenden *Stichproben* für *Massenerscheinungen* durch eine der folgenden Aktivitäten gewonnen:

* *Beobachtungen* (Zählungen, Messungen)
* *Befragungen* (von Personen)
* *Experimente*
* *zufällige Entnahme einer Teilmenge*

Im übertragenen Sinne spricht man davon, daß eine *Stichprobe entnommen* wird.

♦

Bei einer betrachteten *Massenerscheinung* werden ein *Merkmal* X oder mehrere *Merkmale* X,Y,... untersucht, wobei man diese *Merkmale* durch *Zufallsgrößen* X,Y,... (siehe Kap.17) beschreibt. In diesem Zusammenhang bezeichnet man eine derartige *Massenerscheinung* als *Grundgesamtheit* oder *Population* einer *Zufallsgröße* X bzw. mehrerer *Zufallsgrößen* X, Y, ...

Bei einer Zufallsgröße X wird die *Grundgesamtheit* durch die *Verteilungsfunktion* (*Wahrscheinlichkeitsverteilung*) F(x) (siehe Kap.18) von X charakterisiert.

Man bezeichnet hier die *Grundgesamtheit* als eine *Zufallsgröße* X mit zugehöriger *Verteilungsfunktion* (*Wahrscheinlichkeitsverteilung*) F(x). ♦

Eine *konkrete zufällige Stichprobe* (*Zufallsstichprobe*) vom Umfang n für eine Grundgesamtheit X ist durch eine Menge

$$\{ x_1 , x_2 , \ldots , x_n \}$$

von n Realisierungen (Werten) der Zufallsgröße X gegeben.

♦

Beispiel 23.1:

Illustrieren wir die Begriffe der *Grundgesamtheit* und *Stichprobe* am Beispiel der *Qualitätskontrolle:*
In der Qualitätskontrolle interessiert die *Qualität* von *Produkten* (z.B. brauchbar oder defekt) einer *Massenproduktion* über einen gewissen Zeitraum. Diese hier hergestellte Produktmenge bildet die *Grundgesamtheit,* wobei als *Zufallsgröße* (Merkmal) X die Qualität verwendet wird. Da es nicht möglich ist, die gesamte Produktion auf Qualität zu überprüfen, entnimmt man eine *Zufallsstichprobe* von beispielsweise 100 Stück und untersucht nur diese auf Qualität. Die zufällige Entnahme wird z.B. dadurch erreicht, daß man jedes entnommene Stück nach der Untersuchung wieder zurücklegt und die gesamte Menge (Grundgesamtheit) gut durchmischt.
Das Ziel der Qualitätskontrolle besteht darin, anhand der entnommenen und untersuchten Stichprobe Aussagen über die Qualität der Gesamtproduktion (Grundgesamtheit) zu erhalten.

♦

Aufgrund der *fundamentalen Rolle* der *Stichproben* für die *Statistik* werden wir diese Problematik im folgenden Abschn.23.2 etwas ausführlicher betrachten.

23.2 Zufällige Stichproben

Eine aus einer vorliegenden Grundgesamtheit entnommene *Stichprobe* ist immer eine *endliche Teilmenge* (mit n Elementen) der *Grundgesamtheit* und wird als *Stichprobe* vom *Umfang n* bezeichnet. Die Anzahl der Elemente einer Stichprobe kann höchstens gleich der Anzahl der Elemente der Grundgesamtheit sein, wobei in der Praxis betrachtete Grundgesamtheiten häufig eine endliche (aber große) Anzahl von Elementen haben. Es treten auch Grundgesamtheiten mit unendlich vielen Elementen auf.

Das Problem der *zufälligen Entnahme* einer *Stichprobe* aus einer vorliegenden *Grundgesamtheit* kann praktisch Schwierigkeiten bereiten, da die Stichprobe ein möglichst getreues Bild der betrachteten Grundgesamtheit liefern soll. Dies betrifft auch die Wahl des Umfangs n der Stichprobe. Eine Theorie hierzu liefert die *Versuchsplanung,* auf die wir im Rahmen des Buches nicht eingehen können. Wir fassen nur einige *wichtige Gesichtspunkte* zusammen, die offensichtlich bei der Entnahme von Stichproben zu beachten sind:

* Systematische Fehler und Einflüsse sind zu vermeiden.
* Die Grundgesamtheit muß während der gesamten Untersuchung gleich bleiben.
* Die Auswahl der Stichprobe muß zufällig und repräsentativ sein.
* Der Umfang der Stichprobe muß der Aufgabe angemessen sein.

♦

Die einer *Grundgesamtheit* entnommenen *Zufallsstichproben* werden nach den *betrachteten Zufallsgrößen* in dieser *Grundgesamtheit* bezeichnet. So spricht man

* bei einer Zufallsgröße X

    von *eindimensionalen Stichproben*

* bei zwei Zufallsgrößen X , Y

    von *zweidimensionalen Stichprobe*

* Bei N Zufallsgrößen X_1 , X_2 , ... , X_N

    von *N–dimensionalen Stichproben*

* ab drei Zufallsgrößen

    allgemein von *mehrdimensionalen Stichproben*

♦

Für *ein–* und *zweidimensionale Stichproben* vom *Umfang* n ergibt sich folgendes:

* Eine *eindimensionale Stichprobe* vom Umfang n für die *Zufallsgröße* X besteht aus n Zahlenwerten (*Stichprobenwerten*)

    x_1 , x_2 , ... , x_n

* Eine *zweidimensionale Stichprobe* vom *Umfang* n für die *Zufallsgrößen* X und Y besteht aus n Zahlenpaaren (*Stichprobenpunkten*) der Form

    (x_1, y_1) , (x_2, y_2) , ... , (x_n, y_n)

♦

Da eine *Stichprobe* für anschließende statistische Untersuchungen meistens mehrmals benötigt wird, empfiehlt sich bei der Anwendung der Systeme MATHCAD und MATLAB die *Speicherung* der Stichprobe in einer Matrix, wie wir im folgenden Beispiel 23.2 demonstrieren. Des weiteren lassen sich

Stichproben zur Veranschaulichung mittels MATHCAD und MATLAB *grafisch darstellen*, wie wir im Abschn.24.3 sehen.

♦

Beispiel 23.2:

Illustrieren wir, wie in MATHCAD und MATLAB Stichproben gespeichert werden.

a) Betrachten wir die *eindimensionale Stichprobe*

 3150 , 3249 , 3059 , 3361 , 3248 , 3254 , 3259 , 3353 , 3145 , 3051

 vom *Umfang 10* für die *Lebensdauer* in Stunden von 100 Watt-Glühbirnen, die von einer Firma produziert wurden. Hier wurde folglich die Lebensdauer von 10 zufällig aus der Produktion eines bestimmten Zeitraums ausgewählten Glühbirnen bestimmt. Diese Stichprobe dient zur Untersuchung des *Merkmals* (*Zufallsgröße*) X der *Lebensdauer* in der Grundgesamtheit der Glühbirnenproduktion der Firma.

 In MATHCAD und MATLAB können diese Stichprobenwerte in einen Zeilen- oder Spaltenvektor abgespeichert werden, wobei wir im folgenden Spaltenvektoren bevorzugen und diese Vektoren mit **v** bezeichnen:

MATHCAD

$$v := \begin{pmatrix} 3150 \\ 3249 \\ 3059 \\ 3361 \\ 3248 \\ 3254 \\ 3259 \\ 3353 \\ 3145 \\ 3051 \end{pmatrix}$$

MATHCAD

MATLAB

```
>> v=[3150 ; 3249 ; 3059 ; 3361 ; 3248 ; 3254 ; 3259 ; 3353 ;  3145 ; 3051]
v =

    3150
    3249
    3059
    3361
    3248
    3254
    3259
```

3353
3145
3051

MATLAB

Für diese Stichprobe werden im Abschn.24.5 die *statistischen Maßzahlen* Mittelwert, Median und Varianz berechnet (siehe Beispiel 24.3).

b) Betrachten wir eine *zweidimensionale Stichprobe* vom *Umfang 6:*
Um die *Abhängigkeit* des *Bremsweges* (Merkmal/Zufallsgröße Y) eines Pkw von der *Geschwindigkeit* (Merkmal/Zufallsgröße X) zu untersuchen, wird für 6 verschiedene Geschwindigkeiten (in km/h) der Bremsweg (in m) bis zum Stillstand gemessen:

Geschwin-digkeit x	30	50	65	80	95	115
Bremsweg	15	28	43	62	88	123

In MATHCAD und MATLAB können diese Stichprobenpunkte (x,y) folgendermaßen in einer Matrix **A** abgespeichert werden:

MATHCAD

$$A := \begin{pmatrix} 30 & 15 \\ 50 & 28 \\ 65 & 43 \\ 80 & 62 \\ 95 & 88 \\ 115 & 123 \end{pmatrix}$$

MATHCAD

MATLAB

```
>> A = [ 30 15 ; 50 28 ; 65 43 ; 80 62 ; 95 88 ; 115 123 ]
A =
    30    15
    50    28
    65    43
    80    62
    95    88
   115   123
```

MATLAB

Diese Stichprobe wird im Kap.30 dazu benutzt, um für den vermuteten *funktionalen Zusammenhang* zwischen *Geschwindigkeit* und *Bremsweg* eines Pkws mittels *Regressionsanalyse* eine *Regressionskurve* zu berechnen.

Für die Anwendung vordefinierter Funktionen auf eine mehrdimensionale Stichprobe kann es bei der Anwendung von MATHCAD und MATLAB vorteilhaft sein, wenn man die Stichprobe nicht in einer Matrix, sondern in Vektoren abspeichert (siehe Beispiel 24.4).

♦

Im vorangehenden Beispiel 23.2 haben wir *eindimensionale* bzw. *zweidimensionale Stichproben* entnommen. In der *Statistik* benutzt man zusätzlich den Begriff der *mathematischen Stichprobe*, den wir im folgenden am Beispiel einer eindimensionalen Zufallsgröße X erklären:

Eine vorliegende *Grundgesamtheit* besteht aus der Menge aller möglichen Realisierungen (Werte) der zugehörigen *Zufallsgröße* X. Eine aus dieser Grundgesamtheit entnommene *Stichprobe*

$$x_1 , x_2 , \dots , x_n$$

vom *Umfang n* bildet *n Realisierungen* von X. Faßt man die einzelnen Werte

$$x_i \qquad (i = 1, 2, \dots , n)$$

der Stichprobe als Realisierungen der Zufallsgrößen

$$X_i \qquad (i = 1, 2, \dots , n)$$

auf, so bekommt man n *Zufallsgrößen*

$$X_1 , X_2 , \dots , X_n$$

die die gleiche *Verteilungsfunktion* (*Wahrscheinlichkeitsverteilung*) wie X besitzen. Sie werden als *Stichprobenvariablen* bezeichnet. Unter der Voraussetzung, daß diese *Zufallsgrößen unabhängig* sind, wird ein aus diesen gebildeter *n-dimensionaler zufälliger Vektor* **X**

$$\mathbf{X} = (X_1 , X_2 , \dots , X_n)$$

als *mathematische Stichprobe* vom *Umfang n* aus der betrachteten Grundgesamtheit bezeichnet. Diese bildet ein *mathematisches Modell* für eine *Stichprobe*. Jede aus der Grundgesamtheit entnommene konkrete *Stichprobe*

$$x_1 , x_2 , \dots , x_n$$

vom Umfang n stellt damit eine *Realisierung* von **X** dar.

Die *Unabhängigkeit* der *Komponenten* des *zufälligen Vektors* **X** der *mathematischen Stichprobe* ist gegeben, wenn die n Realisierungen der Stichprobe voneinander unabhängig ermittelt werden:

* Bei einer Grundgesamtheit mit endlich vielen Elementen ist dies gewährleistet, wenn ein entnommenes Element nach der Untersuchung wieder in die Grundgesamtheit zurückgelegt und diese gut durchgemischt wird.

* Falls die Grundgesamtheit eine große Anzahl von Elemente oder unendlich viele Elemente enthält, ist dies auch gewährleistet, wenn das Zurücklegen unterlassen wird.

  ♦

☞

Die *Verteilungsfunktion* (*Wahrscheinlichkeitsverteilung*) F(x) einer *Zufallsgröße* (*Grundgesamtheit*) X ist bei praktischen Untersuchungen nicht immer bekannt. Deshalb wird eine *konkrete Stichprobe* aus der *Grundgesamtheit* entnommen, die in der

* *beschreibenden Statistik*

  dazu dient, *Aussagen* in Form von Grafiken und statistischen Maßzahlen über die *gewonnenen Stichprobenwerte* zu gewinnen (siehe Kap.24).

* *schließenden Statistik*

  dazu dient, *Aussagen* unter Verwendung der *Wahrscheinlichkeitsrechnung* über die zugehörige *Grundgesamtheit* zu gewinnen (siehe Kap.25). Dies sind z.B. Aussagen über die unbekannten Momente (Erwartungswert und Varianz/Streuung) und die unbekannte Wahrscheinlichkeitsverteilung F der Grundgesamtheit.

  ♦

23.3 Empirische Verteilungsfunktionen

Die *Verteilungsfunktion* (*Wahrscheinlichkeitsverteilung*) F(x) einer *Zufallsgröße* (*Grundgesamtheit*) X wird als ihre *theoretische Verteilungsfunktion* bezeichnet. Da sie bei praktischen Untersuchungen nicht immer bekannt ist, wird auf der Grundlage einer aus der Grundgesamtheit entnommenen eindimensionalen *Stichprobe*

$$x_1 , x_2 , \ldots , x_n$$

vom *Umfang n* eine *konkrete empirische Verteilungsfunktion*

$$\hat{F}_n(x) = \frac{m_x}{n}$$

definiert, worin

m_x

die Anzahl der Stichprobenwerte angibt, die kleiner oder gleich x sind. Diese Verteilungsfunktion gibt die *relative Häufigkeit* (siehe Abschn.16.2.2) für das *Ereignis*

$A = \{ X \leq x \}$

an. Deshalb bezeichnet man sie auch als *Häufigkeitsverteilung*.
Für die zugehörige *mathematische Stichprobe*

$(X_1 , X_2 , \dots , X_n)$

definiert man die *empirische Verteilungsfunktion*

$$F_n(x) = \frac{\sum_{k=1}^{n} Y_k}{n} \text{ , wobei } Y_k = \begin{cases} 0 & \text{falls das Ereignis } \{ X_k > x \} \text{ eintritt} \\ 1 & \text{falls das Ereignis } \{ X_k \leq x \} \text{ eintritt} \end{cases}$$

Damit ist jede *konkrete empirische Verteilungsfunktion* einer Grundgesamtheit (Zufallsgröße X) eine Realisierung ihrer *empirischen Verteilungsfunktion*.

♦

Den Zusammenhang zwischen der *empirischen* und *theoretischen Verteilungsfunktion* eine vorliegenden *Grundgesamtheit* liefert der *Hauptsatz der mathematischen Statistik*, der folgendes zum Inhalt hat:
Mit wachsendem Umfang n der entnommenen Stichprobe konvergiert die *empirische Verteilungsfunktion* mit Wahrscheinlichkeit 1 gegen die *theoretische Verteilungsfunktion*.

♦

Konkrete empirische Verteilungsfunktionen für vorliegende eindimensionale Stichproben vom Umfang n lassen sich mit MATHCAD und MATLAB einfach darstellen, wie wir im folgenden Beispiel 23.3 illustrieren.

Beispiel 23.3:

Im folgenden setzen wir eine *konkrete eindimensionale Stichprobe* vom *Umfang n* voraus, die in einem *Spaltenvektor* **v** abgespeichert ist. Wir erstellen in MATHCAD und MATLAB ein einfaches Funktionsunterprogramm für die *konkrete empirische Verteilungsfunktion*, das die im Vektor **v** befindliche Stichprobe verwendet.

Wir schreiben unter Verwendung der Programmiermöglichkeiten von MATHCAD das folgende *Funktionsunterprogramm* für *konkrete empirische Verteilungsfunktionen*, wobei die Indexzählung bei 1 beginnt, d.h., es muß im aktuellen MATHCAD-Arbeitsfenster ORIGIN:=1 eingestellt sein.

$$F(x,v) := \begin{vmatrix} F \leftarrow 0 \\ n \leftarrow \text{length}(v) \\ \text{for } i \in 1..n \\ \quad F \leftarrow F + 1 \text{ if } v_i \leq x \\ F \leftarrow \dfrac{F}{n} \end{vmatrix}$$

Mit diesem Funktionsunterprogramm berechnen wir für die konkrete Stichprobe aus Beispiel 23.2a den Funktionswert der empirischen Verteilungsfunktion F für x=3300 (d.h. die relative Häufigkeit):

$$v := \begin{pmatrix} 3150 \\ 3249 \\ 3059 \\ 3361 \\ 3248 \\ 3254 \\ 3259 \\ 3353 \\ 3145 \\ 3051 \end{pmatrix} \qquad F(3300\,,v) = 0.8$$

Wir schreiben unter Verwendung der Programmiermöglichkeiten von MATLAB die folgende *Funktionsdatei* (M-Datei) F.m:

function F = F (x , v)

% Es werden die Werte der empirischen Verteilungsfunktion berechnet
% v bezeichnet den Spaltenvektor, in der sich die Stichprobe vom Umfang n
% befindet

F = 0 ; n = **length** (v) ;

for i = 1 : n ; **if** v(i) <= x ; F = F + 1 ; **end** ; **end** ;

F = F/n ;

Nachdem wir MATLAB den Pfad dieser Funktionsdatei F.m mitgeteilt haben (siehe auch Abschn.3.4.2), berechnen wir für die konkrete Stichprobe aus Beispiel 23.2a den Funktionswert der empirischen Verteilungsfunktion F für x=3300 (d.h. die relative Häufigkeit):

>> v = [3150 ; 3249 ; 3059 ; 3361 ; 3248 ; 3254 ; 3259 ; 3353 ; 3145 ; 3051] ;

>> F (3300 , v)

ans =

0.8000

Beide Programme berechnen für den Wert x=3300 die relative Häufigkeit 0.8, die man für diese Stichprobe mit kleinem Umfang 10 per Hand über-prüfen kann.

Wir haben bei den gegebenen Funktionsunterprogrammen die zugrundelie-gende *Stichprobe* nicht geordnet, d.h., wir verwenden die *Urliste* (siehe Abschn.24.4). Die Programme sind universell anwendbar. Sie lassen sich in ihrer Rechengeschwindigkeit verbessern, wenn man bei Stichproben mit großem Umfang von der *primären Verteilungstafel* (siehe Abschn.24.4) aus-geht. Die Erstellung der entsprechenden Programme überlassen wir dem Leser.

♦

23.4 Grafische Darstellung von Stichproben

MATHCAD und MATLAB gestatten die *grafische Darstellung* der *Werte* (*Stichprobenpunkte*) einer *Stichprobe*. Erste Möglichkeiten hierzu haben wir im Kap.14 kennengelernt. Ausführlicher gehen wir auf diese Problematik im Rahmen der *beschreibenden Statistik* im Abschn.24.3 ein.

23.5 Stichprobenfunktionen

Unter einer *Stichprobenfunktion* S versteht man eine Funktion, die von ei-ner *mathematischen Stichprobe* vom *Umfang n* abhängt. So ist sie z.B. bei einer *eindimensionalen mathematischen Stichprobe* (siehe Abschn.23.2)

$(X_1 , X_2 , \dots , X_n)$

eine *Funktion* der *Stichprobenvariablen* X_1 , X_2 , $\dots$, X_n , d.h.

$S = S (X_1 , X_2 , \dots , X_n)$

Damit ist eine *Stichprobenfunktion* ebenfalls wieder eine *Zufallsgröße* und besitzt folglich eine Verteilungsfunktion. Diese kann von der Verteilung der

Zufallsgröße X der betrachteten Grundgesamtheit abhängen (siehe Beispiel 23.4).

Für eine *konkrete eindimensionale Stichprobe*

$$x_1 , x_2 , \dots , x_n$$

vom Umfang n liefert

$$s = S (x_1 , x_2 , \dots , x_n)$$

einen festen Zahlenwert s, d.h. eine *Realisierung* s der *Stichprobenfunktion* S.

♦

Stichprobenfunktionen spielen für statistische Untersuchen wie Schätzungen und Tests eine grundlegende Rolle. Dies werden wir in den Kap.26–29 näher kennenlernen. Im folgenden illustrieren wir die Problematik der Stichprobenfunktionen am Beispiel des häufig benötigten arithmetischen Mittels.

Beispiel 23.4:

Für eine aus der Grundgesamtheit (Zufallsgröße X) entnommene *eindimensionale Stichprobe*

$$x_1 , x_2 , \dots , x_n$$

vom Umfang n kann man den *empirischen Mittelwert* (*arithmetisches Mittel*) $\overline{x}$ berechnen:

$$\overline{x} = \frac{x_1 + x_2 + \dots + x_n}{n}$$

Wenn man zur *mathematischen Stichprobe* übergeht, ist dies eine Realisierung der *Stichprobenfunktion*

$$\overline{X} = S (X_1 , X_2 , \dots , X_n) = \frac{X_1 + X_2 + \dots + X_n}{n}$$

die man als *Stichprobenmittel* bezeichnet.

Die so definierte *Stichprobenfunktion* $\overline{X}$ ist eine Zufallsgröße, die für großes n *näherungsweise*

$$N(\mu , \sigma/\sqrt{n})\text{-}normalverteilt$$

ist, selbst wenn die Zufallsgröße X der Grundgesamtheit eine andere Verteilung besitzt. Dies ist eine Folgerung aus dem *zentralen Grenzwertsatz*, da sich $\overline{X}$ als Summe unabhängiger Zufallsgrößen darstellt (siehe Abschn. 20.3).

Dabei bezeichnen

* μ

den Erwartungswert

* σ

die Standardabweichung

Wenn die Zufallsgröße X bereits $N(\mu,\sigma)$-normalverteilt ist, genügt die Stichprobenfunktion $\overline{X}$ der Normalverteilung

$$N(\mu\ ,\sigma/\sqrt{n}\ )$$

wie sich beweisen läßt.

♦

24 Beschreibende Statistik

24.1 Einführung

Die *beschreibende* (*deskriptive*) *Statistik* stand am Anfang statistischer Untersuchungen. Sie diente zum Ordnen und anschaulichen Darstellen angefallener Daten (Zahlen), z.B. in der Bevölkerungsstatistik bei Volkszählungen, Erstellung von Geburts- und Sterberegistern usw.

Da der Hauptinhalt des vorliegenden Buches die schließende Statistik beinhaltet, werden wir von der beschreibenden Statistik nur einige Gesichtspunkte betrachten, die man für Untersuchungen in Technik und Naturwissenschaften benötigt.

Eine *Charakterisierung* der *beschreibenden Statistik* wurde bereits im Abschn.22.2 gegeben, die wir im folgenden zusammenfassen:

- Im Unterschied zur *schließenden Statistik* (siehe Kap.25) werden in der *beschreibenden Statistik* nur *Aussagen* über *vorliegendes Zahlenmaterial* (z.B. aus einer *Stichprobe*) getroffen. Diese Aussagen sind zwar sicher, können aber nicht auf die Grundgesamtheit (siehe Kap.23) übertragen werden, aus der das betrachtete Zahlenmaterial stammt. Deshalb werden in der beschreibenden Statistik keine Methoden der Wahrscheinlichkeitsrechnung benötigt.

- Die *beschreibende* (*deskriptive*) *Statistik* bereitet *vorliegendes Zahlenmaterial* (z.B. aus einer *Stichprobe*) *auf* und *verdichtet* es. Dies geschieht mittels

  * *Tabellen, Tafeln*

  * *Punktgrafiken*

  * *Diagrammen*

  * *Histogrammen*

  in anschaulicher (übersichtlicher) Form (siehe Abschn.24.3 und 24.4) und anhand *statistischer Maßzahlen*, wie

  * *Lagemaße*

    – empirischer Mittelwert

- empirischer Median

* *Streuungsmaße*

- empirische Varianz/Streuung

- empirische Standardabweichung

die das vorliegende Zahlenmaterial *charakterisieren* (siehe Abschn.24.5).

24.2 Merkmale

In der Statistik werden einzelne Eigenschaften der zu untersuchenden Objekte (Grundgesamtheiten) als *Merkmale* bezeichnet und durch große Buchstaben X, Y, ... dargestellt. In der schließenden Statistik werden diese Merkmale durch *Zufallsgrößen* X, Y, ... dargestellt (siehe Kap.25).
Die für einzelne Merkmale ermittelten Zahlen werden mit kleinen indizierten Buchstaben bezeichnet und heißen *Merkmalswerte/Meßwerte*.

Der *einfachste Fall* liegt in der *beschreibenden Statistik* vor, wenn das vorliegende Zahlenmaterial nur von *einem Merkmal* X eines zu untersuchenden Objekts stammt (siehe Beispiele 23.2a und 24.2). Man hat in diesem Fall n *Merkmalswerte*

$$x_1 , x_2 , ... , x_n$$

auszuwerten, die z.B. mittels einer *eindimensionalen Stichprobe* (Meßreihe, Reihe von Experimenten usw.) vom Umfang n gewonnen wurden. Hierfür betrachten wir im Abschn.24.3 Möglichkeiten zur *grafischen Darstellung* und im Abschn.24.5.1 wichtige *statistische Maßzahlen*.
♦

Bei vielen Untersuchungsobjekten ist man nicht nur an einem Merkmal X interessiert, sondern an *mehreren Merkmalen* X, Y, ... Wir erläutern die Problematik am Beispiel von zwei Merkmalen X und Y (siehe Beispiel 23.2b und 24.4). Man hat hier n Paare von *Merkmalswerten*

$$(x_1 , y_1) , (x_2 , y_2) , ... , (x_n , y_n)$$

auszuwerten, die z.B. mittels einer *zweidimensionalen Stichprobe* (Meßreihe, Reihe von Experimenten usw.) vom Umfang n gewonnen wurden. Hierfür betrachten wir im Abschn.24.3 Möglichkeiten zur *grafischen Darstellung* und im Abschn.24.5.2 *statistische Maßzahlen*.

24.3 Grafische Darstellungen

MATHCAD und MATLAB gestatten die *grafische Darstellung* von Zahlenmaterial, das mittels ein-, zwei- oder dreidimensionalen Stichproben gewonnen wurde. Wir haben bereits in den Abschn.14.2 und 14.3 darauf hingewiesen und werden dies im folgenden ausführlicher diskutieren:

*   Für *eindimensionale Stichproben* vom *Umfang n* lassen sich die Stichprobenwerte (Merkmalswerte)

    $$x_1 \, , \, x_2 \, , \, ... \, , \, x_n$$

    auf verschiedene Weise grafisch darstellen:

    *   Die einfachste Form ist die Darstellung der Stichprobenwerte in Abhängigkeit von der Reihenfolge der Entnahme, d.h. vom Index. Dies ist jedoch wenig anschaulich und wird deshalb selten angewandt.

    *   Wenn man aus der Stichprobe eine *primäre Verteilungstafel* erstellt hat (siehe Abschn.24.4), kann man über jeden Wert x_i der Verteilungstafel in einem zweidimensionalen Koordinatensystem die zugehörige absolute bzw. relative Häufigkeit zeichnen. Verbindet man beide durch eine senkrechte Strecke, so erhält man ein *Stabdiagramm*. Verbindet man die erhaltenen Punkte durch Geradenstücke, so erhält man einen Polygonzug, der *Häufigkeitspolygon* heißt (siehe Beispiel 24.1a).

    *   Wenn man die Werte der Stichprobe in Klassen eingeteilt hat, d.h. eine *sekundäre Verteilungstafel* (*Häufigkeitstabelle*) aufgestellt hat, so kann ein *Histogramm* (Balkendiagramm) gezeichnet werden, indem über den Klassengrenzen auf der Abszissenachse Rechtecke gezeichnet werden, deren Flächeninhalt proportional zu den zugehörigen Klassenhäufigkeiten ist (siehe Beispiel 24.1a).

*   Für *zwei-* und *dreidimensionale Stichproben* vom *Umfang n* lassen sich die Stichprobenpunkte (Punkte von Merkmalswerten)

    $$(x_1,y_1) \, , \, (x_2,y_2) \, , \, ... \, , \, (x_n,y_n)$$

    bzw.

    $$(x_1,y_1,z_1) \, , \, (x_2,y_2,z_2) \, , \, ... \, , \, (x_n,y_n,z_n)$$

    in einem zwei- bzw. dreidimensionalen Koordinatensystem in Form einer *Punktwolke* (n Punkte) grafisch darstellen.

Die *grafische Darstellung zwei-* und *dreidimensionaler Stichproben* als *Punktwolken* haben wir für MATHCAD und MATLAB bereits im Abschn.14.2 kennengelernt. Wir illustrieren die Vorgehensweise nochmals im Beispiel 24.1b und c. ♦

Im folgenden betrachten wir *grafische Möglichkeiten* im Rahmen von
MATHCAD und MATLAB zur Darstellung *eindimensionaler Stichproben*.

Für *eindimensionale Stichproben* vom *Umfang n* bietet MATHCAD folgende
grafische Darstellungsmöglichkeiten:

* Wenn man aus der Stichprobe eine *primäre Verteilungstafel* erstellt hat
  (siehe Abschn.24.4), bietet MATHCAD folgende Vorgehensweise an:

  (1) Zuerst werden die Werte der primären Verteilungstafel und ihre absoluten Häufigkeiten jeweils einem *Spaltenvektor* **x** bzw. **y** zugewiesen.

  (2) Danach wird das *Grafikfenster* für *Kurven* aufgerufen (siehe Abschn.
  14.1) und in den *Platzhalter* der x-Achse x und in den *Platzhalter*
  der y-Achse y eingetragen.

  (3) Abschließend lösen im Automatikmodus ein Mausklick außerhalb des
  Grafikfensters oder die Betätigung der Eingabetaste ⏎ die Zeichnung der Daten aus:

  * In der *Standardeinstellung* verbindet MATHCAD die gezeichneten
    Punkte durch Geraden, d.h., man hat das *Häufigkeitspolygon* er-
    halten.

  * Nach zweifachem Mausklick auf die Grafik erscheint eine *Dialog-
    box*, in der man bei

    Traces ⇒ Type
    (deutsche Version: **Spuren ⇒ Format**)

    eine *andere Form* der *grafischen Darstellung* einstellen kann, z.B.

    – Darstellung in *Punktform*, wobei man verschiedene Formen
      für die Punkte wählen kann.

    – Darstellung als *Stabdiagramm*

    – Darstellung als *Häufigkeitspolynom*

    – Darstellung in *Balkenform/Säulenform*

  Die gegebene *Vorgehensweise* ist im *Beispiel 24.1a1* illustriert.

* Wenn man aus der Stichprobe eine *sekundäre Verteilungstafel* erstellt hat
  (siehe Abschn.24.4), bietet MATHCAD folgende Vorgehensweise zur
  Zeichnung eines *Histogramms* an:

  (1) Zuerst werden folgende zwei *Spaltenvektoren* eingegeben:

  * **x**

    Enthält die *Zahlenwerte* der *Stichprobe* als Komponenten.

  * **u**

    u ist so einzugeben, daß sich aus seinen Komponenten u_i die
    vorgegebenen *Klassenbreiten* d_i in der Form

$$d_i = u_{i+1} - u_i \quad (\ u_{i+1} > u_i \ \text{vorausgesetzt}\ )$$

berechnen.

(2) Danach liefert die in MATHCAD vordefinierte *Funktion*

hist (u , x)

durch Eingabe des numerischen Gleichheitszeichens = oder durch Zuweisung einen Spaltenvektor, dessen i-te Komponente die Anzahl der Komponenten (Zahlenwerte) aus **x** enthält, die im Intervall $[\,u_i, u_{i+1}\,]$ liegen.

(3) Die *grafische Darstellung* des zur berechneten *Häufigkeitsverteilung* gehörigen *Histogramms* ist aus folgendem Beispiel 24.1a2 ersichtlich.

Für *eindimensionale Stichproben* vom *Umfang n* bietet MATLAB folgende *grafische Darstellungsmöglichkeiten*:

- Wenn man aus der Stichprobe eine *primäre Verteilungstafel* erstellt hat, kann man folgende Vorgehensweise anwenden:

  (1) Zuerst werden die Werte der primären Verteilungstafel und ihre absoluten Häufigkeiten jeweils einem *Zeilen-* oder *Spaltenvektor* **x** bzw. **y** zugewiesen, d.h. z.B.

  >> x = (x1 ; x2 ; ... ; xn) ; y = (y1 ; y2 ; ... ; yn) ;

  (2) Danach wird die *Grafikfunktion*

  >> **plot** (x , y)

  in die aktuelle Kommandozeile eingegeben.

  (3) Abschließend löst die Betätigung der Eingabetaste ⏎ die Zeichnung der Daten aus:

  * In der *Standardeinstellung* verbindet MATLAB die gezeichneten Punkte durch Geraden, d.h., man hat das *Häufigkeitspolygon* erhalten.

  * Wenn man nur die Punkte darstellen möchte, muß man die *Dialogbox* **Edit Line Properties** aufrufen und hier bei **Line Style** *none* eintragen. Die *Form* der gezeichneten *Punkte* kann man bei **Marker** einstellen. Die *Farbe* (**Color**) der Punkte wird hier ebenfalls eingestellt.

Die gegebene *Vorgehensweise* ist im *Beispiel 24.1a1* illustriert.

- Zur Zeichnung von *Histogrammen* stellt MATLAB die Funktion **hist** zur Verfügung, über die der Leser ausführliche Hinweise in der Hilfe von MATLAB erhält, wenn er **help hist** aufruft. Wir verwenden nur die Form

  hist (x , u)

  in der die beiden Vektoren **x** und **u** im Argument die gleiche Bedeutung wie bei MATHCAD besitzen:

  * **x**

    Enthält die *Zahlenwerte* der *Stichprobe* als Komponenten.

  * **u**

    u ist so einzugeben, daß sich aus seinen Komponenten u_i die vorgegebenen *Klassenbreiten* d_i in der Form

    $$d_i = u_{i+1} - u_i \qquad (\ u_{i+1} > u_i \ \text{vorausgesetzt})$$

    berechnen.

  Die gegebene *Vorgehensweise* wird im Beispiel 24.1a2 illustriert.

Beispiel 24.1:

Betrachten wir die gegebenen *grafischen Möglichkeiten* von MATHCAD und MATLAB für *ein-*, *zwei-* und *dreidimensionale Stichproben* an je einem Beispiel.

a) Stellen wir die *eindimensionale Stichprobe* aus Beispiel 24.2 mittels MATHCAD und MATLAB grafisch dar, indem wir primäre Verteilungstafeln und Histogramme heranziehen:

a1) Zeichnen wir die Werte aus der *primären Verteilungstafel* mit ihren *absoluten Häufigkeiten* aus Beispiel 24.2a:

Zuerst werden die Werte der *primären Verteilungstafel* und ihre absoluten Häufigkeiten jeweils einem *Spaltenvektor* **x** bzw. **y** zugewiesen, d.h.:

$$x := \begin{pmatrix} 297 \\ 298 \\ 299 \\ 300 \\ 301 \\ 302 \\ 303 \end{pmatrix} \qquad y := \begin{pmatrix} 2 \\ 1 \\ 5 \\ 6 \\ 3 \\ 2 \\ 1 \end{pmatrix}$$

Anschließend bietet MATHCAD folgende *grafische Darstellungsmöglichkeiten:*

- Darstellung in *Punktform*

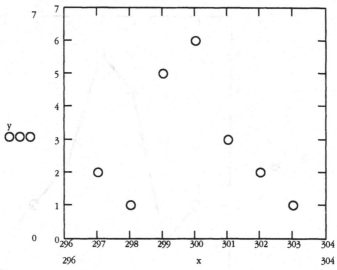

☞

Bei der *Darstellung* der Zahlenwerte als *Punkte* bietet MATHCAD *mehrere Formen* an. Wir haben die Darstellung in Gestalt von Kreisen gewählt (siehe Abschn.14.3).

♦

- Darstellung als *Stabdiagramm*

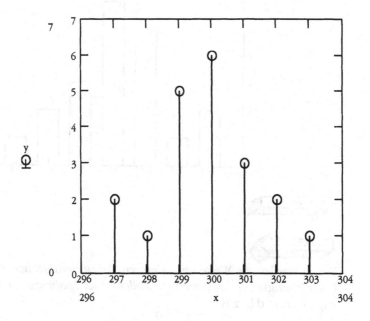

- Darstellung als *Häufigkeitspolygon*

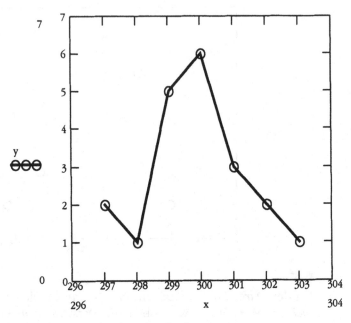

- Darstellung in *Balkenform/Säulenform*

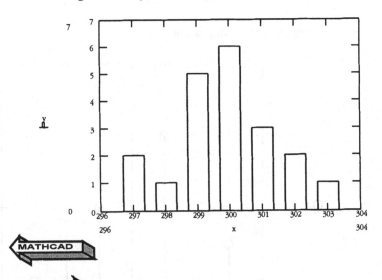

Zuerst werden die Werte der *primären Verteilungstafel* und ihre absoluten Häufigkeiten jeweils einem *Zeilen-* oder *Spaltenvektor* **x** bzw. **y** zugewiesen, d.h. z.B.:

>> x = [297 298 299 300 301 302 303] ; y = [2 1 5 6 3 2 1] ;

Anschließend bietet MATLAB mittels

\>\> **plot** (x , y)

folgende *grafische Darstellungsmöglichkeiten:*

- Darstellung in *Punktform*

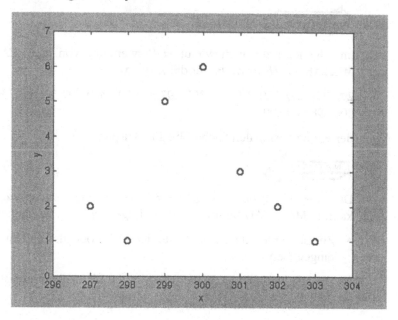

- Darstellung als *Häufigkeitspolygon*

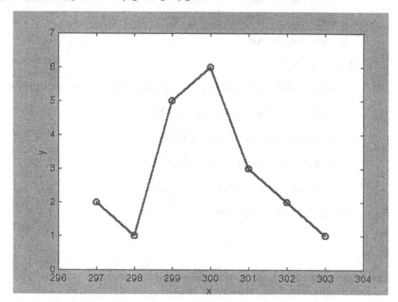

Bei der *Darstellung* der Zahlenwerte als *Punkte* bietet MATLAB *mehrere Formen* an. Wir haben die Darstellung in Gestalt von Kreisen gewählt (siehe Abschn.14.3).

◆

a2)Im folgenden zeichnen wir unter Verwendung von MATHCAD und MATLAB ein *Histogramm* für die Zahlenwerte

299 299 297 300 299 301 300 297 302 303 300 299 301 302 301 299 300 298 300 300

der eindimensionalen Stichprobe aus Beispiel 24.2:

Die *Darstellung* des *Histogramms* in Form eines *Säulendiagramms* kann in MATHCAD beispielsweise in folgender Form geschehen:

* Zuerst werden die Zahlenwerte der Stichprobe als Spaltenvektor **x** eingegeben.

* Danach legt man im Spaltenvektor **u** die Klassenbreiten fest.

* Abschließend aktiviert man die vordefinierte Funktion

  hist (u , x)

  die einen Vektor der Häufigkeiten liefert und mit deren Hilfe man ein *Histogramm* zeichnen kann:

Der *Ergebnisvektor*

hist (u , x)

liefert das Resultat, daß von den Zahlenwerten der Stichprobe

* 2 Werte in das Intervall [296,298]

* 6 Werte in das Intervall [298,300]

* 9 Werte in das Intervall [300,302]

* 3 Werte in das Intervall [302,304]

fallen, wie im folgenden zu sehen ist:

$$x := \begin{pmatrix} 299 \\ 299 \\ 297 \\ 300 \\ 299 \\ 301 \\ 300 \\ 297 \\ 302 \\ 303 \\ 300 \\ 299 \\ 301 \\ 302 \\ 301 \\ 299 \\ 300 \\ 298 \\ 300 \\ 300 \end{pmatrix}$$

$$u := \begin{pmatrix} 296 \\ 298 \\ 300 \\ 302 \\ 304 \end{pmatrix}$$

$$\mathrm{hist}(u, x) = \begin{pmatrix} 2 \\ 6 \\ 9 \\ 3 \end{pmatrix}$$

MATHCAD zeichnet das zugehörige *Histogramm* in Form eines Säulendiagramms, wie im folgenden zu sehen ist:

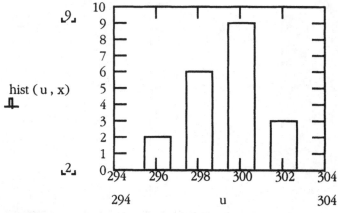

Die *Darstellung* des *Histogramms* in Form eines *Säulendiagramms* kann in MATLAB beispielsweise in folgender Form geschehen:

*   Zuerst werden die Zahlenwerte der Stichprobe z.B. als Zeilenvektor **x** eingegeben:

    >> x = [299 299 297 300 299 301 300 297 302 303 300 299 301

    302 301 299 300 298 300 300] ;

*   Danach legt man im Zeilenvektor **u** die Klassenbreiten fest:

    >> u = 296 : 2 : 304

*   Anschließend aktiviert man die in MATLAB vordefinierte *Grafikfunktion*

    hist

    die das *Histogramm* zeichnet, wobei als Argumente die eingegebenen Vektoren **x** und **u** zu verwenden sind:

    >> **hist** (x , u)

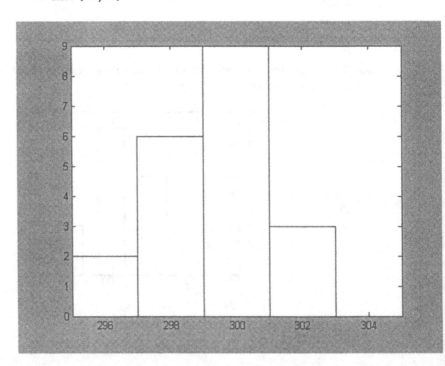

Aus dem von MATLAB gezeichnetem *Histogramm* kann man ablesen, daß von den Zahlenwerten der Stichprobe

* 2 Werte in das Intervall [296,298]

* 6 Werte in das Intervall [298,300]

* 9 Werte in das Intervall [300,302]

* 3 Werte in das Intervall [302,304]

fallen.

b) Stellen wir die *zweidimensionale Stichprobe*

(110,2.1), (120,4.3), (130,3.1), (140,3.4), (150,2.9), (160,5.5), (170,3.3)

vom Umfang 7 mittels MATHCAD und MATLAB grafisch als *Punktwolke* in einem zweidimensionalen Koordinatensystem dar. Diese *Stichprobe* wurde erstellt, um die *Ausbeute* (Merkmal Y) einer *chemischen Reaktion* in Abhängigkeit von der *Temperatur* (Merkmal X) zu untersuchen. Dazu ordnen wir die x- und y-Koordinaten jeweils einem Vektor **x** bzw. **y** zu.

$$
x := \begin{pmatrix} 110 \\ 120 \\ 130 \\ 140 \\ 150 \\ 160 \\ 170 \end{pmatrix} \qquad y := \begin{pmatrix} 2.1 \\ 4.3 \\ 3.1 \\ 3.4 \\ 2.9 \\ 5.5 \\ 3.3 \end{pmatrix}
$$

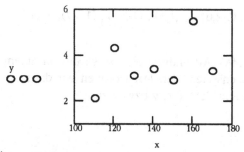

>> x = [110 120 130 140 150 160 170] ; y = [2.1 4.3 3.1 3.4 2.9 5.5 3.3] ;

>> **plot** (x , y)

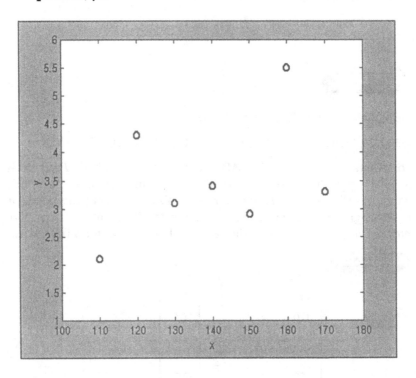

c) Stellen wir die *dreidimensionale Stichprobe*

(1,1,5) , (2,1,3) , (2,2,4) , (1,2,6) , (2,1,4) , (1,2,5) , (1,3,7) , (3,1,8) ,

(3,2,5) , (2,3,6)

mittels MATHCAD und MATLAB grafisch als *Punktwolke* in einem dreidimensionalen Koordinatensystem dar. Dazu ordnen wir die x-, y- und
z-Koordinaten jeweils einem Vektor **x**, **y** bzw. **z** zu.

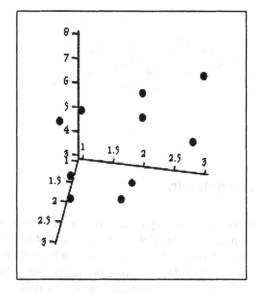

$$x := \begin{pmatrix} 1 \\ 2 \\ 2 \\ 1 \\ 2 \\ 1 \\ 1 \\ 3 \\ 3 \\ 2 \end{pmatrix} \qquad y := \begin{pmatrix} 1 \\ 1 \\ 2 \\ 2 \\ 1 \\ 2 \\ 3 \\ 1 \\ 2 \\ 3 \end{pmatrix} \qquad z := \begin{pmatrix} 5 \\ 3 \\ 4 \\ 6 \\ 4 \\ 5 \\ 7 \\ 8 \\ 5 \\ 6 \end{pmatrix}$$

(x, y, z)

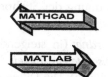

```
>> x = [ 1  2  2  1  2  1  1  3  3  2 ];
>> y = [ 1  1  2  2  1  2  3  1  2  3 ];
```

```
>> z = [5  3  4  6  4  5  7  8  5  6];

>> plot3 ( x , y , z )
```

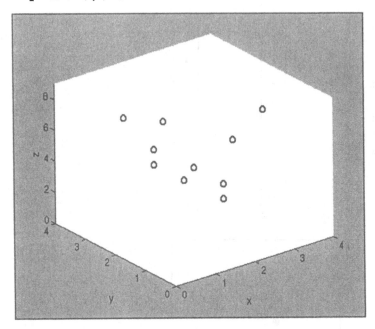

◆

24.4 Urliste und Verteilungstafeln

Die Zahlenwerte einer *Stichprobe* vom *Umfang n*, die in der Reihenfolge
der Entnahme vorliegen, werden als *Urliste, Roh-* oder *Primärdaten* bezeichnet. Bei größerem n wird diese Urliste schnell unübersichtlich. Deshalb
ist es bei Untersuchungen der beschreibenden Statistik vorteilhaft, die Zahlen der *Urliste* zu *ordnen* und *gruppieren*. Wir beschränken uns hierbei auf
eindimensionale Stichproben:

- Die einfachste Form des Ordnens besteht in der Ordnung der Stichprobenwerte nach der Größe. Man erhält die *Variationsreihe.*

- Die Werte der *Urliste* werden der Größe nach *geordnet* (in steigender
  oder fallender Reihenfolge), wobei zusätzlich die *absolute Häufigkeit* der
  einzelnen Werte gezählt wird (z.B. mittels einer Strichliste). Die Differenz
  zwischen dem kleinsten und größtem Wert der Urliste bezeichnet man
  als *Spannweite* (Variationsbreite). Man erhält eine *primäre Verteilungstafel.* In diese Tafel werden noch die *relativen Häufigkeiten* aufgenommen, die sich aus den durch n dividierten absoluten Häufigkeiten erge-

ben (siehe Beispiel 24.2a). Damit liefert die *primäre Verteilungstafel* eine anschauliche Übersicht über die Verteilung der Werte der Urliste, d.h. über die *empirische Verteilung* oder *Häufigkeitsverteilung* (siehe Abschn.23.3).

• Wenn die *Urliste* einen großen Umfang n besitzt, ist es vorteilhaft, die Werte zu *gruppieren*, d.h., in *Klassen aufzuteilen*. Dabei können die *Klassenbreiten* d für alle Klassen den gleichen Wert haben. Es sind aber verschiedene Klassenbreiten möglich. Dies hängt vom Umfang n und von der Spannweite der Urliste ab. Des weiteren muß vorher festgelegt werden, zu welcher Klasse ein Wert gehören soll, wenn er auf eine Klassengrenze fällt. Nach der Klasseneinteilung können die *absoluten Häufigkeiten* für jede Klasse (*absolute Klassenhäufigkeiten*) mittels Strichliste ermittelt werden. Man kann dies in Form einer Tabelle zusammenstellen, die als *Häufigkeitstabelle* oder *sekundäre Verteilungstafel* bezeichnet wird. In diese Tabelle können noch die *Klassenmitten* und *relativen Häufigkeiten* für jede Klasse (*relative Klassenhäufigkeiten*) aufgenommen werden (siehe Beispiel 24.2b).

Beispiel 24.2:

Aus der Produktion von Bolzen eines Werkzeugautomaten wurde eine *Stichprobe* von 20 Bolzen entnommen, deren Länge (Merkmal/Zufallsgröße X) kontrolliert werden soll, wobei das Nennmaß 300 mm beträgt. Die Messung der entnommenen Bolzen ergab folgende 20 Werte für die *Urliste:*

299 299 297 300 299 301 300 297 302 303 300 299 301 302 301 299 300 298 300 300

Für diese *Urliste* geben wir im folgenden die *primäre* und *sekundäre Verteilungstafel.*

a) Wenn man die Werte der Urliste der Größe nach ordnet, ergibt sich folgende *primäre Verteilungstafel:*

Werte	Strichliste	absolute Häufigkeit	relative Häufigkeit
297	||	2	0.10
298	|	1	0.05
299	|||||	5	0.25
300	||||||	6	0.30
301	|||	3	0.15
302	||	2	0.10
303	|	1	0.05

b) Bei einer *Klassenbreite* von d=2 kann man die *sekundäre Verteilungstafel*
(*Häufigkeitstabelle*) z.B. in der folgenden Form schreiben:

Klassen-grenzen	Klassenmitte	Strichliste	absolute Häufigkeit	relative Häufigkeit
296.5...298.5	297.5	|||	3	0.15
298.5...300.5	299.5	|||||||||||	11	0.55
300.5...302.5	301.5	||||||	5	0.25
302.5...304.5	303.5			1	0.05

◆

Für zweidimensionale Stichproben lassen sich die Werte der Urliste ebenfalls in übersichtlicher Form darstellen. Dazu dient beispielsweise die Korre-
lationstabelle (siehe [41]) und die grafische Darstellung (siehe Abschn.24.3).

◆

Die in diesem Abschnitt besprochenen Tabellen bzw. Tafeln lassen sich für
Stichproben von großem Umfang natürlich nicht per Hand aufstellen, so
daß man wie bei den meisten statistischen Untersuchungen auf den Computer angewiesen ist. Die Erstellung dieser Tabellen bzw. Tafeln kann effektiv
mittels der Systeme MATHCAD und MATLAB durchgeführt werden, wenn
man die in ihnen vordefinierten Sortierfunktionen und die vorhandenen
Programmiermöglichkeiten heranzieht. Dies überlassen wir dem Leser.

◆

24.5 Statistische Maßzahlen

Im folgenden betrachten wir wichtige *statistische Maßzahlen* für vorliegendes *Zahlenmaterial*, die in der beschreibenden Statistik eine wichtige Rolle
spielen. Das Zahlenmaterial wird durch Stichproben gewonnen, wobei wir
uns auf *ein-* und *zweidimensionale Stichproben* beschränken. Im Unterschied zur schließenden Statistik dienen die *statistischen Maßzahlen* in der
beschreibenden Statistik nur zur *Charakterisierung* der vorliegenden *Stichprobe* und nicht zur Charakterisierung der Grundgesamtheit, aus der die
Stichprobe stammt. Des weiteren werden statistische Maßzahlen in der
schließenden Statistik u.a. im Rahmen der Schätz- und Testtheorie benötigt.

24.5.1 Eindimensionale Merkmale

Zur Charakterisierung der Zahlenwerte (*Stichprobenwerte*) einer *eindimensionalen Stichprobe*

$x_1 , x_2 , \ldots , x_n$

vom *Umfang n* für das *Merkmal* X einer vorliegenden Grundgesamtheit (siehe Abschn.23.2) verwendet man folgende *statistische Maßzahlen*:

- der *empirische Mittelwert* (*arithmetisches Mittel*) $\bar{x}$

  berechnet sich aus

$$\bar{x} = \frac{1}{n} \cdot \sum_{i=1}^{n} x_i$$

  und stellt ein Maß für die Lage der Stichprobenwerte dar, wobei er von sämtlichen Stichprobenwerten abhängt. Als weitere Bezeichnung findet man *Stichprobenmittelwert*.

- der *empirische Median* $\tilde{x}$

  berechnet sich aus

$$\tilde{x} = \begin{cases} x_{k+1} & \text{falls} & n = 2k+1 & (\text{ungerade}) \\[2mm] \dfrac{x_k + x_{k+1}}{2} & \text{falls} & n = 2k & (\text{gerade}) \end{cases}$$

  wenn die Stichprobenwerte x_i der Größe nach geordnet sind, d.h.

  $x_1 \leq x_2 \leq \ldots \leq x_n$

  gilt. Der *Median* ist ebenfalls ein Maß für den Mittelwert einer Stichprobe, der z.B. bei Stichproben mit einem geringen Umfang verwendet wird. Er hängt nur von dem mittleren Stichprobenwert (bei ungeradem n) bzw. den beiden mittleren Stichprobenwerten (bei geradem n) ab, d.h., er wird nicht von den restlichen Stichprobenwerten beeinflußt.

- das (empirische) *geometrische Mittel* x_g

  berechnet sich aus

$$x_g = \sqrt[n]{x_1 \cdot x_2 \cdots x_n} \qquad (\text{alle } x_i > 0 \text{ vorausgesetzt})$$

  Das *geometrische Mittel* x_g hängt ebenso wie das *arithmetische Mittel* $\bar{x}$ von allen Stichprobenwerten ab, wobei zwischen beiden der folgende Zusammenhang besteht

  $x_g \leq \bar{x}$

- die erwartungstreue *empirische Varianz/Streuung* s_X^2

  berechnet sich aus

$$s_X^2 = \frac{1}{n-1} \cdot \sum_{i=1}^{n} (x_i - \overline{x})^2$$

wobei

s_X

als *empirische Standardabweichung* bezeichnet wird. Als weitere Bezeichnungen findet man *Stichprobenvarianz, Stichprobenstreuung* bzw.
Stichprobenstandardabweichung.

Wenn man hier wie beim Mittelwert durch n anstatt durch n−1 dividiert,
so ist die *empirische Varianz/Streuung* nur *asymptotisch erwartungstreu*
(siehe Abschn.26.3).

Arithmetisches, geometrisches Mittel und *Median* gehören zur Klasse der *Lagemaße*, die zur Beschreibung der Lage der Stichprobenwerte dienen und
in der Schätztheorie als *Schätzwerte* für unbekannte Erwartungswerte Anwendung finden (siehe Abschn.26.3). *Empirische Varianz/Streuung* und
Standardabweichung gehören zur Klasse der *Streuungsmaße*, die ein Maß
für die *Streuung* der Stichprobenwerte liefern und in der Schätztheorie als
Schätzwerte für unbekannte *Varianzen/Streuungen* dienen (siehe Abschn.
26.3).
♦

MATHCAD und MATLAB stellen zur Berechnung *statistischer Maßzahlen*
vordefinierte *Funktionen* zur Verfügung, von denen wir im folgenden
wichtige angeben:

Für die *Stichprobenwerte*

$x_1, x_2, ..., x_n$

einer *eindimensionalen Sichprobe* vom *Umfang n*, die in einem *Spaltenvektor* **x**, d.h.

$$x := \begin{pmatrix} x_1 \\ x_2 \\ \vdots \\ x_n \end{pmatrix}$$

abgespeichert sind, stellt MATHCAD zur Berechnung *statistischer Maßzahlen*
folgende *vordefinierten Funktionen* zur Verfügung:

* **mean** (x)
  (deutsche Version: **mittelwert**)

berechnet den *empirischen Mittelwert* $\bar{x}$

* **median** (x)

berechnet den *empirischen Median* $\tilde{x}$

* **gmean** (x)

berechnet das *empirische geometrische Mittel* x_g

* **var** (x)

berechnet die *empirische Varianz/Streuung* in der Form, in der durch n anstatt durch n–1 dividiert wird, d.h.

$$\frac{1}{n} \cdot \sum_{i=1}^{n} (x_i - \bar{x})^2$$

* **Var** (x)

berechnet die *erwartungstreue empirische Varianz/Streuung*

$$\frac{1}{n-1} \cdot \sum_{i=1}^{n} (x_i - \bar{x})^2$$

d.h. zwischen **Var** und **var** besteht die *Beziehung*

$$\textbf{Var}\,(x) = \frac{n}{n-1} \cdot \textbf{var}\,(x)$$

* **stdev** (x)

berechnet die *empirische Standardabweichung* für **var**

* **Stdev** (x)

berechnet die *empirische Standardabweichung* für **Var**

Die *Berechnung* mittels der gegebenen vordefinierten Funktionen wird in MATHCAD *ausgelöst*, wenn man nach der Eingabe der entsprechenden Funktion das *numerische Gleichheitszeichen* = eintippt. Die Maßzahlen werden folglich *numerisch berechnet*. Eine exakte Berechnung ist hierfür nicht vorgesehen. Dies ist auch nicht erforderlich, da die Stichprobenwerte i.a. nur numerisch ermittelt werden.

Für die *Stichprobenwerte*

$$x_1 \, , \, x_2 \, , \, \dots \, , \, x_n$$

einer *eindimensionalen Sichprobe* vom *Umfang n*, die in einem *Zeilen-* oder *Spaltenvektor* **x**, d.h.

>> x = [x1 x2 ... xn]

oder

>> x = [x1 ; x2 ; ... ; xn]

abgespeichert sind, stellt MATLAB zur Berechnung *statistischer Maßzahlen* folgende *vordefinierten Funktionen* zur Verfügung:

* **mean** (x)

  berechnet den *empirischen Mittelwert* $\bar{x}$

* **median** (x)

  berechnet den *empirischen Median* $\tilde{x}$

* **geomean** (x)

  berechnet das *empirische geometrische Mittel* x_g

* **var** (x)

  berechnet die *erwartungstreue empirische Varianz/Streuung*

* **std** (x)

  berechnet die *empirische Standardabweichung*

Die *numerische Berechnung* mittels der gegebenen vordefinierten Funktionen wird in MATLAB *ausgelöst*, wenn man nach der Eingabe der entsprechenden Funktion in das Kommandofenster die Eingabetaste ⏎ drückt.

Beispiel 24.3:

Berechnen wir für die *eindimensionale Stichprobe* vom Umfang 10 aus Beispiel 23.2a mittels MATHCAD und MATLAB die gegebenen *statistischen Maßzahlen*:

Durch die *Zuweisung*

$$x := \begin{pmatrix} 3150 \\ 3249 \\ 3059 \\ 3361 \\ 3248 \\ 3254 \\ 3259 \\ 3353 \\ 3145 \\ 3051 \end{pmatrix}$$

werden die *Zahlenwerte* der gegebenen *Stichprobe* einem *Spaltenvektor* **x** zugewiesen. Dies kann auch durch Einlesen von einem Datenträger (Diskette, Festplatte) geschehen, wie im Abschn.8.1 beschrieben wird. MATHCAD berechnet für diesen Vektor **x** folgende *Maßzahlen:*

* *empirischer Mittelwert*

  mean (x) = 3.213×10^3

* *empirischer Median*

  median (x) = 3.248×10^3

* *empirisches geometrisches Mittel*

  gmean (x) = 3.211×10^3

* *empirische Varianz/Streuung*

  var (x) = 1.064×10^4

  Var (x) = 1.182×10^4

* *empirische Standardabweichung*

  stdev (x) = 103.138

  Stdev (x) = 108.717

Durch die *Zuweisung*

>> x = [3150 3249 3059 3361 3248 3254 3259 3353 3145 3051]

oder

>> x = [3150 ; 3249 ; 3059 ; 3361 ; 3248 ; 3254 ; 3259 ; 3353 ; 3145 ; 3051]

werden die *Zahlenwerte* der gegebenen *Stichprobe* einem *Zeilen-* bzw.
Spaltenvektor **x** zugewiesen. Dies kann auch durch Einlesen von einem
Datenträger (Diskette, Festplatte) geschehen, wie im Abschn.8.1 beschrie-
ben wird.
MATLAB berechnet für den Vektor **x** folgende *Maßzahlen:*

* *empirischer Mittelwert*

    >> **mean** (x)

    ans =

     3.2129e+003

* *empirischer Median*

    >> **median** (x)

    ans =

     3.2485e+003

* *empirisches geometrisches Mittel*

    >> **geomean** (x)

    ans =

     3.2112e+003

* *empirische Varianz/Streuung*

    >> **var** (x)

    ans =

     1.1819e+004

* *empirische Standardabweichung*

    >> **std** (x)

    ans =

     108.7172

◆

24.5.2 Zweidimensionale Merkmale

Zur Charakterisierung der *Stichprobenpunkte* einer *zweidimensionalen Stichprobe*

$$(x_1, y_1), (x_2, y_2), \ldots, (x_n, y_n)$$

vom *Umfang n* für die *Merkmale* X und Y einer vorliegenden Grundgesamtheit kann man die für eindimensionale Merkmale gegebenen statistischen Maßzahlen (siehe Abschn.24.5.1) für die x- und y-Werte heranziehen. Durch diese Maßzahlen werden die jeweiligen Stichprobenwerte von X bzw. Y nur getrennt charakterisiert. Bei zwei Merkmalen ist man hauptsächlich am Zusammenhang zwischen beiden interessiert. Aussagen hierüber liefern die folgenden *statistischen Maßzahlen:*

- *empirische Kovarianz*

$$s_{XY} = \frac{1}{n-1} \cdot \sum_{i=1}^{n} (x_i - \bar{x}) \cdot (y_i - \bar{y})$$

- *empirischer Korrelationskoeffizient*

$$r_{XY} = \frac{\displaystyle\sum_{i=1}^{n} (x_i - \bar{x}) \cdot (y_i - \bar{y})}{\sqrt{\displaystyle\sum_{i=1}^{n} (x_i - \bar{x})^2 \cdot \sum_{i=1}^{n} (y_i - \bar{y})^2}} = \frac{s_{XY}}{s_X \cdot s_Y}$$

Der *empirische Korrelationskoeffizient* ergibt sich durch *Normierung* der *empirischen Kovarianz* mittels der beiden *empirischen Standardabweichungen*

$$s_X \text{ und } s_Y$$

für X und Y. Er liefert ein Maß für den *linearen Zusammenhang* zwischen den beiden Merkmalen X und Y und liegt immer zwischen −1 und +1, d.h., es gilt die Ungleichung

$$-1 \leq r_{XY} \leq +1$$

Falls alle Stichprobenpunkte auf einer Geraden liegen, nimmt der Korrelationskoeffizient den Wert −1 oder +1 an, d.h., es gilt hier die Gleichung

$$|r_{XY}| = 1$$

Weitere Ausführungen zum Korrelationskoeffizienten findet man im Kap.30 im Rahmen der Korrelations- und Regressionsanalyse.

- *empirisches Bestimmtheitsmaß*

$$B_{XY} = r_{XY}^2$$

In praktischen Fällen benutzt man auch anstelle des Korrelationskoeffizienten das Bestimmtheitsmaß, das als Quadrat des Korrelationskoeffizienten definiert ist und deshalb nur Werte zwischen 0 und +1 annehmen kann. Falls alle Stichprobenpunkte auf einer Geraden liegen, nimmt das Bestimmtheitsmaß folglich den Wert +1 an.

In den gegebenen Formeln für *Kovarianz* und *Korrelationskoeffizient* bezeichnen

* $\bar{x}$ und $\bar{y}$ die *empirischen Mittelwerte* für X bzw. Y.

* s_X und s_Y die *empirische Standardabweichung* für X bzw. Y.

♦

MATHCAD und MATLAB stellen zur Berechnung von *Kovarianz* und *Korrelationskoeffizienten* vordefinierte *Funktionen* zur Verfügung, die wir im folgenden angeben:

Für die *Stichprobenpunkte*

$$(x_1, y_1), (x_2, y_2), \ldots, (x_n, y_n)$$

einer *zweidimensionalen Sichprobe* vom *Umfang n*, deren *x*- und *y-Werte* dem *Spaltenvektor* **X** bzw. **Y** zugewiesen sind, d.h.

$$X := \begin{pmatrix} x_1 \\ x_2 \\ \vdots \\ x_n \end{pmatrix} \qquad Y := \begin{pmatrix} y_1 \\ y_2 \\ \vdots \\ y_n \end{pmatrix}$$

stellt MATHCAD zur Berechnung von *Kovarianz* und *Korrelationskoeffizient* folgende *vordefinierten Funktionen* zur Verfügung:

* **cvar** (X , Y)
   (deutsche Version: **kvar**)

   berechnet die *empirische Kovarianz*, wobei durch n anstatt durch n−1 dividiert wird, d.h., man muß das Ergebnis mit n/(n−1) multiplizieren (siehe Beispiel 24.4).

* **corr** (X , Y)
   (deutsche Version: **korr**)

berechnet den *empirischen Korrelationskoeffizienten* (siehe Beispiel 24.4).

Die *Berechnung* mittels der gegebenen vordefinierten Funktionen wird in MATHCAD *ausgelöst*, wenn man nach der Eingabe der entsprechenden Funktion in das Arbeitsfenster das *numerische Gleichheitszeichen* = eintippt. Die Berechnung erfolgt damit *numerisch*.

Für die *Stichprobenpunkte*

$$(x_1, y_1), (x_2, y_2), \ldots, (x_n, y_n)$$

einer *zweidimensionalen Sichprobe* vom *Umfang n*, deren *x*- und *y*-*Werte* dem *Spaltenvektor* (*Zeilenvektor*) **X** bzw. **Y** zugewiesen wurden, d.h. z.B.

>> X = [x1 ; x2 ; ... ; xn] ; Y = [y1 ; y2 ; ... ; yn] ;

stellt MATLAB zur Berechnung von *Kovarianz* und *Korrelationskoeffizient* folgende vordefinierten *Funktionen* zur Verfügung:

* **cov** (X , Y)

  berechnet die *empirische Kovarianz* innerhalb der Kovarianzmatrix (siehe Beispiel 24.4).

* **corrcoef** (X , Y)

  berechnet den *empirischen Korrelationskoeffizienten* innerhalb einer Matrix (siehe Beispiel 24.4).

Die *numerische Berechnung* mittels der gegebenen vordefinierten Funktionen wird in MATLAB *ausgelöst*, wenn man nach der Eingabe der entsprechenden Funktion in das Kommandofenster die Eingabetaste ⏎ drückt.

Beispiel 24.4:

Für die vorliegenden *Zahlenpaare*

(30 , 15) , (50 , 28) , (65 , 43) , (80 , 62) , (95 , 88) , (115 , 123)

der *zweidimensionalen Stichprobe* vom *Umfang* 6 aus Beispiel 23.2b sollen *Kovarianz* und *Korrelationskoeffizient* mittels MATHCAD und MATLAB berechnet werden:

Durch die Zuweisungen

$$X := \begin{pmatrix} 30 \\ 50 \\ 65 \\ 80 \\ 95 \\ 115 \end{pmatrix} \qquad Y := \begin{pmatrix} 15 \\ 28 \\ 43 \\ 62 \\ 88 \\ 123 \end{pmatrix}$$

werden die *x-Werte* und *y-Werte* der gegebenen *Stichprobe* einem *Spalten-vektor* **X** bzw. **Y** zugewiesen. Dies kann auch durch Einlesen von einem Datenträger (Diskette, Festplatte) geschehen, wie im Abschn.8.1 beschrieben wird.

MATHCAD berechnet für diese Vektoren **X** und **Y** folgendes:

* *empirische Kovarianz*

$$\frac{5}{4} \cdot \mathbf{cvar}\,(\,X\,,\,Y\,) = 1216$$

* *empirischer Korrelationskoeffizient*

$$\mathbf{corr}\,(\,X\,,\,Y\,) = 0.982$$

Durch die Zuweisungen

>> X = [30 ; 50 ; 65 ; 80 ; 95 ; 115] ; Y = [15 ; 28 ; 43 ; 62 ; 88 ; 123] ;

werden die *x-Werte* und *y-Werte* der gegebenen *Stichprobe* einem *Spalten-vektor* **X** bzw. **Y** zugewiesen. Dies kann auch durch Einlesen von einem Datenträger (Diskette, Festplatte) geschehen, wie im Abschn.8.1 beschrieben wird.

MATLAB berechnet für diese Vektoren **X** und **Y** folgendes:

* *empirische Kovarianz*

>> **cov** (X , Y)

ans =

1.0e+003 *
  0.9475   1.2165

1.2165   1.6190

d.h., es wird die Kovarianz 1216.5 berechnet.

* *empirischer Korrelationskoeffizient*

>> **corrcoef** (X , Y)

ans =

1.0000   0.9822
0.9822   1.0000

d.h., es wird der Korrelationskoeffizient 0.9822 berechnet.

♦

24.6 Empirische Regression

Im Abschn.24.3 haben wir bei der *grafischen Darstellung* der Stichprobenpunkte einer *zweidimensionalen Stichprobe* vom Umfang n gesehen, daß
man eine sogenannte *Punktwolke* erhält. Damit bekommt man einen ersten
Eindruck über den Zusammenhang der beiden untersuchten Merkmale X
und Y und kann versuchen, diese Punktwolke durch eine Funktion (*Aus-
gleichsfunktion, Regressionsfunktion*) nach einer gewissen Methode anzunähern. Für diese Annäherung wird die *Methode der kleinsten Quadrate*
herangezogen, die bereits von dem bekannten Mathematiker Gauß im vori-
gen Jahrhundert angewandt wurde und deshalb als *Gaußsche Fehlerqua-
dratmethode* bezeichnet wird. Ausführlicher werden wir hierauf im Kap.30
eingehen. Im folgenden geben wir einen ersten Einblick in diese Problematik am Beispiel eines angenommenen *linearen Zusammenhangs* zwischen
den beiden Merkmalen X und Y, d.h., wir nähern die *Stichprobenpunkte*

$$(x_1, y_1), (x_2, y_2), \dots, (x_n, y_n)$$

durch eine *Gerade* (*Ausgleichsgerade, empirische Regressionsgerade*)

$$y = a \cdot x + b$$

an, wobei die beiden Parameter a und b nach dem Prinzip der kleinsten
Quadrate bestimmt werden, d.h. die Abweichungsquadrate der Stichprobenpunkte zur Geraden sollen minimal werden:

$$F(a, b) = \sum_{i=1}^{n} (y_i - a \cdot x_i - b)^2 \to \underset{a,b}{\text{Minimum}}$$

Die Lösung dieser Minimierungsaufgabe führt auf ein lineares Gleichungssystem zur Bestimmung der beiden Parameter a und b in der empirischen
Regressionsgeraden, indem man die Optimalitätsbedingungen (Nullsetzen
der ersten Ableitungen) anwendet. Wir gehen hierauf nicht ein, da
MATHCAD und MATLAB vordefinierte Funktionen zur Regression bereitstel-

len, mit denen man die Parameter a und b in der Ausgleichsgeraden mühelos berechnen kann. Des weiteren berechnen wir mittels MATHCAD und MATLAB den *empirischen Korrelationskoeffizienten,* der ein Maß dafür ist, wie gut sich die Stichprobenpunkte durch eine Gerade annähern lassen (siehe Abschn.24.5.2):

In MATHCAD ist folgende Vorgehensweise für die empirische Regression erforderlich:

- Zuerst werden die die x- und y-Werte der vorliegenden n *Stichprobenpunkte*

$$(x_1, y_1), (x_2, y_2), \ldots, (x_n, y_n)$$

den *Spaltenvektoren* **X** bzw. **Y** zugewiesen bzw. eingelesen, d.h.

$$X := \begin{pmatrix} x_1 \\ \vdots \\ x_n \end{pmatrix} \qquad Y := \begin{pmatrix} y_1 \\ \vdots \\ y_n \end{pmatrix}$$

- Danach kann MATHCAD den *empirischen Korrelationskoeffizient* und die *empirische Regressionsgerade* mittels folgender vordefinierter *Funktionen* berechnen:

  * **corr** (X , Y)
    (deutsche Version: **korr**)

    berechnet für die Vektoren **X** und **Y** den *empirischen Korrelationskoeffizienten.*

  * **slope** (X , Y)
    (deutsche Version: **neigung**)
    berechnet für die Vektoren **X** und **Y** die *Steigung* a der *empirischen Regressionsgeraden.*

  * **intercept** (X , Y)
    (deutsche Version: **achsenabschn**)

    berechnet für die Vektoren **X** und **Y** den *Abschnitt* b der *empirischen Regressionsgeraden* auf der *y-Achse.*

- Wenn man nach der Eingabe der gegebenen Funktionen in das Arbeitsfenster das numerische Gleichheitszeichen = eintippt, löst MATHCAD die numerische Berechnung aus.

MATLAB bietet folgende *Vorgehensweise* für die *empirische Regression* an, wenn die **Statistics Toolbox** installiert ist:

- Zuerst werden die die x- und y-Werte der vorliegenden n *Stichprobenpunkte*

  $$(x_1, y_1), (x_2, y_2), \ldots, (x_n, y_n)$$

  den *Zeilen-* oder *Spaltenvektoren* **X** bzw. **Y** zugewiesen bzw. eingelesen, d.h. z.B.

  >> X = [x1 x2 ... xn] ; Y = [y1 y2 ... yn] ;

- Danach können in MATLAB der *empirische Korrelationskoeffizient* und die *empirische Regressionsgerade* mittels folgender vordefinierter *Funktionen* berechnet werden:

  * >> **corrcoef** (X , Y)

    berechnet für die Vektoren **X** und **Y** den *empirischen Korrelationskoeffizienten.*

  * >> **polyfit** (X , Y , 1)

    berechnet für die Vektoren **X** und **Y** die *empirische Regressionsgerade.*

- Wenn man nach der Eingabe der gegebenen Funktionen in das Kommandofenster die Eingabetaste ⏎ drückt, löst MATLAB die numerische Berechnung aus.

Beispiel 24.5:

Berechnen wir für die *zweidimensionale Stichprobe*

(110,2.1) , (120,4.3) , (130,3.1) , (140,3.4) , (150,2.9) , (160,5.5) , (170,3.3)

aus Beispiel 24.1b mittels MATHCAD und MATLAB den empirischen Korrelationskoeffizienten und die *empirische Regressionsgerade* und zeichnen die Stichprobenpunkte und die berechnete Regressionsgerade in ein gemeinsames Koordinatensystem:

MATHCAD

$$X := \begin{pmatrix} 110 \\ 120 \\ 130 \\ 140 \\ 150 \\ 160 \\ 170 \end{pmatrix} \qquad Y := \begin{pmatrix} 2.1 \\ 4.3 \\ 3.1 \\ 3.4 \\ 2.9 \\ 5.5 \\ 3.3 \end{pmatrix}$$

corr(X,Y) = 0.4094

a := slope(X, Y)   b := intercept(X, Y)

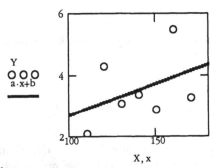

MATHCAD

MATLAB

```
>> X = [110 120 130 140 150 160 170] ; Y = [ 2.1 4.3 3.1 3.4 2.9 5.5 3.3 ] ;
>> corrcoef ( X , Y )
ans =
    1.0000    0.4094
    0.4094    1.0000
>> plot ( X , Y )
>> hold on
>> polyfit ( X , Y , 1 )
```

ans =

0.0207   0.6143

>> **syms** x ; **ezplot** (0.0207 * x + 0.6143 , [100 , 180])

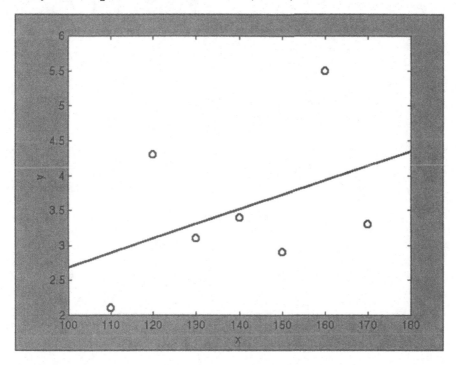

Bei der Konstruktion der *empirischen Regressionsgeraden* haben wir eine *lineare Abhängigkeit* zwischen den beiden untersuchten Merkmalen X und Y vorausgesetzt und die Punkte der entnommenen Stichprobe durch die Regressionsgerade mittels der Methode der kleinsten Quadrate approximiert. Damit haben wir noch keinen gesicherten stochastischen Zusammenhang zwischen den beiden Merkmalen X und Y erhalten. Dies ist Aufgabe der *Korrelations-* und *Regressionsanalyse* (siehe Kap.30), die anhand der berechneten empirischen Größen (Korrelationskoeffizient, Regressionsgerade usw.) statistische Aussagen über die Abhängigkeit von X und Y treffen.

25 Schließende Statistik

25.1 Einführung

Im Kap.22 haben wir bereits eine kurze Charakterisierung der zwei großen Gebiete

* *beschreibende Statistik* (Abschn.22.2)

* *schließende Statistik* (Abschn.22.3)

der *Statistik* gegeben.

Die *schließende Statistik* wird in der Literatur als *induktive* oder *mathematische Statistik* bezeichnet. Sie bildet eine wichtige Basis, um anhand von *Stichproben* Aussagen über *Massenerscheinungen* (*Grundgesamtheiten*) zu erhalten.

♦

Die *schließende Statistik* liefert mathematisch exakte Verfahren für einen Schluß von einer *Stichprobe* auf die betrachtete *Grundgesamtheit* (siehe Kap.23), aus der die Stichprobe entnommen wurde.
Diese Schlüsse spielen eine fundamentale Rolle bei der Charakterisierung und Beurteilung einer vorliegenden Grundgesamtheit. Sie sind jedoch nie absolut sicher, sondern können nur mit einer gewissen *Wahrscheinlichkeit* getroffen werden. Deshalb benötigt die schließende Statistik die Wahrscheinlichkeitsrechnung zur Entwicklung ihrer Methoden.
♦
Wichtige Gebiete der schließenden Statistik, die wir im folgenden Abschn.25.2 kurz aufzählen, bilden neben der Wahrscheinlichkeitsrechnung den Hauptgegenstand des Buches und werden in den restlichen Kap.26 bis 30 behandelt.

25.2 Grundlegende Gebiete

Die Basis der schließenden Statistik bilden *Stichproben*, die aus einer vorliegenden *Grundgesamtheit* entnommen wurden (siehe Kap.23). Diese *Stich-*

proben enthalten *Informationen* sowohl über die *Verteilungsfunktion* (*Wahrscheinlichkeitsverteilung*) als auch die *Parameter* (Erwartungswert, Varianz/Streuung,...) und unbekannten Wahrscheinlichkeiten dieser Grundgesamtheit.

Da die in einer vorliegenden Grundgesamtheit betrachteten Merkmale durch Zufallsgrößen X, Y, ... beschrieben werden, erhält man aus der entnommenen Stichprobe Aussagen über die Parameter und die Wahrscheinlichkeitsverteilung dieser Zufallsgrößen. Dies führt in der *schließenden Statistik* u.a. dazu, anhand von Stichproben folgende Fragestellungen zu untersuchen:

* *Schätzungen unbekannter Parameter* (Erwartungswert, Varianz/Streuung,...) und der *Verteilungsfunktion* einer Zufallsgröße X.

* *Überprüfung* von *Hypothesen* bzgl. unbekannter *Parameter* (Erwartungswert, Varianz/Streuung,...) bzw. der unbekannten *Verteilungsfunktion* einer Zufallsgröße X.

Grundlegende Methoden zu derartigen Auswertungen von *Stichproben* stellt die schließende Statistik in der

• *Schätztheorie* (*Schätzungen* für *Parameter*)

• *Testtheorie* (Überprüfung von *Hypothesen* über *Verteilungsfunktionen* und *Parameter*)

bereit, auf die wir in den Kap.26–29 näher eingehen.

Es gibt zahlreiche *weitere* wichtige *Anwendungen* der *schließenden Statistik*, die wir im Rahmen des Buches nicht behandeln können. Hierfür wird auf die Literatur verwiesen. Im Kap.30 gehen wir noch auf folgende Gebiete ein:

• *Korrelation*

• *Regression*

für die wir die Lösung von Grundaufgaben mittels der Systeme MATHCAD und MATLAB diskutieren.

♦

Im folgenden Beispiel 25.1 illustrieren wir die Problematik der schließenden Statistik an zwei anschaulichen Aufgaben.

Beispiel 25.1:

a) Illustrieren wir die Problematik der *Schätz-* und *Testtheorie* an einem Beispiel:
Eine Firma stellt Spezialschrauben in großer Stückzahl her, wobei sich natürlich fehlerbehaftete Schrauben aufgrund der Toleranzen der Werkzeugmaschinen nicht vermeiden lassen. Deshalb sind sowohl der Produ-

zent als auch der Abnehmer daran interessiert, wie groß der Ausschuß ist. Man möchte wissen, wie groß die Wahrscheinlichkeit p ist, daß eine hergestellte Schraube defekt (unbrauchbar) ist. Um einen Schätzwert für die unbekannte Wahrscheinlichkeit p zu erhalten, wird eine zufällige Stichprobe von beispielsweise 200 Schrauben entnommen, da man die gesamte Produktion aufgrund ihres großen Volumens nicht untersuchen kann.

Die 200 Schrauben der entnommenen Stichprobe werden auf Defekte untersucht. Die Stichprobe kann man durch 200 Zufallsgrößen

$$X_i \qquad (i = 1 , 2 , \dots , n)$$

beschreiben, die jeweils die Werte 0 (brauchbar) oder 1 (unbrauchbar) annehmen können. Damit genügt jede dieser Zufallsgrößen einer *Binomialverteilung*

$$B (1 , p)$$

Die Werte (0 oder 1)

$$x_1 , x_2 , \dots , x_n$$

der entnommenen Stichprobe vom Umfang n=200 bilden eine Realisierung der *mathematischen Stichprobe*

$$(X_1 , X_2 , \dots , X_n)$$

Nach dem *Gesetz der großen Zahlen* konvergiert das *arithmetische Mittel* (*Stichprobenmittel*)

$$\frac{X_1 + X_2 + \dots + X_n}{n}$$

in Wahrscheinlichkeit gegen die gesuchte Wahrscheinlichkeit p (siehe Beispiel 20.2).

Damit kann man mittels der Realisierung

$$x_1 , x_2 , \dots , x_n$$

das empirische *arithmetische Mittel*

$$\frac{x_1 + x_2 + \dots + x_n}{n}$$

der Stichprobenwerte berechnen und als eine *Schätzung* (siehe Abschn.26.3) für die gesuchte *Wahrscheinlichkeit p* verwenden.

Dieses Ergebnis ist für praktische Erfordernisse nicht immer ausreichend. Deshalb wurden in der schließenden Statistik Methoden des *Schätzens* und *Testens* entwickelt, die für unser Problem folgendes untersuchen:

a1)Man ist an einem *Intervall* für die Wahrscheinlichkeit p interessiert, in dem p mit der Wahrscheinlichkeit 1–α liegt. Man spricht hier von einer *Intervallschätzung*, die wir im Abschn.26.4 besprechen.

a2) Praktisch ist folgende weitere Fragestellung interessant:

Hat die gesuchte Wahrscheinlichkeit p für den Ausschuß einen bestimmten Wert p_0 oder ist sie größer, d.h., man stellt die *Hypothesen*

$$p = p_0 \quad \text{bzw.} \quad p > p_0$$

auf. Die Überprüfung derartiger Hypothesen bilden den Gegenstand
der *statistischen Testtheorie* (siehe Kap.27).

b) In der *Korrelations-* und *Regressionsanalyse* wird ein vermuteter *Zusammenhang zwischen Größen* in Technik, Natur- oder Wirtschaftswissenschaften *untersucht* und für diesen Zusammenhang eine *Funktion
konstruiert*. Eine erste Begegnung mit dieser Problematik hatten wir bereits im Abschn.24.6. Ausführlicher betrachten wir diese Problematik im
Kap.30.

♦

Die meisten Untersuchungen zur *schließenden Statistik* lassen sich nur unter
Verwendung von *Computern* durchführen. Wir werden im folgenden sehen,
daß man hierfür die Systeme MATHCAD und MATLAB erfolgreich einsetzen
kann.

Mit dem im Buch gegebenen Hinweisen und Beispielen zur Anwendung
von MATHCAD und MATLAB ist ein Anwender in der Lage, diese zur Berechnung von Aufgaben aus Gebieten der schließenden Statistik einzusetzen, die nicht im Buch behandelt werden.

♦

26 Statistische Schätztheorie

Die *Schätztheorie* gehört neben der *Testtheorie* (siehe Kap.27–29) zu wichtigen Gebieten der *mathematischen Statistik*. Ihre Aufgabe besteht darin, aufgrund von *Stichproben* Methoden zur Ermittlung von *Schätzungen* für unbekannte *Parameter* und *Verteilungsfunktionen* einer betrachteten Grundgesamtheit (*Zufallsgröße* X) anzugeben.

Im Rahmen des vorliegenden Buches beschränken wir uns auf *Schätzungen unbekannter Parameter* für eine Zufallsgröße X. Schätzungen für unbekannte Verteilungsfunktionen lassen sich unter Verwendung empirischer Verteilungsfunktionen durchführen (siehe Abschn.23.3).

◆

26.1 Einführung

Bei statistischen Untersuchungen können folgende zwei Fälle auftreten:
Man kennt für eine vorliegende *Grundgesamtheit* (siehe Kap.23), deren betrachtetes Merkmal durch eine *Zufallsgröße* X beschrieben wird,

* weder die *Verteilungsfunktion* (Wahrscheinlichkeitsverteilung) noch deren *Parameter* (Erwartungswert, Varianz/Streuung,...).

* die *Verteilungsfunktion* (Wahrscheinlichkeitsverteilung), aber nicht deren *Parameter* (Erwartungswert, Varianz/Streuung,...).

Der letzte Fall tritt bei einer Reihe praktischer Untersuchungen auf, in denen man die *Verteilungsfunktion* aufgrund des zentralen Grenzwertsatzes (siehe Abschn.20.3) bzw. der Eigenschaften bekannter Verteilungsfunktionen (siehe Kap.18) näherungsweise kennt. Illustrieren wir die Problematik an einfachen Beispielen.

Beispiel 26.1:

a) Betrachten wir die Aufgabe aus Beispiel 18.2b. Dort haben wir angenommen, daß bei der Produktion von Bolzen deren *Länge* (*Zufallsgröße* X) *normalverteilt* ist. Die *Normalverteilung* kann man hier aufgrund des zentralen Grenzwertsatzes näherungsweise voraussetzen, da sich bei der Produktion der Bolzen eine Reihe unabhängiger zufälliger Effekte überlagert. Des weiteren haben wir im Beispiel 18.2b den *Erwartungswert* μ=50 mm (Sollwert) und die *Standardabweichung* σ=0.2 mm angenommen, d.h. eine N(50,0.2)-*Normalverteilung*. Ein Bolzen kann in diesem Beispiel nicht mehr verwendet werden (d.h. ist defekt), wenn seine Länge um mehr als 0.25 mm vom Sollwert (Erwartungswert) 50 mm abweicht.

Hier liegt der *Idealfall* vor, daß

* *Verteilungsfunktion (Normalverteilung)*

* *Erwartungswert*

* *Standardabweichung*

der betrachteten Zufallsgröße X *bekannt* sind.

a1) Es kann jedoch der Fall auftreten daß nur der *Erwartungswert* μ=50 mm als *Sollwert* bekannt ist, während man die *Standardabweichung* σ nicht kennt. Für diesen unbekannten Parameter σ lassen sich *Schätzwerte* anhand entnommener *Stichproben* berechnen.

Wenn man in der betrachteten *Grundgesamtheit* der *Bolzen* das *Merkmal* der *Länge* (in mm) als *Zufallsgröße* X verwendet, kann man mit einem aus einer Stichprobe berechneten *Schätzwert* für die *Standardabweichung* σ mittels der *Verteilungsfunktion* der *Normalverteilung* N(50,σ) bzw. der *standardisierten Normalverteilung* Φ(x) z.B. die *Wahrscheinlichkeit* dafür berechnen, daß ein der Produktion entnommener *Bolzen defekt* ist:

$$P\left(\left|X - 50\right| > 0.25\right) \ = \ 1 \ - \ P\left(\left|X - 50\right| \le 0.25\right)$$

$$= \ 1 \ - \ P\left(50 - 0.25 \le X \le 50 + 0.25\right) = 1 - P\left(50.25\right) + P\left(49.75\right)$$

$$= 1 - P\left(\frac{50 - 0.25 - 50}{\sigma} \ \le \ \frac{X - 50}{\sigma} \ \le \ \frac{50 + 0.25 - 50}{\sigma}\right)$$

$$= 1 - \left(\Phi\left(0.25 \ / \ \sigma\right) \ - \ \Phi\left(-0.25 \ / \ \sigma\right)\right) = 2 \cdot \left(1 - \Phi(0.25/\sigma)\right)$$

Einen *Schätzwert* für die unbekannte *Standardabweichung* σ der *Zufallsgröße* X erhält man beispielsweise, wenn man für eine aus der Grundgesamtheit entnommene *Stichprobe* die *Stichprobenstandardabweichung* s_X berechnet (siehe Abschn.24.5.1).

a2) Häufiger tritt bei dem betrachteten Beispiel der Fall auf, daß der *Erwartungswert* μ *unbekannt* ist, während man die *Standardabweichung* σ kennt, da die zur Produktion der Bolzen verwandten Maschinen Toleranzgrenzen haben. In diesem Fall ist man an Schätzwerten für den unbekannten Erwartungswert interessiert, die z.B. aus entnommenen Stichproben durch Berechnung des *Stichprobenmittels* gewonnen werden.

b) Die Anzahl der beim Zerfall einer radioaktiven Substanz pro Zeiteinheit zerfallenen Atome läßt sich durch eine *Zufallsgröße* X beschreiben, die der *Poisson-Verteilung* genügt. Diese diskrete Verteilung ist durch die *Wahrscheinlichkeiten*

$$P(X=k) = \frac{\lambda^k}{k!} \cdot e^{-\lambda} \qquad (k = 0, 1, 2, \dots)$$

vollständig charakterisiert, wenn man den Parameter λ (*Erwartungswert*) kennt (siehe Abschn.18.1). Anhand von *Stichproben* kann man *Schätzwerte* für den unbekannten Erwartungswert λ berechnen, wenn man z.B. die aus den Stichproben berechneten *Stichprobenmittel* heranzieht (siehe Abschn.24.5.1).

c) Bei der *Produktion* von *Leuchtraketen* ist die *Wahrscheinlichkeit* p gesucht, daß eine beliebig entnommene Rakete funktioniert, d.h. brauchbar ist.

Der Ereignisraum Ω für dieses Zufallsexperiment enthält nur die beiden Elementarereignisse ω_0 (unbrauchbar) und ω_1 (brauchbar), d.h., er hat die Form

$$\Omega = \{\omega_0, \omega_1\}$$

Um die Wahrscheinlichkeit p für einen bestimmten Produktionszeitraum exakt zu bestimmen, müßte man alle produzierten Raketen ausprobieren. Dieses Verfahren ist aber praktisch (ökonomisch) nicht vertretbar. Deshalb wird nur eine *zufällige Stichprobe* entnommen, um einen *Schätzwert* für die unbekannte Wahrscheinlichkeit p zu erhalten. Da das zu untersuchende *Merkmal* einen *qualitativen Charakter* (unbrauchbar, brauchbar) besitzt, definieren wir eine zugehörige *Zufallsgröße* X beispielsweise in der Form

$$X(\omega_0) = 0 \quad , \quad X(\omega_1) = 1$$

Diese *Zufallsgröße* X genügt einer *Null-Eins-Verteilung* (siehe Abschn. 18.1) mit dem *Erwartungswert*

$$E(X) = p$$

Für eine aus der Produktion entnommene (eindimensionale) *Stichprobe*

$$x_1, x_2, \dots, x_n$$

vom *Umfang n* kann man deshalb als *Schätzwert* für die unbekannte Wahrscheinlichkeit p den *empirischen Mittelwert* (*Stichprobenmittel*)

$$\bar{x} = \frac{1}{n} \cdot \sum_{i=1}^{n} x_i$$

verwenden, wenn für die Werte x_i der Stichprobe 0 bzw. 1 gesetzt wird, falls die entsprechende Rakete unbrauchbar bzw. brauchbar war.

◆

Die gegebenen Beispiele lassen erkennen, daß zur *Bestimmung* unbekannter *Parameter* Θ der Wahrscheinlichkeitsverteilung einer Grundgesamtheit nur die Möglichkeit bleibt, durch entnommene *Zufallsstichproben* Informationen zu erhalten. Dabei stellt eine *zufällig entnommene Stichprobe* eine *Realisierung* der die betrachteten *Merkmale* der *Grundgesamtheit* beschreibenden *Zufallsgrößen* X, Y, ... dar, wie aus Kap.23 zu ersehen ist.

Die *Schätzung* unbekannter *Parameter* Θ einer Grundgesamtheit (*Zufallsgröße* X) bildet einen Schwerpunkt der *Schätztheorie*. In der Schätztheorie unterscheidet man zwischen Punkt- und Intervallschätzungen für die unbekannten Parameter:

* Eine *Punktschätzung* liefert einen *Schätzwert* $\hat{\Theta}$ für den unbekannten Parameter Θ.

* Eine *Intervallschätzung* liefert ein *Intervall*, in dem der unbekannte Parameter Θ mit einer vorgegebenen Wahrscheinlichkeit liegt.

Beide Arten von Schätzungen lernen wir in den Abschn.26.3 und 26.4 kennen. Da Schätzungen auf der Basis von *Schätzfunktionen* durchgeführt werden, besprechen wir diese vorher im Abschn.26.2.

◆

Bei einer Reihe praktischer Aufgaben kennt man die *Verteilungsfunktionen näherungsweise* aufgrund des zentralen Grenzwertsatzes (siehe Abschn. 20.3) bzw. der Eigenschaften bekannter Verteilungsfunktionen (siehe Kap. 18), so daß nur *unbekannte Parameter* zu *schätzen* sind.

Falls jedoch die *Verteilungsfunktion* F(x) einer Grundgesamtheit (*Zufallsgröße* X) unbekannt ist, kann man durch eine entnommene Stichprobe mittels der *empirischen Verteilungsfunktion*

$$\hat{F}_n(x)$$

eine *Schätzung* für F an der Stelle x geben (siehe Abschn.23.3).

◆

26.2 Schätzfunktionen

Die *Schätzung* $\hat{\Theta}$ eines unbekannten *Parameters* Θ einer Grundgesamtheit (*Zufallsgröße* X) wird für eine *mathematische Stichprobe*

$$(X_1, X_2, \ldots, X_n)$$

vom Umfang n mittels *Stichprobenfunktionen*

$$\hat{\Theta} = \hat{\Theta}(X_1, X_2, \dots, X_n)$$

durchgeführt. Diese Stichprobenfunktionen sind ebenfalls wieder *Zufallsgrößen*, deren Wahrscheinlichkeitsverteilung von der Verteilungsfunktion der Grundgesamtheit (*Zufallsgröße* X) abhängen kann (siehe Abschn.23.5).

☞

Im Rahmen der *Schätztheorie* heißen Stichprobenfunktionen *Punktschätzungen*, *Punktschätzfunktionen*, *Schätzfunktionen*, *Schätzungen* oder *Schätzer*. Wir verwenden im vorliegenden Buch die Bezeichnung *Punktschätzfunktion*. Eine *Punktschätzfunktion* ist somit eine *Zufallsgröße* und besitzt eine *Wahrscheinlichkeitsverteilung*.
Eine *Realisierung*

$$\hat{\Theta}_r = \hat{\Theta}(x_1, x_2, \dots, x_n)$$

der *Punktschätzfunktion*

$$\hat{\Theta} = \hat{\Theta}(X_1, X_2, \dots, X_n)$$

für eine *konkrete eindimensionale Stichprobe*

$$x_1, x_2, \dots, x_n$$

vom *Umfang n* bezeichnet man als *Schätzwert*

$$\hat{\Theta}_r$$

für den *unbekannten Parameter*

$$\Theta$$

d.h., man erhält diesen Schätzwert, indem man in die Punktschätzfunktion die Zahlenwerte einer konkreten Stichprobe einsetzt.

♦
Beispiel 26.2:
Im Beispiel 23.4 haben wir die *Punktschätzfunktion*

$$\overline{X} = \overline{X}(X_1, X_2, \dots, X_n) = \frac{X_1 + X_2 + \dots + X_n}{n}$$

für die *mathematische Stichprobe*

$$X_1, X_2, \dots, X_n$$

kennengelernt, die man zur *Schätzung* des unbekannten *Erwartungswertes* E(X) einer vorliegenden Grundgesamtheit (*Zufallsgröße* X) heranziehen kann. Die so berechnete *Funktion* $\overline{X}$ (*Stichprobenmittel*) ist ebenfalls eine *Zufallsgröße*, die für großes n *näherungsweise normalverteilt* ist, selbst wenn die Zufallsgröße X der Grundgesamtheit eine andere Wahrscheinlichkeitsverteilung besitzt. Dies ist eine Folgerung aus dem *zentralen Grenz-*

wertsatz, da sich $\overline{X}$ als Summe unabhängiger Zufallsgrößen darstellt (siehe Abschn. 20.3). Für eine *konkrete Stichprobe*

$$x_1 \, , \, x_2 \, , \, ... \, , \, x_n$$

vom *Umfang n* ergibt sich durch Einsetzen als *Schätzwert* der *empirische Mittelwert* $\overline{x}$ (*Stichprobenmittel*)

$$\overline{x} \; = \; \frac{x_1 + x_2 + ... + x_n}{n}$$

für den unbekannten *Erwartungswert* E(X). Einen weiteren Schätzwert kann man unter Verwendung des *empirischen Medians* gewinnen (siehe Abschn. 24.5.1 und Beispiel 26.3).

♦

26.3 Punktschätzungen

Eine *Punktschätzfunktion*

$$\hat{\Theta} \; = \; \hat{\Theta}(X_1 \, , \, X_2 \, , \, ... \, , \, X_n)$$

ist eine *Stichprobenfunktion*, die dadurch charakterisiert ist, daß man durch Einsetzen einer *konkreten eindimensionalen Stichprobe*

$$x_1 \, , \, x_2 \, , \, ... \, , \, x_n$$

vom *Umfang n* einen einzigen Zahlenwert gewinnt, den man als *Schätzwert* für den *unbekannten Parameter* Θ einer vorliegenden Grundgesamtheit (*Zufallsgröße* X) verwendet. Hiermit erhält man aber keine Aussagen über die *Genauigkeit* des berechneten *Schätzwertes*.

☞

Bei *Stichproben* mit *kleinem Umfang* können bei *Punktschätzungen* erhebliche *Fehler* auftreten. Deshalb werden in der statistischen Schätztheorie zusätzlich *Intervallschätzungen* entwickelt, die bzgl. der Genauigkeit Aussagen liefern (siehe Abschn.26.4).

♦

☞

In einer Reihe von Fällen lassen sich zur *Schätzung* eines *unbekannten Parameters*

$$\Theta$$

mehrere Punktschätzfunktionen

$$\hat{\Theta}$$

angeben. So kann man z.B. zur Schätzung des unbekannten *Erwartungswertes* E(X) einer *Zufallsgröße* X den

* *empirischen Mittelwert*

* *empirischen Median*

heranziehen (siehe Beispiel 26.3).

♦

Von dem Statistiker R.A. Fisher wurden folgende *Eigenschaften* für eine *Punktschätzfunktion*

$$\hat{\Theta} = \hat{\Theta}(X_1, X_2, \ldots, X_n)$$

gefordert, um eine möglichst *"gute"* Schätzung für einen *unbekannten Parameter*

$$\Theta$$

zu erhalten:

- *Erwartungstreue (Unverzerrtheit)*

  Eine *Punktschätzfunktion*

  $$\hat{\Theta} = \hat{\Theta}(X_1, X_2, \ldots, X_n)$$

  eines *unbekannten Parameters* Θ heißt *erwartungstreu (unverzerrt)*, wenn gilt

  $$E(\hat{\Theta}) = \Theta$$

  d.h., der Erwartungswert der gelieferten Schätzung $\hat{\Theta}$ ist gleich dem gesuchten Parameter Θ.
  Gilt diese Eigenschaft nur in der schwächeren Form für n→∞, so heißt die Schätzung $\hat{\Theta}$ *asymptotisch erwartungstreu* bzw. *asymptotisch unverzerrt*.

- *Konsistenz*

  Eine *Punktschätzfunktion*

  $$\hat{\Theta} = \hat{\Theta}(X_1, X_2, \ldots, X_n)$$

  eines *unbekannten Parameters* Θ heißt *konsistent*, wenn sie für n→∞ gegen den gesuchten Parameter Θ in Wahrscheinlichkeit konvergiert, d.h. für beliebiges $\varepsilon > 0$ folgendes

  $$\lim_{n \to \infty} P(|\hat{\Theta}(X_1, X_2, \ldots, X_n) - \Theta| < \varepsilon) = 1$$

  gilt.

- *Effizienz*

  Betrachten wir zwei *erwartungstreue* und *konsistente Punktschätzfunktionen*

  $$\hat{\Theta}_1 = \hat{\Theta}_1(X_1, X_2, \ldots, X_n) \quad \text{und} \quad \hat{\Theta}_2 = \hat{\Theta}_2(X_1, X_2, \ldots, X_n)$$

für einen *unbekannten Parameter* Θ . Dann heißt die *Punktschätzfunk-tion*

$$\hat{\Theta}_1 = \hat{\Theta}_1(X_1 , X_2 , ... , X_n)$$

effizienter (wirksamer) als

$$\hat{\Theta}_2 = \hat{\Theta}_2(X_1 , X_2 , ... , X_n)$$

wenn für ihre *Varianzen/Streuungen* gilt

$$\sigma^2(\hat{\Theta}_1) < \sigma^2(\hat{\Theta}_2)$$

Als *effiziente Punktschätzfunktion* wird diejenige mit der kleinsten Varianz/Streuung bezeichnet. Eine nichteffiziente Punktschätzfunktion wird als *ineffizient* bezeichnet.

Gibt es für eine praktische Aufgabe mehrere Punktschätzfunktionen, die alle gegebenen Eigenschaften besitzen, so wird man eine von diesen verwenden. Wenn nur Schätzfunktionen vorliegen, die einige dieser Eigenschaften haben, so muß der Anwender über die Auswahl entscheiden.

◆

Das Nachprüfen der gegebenen Eigenschaften ist für eine vorliegende Punktschätzfunktion nicht immer einfach. Deshalb geben wir im folgenden die Eigenschaften für die zwei häufig benötigten Punktschätzfunktionen *Stichprobenmittel* und *Stichprobenvarianz*.

◆

Betrachten wir *Punktschätzfunktionen* für die beiden Parameter *Erwartungswert* und *Varianz/Streuung* einer *Zufallsgröße* X. Man kann beweisen, daß die *Punktschätzfunktion*

$$* \quad \overline{X} = \frac{X_1+X_2+...+X_n}{n} = \frac{1}{n} \cdot \sum_{i=1}^{n} X_i \qquad (Stichprobenmittel)$$

für die *Zufallsgröße* X mit einer beliebigen Wahrscheinlichkeitsverteilung *erwartungstreu, konsistent* und *effizient* ist.
Eine *Realisierung* des *Stichprobenmittels* für eine *konkrete eindimensio-nale Stichprobe*

$$x_1 , x_2 , ... , x_n$$

vom *Umfang n* liefert als *Schätzwert* für den *Erwartungswert*

$$E(X) = \mu$$

den *empirischen Mittelwert* (siehe Abschn.24.5.1)

$$\overline{x} = \frac{1}{n} \cdot \sum_{i=1}^{n} x_i$$

Der *Median* (siehe Abschn.24.5.1) liefert ebenfalls eine *erwartungstreue Schätzung* für den Erwartungswert, die allerdings nicht effizient ist.

* $\displaystyle S_X^2 = \frac{1}{n-1} \cdot \sum_{i=1}^{n} (X_i - \overline{X})^2$ (*Stichprobenvarianz*)

für die *Zufallsgröße* X mit einer beliebigen Verteilung *erwartungstreu* und *konsistent* ist.

Eine *Realisierung* der *Stichprobenvarianz* für eine *konkrete eindimensionale Stichprobe*

$$x_1 , x_2 , \ldots , x_n$$

vom *Umfang n* liefert als *Schätzwert* für die *Varianz/Streuung*

$$V(X) = \sigma^2$$

die *empirischen Varianz/Streuung* (siehe Abschn.24.5.1)

$$s_X^2 = \frac{1}{n-1} \cdot \sum_{i=1}^{n} (x_i - \overline{x})^2$$

Wenn man in der Formel der *Stichprobenvarianz* statt durch n–1 durch n dividiert, d.h., die Formel in der Form

$$\frac{1}{n} \cdot \sum_{i=1}^{n} (X_i - \overline{X})^2$$

verwendet, so ist die hierdurch erhaltene Punktschätzfunktion *nicht erwartungstreu*, sondern nur *asymptotisch erwartungstreu*.

* $\displaystyle S_X = \sqrt{\frac{1}{n-1} \cdot \sum_{i=1}^{n} (X_i - \overline{X})^2}$ (*Stichprobenstandardabweichung*)

für die *Zufallsgröße* X mit einer beliebigen Verteilung als *Schätzung* für die *Standardabweichung* σ *nicht erwartungstreu* ist. Obwohl die Stichprobenvarianz

$$S_X^2$$

erwartungstreu ist, kann für S_X nur *asymptotisch erwartungstreu* nachgewiesen werden.

◆

Die Systeme MATHCAD und MATLAB stellen zur Berechnung von empirischen *Mittelwert, Median* und *Varianz/Streuung* vordefinierte Funktionen zur Verfügung, die wir bereits im Abschn.24.5.1 kennenlernten. Damit können beide Systeme erfolgreich zur *Schätzung* von *Erwartungswert* und *Varianz/ Streuung* einer Grundgesamtheit (*Zufallsgröße* X) herangezogen werden, wie wir im Beispiel 26.3 illustrieren. Da man in beiden Systemen beliebige Funktionen einfach definieren kann (siehe Abschn.13.1.3) lassen sie sich auch zur Berechnung beliebiger *Punktschätzfunktionen* einsetzen.

♦
Beispiel 26.3:

Betrachten wir ein *Zahlenbeispiel* für die *Schätzung* (*Punktschätzung*) der unbekannten Parameter

* *Erwartungswert* μ
* *Varianz/Streuung* σ^2

für eine gegebene *Zufallsgröße* X:
Wir untersuchen die Produktion eines Zubehörteils, d.h., die betrachtete Grundgesamtheit besteht aus den in einem bestimmten Zeitraum produzierten Teilen. Das zu untersuchende Merkmal dieser Grundgesamtheit sei die Länge des Zubehörteils (in cm) und werde durch die *Zufallsgröße* X beschrieben. Für die Zufallsgröße X kann näherungsweise eine *Normalverteilung* aufgrund des zentralen Grenzwertsatzes vorausgesetzt werden, da sich bei der Produktion des Zubehörteils eine Reihe unabhängiger zufälliger Effekte überlagert. Für die folgenden Rechnungen benötigen wir keine Aussagen über die Wahrscheinlichkeitsverteilung von X.
Um Aussagen über die *Zufallsgröße* X zu erhalten, wird eine Zufallsstichprobe von sieben Teilen aus der Produktion entnommen und gemessen, wobei folgende Zahlenwerte (in cm) für die Länge erhalten werden:

2.33   2.34   2.37   2.32   2.35   2.37   2.34

Diese Meßwerte bilden eine *Stichprobe* vom *Umfang 7* aus der betrachteten Grundgesamtheit der Zubehörteile, für die wir im folgenden mittels MATHCAD und MATLAB als *Schätzwert* für

● den unkannten *Erwartungswert*

  * 2.3457   mittels des *empirischen Mittelwertes* (erwartungstreue und effiziente Schätzung)

  * 2.34   mittels des *Medians* (erwartungstreue aber ineffiziente Schätzung)

● die unbekannte *Varianz/Streuung*

0.0003619   mittels der *empirischen Varianz/Streuung* (erwartungstreue
            und effiziente Schätzung)

erhalten:

$$x := \begin{pmatrix} 2.33 \\ 2.34 \\ 2.37 \\ 2.32 \\ 2.35 \\ 2.37 \\ 2.34 \end{pmatrix}$$

mean (x) = 2.3457   **median** (x) = 2.34   **var** (x) = 3.619×10^{-4}

>> x = [2.33 2.34 2.37 2.32 2.35 2.37 2.34] ;

>> **mean** (x)

ans =

   2.3457

>> **median** (x)

ans =

   2.3400

>> **var** (x)

ans =

   3.6190e−004

♦

Bisher haben wir vorgegebene *Punktschätzfunktionen* betrachtet und diese
bzgl. spezieller Eigenschaften (Erwartungstreue, Konsistenz, Effizienz...) un-

tersucht. Es stellt sich nun die Frage, wie man überhaupt zu einer *Punkt-schätzfunktion* gelangt, die zusätzlich noch gewisse Eigenschaften besitzt. Hierzu wurden Methoden entwickelt, von denen wir die

*   *Maximum-Likelihood-Methode*
*   *Methode der kleinsten Quadrate*
*   *Momentenmethode*

in den folgenden Abschn.26.3.1–26.3.3 kennenlernen.

♦

26.3.1 Maximum-Likelihood-Methode

Die von R.A. Fisher entwickelte *Maximum-Likelihood-Methode* zur Kon-struktion einer *Punktschätzfunktion* setzt voraus, daß die Wahrscheinlich-keitsverteilung der Grundgesamtheit (*Zufallsgröße* X) bekannt ist, während gewisse Parameter unbekannt sind. Wir beschränken uns im folgenden auf einen unbekannten Parameter Θ, da die Problematik bei mehreren Parame-tern analog ist, wie wir im Beispiel 26.4c für zwei Parameter illustrieren.

Ausgangspunkt der *Maximum-Likelihood-Methode* ist eine *konkrete Stich-probe* vom *Umfang n*, die aus der zu untersuchenden Grundgesamtheit (*Zu-fallsgröße* X) entnommen wurde. Das *Prinzip* dieser Methode besteht darin, bei vorliegenden Daten einer Stichprobe dasjenige Modell zu verwenden, unter welchem diese Daten die *größte Wahrscheinlichkeit* des Auftretens besitzen.

Um das *Prinzip* einer *Maximum-Likelihood-Methode* bei einem unbekann-ten Parameter Θ zu realisieren, bildet man die *Likelihood-Funktion*

$$L(x_1, x_2, \ldots, x_n; \Theta)$$

der *konkreten Stichprobe*

$$x_1, x_2, \ldots, x_n$$

vom *Umfang n*, die von den Zahlenwerten dieser Stichprobe und dem *un-bekannten Parameter* Θ abhängt und folgendermaßen *definiert* ist:

* $L(x_1, x_2, \ldots, x_n; \Theta) =$

    $$P(X = x_1; \Theta) \cdot P(X = x_2; \Theta) \cdot \ldots \cdot P(X = x_n; \Theta)$$

    für eine *diskrete Zufallsgröße* X mit den *Einzelwahrscheinlichkeiten*

    $$P(X = x_i; \Theta) \qquad (i = 1, 2, \ldots, n)$$

    Wenn man die *Wahrscheinlichkeitsfunktion* f verwendet (siehe Abschn. 18.1), so schreibt sich die *Likelihood-Funktion* für diskrete Zufallsgrößen in der Form

    $$L(x_1, x_2, \ldots, x_n; \Theta) = f(x_1; \Theta) \cdot f(x_2; \Theta) \cdot \ldots \cdot f(x_n; \Theta)$$

- $L(x_1, x_2, \ldots, x_n; \Theta) = f(x_1; \Theta) \cdot f(x_2; \Theta) \cdot \ldots \cdot f(x_n; \Theta)$

für eine *stetige Zufallsgröße* X mit der *Wahrscheinlichkeitsdichte* $f(t; \Theta)$

Wir haben gesehen, daß sich die *Likelihood-Funktion* allgemein in der Form

$$L(x_1, x_2, \ldots, x_n; \Theta) = f(x_1; \Theta) \cdot f(x_2; \Theta) \cdot \ldots \cdot f(x_n; \Theta)$$

$$= \prod_{k=1}^{n} f(x_k; \Theta)$$

schreibt, worin f für

* *diskrete Zufallsgrößen*

  die Wahrscheinlichkeitsfunktion

* *stetige Zufallsgrößen*

  die Wahrscheinlichkeitsdichte

bezeichnet. Wenn man in die *Likelihood-Funktion* die Zahlenwerte

$$x_1, x_2, \ldots, x_n$$

einer konkreten eindimensionalen Stichprobe vom Umfang n einsetzt, so ist sie nur noch eine *Funktion* des *unbekannten Parameters* Θ.

♦

Die *Vorgehensweise* bei der Anwendung der *Maximum-Likelihood-Methode* besteht im folgenden:

* Es wird ein *Schätzwert* (*Maximum-Likelihood-Schätzwert*) für den unbekannten *Parameter* Θ in Abhängigkeit von einer vorliegenden *Stichprobe* so bestimmt, daß die *Likelihood-Funktion* bzgl. Θ ein *Maximum* annimmt.

* Unter der Voraussetzung, daß die *Likelihood-Funktion differenzierbar* ist, kann man die notwendige *Bedingung*

$$\frac{\partial}{\partial \Theta} L(x_1, x_2, \ldots, x_n; \Theta) = 0$$

für ein *relatives Maximum* heranziehen und eventuell noch zusätzlich die *hinreichende Bedingung* verwenden, um das Maximum von L zu bestimmen. Damit erhält man als Lösung der gegebenen Gleichung einen *Schätzwert* (*Maximum-Likelihood-Schätzwert*) für den unbekannten *Parameter* Θ.

* Häufig ist es für die Berechnung günstiger, den *natürlichen Logarithmus* der *Likelihood-Funktion* zu benutzen, d.h.

$$\ln L\,(\,x_1\,,\ x_2\,,\ \dots\,,\ x_n\,;\Theta\,) = \sum_{k=1}^{n} \ln f\,(\,x_k\,;\,\Theta\,)$$

Diese Funktion besitzt offensichtlich die gleichen Maxima wie die ursprüngliche Funktion. Man erhält hierfür die folgende notwendige Bedingung für ein Maximum:

$$\frac{\partial}{\partial\Theta}\sum_{k=1}^{n}\ln f\,(\,x_k\,;\,\Theta\,) = \sum_{k=1}^{n}\frac{1}{f\,(\,x_k\,;\,\Theta\,)}\cdot\frac{\partial}{\partial\Theta}f\,(\,x_k\,;\,\Theta\,) = 0$$

◆

Für die mittels der *Maximum-Likelihood-Methode* bestimmte *Punktschätzfunktion* (*Maximum-Likelihood-Schätzfunktion*) kann man unter gewissen Bedingungen beweisen, daß sie *asymptotisch erwartungstreu*, *konsistent* und *asymptotisch normalverteilt* sind.

◆

Wenn man die *Likelihood-Funktion* für eine Aufgabe per Hand aufgestellt hat, kann man zur Bestimmung ihres Maximums die Systeme MATHCAD und MATLAB heranziehen, indem man die vordefinierten Funktionen zur Differentiation und Gleichungsauflösung beider Systeme verwendet, wie im folgenden Beispiel 26.4a–c illustriert wird.

MATLAB besitzt zusätzlich *vordefinierte Funktionen* zur *Maximum-Likelihood-Methode:*

MATLAB stellt mit der allgemeinen *vordefinierten Funktion*

mle ('*Verteilung*' , x)

eine *Maximum-Likelihood-Schätzfunktion* für die unbekannten Parameter einer Zufallsgröße X mit der Wahrscheinlichkeitsverteilung '*Verteilung*' zur Verfügung, wobei sich die Zahlenwerte der konkreten Stichprobe im Vektor **x** befinden müssen. Dabei ist für '*Verteilung*' der MATLAB-Name für die vorliegende Wahrscheinlichkeitsverteilung einzusetzen. Die Anwendung dieser Funktion illustrieren wir im Beispiel 26.4a.

Des weiteren sind in MATLAB noch *Maximum-Likelihood-Schätzfunktionen* für spezielle Wahrscheinlichkeitsverteilungen vordefiniert, wie z.B.

* **binofit** (x , n)

  für die *Binomialverteilung*

* **normfit** (x)

für die *Normalverteilung*

* **poissfit** (x)

für die *Poisson-Verteilung*

Die Anwendung dieser Funktionen gestaltet sich problemlos, wobei **x** den Vektor der Zahlenwerte der vorliegenden Stichprobe darstellt. Der Anwender erhält zusätzliche Informationen zu diesen Funktionen aus der Hilfe von MATLAB. Deshalb sind im folgenden alle Funktionen zur Parameterschätzung aus dem MATLAB-Hilfefenster aufgelistet:

Parameter estimation.

betafit	*- Beta parameter estimation.*
binofit	*- Binomial parameter estimation.*
expfit	*- Exponential parameter estimation.*
gamfit	*- Gamma parameter estimation.*
mle	*- Maximum likelihood estimation.*
normfit	*- Normal parameter estimation.*
poissfit	*- Poisson parameter estimation.*
raylfit	*- Rayleigh parameter estimation.*
unifit	*- Uniform parameter estimation.*
weibfit	*- Weibull parameter estimation.*

Wir illustrieren die Anwendung dieser in MATLAB vordefinierten Funktionen im Beispiel 26.4a und c für die Funktionen **normfit**, **poissfit** und **mle**.

Beispiel 26.4:

a) Bestimmen wir einen *Maximum-Likelihood-Schätzwert* für den *unbekannten Parameter* $\Theta = \lambda$ (Erwartungswert) einer *Poisson-verteilten* Grundgesamtheit (*diskrete Zufallsgröße* X) anhand einer konkreten *Stichprobe*

$$x_1 , x_2 , \dots , x_n$$

vom *Umfang n*. Mit der *Wahrscheinlichkeit*

$$P(X=k) = \frac{\lambda^k}{k!} \cdot e^{-\lambda} \qquad (k = 0 , 1 , 2 , \dots)$$

für die *Poisson-Verteilung* (siehe Abschn.18.1) ergibt sich damit die folgende *Likelihood-Funktion*

$$L(x_1 , x_2 , \dots , x_n ; \lambda) = e^{-n\cdot\lambda} \cdot \prod_{k=1}^{n} \frac{\lambda^{x_k}}{x_k!}$$

Da sich die Maximierung dieser Funktion schwierig gestaltet, empfiehlt sich die *Logarithmierung* der *Likelihood-Funktion:*

$$\ln L(x_1, x_2, \ldots, x_n; \lambda) = -n \cdot \lambda + \ln \lambda \cdot \sum_{k=1}^{n} x_k - \sum_{k=1}^{n} \ln(x_k!)$$

für die die notwendige Bedingung

$$\frac{\partial}{\partial \lambda} \ln L(x_1, x_2, \ldots, x_n; \lambda) = -n + \frac{1}{\lambda} \cdot \sum_{k=1}^{n} x_k = 0$$

die Lösung

$$\lambda = \frac{1}{n} \cdot \sum_{k=1}^{n} x_k = \bar{x}$$

liefert, d.h., der berechnete *Maximum-Likelihood-Schätzwert* für den *Erwartungswert* λ ist gleich dem *empirischen Mittelwert* $\bar{x}$.

Die per Hand durchgeführten Rechnungen können von MATHCAD erledigt werden:

MATHCAD berechnet mit seinem vordefinierten Operator zur Differentiation und dem Schlüsselwort **solve** zur Gleichungslösung (siehe Abschn.12.5) das per Hand berechnete Ergebnis nur bei Verwendung der logarithmierten Likelihood-Funktion:

$$\frac{d}{d\lambda}\left(\ln(\lambda) \cdot \sum_{k=1}^{n} x_k - \sum_{k=1}^{n} \ln(x_k!) - n \cdot \lambda\right) \blacksquare 0 \text{ solve}, \lambda \rightarrow \frac{\sum_{k=1}^{n} x}{n}$$

Mit MATLAB ist es dem Autor nicht gelungen, die erforderlichen symbolischen Rechnungen zur Berechnung der *Maximum-Likelihood-Schätzwertes* für den *Erwartungswert* λ der *Poisson-Verteilung* mittels der vordefinierten Funktionen **diff** und **solve** zur Differentiation bzw. Gleichungslösung durchzuführen.

Deshalb wenden wir die vordefinierte Funktion **poissfit** von MATLAB an, um für eine konkrete Stichprobe den *Maximum-Likelihood-Schätzwert* für den *Erwartungswert* λ zu berechnen:

Dazu betrachten wir die Anzahl X der in einem kurzen Zeitintervall zerfallenden Atome eines radioaktiven Stoffes, die einer Poisson-Verteilung genügen soll, und verwenden folgende konkrete Stichprobe:

10 11 9 12 13 8

MATLAB berechnet mittels

```
>> x = [ 10 11 9 12 13 8 ] ;
>> poissfit ( x )
ans =

    10.5000
```

als *Maximum-Likelihood-Schätzwert* des *Erwartungswertes* λ den zu Beginn theoretisch berechneten empirischen Mittelwert $\bar{x}$, wie die Berechnung des empirischen Mittelwerts mittels der in MATLAB vordefinierten Funktion **mean** zeigt:

```
>> mean ( x )
ans =

    10.5000
```

Das gleiche Ergebnis ergibt sich, wenn man die allgemeine Funktion **mle** auf die *Poisson-Verteilung* anwendet:

```
>> mle ( 'poiss' , x )
ans =

    10.5000
```

b) Verwenden wir die *Maximum-Likelihood-Methode* um die unbekannte *Wahrscheinlichkeit* p=P(A) für das *Eintreten* eines *Ereignisses* A zu schätzen, d.h., es ist der *Parameter* Θ = p zu *schätzen*. Dazu verwendet man eine Null-Eins-verteilte *Zufallsgröße* X der folgenden Form

$$X = \begin{cases} 0 & \text{Ereignis A nicht eingetreten} \\ 1 & \text{Ereignis A eingetreten} \end{cases}$$

mit den *Wahrscheinlichkeiten*

P(X=0) = 1 − p und P(X=1) = p

Zur Bestimmung eines Schätzwertes für die unbekannte Wahrscheinlichkeit p führt man n Zufallsexperimente (zufällige Versuche) durch (z.B.

n=100) und beobachtet, wie oft hierbei das Ereignis A eintritt. Damit haben wir eine *konkrete eindimensionale Stichprobe*

$$x_1, x_2, \dots, x_{100}$$

vom *Umfang 100* vorliegen, wobei die *Stichprobenwerte* nur die Zahlen 1 oder 0 annehmen können, je nachdem ob das Ereignis A eingetreten ist oder nicht.

Wenn das Ereignis A in der Stichprobe z.B. 70 mal eintritt, so hat die *Likelihood-Funktion* folgende Gestalt

$$L(x_1, x_2, \dots, x_n; p) = P(X = 0; p)^{30} \cdot P(X = 1; p)^{70}$$

$$= (1 - p)^{30} \cdot p^{70}$$

Wenn wir die *logarithmierte Likelihood-Funktion*

$$\ln L(x_1, x_2, \dots, x_n; p) = 30 \cdot \ln(1-p) + 70 \cdot \ln p$$

nach p differenzieren und Null setzen, so ergibt sich die folgende *Gleichung* als notwendige Bedingung für ihr Maximum

$$-\frac{30}{1-p} + \frac{70}{p} = 0$$

Aus dieser Gleichung erhält man durch einfache Auflösung nach p die *Lösung*

$$p = \frac{70}{100} = 0.7$$

Die durchgeführten Rechnungen lassen sich in MATHCAD und MATLAB mit den Möglichkeiten zur Differentiation und Gleichungslösung erledigen:

Wir verwenden den vordefinierten *Operator* zur *Differentiation* und das *Schlüsselwort* **solve** zur *Gleichungslösung* (siehe Abschn. 13.2 und 12.5), um die notwendige Bedingung für ein Maximum aufzustellen und nach p aufzulösen:

$$\frac{d}{dp}(30 \cdot \ln(1 - p) + 70 \cdot \ln(p)) = 0 \text{ \textbf{solve}}, p \to \frac{7}{10}$$

Damit berechnet MATHCAD als *Lösung* 7/10.

Wir verwenden die beiden *vordefinierten Funktionen* **diff** und **solve** zur *symbolischen Differentiation* bzw. *Gleichungslösung* (siehe Abschn. 13.2 und 12.5), um die notwendige Bedingung für ein Maximum aufzustellen und nach p aufzulösen:

>> **syms** p ; **solve** (' **diff** (30 * **log** (1 – p) + 70 * **log** (p) = 0 , p) '

,'p')

ans =

7/10

Damit berechnet MATLAB als *Lösung* 7/10.

Die berechnete Lösung 0.7 ist ein *Maximum-Likelihood-Schätzwert* für die unbekannte *Wahrscheinlichkeit* p. Man sieht, daß dieser *Maximum-Likelihood-Schätzwert* die *relative Häufigkeit* liefert (siehe Abschn.16.2.2).

c) Verwenden wir die *Maximum-Likelihood-Methode* um den *unbekannten Erwartungswert* μ und die *unbekannte Varianz/Streuung* σ^2 für eine N(μ,σ)-*normalverteilte Zufallsgröße* X zu schätzen. In diesem Beispiel sind zwei Parameter zu schätzen, d.h. die *Likelihood-Funktion* hat für eine *konkrete eindimensionale Stichprobe*

$$x_1 , x_2 , \ldots , x_n$$

vom *Umfang n* für die *Normalverteilung* die folgende Gestalt

$$L(x_1 , x_2 , \ldots , x_n; \mu,\sigma^2) = \frac{1}{\left(\sqrt{2 \cdot \pi \cdot \sigma^2}\right)^n} \cdot e^{-\frac{1}{2\cdot\sigma^2}\cdot\sum_{i=1}^{n}(x_i-\mu)^2}$$

d.h., sie ist eine Funktion der zwei Variablen μ und σ^2. Zur einfacheren Berechnung eines lokalen Maximums wird die *Likelihood-Funktion* logarithmiert. Danach ergeben sich als notwendige Bedingungen für ein Maximum die beiden Gleichungen

$$\frac{\partial \ln L}{\partial \mu} = \frac{1}{\sigma^2}\cdot\sum_{i=1}^{n}\left(x_i-\mu\right)=0$$

$$\frac{\partial \ln L}{\partial \sigma^2} = -\frac{n}{2\cdot\sigma^2} + \frac{1}{2\cdot\sigma^4}\cdot\sum_{i=1}^{n}(x_i-\mu)^2=0$$

deren *Lösungen*

$$\mu = \frac{1}{n} \cdot \sum_{i=1}^{n} x_i = \overline{x}$$

$$\sigma^2 = \frac{1}{n} \sum_{i=1}^{n} (x_i - \mu)^2 = s_X^2$$

man z.B. durch Elimination erhält.

Die erhaltenen Lösungen liefern die *Maximum-Likelihood-Schätzfunktionen* für die beiden unbekannten Parameter *Erwartungswert* μ und *Varianz/Streuung* σ^2 der *Normalverteilung*. Man sieht, daß sich als *Maximum-Likelihood-Schätzfunktion* für

* den *Erwartungswert*

das *Stichprobenmittel* $\quad \overline{X} = \frac{1}{n} \cdot \sum_{i=1}^{n} X_i$

* die *Varianz/Streuung*

die *Stichprobenvarianz* $\quad S_X^2 = \frac{1}{n} \cdot \sum_{i=1}^{n} (X_i - \overline{X})^2$

ergeben, wobei allerdings für die *Varianz/Streuung* nur der asymptotisch erwartungstreue Wert geliefert wird, da in der berechneten Formel durch n dividiert wird (siehe Abschn.24.5.1).

Berechnen wir die eben per Hand erhaltenen *Maximum-Likelihood-Schätzfunktionen* mittels MATHCAD und MATLAB:

Mittels MATHCAD läßt sich das Ergebnis ohne Logarithmierung der Likelihood-Funktion berechnen. Wir setzen die Variable

σ^2 gleich s.

Damit ermittelt MATHCAD mit seinem vordefinierten Operator zur Differentiation und dem Schlüsselwort **solve** zur Gleichungslösung (siehe Abschn.12.5) das gegebene Ergebnis, wobei das Ergebnis für s in einer anderen Form geschrieben wird. Die Überführung in die oben gegebene Form überlassen wir dem Leser:

$$\begin{bmatrix} \dfrac{d}{d\mu} \dfrac{1}{\left(\sqrt{2\cdot\pi\cdot s}\right)^n}\cdot e^{\frac{-1}{2\cdot s}\cdot\sum\limits_{i=1}^{n}(x_i-\mu)^2} = 0 \\[3em] \dfrac{d}{ds} \dfrac{1}{\left(\sqrt{2\cdot\pi\cdot s}\right)^n}\cdot e^{\frac{-1}{2\cdot s}\cdot\sum\limits_{i=1}^{n}(x_i-\mu)^2} = 0 \end{bmatrix} \; solve\begin{pmatrix}\mu \\ s\end{pmatrix} \rightarrow \begin{bmatrix} \dfrac{\sum\limits_{i=1}^{n}x_i}{n} & \dfrac{\left[-\left(\sum\limits_{i=1}^{n}x_i\right)^2+\sum\limits_{i=1}^{n}(x_i)^2\cdot n\right]}{n^2} \end{bmatrix}$$

Bei MATLAB ist es dem Autor nicht gelungen, die erforderlichen symbolischen Rechnungen zur Berechnung der *Maximum-Likelihood-Schätzfunktion* für *Erwartungswert* und *Varianz/Streuung* der *Normalverteilung* mittels der vordefinierten Funktionen **diff** und **solve** zur Differentiation bzw. Gleichungslösung durchzuführen.

Deshalb wenden wir die vordefinierten Funktionen **normfit** und **mle** von MATLAB an, um für eine konkrete Stichprobe die *Maximum-Likelihood-Schätzwert* für *Erwartungswert* und *Varianz/Streuung* zu berechnen:

Wir betrachten dazu die Aufgabe aus Beispiel 26.3, in der wir die Produktion eines Zubehörteils untersuchen d.h., die betrachtete Grundgesamtheit besteht aus den in einem bestimmten Zeitraum produzierten Teilen. Das zu untersuchende Merkmal dieser Grundgesamtheit sei die Länge des Zubehörteils (in cm) und werde durch die *Zufallsgröße* X beschrieben.

Um Aussagen über die *Zufallsgröße* X zu erhalten, werden zufällig sieben Teile aus der Produktion entnommen und gemessen, wobei wir folgende Zahlenwerte (in cm) annehmen:

2.33 2.34 2.37 2.32 2.35 2.37 2.34

Diese Meßwerte bilden eine *Stichprobe* vom *Umfang* 7 aus der betrachteten Grundgesamtheit der Zubehörteile.

MATLAB berechnet mittels

```
>> x = [ 2.33 2.34 2.37 2.32 2.35 2.37 2.34 ] ;
```

```
>> [ m , s ] = normfit ( x )
```

m =

  2.3457

s =

0.0190

für die gegebene Stichprobe als *Maximum-Likelihood-Schätzwert* den *empirischen Mittelwert* m =2.3457 und die *empirische Standardabweichung* s=0.0190

Bei Anwendung der allgemeine Funktion **mle** auf die *Normalverteilung* berechnet MATLAB:

\>> x = [2.33 2.34 2.37 2.32 2.35 2.37 2.34] ;

\>> **mle** ('norm' , x)

ans =

2.3457   0.0176

d.h., für die berechnete empirische Standardabweichung ergibt sich eine kleine Abweichung.

◆

26.3.2 Methode der kleinsten Quadrate

Die bekannte bereits von Gauß angewandte *Methode der kleinsten Quadrate* haben wir schon bei der empirischen Regression kennengelernt (siehe Abschn.24.6), so daß wir das Prinzip nur anhand eines Beispiels illustrieren. Des weiteren werden wir diese Methode im Kap.30 im Rahmen der Korrelation und Regression erfolgreich einsetzen.

Die *Methode der kleinsten Quadrate* ist eng mit der *Maximum-Likelihood-Methode* verwandt und kann noch benutzt werden, wenn die Wahrscheinlichkeitsverteilung der betrachteten Grundgesamtheit (*Zufallsgröße* X) nicht bekannt ist.

Betrachten wir als Anwendungsbeispiel die Schätzung des unbekannten Erwartungswertes E(X)=μ einer Grundgesamtheit (*Zufallsgröße* X) mittels der Methode der kleinsten Quadrate.

Beispiel 26.5:

Für eine *konkrete eindimensionale Stichprobe*

x_1 , x_2 , ... , x_n

vom *Umfang n* soll mittels der *Methode der kleinsten Quadrate* ein *Schätzwert* (*Kleinst-Quadrate-Schätzwert*) für den unbekannten *Erwartungswert*

$E(X) = \mu$

einer gegebenen Grundgesamtheit (*Zufallsgröße* X) bestimmt werden.
Das Prinzip der *Methode der kleinsten Quadrate* besteht darin, einen *Schätz-wert* $\bar{x}$ für μ so zu bestimmen, daß die Summe der Quadrate der Abwei-chungen zwischen den Stichprobenwerten und dem gesuchten Parameter μ
minimal werden, d.h., es ist die folgende Minimierungsaufgabe zu lösen:

$$\sum_{i=1}^{n} \left(x_i - \bar{x}\right)^2 = \underset{\mu}{\text{Minimum}} \quad \sum_{i=1}^{n} \left(x_i - \mu\right)^2$$

Die Lösung dieser Aufgabe ergibt sich einfach aus der notwendigen Bedin-gung für ein relatives Minimum durch Nullsetzen der ersten Ableitung bzgl.
μ. Man erhält das *Ergebnis*

$$\bar{x} = \frac{1}{n} \cdot \sum_{i=1}^{n} x_i$$

d.h., der ermittelte *Kleinst-Quadrate-Schätzwert* ist gleich dem *empirischen
Mittelwert* $\bar{x}$. Als *Kleinst-Quadrate-Schätzfunktion* ergibt sich damit das
Stichprobenmittel $\bar{X}$

$$\bar{X} = \frac{1}{n} \cdot \sum_{i=1}^{n} X_i$$

◆

Die Systeme MATHCAD und MATLAB können erfolgreich für die Methode
der kleinsten Quadrate herangezogen werden, da sie die hier auftretenden
Minimierungsaufgaben mittels ihrer vordefinierten Funktionen zur Differen-tiation und Gleichungslösung lösen können.
◆

26.3.3 Momentenmethode

Diese einfach zu handhabende Methode wurde bereits öfters angewandt.
Das Prinzip der *Momentenmethode* besteht darin, einen Parameter, der sich
durch ein *theoretisches Moment* ausdrücken läßt (siehe Kap.19), durch den
entsprechenden Ausdruck des *empirischen Moments* zu schätzen. Als be-kannteste Fälle hierzu haben wir

* *empirischen Mittelwert*

$$\frac{1}{n} \cdot \sum_{i=1}^{n} x_i$$

* *empirische Varianz/Streuung*

$$\frac{1}{n-1} \cdot \sum_{i=1}^{n} (x_i - \bar{x})^2$$

als *Schätzwerte* für *Erwartungswert* bzw. *Varianz/Streuung* kennengelernt, wobei die zugehörigen Punktschätzfunktionen (*Stichprobenmittel* bzw. *Stichprobenvarianz*) konsistent und mindestens asymptotisch erwartungstreu sind.

☞

Da die Systeme MATHCAD und MATLAB zur Berechnung von empirischen Mittelwert und Varianz/Streuung vordefinierte Funktionen zur Verfügung stellen, können beide erfolgreich für die Momentenmethode herangezogen werden.
♦

26.4 Intervallschätzungen

Während die *Punktschätzung* eines *unbekannten Parameters* Θ einer betrachteten Grundgesamtheit (*Zufallsgröße* X) durch einen einzelnen Zahlenwert charakterisiert ist, sind *Intervallschätzungen* (auch als *Konfidenzschätzungen* bezeichnet) durch zwei Zahlen gekennzeichnet, von denen man annimmt, daß der unbekannte Parameter Θ zwischen ihnen mit einer vorgegebenen Wahrscheinlichkeit liegt. Dabei werden bei *Intervallschätzungen* die beiden Fälle betrachtet, daß die *Wahrscheinlichkeitsverteilung* der Zufallsgröße X

* *bekannt*

* *unbekannt*

ist.

☞

In der Praxis zieht man *Intervallschätzungen* häufig *Punktschätzungen* vor, da sie Aussagen über die Genauigkeit des Schätzwertes liefern.
♦

Im folgenden Abschn.26.4.1 betrachten wir wichtige *Grundbegriffe*, die bei *Intervallschätzungen* verwendet werden, und illustrieren in den anschließenden Abschn.26.4.2 und 26.4.3 die Problematik anhand der Berechnung von Konfidenzintervallen für Erwartungswert und Varianz/Streuung einer Zufallsgröße X. Dabei werden wir sehen, daß die Systeme MATHCAD und MATLAB für Intervallschätzungen wirkungsvolle Hilfsmittel liefern.

26.4.1 Grundbegriffe

Die *Aufgabe* der *Intervallschätzung/Konfidenzschätzung* besteht darin, ein offenes Intervall

$I = (U,O)$

zu bestimmen, in dem der *unbekannte Parameter* Θ einer gegebenen *Zufallsgröße* X mit einer vorgegebenen (großen) *Wahrscheinlichkeit*

$1 - \alpha \qquad (\alpha > 0)$

liegt, d.h., es muß folgendes gelten:

$P(U < \Theta < O) = 1 - \alpha$

Hier werden

* die Intervallgrenzen U und O als *Konfidenzgrenzen* (*Vertrauensgrenzen*)

* das durch die Intervallgrenzen U und O bestimmte Intervall I als *Konfidenzintervall* (*Vertrauensintervall*)

bezeichnet. Weiterhin heißen

* $1 - \alpha$ *Konfidenzniveau* (*Vertrauensniveau*)

* α *Irrtumswahrscheinlichkeit*

Die *Irrtumswahrscheinlichkeit* α ist vom Anwender vor Beginn der Schätzung vorzugeben. Man benutzt in der Praxis einen der Werte

$\alpha = 0.05 , 0.01 , 0.001$

bzw. in Prozent

$\alpha = 5\% , 1\% , 0.1\%$

Die *Irrtumswahrscheinlichkeit* α ist um so kleiner zu wählen, je weniger ein Fehlurteil auftreten soll, wobei jedoch zu beachten ist, daß für kleinere α i.a. größere Konfidenzintervalle erhalten werden.
Der Begriff der Irrtumswahrscheinlichkeit wird uns im Rahmen der Testtheorie erneut begegnen (siehe Kap.27–29).

♦

Die *Konfidenzgrenzen*

U und O

sind *Stichprobenfunktionen* der *mathematischen Stichprobe*

$(X_1 , X_2 , \ldots , X_n)$

vom *Umfang n*, d.h.

* $U = U (X_1 , X_2 , \ldots , X_n)$

* $O = O (X_1 , X_2 , \ldots , X_n)$

Damit ist das *Konfidenzintervall* ein *Zufallsintervall*. Für eine Realisierung der mathematischen Stichprobe, d.h., durch Einsetzen einer *konkreten eindimensionalen Stichprobe*

$$x_1 , x_2 , ... , x_n$$

vom *Umfang n*, ergeben sich als *Realisierungen* für die *Konfidenzgrenzen* U und O die *konkreten Konfidenzgrenzen*

$$u = U (x_1 , x_2 , ... , x_n) \text{ und } o = O (x_1 , x_2 , ... , x_n)$$

Das zugehörige Intervall

$$i = (u,o)$$

wird als *konkretes Konfidenzintervall* bezeichnet und man spricht von einer *konkreten Intervallschätzung/Konfidenzschätzung*.

♦

Das *Konfidenzniveau* 1– α ist die Wahrscheinlichkeit dafür, daß das Konfidenzintervall den unbekannten Parameter Θ enthält, d.h., die berechneten *konkreten Konfidenzintervalle* werden durchschnittlich in

$$(1 - \alpha) \cdot 100 \%$$

der Fälle den Parameter Θ enthalten, bzw. in

$$\alpha \cdot 100 \%$$

der Fälle nicht enthalten. Hieraus resultiert für α die Bezeichnung *Irrtumswahrscheinlichkeit*.

♦

Beispiel 26.6:

Die Aussage, daß von einem hergestellten Produkt mit 95 % Wahrscheinlichkeit davon ausgegangen werden kann, daß der Ausschuß zwischen 1 und 6 % liegt, ist eine *Intervallschätzung/Konfidenzschätzung* mit dem *Konfidenzintervall* (1,6) und der *Irrtumswahrscheinlichkeit* von 5 %.

♦

In den folgenden Abschn.26.4.2 und 26.4.3 betrachten wir die konkrete *Durchführung* von *Konfidenzschätzungen* für *Erwartungswert* μ und *Varianz/Streuung* σ^2 einer *Zufallsgröße* X für praktisch auftretende Fälle.

26.4.2 Konfidenzintervalle für den Erwartungswert

Im folgenden suchen wir ein *Konfidenzintervall* für den *unbekannten Erwartungswert* E(X) einer *Zufallsgröße* X. Dabei können mehrere Fälle auftreten:

* Fall I.

Die *Wahrscheinlichkeitsverteilung* (häufig eine Normalverteilung) und die *Varianz/Streuung* σ^2 sind *bekannt*.

* Fall II.

Die *Wahrscheinlichkeitsverteilung* (häufig eine Normalverteilung) ist *bekannt*, während die *Varianz/Streuung* σ^2 *unbekannt* ist.

* Fall III.

Die *Wahrscheinlichkeitsverteilung* ist *nicht bekannt*, aber die *Varianz/Streuung* σ^2 ist *bekannt*.

* Fall IV.

Die *Wahrscheinlichkeitsverteilung* und die *Varianz/Streuung* σ^2 sind *unbekannt*.

Konstruieren wir *Konfidenzintervalle* für den *Erwartungswert* $E(X)=\mu$ einer gegebenen Zufallsgröße X für die betrachteten Fälle:

I. Nehmen wir an, daß eine *Normalverteilung* $N(\mu,\sigma)$ vorliegt, von der die *Varianz/Streuung* σ^2 *bekannt* ist.

Unter Verwendung einer *konkreten eindimensionalen Stichprobe*

$$x_1 , x_2 , \dots , x_n$$

vom *Umfang n* ergibt sich folgende *Vorgehensweise* für eine *Konfidenzschätzung* des *Erwartungswertes* $E(X)=\mu$:

* Wir gehen von dem *Stichprobenmittel*

$$\overline{X} = \frac{X_1 + X_2 + \dots + X_n}{n}$$

aus, das $N(\mu ,\sigma/\sqrt{n})$-normalverteilt ist (siehe Abschn.23.5).

* Aus dem Stichprobenmittel konstruieren wir die *Punktschätzfunktion*

$$Y = \frac{\overline{X}-\mu}{\sigma} \cdot \sqrt{n}$$

die der *standardisierten Normalverteilung* $N(0,1)$ mit der *Verteilungsfunktion* Φ genügt.

* Für die Punktschätzfunktion Y berechnet sich die Wahrscheinlichkeit

$$P(|Y|<x) = P(-x<Y<x)$$

unter Verwendung der Verteilungsfunktion Φ der *standardisierten Normalverteilung* folgendermaßen:

$$P(|Y|< x) = P(-x<Y<x) = \Phi(x) - \Phi(-x) = 2 \cdot \Phi(x) - 1$$

so daß sich für die *Konfidenzschätzung*

$P(|Y|<x) = 1 - \alpha$

mit vorgegebener *Irrtumswahrscheinlichkeit* α folgendes ergibt

$2 \cdot \Phi(x) - 1 = 1 - \alpha$

d.h.

$\Phi(x) = 1 - \alpha/2$

Damit ist x das *Quantil* der Ordnung $1-\alpha/2$ (siehe Kap.18) der *standardisierten Normalverteilung*, das wir mit

$z_{1-\alpha/2}$

bezeichnen. Dieses Quantil muß berechnet werden. Danach liefert

$|Y| < z_{1-\alpha/2}$

ein *Konfidenzintervall* für den *unbekannten Erwartungswert* $E(X)=\mu$ zur vorgegebenen Irrtumswahrscheinlichkeit α, d.h.

$$\overline{X} - z_{1-\alpha/2} \cdot \frac{\sigma}{\sqrt{n}} < \mu < \overline{X} + z_{1-\alpha/2} \cdot \frac{\sigma}{\sqrt{n}}$$

so daß sich folgende *Konfidenzgrenzen*

$$U = \overline{X} - z_{1-\alpha/2} \cdot \frac{\sigma}{\sqrt{n}} \quad \text{und} \quad O = \overline{X} + z_{1-\alpha/2} \cdot \frac{\sigma}{\sqrt{n}}$$

ergeben. Eine Realisierung dieser Konfidenzgrenzen, d.h. das *konkrete Konfidenzintervall* (u,o), erhält man in der Form

$$u = \overline{x} - z_{1-\alpha/2} \cdot \frac{\sigma}{\sqrt{n}} \quad \text{und} \quad o = \overline{x} + z_{1-\alpha/2} \cdot \frac{\sigma}{\sqrt{n}}$$

wenn man in das Stichprobenmittel $\overline{X}$ eine konkrete eindimensionale Stichprobe vom Umfang n einsetzt, d.h. den *empirischen Mittelwert* $\overline{x}$ berechnet (siehe Beispiel 26.7a)

II. Nehmen wir an, daß eine *Normalverteilung* $N(\mu,\sigma)$ vorliegt, von der jedoch die *Varianz/Streuung* σ^2 *unbekannt* ist.

Da die *Varianz/Streuung* σ^2 *unbekannt* ist, verwendet man hier die *Punktschätzfunktion* in der Form

$$T = \frac{\overline{X} - \mu}{s_X} \cdot \sqrt{n}$$

in der man die unbekannte Standardabweichung σ durch die *empirische Standardabweichung* s_X (siehe Abschn.24.5.1) ersetzt.
Die so gebildete Punktschätzfunktion T genügt einer *t-Verteilung* (siehe Abschn.18.3.2) mit n−1 Freiheitsgraden, wie man beweisen kann. Damit kann man anolog wie im Fall I. verfahren, da die Dichtefunktion der t-Verteilung ebenfalls symmetrisch ist. Man muß nur Quantile der t-Verteilung berechnen (siehe Beispiel 26.7b). Das *Konfidenzintervall* ist hier für gleiches α und n i.a. größer als bei Fall I. Dies ist dadurch begründet, daß man für die Varianz/Streuung eine Schätzung verwendet, die die Unsicherheit vergrößert.

III. Nehmen wir an, daß die *Wahrscheinlichkeitsverteilung nicht bekannt*, aber die *Varianz/ Streuung* σ² bekannt ist.

Aufgrund des zentralen Grenzwertsatzes ist die *Punktschätzfunktion*

$$\overline{X} \; = \; \frac{X_1 + X_2 + \dots + X_n}{n} \qquad (Stichprobenmittel)$$

asymptotisch N(μ,σ/√n)-*normalverteilt*, so daß folglich die *Punktschätzfunktion*

$$Y = \frac{\overline{X} - \mu}{\sigma} \cdot \sqrt{n}$$

asymptotisch der *standardisierten Normalverteilung* N(0,1) mit der *Verteilungsfunktion* Φ genügt.
Damit kann man für Stichproben mit größerem Umfang (n≥30) diesen Fall näherungsweise auf den Fall I. zurückführen.

IV. Nehmen wir an, daß die *Wahrscheinlichkeitsverteilung* und die *Varianz/Streuung* σ² *unbekannt* sind.
Bei genügend großem Umfang der Stichprobe (n≥30) kann dieser Fall näherungsweise wie Fall III. behandelt werden. Dies wird durch die Annahme erhalten, daß die unbekannte *Varianz/Streuung* σ² hinreichend genau durch die *empirische Varianz/Streuung*

$$s_X^2$$

angenähert wird.

Bei der eben diskutierten Vorgehensweise zur Bestimmung eines *Konfidenzintervalls* für den unbekannten Erwartungswert besteht das Hauptproblem in der *Berechnung* von *Quantilen*. Die Systeme MATHCAD und MATLAB stellen für zahlreiche Wahrscheinlichkeitsverteilungen vordefinierte Funktionen zur Quantil-Berechnung zur Verfügung, so daß man mit ihrer Hilfe Konfidenzintervalle einfach berechnen kann, wie im folgenden Beispiel 26.7 illustriert wird.

Des weiteren bieten beide Systeme noch folgende Möglichkeiten zur Berechnung von Konfidenzintervallen für den unbekannten Erwartungswert:

MATHCAD behandelt in seinem *Elektronischen Buch* **Practical Statistics** die obigen Tests, so daß der Anwender dies nutzen kann, indem er in den gegebenen Beispielen seine Stichproben und Irrtumswahrscheinlichkeiten zuweist. Man spart hier das Eingeben der zu berechnenden Ausdrücke in das Arbeitsfenster von MATHCAD. Um dies einfach durchführen zu können, empfiehlt es sich, die entsprechenden Teile des Elektronischen Buches in das Arbeitsfenster von MATHCAD zu kopieren.

Im folgenden betrachten wir einige Ausschnitte aus dem Abschn.9.4 dieses Elektronischen Buches, um den Anwender die Handhabung des Buches zu vermitteln. Man erkennt die entnommenen Ausschnitte an der Umrahmung. Da der Text wie in allen Elektronischen Büchern von MATHCAD nur in englischer Sprache vorliegt, geben wir zusätzlich einige Erläuterungen:

In den folgenden beiden Abbildungen bezeichnet 1.96 den Wert des *Quantils*

$$z_{1-\alpha/2}$$

der *Ordnung 1–α/2* der *standardisierten Normalverteilung* für α=0.05. Die Berechnung dieses Quantils kann in MATHCAD mit der vordefinierten Funktion **qnorm** geschehen:

$$\mathbf{qnorm}\left(1 - \frac{0.05}{2}, 0, 1\right) = 1.96$$

Beide Abbildungen des Elektronischen Buches geben bei bekannter Wahrscheinlichkeitsverteilung (Normalverteilung) für die Irrtumswahrscheinlichkeit α=0.05 eine *grafische Darstellung* des *Konfidenzintervalls* (U,O):

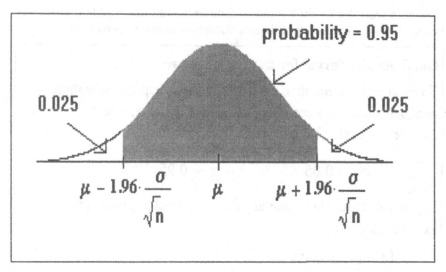

und für eine entnommene Stichprobe die Darstellung des *konkreten Konfidenzintervalls* (u,o), in dem der unbekannte Erwartungswert mit der Wahrscheinlichkeit $1 - \alpha = 0.95$ liegt:

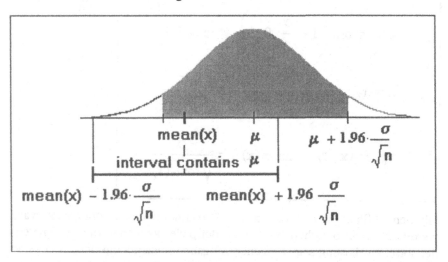

In dem folgenden Ausschnitt aus dem Elektronischen Buch wird das Konfidenzintervall (u,o) für den unbekannten Erwartungswert der Normalverteilung berechnet, wenn die Varianz/Streuung bekannt ist und als Irrtumswahrscheinlichkeit $\alpha=0.05$ verwendet wird. Man erkennt die *Konfidenzgrenzen*

$$U = \overline{X} - z_{1-\alpha/2} \cdot \frac{\sigma}{\sqrt{n}} \qquad \text{und} \qquad O = \overline{X} + z_{1-\alpha/2} \cdot \frac{\sigma}{\sqrt{n}}$$

in denen sich die entsprechenden MATHCAD-Funktionen zur Berechnung des *Quantils* **qnorm** und des *empirischen Mittelwerts* **mean** befinden.

Weiterhin wird der Umfang n der Stichprobe mittels der Funktion **rows** aus der Spaltenanzahl des eingegebenen Stichprobenvektors berechnet:

Confidence Interval for μ, with σ Known

To tie in with the notation used most often in hypothesis testing, confidence intervals are often stated in terms of α, where the confidence level is $1 - \alpha$,

     $\alpha := 0.05 \qquad 1 - \alpha = 0.95$

In general, then, when sampling from a normal population with a known value of σ, a

$$(1 - \alpha) = 95\%$$

---

confidence interval for μ can be formed as follows:

$$z := \text{qnorm}\left(1 - \frac{\alpha}{2}, 0, 1\right) \qquad z = 1.96$$

$$\text{lower}_z(\mathbf{x}, \sigma) := \text{mean}(\mathbf{x}) - z \cdot \frac{\sigma}{\sqrt{\text{rows}(\mathbf{x})}}$$

$$\text{upper}_z(\mathbf{x}, \sigma) := \text{mean}(\mathbf{x}) + z \cdot \frac{\sigma}{\sqrt{\text{rows}(\mathbf{x})}}$$

Mit den definierten Funktionen zur Berechnung des Konfidenzintervalls werden im Elektronischen Buch auch Beispiele berechnet, die der Anwender sofort zur Lösung seiner eigenen Aufgaben nutzen kann, indem er seine Stichprobenwerte eingibt. Wir illustrieren dies im Beispiel 26.7c.

In MATLAB kann man die vordefinierte Funktion **normfit** heranziehen, die u.a. Konfidenzintervalle für den unbekannten Erwartungswert bei unbekannter Varianz/Streuung für die Normalverteilung berechnet. Diese Funktion haben wir bereits im Abschn.26.3.1 bei Punktschätzungen für Erwartungswert und Varianz/Streuung kennengelernt (siehe Beispiel 26.4c) und werden sie im Abschn.26.4.3 bei der Berechnung von Konfidenzintervallen für die unbekannte Varianz/Streuung anwenden. Diese Funktion bringt den Vorteil, daß der Anwender nicht die im Beispiel 26.7 und 26.8 benutzten Formeln in das Kommandofenster von MATLAB einzugeben braucht. Die genaue Vorgehensweise für alle Berechnungen mittels **normfit** illustrieren wir im Beispiel 26.9.

♦

Im folgenden Beispiel 26.7 berechnen wir Konfidenzintervalle mittels der Systeme MATHCAD und MATLAB, indem wir die vordefinierten Funktionen zur Berechnung des empirischen Mittelwerts und von Quantilen heranziehen. Deshalb benöigt man bei der Anwendung von MATLAB die Toolbox zur Statistik (**Statistics Toolbox**), während man bei MATHCAD ohne Elektronische Bücher auskommt.

Beispiel 26.7:

Konstruieren wir für die *konkrete eindimensionale Stichprobe*

2.33 2.34 2.37 2.32 2.35 2.37 2.34

vom *Umfang n=7* aus Beispiel 26.3 *Konfidenzintervalle* für den *unbekannten Erwartungswert* μ bei *bekannter* bzw. *unbekannter Varianz/Streuung* σ^2, wobei die Verteilung als bekannt angenommen wird.

Die Stichprobe stammt aus einer Grundgesamtheit von Zubehörteilen, in der als Merkmal die *Länge* (in mm) betrachtet wird, der man die *Zufallsgröße* X zuordnet. Für diese Zufallsgröße X kann man aufgrund des zentralen Grenzwertsatzes näherungsweise eine *Normalverteilung* annehmen, da bei der Produktion eine Reihe von Überlagerungen unabhängiger zufälliger Effekte auftreten.

a) Bestimmen wir *Konfidenzintervalle* für den *unbekannten Erwartungswert* μ der Zufallsgröße X, wenn die *Varianz/Streuung*

$$\sigma^2 = 0.0004 \qquad (\text{d.h. } \sigma = 0.02)$$

bekannt ist.

Wir verwenden MATHCAD und MATLAB zur Berechnung der *konkreten Konfidenzgrenzen*

$$u = \bar{x} - z_{1-\alpha/2} \cdot \frac{\sigma}{\sqrt{n}} \qquad \text{und} \qquad o = \bar{x} + z_{1-\alpha/2} \cdot \frac{\sigma}{\sqrt{n}}$$

d.h., man muß

* den *empirischen Mittelwert (Stichprobenmittel)* $\bar{x}$ berechnen,

* das *Quantil* $z_{1-\alpha/2}$ der Ordnung $1 - \alpha/2$ der *standardisierten Normalverteilung* berechnen,

* n=7 setzen,

wobei wir für α (*Irrtumswahrscheinlichkeit*) die drei Standardwerte 0.05 , 0.01 und 0.001 verwenden:

MATHCAD ▶

$$x := \begin{pmatrix} 2.33 \\ 2.34 \\ 2.37 \\ 2.32 \\ 2.35 \\ 2.37 \\ 2.34 \end{pmatrix}$$

* $\alpha = 0.05$

$$u := \mathbf{mean}\,(\,x\,) \;-\; \mathbf{qnorm}\,(\,0.975\,,\,0\,,\,1\,)\cdot\frac{0.02}{\sqrt{7}}$$

$$u = 2.331$$

$$o := \mathbf{mean}\,(\,x\,) \;+\; \mathbf{qnorm}\,(\,0.975\,,\,0\,,\,1\,)\cdot\frac{0.02}{\sqrt{7}}$$

$$o = 2.361$$

* $\alpha = 0.01$

$$u := \mathbf{mean}\,(\,x\,) \;-\; \mathbf{qnorm}\,(\,0.995\,,\,0\,,\,1\,)\cdot\frac{0.02}{\sqrt{7}}$$

$$u = 2.326$$

$$o := \mathbf{mean}\,(\,x\,) \;+\; \mathbf{qnorm}\,(\,0.995\,,\,0\,,\,1\,)\cdot\frac{0.02}{\sqrt{7}}$$

$$o = 2.365$$

* $\alpha = 0.001$

$$u := \mathbf{mean}\,(\,x\,) \;-\; \mathbf{qnorm}\,(\,0.9995\,,\,0\,,\,1\,)\cdot\frac{0.02}{\sqrt{7}}$$

$$u = 2.321$$

$$o := \mathbf{mean}\,(\,x\,) \;+\; \mathbf{qnorm}\,(\,0.9995\,,\,0\,,\,1\,)\cdot\frac{0.02}{\sqrt{7}}$$

o = 2.371

>> x = [2.33 2.34 2.37 2.32 2.35 2.37 2.34] ;

* α= 0.05

    >> u = **mean** (x) – **norminv** (0.975 , 0 , 1) * 0.02/**sqrt** (7)

    u =

        2.3309

    >> o = **mean** (x) + **norminv** (0.975 , 0 , 1) * 0.02/**sqrt** (7)

    o =
        2.3605

* α= 0.01

    >> u = **mean** (x) – **norminv** (0.995 , 0 , 1) * 0.02/**sqrt** (7)
    u =

        2.3262

    >> o = **mean** (x) + **norminv** (0.995 , 0 , 1) * 0.02/**sqrt** (7)
    o =

        2.3652

* α= 0.001

    >> u = **mean** (x) – **norminv** (0.9995 , 0 , 1) * 0.02/**sqrt** (7)

    u =

        2.3208

    >> o = **mean** (x) + **norminv** (0.9995 , 0 , 1) * 0.02/**sqrt** (7)

    o =

        2.3706

Damit liefern MATHCAD und MATLAB mittels ihrer vordefinierten Funktionen folgende Ergebnisse für die *Konfidenzintervalle* des unbekannten *Erwartungswertes* μ bei bekannter *Varianz/Streuung* $\sigma^2 = 0.0004$, wobei die *Irrtumswahrscheinlichkeiten* $\alpha = 0.05$, 0.01 und 0.001 verwendet werden:

* $\alpha = 0.05$

  (2.331 , 2.361)

* $\alpha = 0.01$

  (2.326 , 2.365)

* $\alpha = 0.001$

  (2.321 , 2.371)

Man sieht, daß sich bei Vekleinerung der Irrtumswahrscheinlichkeit α das dazugehörige Konfidenzintervall vergrößert.

b) Berechnen wir *Konfidenzintervalle* für den *unbekannten Erwartungswert* μ , wenn die *Varianz/Streuung* σ^2 *unbekannt* ist, d.h., es liegt der Fall II. vor.

Man verwendet hierfür die *Punktschätzfunktion*

$$T = \frac{\overline{X} - \mu}{s_X} \cdot \sqrt{n}$$

in der man die unbekannte Standardabweichung σ durch die *empirische Standardabweichung* s_X ersetzt und n=7 setzt.

Die so gebildete Punktschätzfunktion T genügt einer *t-Verteilung* (siehe Abschn.18.2) mit n–1 Freiheitsgraden.

Wir verwenden MATHCAD und MATLAB zur Berechnung der *konkreten Konfidenzgrenzen*

$$u = \overline{x} - t_{n-1,1-\alpha/2} \cdot \frac{s_X}{\sqrt{n}} \quad \text{und} \quad o = \overline{x} + t_{n-1,1-\alpha/2} \cdot \frac{s_X}{\sqrt{n}}$$

deren Herleitung analog wie im Fall I. (Normalverteilung) geschieht. Zur Berechnung dieser Konfidenzgrenzen muß man

* den *empirischen Mittelwert* $\overline{x}$ berechnen,

* das *Quantil* $t_{n-1,1-\alpha/2}$ der Ordnung $1 - \alpha/2$ der *t-Verteilung* mit n–1 Freiheitsgraden berechnen,

* n=7 setzen,

wobei für α die drei Werte 0.05 , 0.01 und 0.001 verwendet werden:

MATHCAD

$$x := \begin{pmatrix} 2.33 \\ 2.34 \\ 2.37 \\ 2.32 \\ 2.35 \\ 2.37 \\ 2.34 \end{pmatrix}$$

* $\alpha = 0.05$

$$u := \textbf{mean}\,(\,x\,) - \textbf{qt}\,(\,0.975\,,\,6\,) \cdot \frac{\sqrt{\textbf{Var(x)}}}{\sqrt{7}}$$

$$u = 2.3281$$

$$o := \textbf{mean}\,(\,x\,) + \textbf{qt}\,(\,0.975\,,\,6\,) \cdot \frac{\sqrt{\textbf{Var(x)}}}{\sqrt{7}}$$

$$o = 2.3633$$

* $\alpha = 0.01$

$$u := \textbf{mean}\,(\,x\,) - \textbf{qt}\,(\,0.995\,,\,6\,) \cdot \frac{\sqrt{\textbf{Var(x)}}}{\sqrt{7}}$$

$$u = 2.3191$$

$$o := \textbf{mean}\,(\,x\,) + \textbf{qt}\,(\,0.995\,,\,6\,) \cdot \frac{\sqrt{\textbf{Var(x)}}}{\sqrt{7}}$$

$$o = 2.3724$$

* $\alpha = 0.001$

$$u := \textbf{mean}\,(\,x\,) - \textbf{qt}\,(\,0.9995\,,\,6\,) \cdot \frac{\sqrt{\textbf{Var(x)}}}{\sqrt{7}}$$

$$u = 2.3029$$

$$o := \textbf{mean}\,(\,x\,) + \textbf{qt}\,(\,0.9995\,,\,6\,) \cdot \frac{\sqrt{\textbf{Var(x)}}}{\sqrt{7}}$$

$$o = 2.3886$$

```
>>  x = [ 2.33 2.34 2.37 2.32 2.35 2.37 2.34 ] ;
```

*   α= 0.05

    ```
    >> u = mean ( x ) – tinv ( 0.975 , 6 ) * sqrt ( var ( x ) )/sqrt ( 7 )

    u =

        2.3281

    >> o = mean ( x ) + tinv ( 0.975 , 6 ) * sqrt ( var ( x ) )/sqrt ( 7 )

    o =

        2.3633
    ```

*   α= 0.01

    ```
    >> u = mean ( x ) – tinv ( 0.995 , 6 ) * sqrt ( var ( x ) )/sqrt ( 7 )

    u =

        2.3191

    >> o = mean ( x ) + tinv ( 0.995 , 6 ) * sqrt ( var ( x ) )/sqrt ( 7 )

    o =

        2.3724
    ```

*   α= 0.001

    ```
    >> u = mean ( x ) – tinv ( 0.9995 , 6 ) * sqrt ( var ( x ) )/sqrt ( 7 )

    u =

        2.3029

    >> o = mean ( x ) + tinv ( 0.9995 , 6 ) * sqrt ( var ( x ) )/sqrt ( 7 )

    o =

        2.3886
    ```

Damit liefern MATHCAD und MATLAB mittels ihrer vordefinierten Funktionen folgende Ergebnisse für die *Konfidenzintervalle* des unbekannten
Erwartungswertes μ bei unbekannter Varianz/Streuung σ^2, wobei wir für

die *Irrtumswahrscheinlichkeit* α die drei Werte 0.05 , 0.01 und 0.001 verwenden:

* α = 0.05

  (2.3281, 2.3633)

* α = 0.01

  (2.3191 , 2.3724)

* α = 0.001

  (2.3029 , 2.3886)

Man sieht, daß die Konfidenzintervalle gegenüber Beispiel a größer sind. Dies ist auch nicht anders zu erwarten, da bei unbekannter Varianz/ Streuung die Unsicherheit größer ist.

c) Bestimmen wir wie im Beispiel a *Konfidenzintervalle* für den *unbekannten Erwartungswert* μ der normalverteilten Zufallsgröße X, wenn die *Varianz/Streuung*

$\sigma^2 = 0.0004$ (d.h. $\sigma = 0.02$)

bekannt ist, um die Anwendung des *Elektronischen Buches* **Practical Statistics** von MATHCAD zu illustrieren.

Wir verwenden die im Abschn.9.4 des Elektronischen Buches **Practical Statistics** gegebenen Formeln und brauchen nur die konkrete *Irrtumswahrscheinlichkeit* (z.B. α=0.05) und *Standardabweichung* (z.B. σ=0.02) und die konkreten *Stichprobenwerte* dem Vektor **x** *zuzuweisen*. Um dies durchführen zu können, kopieren wir die entsprechenden Teile des Elektronischen Buches in das Arbeitsfenster von MATHCAD und führen hier die erforderlichen Änderungen vor. Im folgenden ist das Ergebnis zu sehen:

$$\alpha := 0.05 \qquad \sigma := \sqrt{0.0004}$$

$$x := \begin{pmatrix} 2.33 \\ 2.34 \\ 2.37 \\ 2.32 \\ 2.35 \\ 2.37 \\ 2.34 \end{pmatrix}$$

$$z := qnorm\left(1 - \frac{\alpha}{2}, 0, 1\right) \qquad z = 1.96$$

$$lower_z(x, \sigma) := mean(x) - z \cdot \frac{\sigma}{\sqrt{rows(x)}}$$

$$upper_z(x, \sigma) := mean(x) + z \cdot \frac{\sigma}{\sqrt{rows(x)}}$$

$$lower_z(x, \sigma) = 2.331 \qquad upper_z(x, \sigma) = 2.361$$

Wir sehen, daß bei der Irrtumswahrscheinlichkeit $\alpha=0.05$ die gleichen Werte für den Ablehnungsbereich wie im Beispiel a erhalten werden.

♦

26.4.3 Konfidenzintervalle für die Varianz/Streuung

Neben Konfidenzintervallen für den Erwartungswert μ lassen sich auch *Konfidenzintervalle* für die *unbekannte Varianz/Streuung* σ^2 einer *Zufallsgröße* X mit *Normalverteilung* N(μ,σ) mittels einer *konkreten eindimensionalen Stichprobe*

$$x_1, x_2, \ldots, x_n$$

vom *Umfang n* berechnen.
Man geht hier von der *Stichprobenvarianz*

$$S_X^2 = \frac{1}{n-1} \cdot \sum_{i=1}^{n} (X_i - \overline{X})^2$$

aus und verwendet die *Punktschätzfunktion*

$$\frac{(n-1)\cdot S_X^2}{\sigma^2}$$

die einer *Chi-Quadrat-Verteilung*

$$\chi^2(n-1)$$

mit n–1 Freiheitsgraden (siehe Abschn.18.2) genügt. Damit kann man MATHCAD und MATLAB analog wie im Abschn.26.4.2 heranziehen, um *konkrete Konfidenzintervalle* zu *berechnen*. Wir illustrieren die dafür erforderliche Vorgehensweise im folgenden Beispiel 26.8.

Beispiel 26.8:

Konstruieren wir für die *konkrete eindimensionale Stichprobe*

2.33 2.34 2.37 2.32 2.35 2.37 2.34

vom *Umfang n=7* aus Beispiel 26.3 *Konfidenzintervalle* für die *unbekannte Varianz/Streuung* σ^2, wobei die Verteilung als bekannt angenommen wird (*Normalverteilung*).

Wir verwenden MATHCAD und MATLAB zur Berechnung der *konkreten Konfidenzgrenzen*

$$u \;=\; \frac{(n-1)\cdot s_X^2}{c_{n-1,1-\alpha/2}} \qquad \text{und} \qquad o \;=\; \frac{(n-1)\cdot s_X^2}{c_{n-1,\alpha/2}}$$

auf deren Herleitung wir verzichten (siehe z.B. [41]). Man muß dafür

* den *empirischen Mittelwert* $\bar{x}$ berechnen

* die *empirische Streuung* $s_X^2 = \dfrac{1}{n-1}\cdot\sum_{i=1}^{n}(x_i-\bar{x})^2$ berechnen

* die *Quantile* $c_{n-1,1-\alpha/2}$ und $c_{n-1,\alpha/2}$ der Ordnung $1-\alpha/2$ bzw. $\alpha/2$ der *Chi-Quadrat-Verteilung* mit n–1 Freiheitsgraden berechnen

* n=7 setzen

wobei für die *Irrtumswahrscheinlichkeit* α die drei Werte 0.05 , 0.01 und 0.001 verwendet werden:

MATHCAD

$$x := \begin{pmatrix} 2.33 \\ 2.34 \\ 2.37 \\ 2.32 \\ 2.35 \\ 2.37 \\ 2.34 \end{pmatrix}$$

* $\alpha = 0.05$

$$u := \frac{6 \cdot \mathbf{Var}(x)}{\mathbf{qchisq}(0.975, 6)} \qquad o := \frac{6 \cdot \mathbf{Var}(x)}{\mathbf{qchisq}(0.025, 6)}$$

$$u = 1.503 \times 10^{-4} \qquad o = 1.755 \times 10^{-3}$$

* $\alpha = 0.01$

$$u := \frac{6 \cdot \mathbf{Var}(x)}{\mathbf{qchisq}(0.995, 6)} \qquad o := \frac{6 \cdot \mathbf{Var}(x)}{\mathbf{qchisq}(0.005, 6)}$$

$$u = 1.171 \times 10^{-4} \qquad o = 3.213 \times 10^{-3}$$

* $\alpha = 0.001$

$$u := \frac{6 \cdot \mathbf{Var}(x)}{\mathbf{qchisq}(0.9995, 6)} \qquad o := \frac{6 \cdot \mathbf{Var}(x)}{\mathbf{qchisq}(0.0005, 6)}$$

$$u = 9.009 \times 10^{-5} \qquad o = 7.252 \times 10^{-3}$$

MATHCAD

MATLAB

```
>> x = [ 2.33 2.34 2.37 2.32 2.35 2.37 2.34 ] ;
```

* $\alpha = 0.05$

```
>> u = 6 * var ( x )/chi2inv ( 0.975 , 6 )
```

u =

  1.5028e–004

>> o = 6 * **var** (x)/**chi2inv** (0.025 , 6)

o =

   0.0018

* α= 0.01

>> u = 6 * **var** (x)/**chi2inv** (0.995 , 6)

u =

  1.1707e–004

>> o = 6 * **var** (x)/**chi2inv** (0.005 , 6)

o =

   0.0032

* α= 0.001

>> u = 6 * **var** (x)/**chi2inv** (0.9995 , 6)

u =

  9.0090e–005

>> o = 6 * **var** (x)/**chi2inv** (0.0005 , 6)

o =

   0.0073

Damit liefern MATHCAD und MATLAB folgende Ergebnisse für die *Konfidenzintervalle* der unbekannten *Varianz/Streuung* σ^2 bei bekannter Verteilung (Normalverteilung), wobei für die *Irrtumswahrscheinlichkeit* α die drei Werte 0.05 , 0.01 und 0.001 verwendet werden:

* α = 0.05

   (0.0001503 , 0.001755)

* α = 0.01

   (0.0001171 , 0.003213)

* $\alpha = 0.001$

(0.00009009 , 0.007252)

♦

Bei der Vorgehensweise zur Bestimmung eines *Konfidenzintervalls* für die unbekannte Varianz/Streuung besteht das Hauptproblem in der *Berechnung* von *Quantilen*. Die Systeme MATHCAD und MATLAB stellen für zahlreiche Wahrscheinlichkeitsverteilungen vordefinierte Funktionen zur Quantil-Berechnung zur Verfügung, so daß mit ihrer Hilfe Konfidenzintervalle einfach berechnet werden können, wie im vorangehenden Beispiel 26.8 illustriert wird.

Des weiteren bieten beide Systeme noch folgende Möglichkeiten zur Berechnung von Konfidenzintervallen für die unbekannte Varianz/Streuung:

MATHCAD behandelt im Abschn.9.4 seines Elektronischen Buches **Practical Statistics** Tests bzgl. der unbekannten Varianz/Streuung, so daß der Anwender dies nutzen kann, indem er in dem gegebenen Beispiel seine Stichprobe und Irrtumswahrscheinlichkeit einsetzt. Er braucht dann nicht die im Beispiel 26.8 gegebenen Formeln in das Arbeitsfenster von MATHCAD einzugeben, sondern kann die des Elektronischen Buches verwenden. Für diese Vorgehensweise wird empfohlen, das im Elektronischen Buch gegegebene Beispiel in das Arbeitsfenster von MATHCAD zu kopieren, da man hier die eigenen Werte am besten eingeben kann. Wir illustrieren dies im folgenden Beispiel 26.9.

In MATLAB kann man die vordefinierte Funktion **normfit** anwenden, die direkt Konfidenzintervalle für die unbekannte Varianz/Streuung berechnet. Diese Funktion haben wir bereits im Abschn.26.3.1 bei Punktschätzungen für Erwartungswert und Varianz/Streuung und im Abschn.26.4.2 bei der Berechnung von Konfidenzintervallen für den unbekannten Erwartungswert kennengelernt. Die Anwendung dieser Funktion bringt den Vorteil, daß der Anwender nicht die im Beispiel 26.8 benutzten Formeln in das Kommandofenster von MATLAB einzugeben braucht. Die genaue Vorgehensweise hierfür illustrieren wir im Beispiel 26.9.

♦

Beispiel 26.9:

Lösen wir die Aufgabe aus Beispiel 26.8, indem wir für MATHCAD das *Elektronische Buch* **Practical Statistics** und für MATLAB die *vordefinierte Funktion* **normfit** anwenden:

Ziehen wir das Beispiel aus dem Abschn.9.4 des *Elektronischen Buches* **Practical Statistics** von MATHCAD heran, in dem *Konfidenzintervalle* für die unbekannte *Varianz/Streuung* berechnet werden. Da in diesem Beispiel der *Vektor* der *Stichprobenwerte* durch **photo** bezeichnet wird, verwenden wir ebenfalls diese Bezeichnung, um nicht alle Bezeichnungen in den gegebenen Formeln abändern zu müssen. Wir brauchen folglich nur die Werte der *konkreten Stichprobe* aus Beispiel 26.8 dem Vektor **photo** und die konkrete *Irrtumswahrscheinlichkeit* von z.B. $\alpha=0.05$ zuzuweisen. Um dies durchführen zu können, kopieren wir die entsprechenden Teile des Elektronischen Buches in das Arbeitsfenster von MATHCAD. Man erkennt im folgenden die entnommenen Teile an der Umrahmung.

Da der Text wie in allen Elektronischen Büchern von MATHCAD nur in englischer Sprache vorliegt, geben wir zusätzlich einige Erläuterungen:

Zuerst weisen wir dem Vektor **photo** die Zahlenwerte der Stichprobe aus Beispiel 26.8 zu:

$$photo := \begin{pmatrix} 2.33 \\ 2.34 \\ 2.37 \\ 2.32 \\ 2.35 \\ 2.37 \\ 2.34 \end{pmatrix}$$

Des weiteren müssen wir noch die zu verwendende Irrtumswahrscheinlichkeit (z.B. 0.05) an α_c zuweisen. Die weiteren Rechnungen werden nun von MATHCAD mittels der übertragenen Formeln durchgeführt:

For

$$\alpha_c := 0.05 \qquad\qquad df := rows(photo) - 1$$

then, we have the lower percentile point,

$$chi_{lower} := qchisq\left(\frac{\alpha_c}{2}, df\right)$$

$$chi_{lower} = 1.237$$

and the upper percentile point,

$$chi_{upper} := qchisq\left(1 - \frac{\alpha_c}{2}, df\right)$$

$$chi_{upper} = 14.449$$

$$low_{chi}(x, df, \alpha_c) := \frac{(rows(x) - 1) \cdot Var(x)}{chi_{upper}}$$

$$up_{chi}(x, df, \alpha_c) := \frac{(rows(x) - 1) \cdot Var(x)}{chi_{lower}}$$

Es werden natürlich die gleichen Formeln benutzt, die wir im Beispiel 26.8 anwenden, wobei der Umfang der verwendeten Stichprobe mittels der vordefinierten Funktion **rows** aus dem Stichprobenvektor **photo** gewonnen wird.

$$L_{chi} := low_{chi}(photo, df, \alpha_c)$$

$$U_{chi} := up_{chi}(photo, df, \alpha_c)$$

MATHCAD berechnet für $\alpha = 0.05$ das gleiche Ergebnis wie im Beispiel 26.8:

That is to say, we're

$$\left(1 - \alpha_c\right) = 95\%$$

confident that the true population variance lies between

$$L_{chi} = 1.503 \times 10^{-4} \quad \text{and} \quad U_{chi} = 1.755 \times 10^{-3}$$

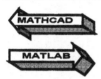

Verwenden wir die *vordefinierte Funktion* **normfit** von MATLAB für α=0.05 , 0.01 und 0.001, die für sc die untere und obere Grenze des Konfidenzintervalls für die *unbekannte Standardabweichung* liefert. Wenn man diese Werte quadriert, ergibt sich die Varianz/Streuung und man erhält die gleichen Ergebnisse wie im Beispiel 26.8. Des weiteren berechnet **normfit** in mc die untere und obere Grenze des Konfidenzintervalls für den *unbekannten Erwartungswert*. Der Vergleich mit Beispiel 26.7 zeigt, daß das Konfidenzintervall für den Erwartungswert bei unbekannter Varianz/Streuung berechnet wird. Zusätzlich liefert die folgende Anwendung von **normfit** noch in m und s Punktschätzungen für Erwartungswert und Varianz/Streuung:

```
>> x = [2.33 2.34 2.37 2.32 2.35 2.37 2.34] ;
```

* α= 0.05

```
>> [ m , s , mc , sc ] = normfit ( x )
m =
    2.3457
s =
    0.0190
mc =
    2.3281
    2.3633
sc =
    0.0123
    0.0419
```

* α= 0.01

>> [m , s , mc , sc] = **normfit** (x , 0.01)

m =

   2.3457

s =

   0.0190

mc =

   2.3191

   2.3724

sc =

   0.0108

   0.0567

* α= 0.001

>> [m , s , mc , sc] = **normfit** (x , 0.001)

m =

   2.3457

s =

   0.0190

mc =

   2.3029

   2.3886

sc =

   0.0095

   0.0852

MATLAB

♦

27 Statistische Testtheorie

Die im Kap.26 behandelten *Schätzungen* (statistische Schätztheorie) für Parameter und Wahrscheinlichkeitsverteilungen einer vorliegenden Grundgesamtheit reichen nicht bei allen praktischen Problemstellungen aus. Man benötigt häufig Methoden, um vorhandene Annahmen/Behauptungen/Vermutungen über Grundgesamtheiten zu überprüfen. Diese Methoden lassen sich nicht mit den Mitteln der Schätztheorie entwickeln.

Deshalb wurde das *Überprüfen/Testen* von *Annahmen/Behauptungen/Vermutungen* über unbekannte *Parameter* und *Wahrscheinlichkeitsverteilungen* entwickelt, das neben dem *Schätzen* zu wichtigen Gebieten der *mathematischen Statistik* gehört und als *statistische Testtheorie* bezeichnet wird. Wir betrachten nur die Problematik der *Testtheorie* für Grundgesamtheiten mit einer *Zufallsgröße* X.

Die folgenden Beispiele 27.1–27.3 geben einen ersten Einblick in die *Testtheorie*.

Beispiel 27.1:

a) Bei der Herstellung eines Produkts (z.B. Bolzen) geht man aufgrund langer Erfahrung von einer Ausschußquote von 10% aus, d.h., die Wahrscheinlichkeit p, ein defektes Produkt zu erhalten, betrage p=0.1. Um die Gültigkeit dieser Annahme zu überprüfen, wird eine Stichprobe z.B. vom Umfang n=50 aus der aktuellen Produktion entnommen und auf Ausschuß untersucht. Man zählt z.B. 7 defekte Stücke. Dem Hersteller interessiert nun, ob die in der Stichprobe festgestellte *Abweichung* von der Ausschußquote 10% *zufällig* war oder diese *signifikant* ist, so daß von einer höheren Ausschußquote ausgegangen werden muß.

   In diesem Beispiel ist die *Annahme* über einen *Parameter* zu überprüfen, und zwar die *Wahrscheinlichkeit* p, ein defektes Produkt zu erhalten (siehe Abschn.28.4).

b) Ein technisches Gerät wird in einer Firma in zwei verschiedenen Abteilungen hergestellt. Für die Firmenleitung ist deshalb die Frage von Interesse, ob die Lebensdauer der Geräte aus beiden Abteilungen als gleich einzuschätzen ist. Dazu betrachtet man die Lebensdauer der in beiden Abteilungen hergestellten Geräte als Zufallsgrößen X bzw. Y und muß anhand entnommener Stichproben die *Annahme* prüfen, ob die beiden *Erwartungswerte* E(X) und E(Y) *übereinstimmen*, d.h.

$$E(X) = E(Y)$$

gilt.

In diesem Beispiel ist die *Annahme* über die *Parameter* Erwartungswerte E(X) und E(Y) zu überprüfen.

c) Es soll die *Annahme* überprüft werden, daß die Haltbarkeitsdauer eines hergestellten Lebensmittels durch eine *normalverteilte Zufallsgröße* X beschrieben werden kann.

Analoge Problemstellungen treten in der Technik auf, so ist z.B. zu überprüfen, ob die Bruchdehnung einer bestimmten Stahlsorte durch eine *normalverteilte Zufallsgröße* X beschrieben werden kann.

Bei beiden Problemen ist die *Annahme* über die *unbekannte Wahrscheinlichkeitsverteilung* zu überprüfen, wobei hier speziell auf *Normalverteilung* zu prüfen ist.

♦

Zusammenfassend kann man sagen, daß die Aufgabe der *statistischen Schätztheorie* darin besteht, ausgehend von einer *Stichprobe* unbekannte *Parameter* bzw. die unbekannte *Wahrscheinlichkeitsverteilung* einer Grundgesamtheit (Zufallsgröße X) zu *schätzen*, während das Ziel der *statistischen Testtheorie* darin besteht, ebenfalls anhand von *Stichproben* aufgestellte *Annahmen/Behauptungen/Vermutungen* über Eigenschaften (Parameter und Wahrscheinlichkeitsverteilung) einer Grundgesamtheit (Zufallsgröße X) zu überprüfen.

♦

Die *Annahmen/Behauptungen/Vermutungen* über *Parameter* bzw. *Wahrscheinlichkeitsverteilungen* von *Grundgesamtheiten*, deren betrachtete Merkmale durch *Zufallsgrößen* X beschrieben werden, nennt man in der statistischen Testtheorie (*statistische*) *Hypothesen*. (siehe Abschn. 27.2).

♦

Die *Hauptaufgabe* der *statistischen Testtheorie* besteht im *Testen* (*Überprüfen*) aufgestellter *statistischer Hypothesen* über unbekannte *Parameter* und *Verteilungsfunktionen* einer Grundgesamtheit (*Zufallsgröße* X), d.h., man führt *statistische Tests* durch.

Tests können ebenso wie *Schätzungen* (siehe Kap.26) nicht anhand der gesamten vorliegenden *Grundgesamtheit* geschehen, sondern nur anhand aus der Grundgesamtheit entnommener *Stichproben*. Deshalb sind ihre Ergebnisse nicht absolut sicher, sondern treffen nur mit einer gewissen Wahrscheinlichkeit zu.

Die in der statistischen Testtheorie durchgeführten *Tests* überprüfen, ob die Informationen aus einer der Grundgesamtheit entnommenen *Stichprobe* die über die Grundgesamtheit aufgestellte *Hypothese* (statistisch) *nicht ablehnen* oder *ablehnen*.

♦

☞

Da *statistische Tests* sehr vielschichtig sind, können wir im Rahmen des Buches nur ausgewählte *Tests* behandeln, um dem Anwender die Handhabung zu illustrieren. Wir führen diese Tests ebenso wie die anderen im Buch behandelten Methoden unter Anwendung der Systeme MATHCAD und MATLAB durch (siehe Kap.28 und 29). Benötigt der Anwender andere als im Buch behandelte Tests, so kann er auf den in den Kap.28 und 29 behandelten Grundlagen aufbauen und die von MATHCAD und MATLAB gegebenen Möglichkeiten heranziehen.

♦

27.1 Einteilung der Tests

In der *statistischen Testtheorie* werden *Hypothesen* über unbekannte *Parameter* bzw. *Verteilungsfunktionen* einer Grundgesamtheit (*Zufallsgröße* X) aufgestellt und überprüft. Man spricht vom *Testen* von *Hypothesen*, von *Hypothesentests, statistischen Tests, statistischen Testverfahren* oder *statistischen Prüfverfahren*.

Nach Art der aufgestellten Hypothesen lassen sich *statistische Tests* folgendermaßen *einteilen:*

* Mittels *Parametertests* (siehe Kap.28) werden *Hypothesen* über *Parameter* (Erwartungswert, Varianz/Streuung, ...) einer vorliegenden Grundgesamtheit (*Zufallsgröße* X) überprüft, wobei die *Wahrscheinlichkeitsverteilung* von X als *bekannt* vorausgesetzt wird.

* Mittels *Verteilungs-* bzw. *Anpassungstests* (siehe Kap.29) werden *Hypothesen* über *Wahrscheinlichkeitsverteilungen* einer vorliegenden Grundgesamtheit (*Zufallsgröße* X) überprüft, d.h. die Hypothese, ob die unbekannte Verteilungsfunktion einer Zufallsgröße X gleich einer vorgegebenen Verteilungsfunktion ist. Hiermit kann die häufig verwendete Annahme einer normalverteilten Zufallsgröße X überprüft werden.

* Mittels *Unabhängigkeitstests* werden *Hypothesen* über die *Unabhängigkeit* von *Zufallsgrößen* überprüft.

* Mittels *Homogenitätstests* werden *Hypothesen* über die *Gleichheit* von *Wahrscheinlichkeitsverteilungen* von *Zufallsgrößen* überprüft.

* Des weiteren unterscheidet man zwischen *verteilungsabhängigen* und *verteilungsunabhängigen* Tests.

  – Zu den *verteilungsabhängigen* Tests gehören z.B. die Parametertests (siehe Kap.28), bei denen für die betrachtete Grundgesamtheit die Wahrscheinlichkeitsverteilung als bekannt vorausgesetzt wird.

  – Bei *verteilungsunabhängigen* (auch *verteilungsfreien* oder *parameterfreien*) Tests werden keine Voraussetzungen über die Wahrscheinlichkeitsverteilung der betrachteten Grundgesamtheit (*Zufallsgröße* X) getroffen. Hierzu gehören z.B. Verteilungstests/Anpassungstests (siehe Kap.29) und Homogenitätstests.

27.2 Hypothesen

Bei praktischen Problemen existieren oft gewisse *Annahmen/Behauptungen/Vermutungen* über *Parameter* oder *Wahrscheinlichkeitsverteilungen* einer vorliegenden Grundgesamtheit (*Zufallsgröße* X). Diese *Annahmen/Behauptungen/Vermutungen* werden in der *statistischen Testtheorie* als (*statistische*) *Hypothesen* bezeichnet.

Hypothesen über *unbekannte Parameter* wie *Wahrscheinlichkeit, Erwartungswert* oder *Varianz/Streuung* oder über *unbekannte Wahrscheinlichkeitsverteilungen* entstehen in der Praxis durch

* *Erfahrungswerte*

* *Auswertung* von *Versuchsergebnissen*

* die *Struktur* der betrachteten *Grundgesamtheit*

♦
Illustrieren wir die Entstehung von Hypothesen im folgenden Beispiel 27.2.

Beispiel 27.2:

Betrachten wir ein Beispiel aus der *Massenproduktion* und zwar die Produktion von Bolzen mit vorgegebener Länge bzw. vorgegebenem Durchmesser auf einer bestimmten Maschine. Diese Bolzen bilden die zu untersuchende *Grundgesamtheit*, in der sich die *Merkmale* Länge und Durchmesser der Bolzen durch *Zufallsgrößen* X bzw. Y beschreiben lassen. Die hier betrachteten *Zufallsgrößen* X und Y sind näherungsweise *normalverteilt*. Dies ist eine Folgerung aus dem *zentralen Grenzwertsatz* (siehe Abschn.20.3), da sich bei der Produktion der Bolzen viele unkontrollierbare Einflüsse unabhängig voneinander überlagern.
Man kennt für diese beiden Merkmale (Zufallsgrößen X, Y) der Bolzen den *Sollwert*.
In der *statistischen Qualitätskontrolle* wird die *Varianz/Streuung* näherungsweise als *bekannt* angenommen, da die Herstellerfirma der Maschine die Standardabweichung als Genauigkeit für die Maschine vorgibt, während der Sollwert als Einstellwert der Maschine verändert werden kann.
Der Empfänger (Weiterverarbeiter) der hergestellten Bolzen stellt natürlich gewisse Anforderungen an Länge und Durchmesser, d.h., er gibt Sollwerte vor. Deshalb sind Produzent und Abnehmer daran interessiert, daß diese Sollwerte eingehalten werden. Für beide besteht damit eine typische *Aufgabe* der *statistischen Testtheorie* darin, über die unbekannten Erwartungswerte E(X) und E(Y) von X bzw. Y Hypothesen aufzustellen und diese an-

hand entnommener Stichproben aus der Bolzenproduktion zu überprüfen (siehe Abschn.28.3).

♦

Aufgestellte *Annahmen/Behauptungen/Vermutungen* werden in der *Testtheorie* mittels (*statistischer*) *Hypothesen* formuliert und durch Tests überprüft, wobei eine *Nullhypothese*

$$H_0$$

zu überprüfen ist, die zusätzlich gegen eine *Alternativhypothese*

$$H_1$$

überprüft werden kann. Diese Problematik lernen wir im folgenden näher kennen (siehe Beispiel 27.3).

♦

Die *Überprüfung* aufgestellter *Hypothesen* geschieht in der *statistischen Testtheorie* mittels *statistischer Tests*, die auf der Grundlage *konkreter* (z.B. *eindimensionaler*) *Stichproben*

$$x_1, x_2, \ldots, x_n$$

vom *Umfang n* durchgeführt werden. Diese Stichproben werden aus der zu untersuchenden Grundgesamtheit (*Zufallsgröße* X) entnommen und dienen dazu, die aufgestellten *Hypothesen* (*statistisch*) *nicht abzulehnen* oder *abzulehnen*.

Da aufgestellte *Hypothesen* auf der Grundlagen von Stichproben überprüft werden, spielen *Stichprobenfunktionen* (siehe Abschn.23.5).

$$S = S(X_1, X_2, \ldots, X_n)$$

eine wesentliche Rolle, die man in der *statistischen Testtheorie* als *Testgrößen* oder *Prüfgrößen* bezeichnet. Wir werden im Rahmen des Buches die Bezeichnung *Testgröße* verwenden.

Die verwendeten *Testgrößen* sind bekannterweise *Zufallsgrößen* und besitzen eine *Wahrscheinlichkeitsverteilung* (siehe Abschn.23.5).

Man verwendet beispielsweise bei *Parametertests* über den *Erwartungswert* E(X) einer *Zufallsgröße* X eine *Testgröße*, die auf einer *Punktschätzfunktion* für den *Erwartungswert* E(X), d.h. z.B. dem *Stichprobenmittel* (siehe Abschn.26.2)

$$\overline{X} = S(X_1, X_2, \ldots, X_n) = \frac{X_1 + X_2 + \ldots + X_n}{n}$$

basiert (siehe Beispiele 27.3 und 28.2), wobei

$$X_1, X_2, \ldots, X_n$$

eine *mathematische Stichprobe* vom *Umfang n* darstellt (siehe Abschn.23.2).

Für eine *konkrete eindimensionale Stichprobe*

$$x_1 , x_2 , \dots , x_n$$

vom *Umfang n* liefert der *empirische Mittelwert* $\bar{x}$

$$\bar{x} = S(x_1, x_2, \dots, x_n) = \frac{x_1 + x_2 + \dots + x_n}{n}$$

eine *Realisierung* des verwendeten *Stichprobenmittels.*

♦

Wenn die *Wahrscheinlichkeitsverteilung* der betrachteten Grundgesamtheit (*Zufallsgröße* X) bekannt ist, lassen sich *Tests* bzgl. der unbekannten *Parameter* durchführen, die man als *Parametertests* oder *parametrische Tests* bezeichnet. Wenn man z.B. einen *Parametertest* bzgl. des unbekannten *Erwartungswertes* E(X)=μ einer *Zufallsgröße* X durchführt, so schreibt man die *Nullhypothese* H_0 in der Form

$$H_0 : \quad \mu = \mu_0$$

wobei μ_0 der angenommene Erwartungswert ist. Man spricht hier von einem *zweiseitigen Test* (*zweiseitigen Parametertest*), bei dem die *Alternativhypothese*

$$H_1 : \quad \mu \neq \mu_0 \qquad (\text{d.h.} \quad \mu < \mu_0 \text{ oder } \mu > \mu_0)$$

lautet.

♦

In der Praxis werden bei *Parametertests* häufig *Nullhypothesen* der Form

$$H_0 : \quad \mu \leq \mu_0 \qquad \text{bzw.} \qquad H_0 : \quad \mu \geq \mu_0$$

gegen *Alternativhypothesen* der Form

$$H_1 : \quad \mu > \mu_0 \qquad \text{bzw.} \qquad H_1 : \quad \mu < \mu_0$$

überprüft. Bei dieser Vorgehensweise spricht man von *einseitigen Tests* (*einseitigen Parametertests*).

♦

Falls die *Hypothesen*

$$H_0 \text{ oder } H_1$$

nur aus einem Wert bestehen, wie z.B. bei

$$H_0 : \quad \mu = \mu_0$$

so nennt man diese Hypothesen *einfach* im Gegensatz zu *zusammengesetzten Hypothesen*, wie z.B. bei

$$H_0 : \ \mu \leq \mu_0 \qquad \text{bzw.} \qquad H_0 : \ \mu \geq \mu_0$$

♦

Als *nichtparametrische, parameterfreie, verteilungsunabhängige* oder *verteilungsfreie Tests* bezeichnet man Tests zur *Überprüfung* von *Hypothesen* über die unbekannte *Wahrscheinlichkeitsverteilung* einer Grundgesamtheit (*Zufallsgröße* X). Diese behandeln wir im Kap.29. Man schreibt bei diesen Tests *Nullhypothese* und *Alternativhypothese* in der Form

$$H_0 : \ F = F_0 \qquad \text{bzw.} \qquad H_1 : \ F \neq F_0$$

wenn F_0 die zu überprüfende *Verteilungsfunktion* ist. Derartige Tests sind allgemeiner als Parametertests, da keine Aussagen über die Gestalt der Verteilungsfunktion vorliegen. Deshalb sind sie weniger wirksam als Parametertests bei bekannter Wahrscheinlichkeitsverteilung.

♦

Zusammenfassend kann gesagt werden, daß *statistische Tests*

* eine *Nullhypothese*

  H_0

  und eventuell eine *Alternativhypothese*

  H_1

  überprüfen, die sich gegenseitig ausschließen und Aussagen über gewisse *Parameter* oder die *Wahrscheinlichkeitsverteilung* einer Grundgesamtheit (*Zufallsgröße* X) enthalten.

* auf geeigneten *Testgrößen* (*Stichprobenfunktionen*) basieren und Entscheidungsregeln liefern, ob die *Nullhypothese* oder ihre *Alternativhypothese nicht abgelehnt* bzw. *abgelehnt* werden. Diesen Entscheidungen liegen *Stichproben* zugrunde, die der betrachteten Grundgesamtheit entnommen wurden.

♦

Im Ergebnis eines *statistischen Tests* wird eine Entscheidung getroffen, ob die aufgestellte *Nullhypothese* (*statistisch*) *nicht abgelehnt* oder *abgelehnt* wird:

* Wenn die *Nullhypothese abgelehnt* wird, so besteht zwischen der entnommenen *Stichprobe* und der *Hypothese* eine *signifikante* (d.h. statistisch gesicherte) *Abweichung*. Beide sind *unvereinbar*.

* Im entgegengesetztem Fall, wenn die *Nullhypothese nicht abgelehnt* wird, sind entnommene *Stichprobe* und *Hypothese vereinbar*, d.h., zwischen beiden besteht nur eine *zufällige Abweichung*.

♦

☞

Es ist zu beachten, daß die *statistische Testtheorie* keine Entscheidungen treffen kann, ob eine aufgestellte *Hypothese (Nullhypothese) wahr* oder *falsch* ist. Die Testtheorie kann nur Entscheidungen darüber treffen, ob eine aufgestellte Hypothese (*statistisch*) *nicht abgelehnt* oder *abgelehnt* wird. Eine *nicht abgelehnte Hypothese* ist also keineswegs bewiesen, auch nicht statistisch, wie man häufig liest. Es gibt lediglich keine Gründe, diese Hypothese abzulehnen. Der Unsicherheitsfaktor beim Testen von Hypothesen entsteht aus der Tatsache, daß aus den Werten einer entnommenen *Stichprobe* auf die gesamte *Grundgesamtheit* geschlossen wird.

Deshalb gibt es bei jeder Entscheidung für die aufgestellte *Nullhypothese* H_0 eine *Wahrscheinlichkeit (Irrtumswahrscheinlichkeit)* α, daß diese *Entscheidung falsch* ist. Hierbei können zwei Arten von *Fehlern* auftreten, die wir im Abschn.27.3 kennenlernen.

♦

Illustrieren wir die Aufstellung von Hypothesen im folgenden Beispiel 27.3.

Beispiel 27.3:

Verwenden wir die Problematik aus Beispiel 26.1:

Es soll eine *Maschine überprüft* werden, die *Bolzen* mit einer *Länge (Sollwert/Sollmaß/Nennmaß)* von 50 mm produziert. Die hier vorliegende *Grundgesamtheit* der Bolzen mit dem betrachteten *Merkmal* der *Länge (Zufallsgröße* X) kann als *normalverteilt* vorausgesetzt werden. Die *Normalverteilung* ist für die *Zufallsgröße* X näherungsweise aufgrund des *zentralen Grenzwertsatzes* anwendbar, da sich bei der Produktion der Bolzen viele unkontrollierbare Einflüsse unabhängig voneinander überlagern. Der geforderte *Sollwert* für die Länge der produzierten Bolzen kann als *Erwartungswert* E(X)=μ der betrachteten *Zufallsgröße* X angesehen werden.

Bei der Produktion der Bolzen wird eine Genauigkeit (*Standardabweichung* σ) der Maschine von 0.2 mm vorausgesetzt. Diese Voraussetzung ist nicht immer anwendbar. In der *statistischen Qualitätskontrolle* kann die Voraussetzung einer *bekannten Standardabweichung* σ jedoch näherungsweise angenommen werden, da die Herstellerfirma der Maschine diese als Genauigkeit für die Maschine vorgibt, während der Sollwert als Einstellwert verändert werden kann.

Damit besitzt die *Zufallsgröße* X eine *Normalverteilung*

N(μ,0.2)

in der μ=E(X) den *Erwartungswert* bezeichnet, d.h. die mittlere Länge der von der Maschine hergestellten Bolzen.

Nach einiger Zeit soll die Einstellung der Maschine anhand einer aus der laufenden Produktion entnommenen *Stichprobe* von *Bolzen* überprüft werden. Da sich der Sollwert als Erwartungswert E(X)=μ der Zufallsgröße X interpretieren läßt, wird eine passende *Testgröße* auf der *Punktschätzfunktion* für den *Erwartungswert*, d.h. dem *Stichprobenmittel*

$$\overline{X} = S(X_1, X_2, \ldots, X_n) = \frac{X_1 + X_2 + \ldots + X_n}{n}$$

basieren, wie wir im Abschn.28.2 und Beispiel 28.2 illustrieren. Damit ist die Frage zu beantworten, wie die *Abweichung* des *Stichprobenmittels* vom *Sollwert* 50 mm einzuschätzen ist. Hierfür können wir einen *zweiseitigen Parametertest* für den *Erwartungswert* E(X)=μ heranziehen, in dem die *Nullhypothese*

$$H_0 : \mu = 50 \text{ mm } (=\mu_0)$$

und gegebenenfalls die *Alternativhypothese*

$$H_1 : \mu \neq 50 \text{ mm}$$

zu überprüfen sind. Es ist folglich zu testen, ob die entnommene Stichprobe von Bolzen aus einer N(50,0.2)-normalverteilten Grundgesamtheit sein kann oder nicht. Dabei können *zwei Fälle auftreten:*

* Die *Nullhypothese* wird *nicht abgelehnt*, d.h., die *Abweichung* des *Stichprobenmittels* vom Sollmaß/Nennmaß wird als *gering* angesehen. Man bezeichnet hier die *Abweichung* als *zufällig*.

* Die *Nullhypothese* wird *abgelehnt*, d.h., die *Abweichung* des *Stichprobenmittels* vom Sollmaß/Nennmaß wird als *groß* angesehen. Man bezeichnet hier die *Abweichung* als *signifikant*. In diesem Fall muß die Einstellung der Maschine überprüft werden.

Im Abschn.28.2 betrachten wir den erforderlichen *Parametertest* für den *Erwartungswert* einer *normalverteilten Grundgesamtheit* mit unbekannter bzw. bekannter Standardabweichung σ näher und führen im Beispiel 28.2 die Überprüfung der in diesem Beispiel gegebenen *Nullhypothese* H_0 anhand einer aus der Grundgesamtheit entnommenen Stichprobe durch.
♦

27.3 Fehlerarten

Wir haben bereits erwähnt, daß *Fehler* bei Entscheidungen der *statistischen Testtheorie* auftreten können. Dies ist nicht anders zu erwarten, da die aus einer Grundgesamtheit entnommenen Stichproben nur einen (kleinen) Teil dieser Grundgesamtheit repräsentieren und somit keine absolut sicheren

Schlüsse zulassen. Deshalb können beim *Testen* von *Nullhypothesen* folgende Situationen auftreten:

* Die *Nullhypothese* H_0 ist *wahr* und wird vom *Test nicht abgelehnt*.

* Die *Nullhypothese* H_0 ist *wahr*, wird aber vom *Test abgelehnt*.

  Hier wird ein Fehler begangen, den man *Fehler vom Typ I* oder *Fehler 1. Art* nennt. Die *Wahrscheinlichkeit*, einen *Fehler 1. Art* zu begehen, nennt man *Irrtumswahrscheinlichkeit* und bezeichnet sie mit α. Dieses α wird uns im Abschn.28.1 bei der Definition des *Ablehnungsbereichs* erneut begegnen. Die *Irrtumswahrscheinlichkeit* α steht für die Wahrscheinlichkeit einer getroffenen *Fehlentscheidung*. Die *Irrtumswahrscheinlichkeit* haben wir bereits im Rahmen der Schätztheorie kennengelernt (siehe Abschn.26.4), wo sie ebenfalls für getroffene Fehlentscheidungen steht.

* Die *Nullhypothese* H_0 ist *falsch* und wird vom *Test abgelehnt*.

* Die *Nullhypothese* H_0 ist *falsch*, wird aber vom *Test nicht abgelehnt*.

  Hier wird ein Fehler begangen, den man *Fehler vom Typ II* oder *Fehler 2. Art* nennt. Die *Wahrscheinlichkeit*, einen *Fehler 2. Art* zu begehen (*Irrtumswahrscheinlichkeit für einen Fehler 2. Art*), wird mit β bezeichnet.

Fehler 1. und *2. Art* dienen als *Qualitätskriterium* bei der *Beurteilung statistischer Tests*. Die Tests werden deshalb so durchgeführt, daß für *Fehler 1. Art* die Wahrscheinlichkeit durch eine obere Schranke α ($0<\alpha<1$) begrenzt wird, die *Irrtumswahrscheinlichkeit* heißt.
Des weiteren bezeichnet man $1-\alpha$ als *Signifikanzniveau* (*Sicherheitswahrscheinlichkeit, statistische Sicherheit*). Bei der Bezeichnung *Signifikanzniveau* ist zu beachten, daß diese in der Literatur nicht einheitlich gehandhabt wird. In manchen Büchern bezeichnet man α als Signifikanzniveau.

◆

Tests, bei denen nur die *Nullhypothese* H_0 geprüft und die *Irrtumswahrscheinlichkeit* α vorgegeben werden, heißen *Signifikanztests*, die wir ausführlicher im Kap.28 kennenlernen. Die *Wahrscheinlichkeit* β für *Fehler 2. Art* wird bei Signifikanztests nicht überprüft und auch nicht vorgegeben. Die *Wahrscheinlichkeit* $1-\beta$ heißt *Güte* oder *Trennschärfe* des *Tests*.

◆

Betrachten wir die Problematik der *Fehler 1.* und *2. Art* im folgenden Beispiel 27.4.

Beispiel 27.4:

Der Produzent eines Zubehörteils (z.B. Bolzen – siehe auch Beispiel 27.1a) behauptet, daß mindestens 90% der Teile fehlerfrei (nicht defekt) sind, d.h., er stellt die *Nullhypothese*

$$H_0 : p \geq 0.9$$

auf, daß die *Wahrscheinlichkeit* p größer oder gleich 0.9 (90%) ist, daß ein hergestelltes Teil fehlerfrei ist.

Der Verarbeiter (Empfänger) des Zubehörteils möchte dies natürlich nach-prüfen und legt eine *Entscheidungsregel* für eine *entnommene Stichprobe* (mit Zurücklegen) von 50 Teilen (d.h. Umfang n=50) fest:

* Sind mindestens 43 Teile fehlerfrei, so wird die aufgestellte *Nullhypothese nicht abgelehnt.*

* Sind weniger als 43 Teile fehlerfrei, so wird die *Nullhypothese abgelehnt,* d.h., der *Ablehnungsbereich* (siehe Abschn.28.1) besteht aus dem Inter-vall [0,42].

Damit liegt ein *einseitiger Parametertest* vor, wobei der zu testende *Parame-ter* die unbekannte *Wahrscheinlichkeit* p ist (siehe Abschn.28.4).

Zum *Testen* dieser aufgestellten *Nullhypothese* über die unbekannte *Wahr-scheinlichkeit* p bietet sich die *Binomialverteilung* B(50,p) an, da in der be-trachteten Grundgesamtheit nur die beiden *Ereignisse* A (Teil ist fehlerfrei) und $\overline{A}$ (Teil ist defekt) mit den *Wahrscheinlichkeiten*

$$P(A) = p \quad und \quad P(\overline{A}) = 1 - p$$

eintreten können.

Berechnen wir die *Wahrscheinlichkeiten* für mögliche *Fehlentscheidungen* bei der aufgestellten Nullhypothese (*Fehler 1.* und *2. Art*):

* *Fehler 1. Art*

    Die aufgestellte *Nullhypothese* H_0 ist *wahr*, wird aber *abgelehnt.*

    Die Wahrscheinlichkeit P(x<43), daß sich weniger als 43 fehlerfreie Teile in der entnommenen Stichprobe befinden, erhält man aus der Formel der Binomialverteilung:

$$P(x{<}43) = F(42) = \sum_{i=0}^{42} \binom{50}{i} \cdot p^i \cdot (1-p)^{50-i}$$

Wegen $p \geq 0.9$ ist diese Wahrscheinlichkeit P(x<43) höchstens gleich

$$\sum_{i=0}^{42} \binom{50}{i} \cdot 0.9^i \cdot (1-0.9)^{50-i}$$

da sie als Funktion von p monoton fällt. Die Berechnung mit den in MATHCAD und MATLAB vordefinierten Funktionen zur *Binomialverteilung* ergibt:

$$\sum_{i=0}^{42} \mathbf{dbinom}\,(\,i\,,50\,,0.9\,) = 0.122\,1$$

o d e r

$\mathbf{pbinom}\,(\,42\,,\,50\,,\,0.9\,) = 0.1221$

`>> i = 0 : 42 ;`

`>> sum ( binopdf ( i , 50 , 0.9 ) )`

ans =

   0.1221

o d e r

`>> binocdf ( 42 , 50 , 0.9 )`

ans =

   0.1221

MATHCAD und MATLAB berechnen das Ergebnis von 0.122 für die *Irrtumswahrscheinlichkeit* α, d.h., die aufgestellte *Nullhypothese* H_0 wird mit einer Wahrscheinlichkeit von höchstens 0.1221 (12,21%) fälschlicherweise abgelehnt.

* *Fehler 2. Art*

Die aufgestellte *Nullhypothese* H_0 ist *falsch*, wird aber vom *Test nicht abgelehnt*.

Die Wahrscheinlichkeit $P(x \geq 43)$, daß sich mindestens 43 fehlerfreie Teile in der entnommenen Stichprobe befinden, erhält man aus der Formel der Binomialverteilung:

$$P(x \geq 43) = F(50) - F(42) = \sum_{i=43}^{50} \binom{50}{i} \cdot p^i \cdot (1-p)^{50-i}$$

Wegen p < 0.9 ist diese Wahrscheinlichkeit höchstens gleich

$$\sum_{i=43}^{50} \binom{50}{i} \cdot 0.9^i \cdot (1-0.9)^{50-i}$$

da sie als Funktion von p monoton wächst. Die Berechnung mit MATHCAD oder MATLAB ergibt folgendes:

$$\sum_{i=43}^{50} \mathbf{dbinom}\,(\,i\,,\,50\,,\,0.9\,) = 0.878$$

oder

$\mathbf{pbinom}\,(\,50\,,\,50\,,\,0.9\,) - \mathbf{pbinom}\,(\,42\,,\,50\,,\,0.9\,) = 0.878$

`>> i = 43 : 50 ;`

`>> sum ( binopdf ( i , 50 , 0.9 ) )`

ans =

    0.8779

oder

`>> binocdf ( 50 , 50 , 0.9 ) – binocdf ( 42 , 50 , 0.9 )`

ans =

    0.8779

MATHCAD und MATLAB berechnen das *Ergebnis* von 0.8779 für die *Wahrscheinlichkeit* β, d.h., die aufgestellte *Hypothese* wird mit einer Wahrscheinlichkeit von höchstens 0.8779 (87,79%) *fälschlicherweise nicht abgelehnt.*

Zusammenfassend zu diesem *Beispiel* möchten wir noch folgendes bemerken:

* Man erhält leicht durch Überlegung und Berechnung, daß eine Verklei-
  nerung des Ablehnungsbereichs die Irrtumswahrscheinlichkeit α und eine Vergrößerung des Ablehnungsbereichs die Irrtumswahrscheinlichkeit
  β verkleinert.

* Das gegebene Beispiel dient zur Illustration der Fehler 1. und 2. Art:
  Hier wird der *Ablehnungsbereich vorgegeben* und daraus die *Irrtumswahrscheinlichkeit* α berechnet. In der *Praxis* geht man i.a. umgekehrt
  vor, indem man die *Irrtumswahrscheinlichkeit vorgibt* und daraus den
  Ablehnungsbereich berechnet. Dies sehen wir im folgenden Kap.28.

  ♦

28 Parametertests

Ein *Test* zur *Überprüfung* von *Hypothesen* über unbekannte *Parameter* einer vorliegenden Grundgesamtheit (*Zufallsgröße* X) heißt *Parametertest* (*parametrischer Test*), wie wir bereits im Abschn. 27.1. kennenlernten. Bei *Parametertests* wird die *Verteilungsfunktion* (*Wahrscheinlichkeitsverteilung*) der *Zufallsgröße* X als bekannt vorausgesetzt.

Zu *Parametertests* zählen wir auch Tests über die unbekannte Wahrscheinlichkeit p einer Grundgesamtheit, bei der in Zufallsexperimenten nur die beiden *zufälligen Ereignisse*

A   oder $\overline{A}$ (zu A komplementäres Ereignis)

mit den *Wahrscheinlichkeiten*

$P(A) = p$ und $P(\overline{A}) = 1 - p$

auftreten können, wobei die *Wahrscheinlichkeit* (der Parameter) p unbekannt ist (siehe Abschn.28.4 und Beispiele 27.4 und 28.4). Als *Wahrscheinlichkeitsverteilung* bietet sich hier die *Binomialverteilung* an (siehe Abschn.18.1).

♦

Parametertests heißen *Signifikanztests*, wenn es darum geht, daß eine aufgestellte *Nullhypothese* H_0 abgelehnt wird oder nicht, ohne eine Entscheidung über die Alternativhypothese H_1 zu treffen. Des weiteren gibt es noch *Alternativtests*, die zwischen *zwei Hypothesen* H_0 (Nullhypothese) und H_1 (Alternativhypothese) *entscheiden*, d.h., wenn H_0 abgelehnt wird, wird H_1 nicht abgelehnt oder wenn H_0 nicht abgelehnt wird, wird H_1 abgelehnt.

♦

Bei *Parametertests* betrachten wir im folgenden nur *Signifikanztests*, die wir im Abschn.28.1 erläutern und in den Abschn.28.2 und 28.3 auf das Testen der Parameter *Erwartungswert* und *Varianz/Streuung* von Grundgesamheiten (Zufallsgrößen X) mit bekannter Wahrscheinlichkeitsverteilung anwenden. Des weiteren testen wir im Abschn.28.4 Hypothesen über unbekannte Wahrscheinlichkeiten.

28.1 Signifikanztests

Ein *Signifikanztest* ist ein spezieller *Parametertest*, bei dem die *Irrtums-wahrscheinlichkeit* α ($0 < \alpha < 1$) für einen *Fehler 1. Art* vorgegeben und auf Berücksichtigung von Alternativhypothese und Fehler 2. Art verzichtet wird. Bei dieser Betrachtungsweise muß man sich aber im klaren sein, daß bei Entscheidungen trotzdem Fehler 2. Art auftreten können.

Bei einem *Signifikanztest* ist die *Wahrscheinlichkeit* P für einen *Fehler 1. Art* kleiner oder gleich der *Irrtumswahrscheinlichkeit* α, d.h.

$$P(H_0 \text{ abgelehnt, aber } H_0 \text{ wahr }) = P(\text{ Fehler 1.Art }) = (\leq) \, \alpha$$

Die *Irrtumswahrscheinlichkeit* α ist damit die *maximale Wahrscheinlichkeit* für einen *Fehler 1.Art* (siehe auch Abschn. 27.3).

Bei einem *Signifikanztest* wird nur die *Nullhypothese* H_0 für eine *Irrtums-wahrscheinlichkeit* α überprüft. Diese Irrtumswahrscheinlichkeit muß vom Anwender vorgegeben und kann nicht berechnet werden. Die *Wahrschein-lichkeit* β für einen *Fehler 2. Art* kann in diesem Fall nicht angegeben werden, weil man hierzu zusätzlich die Alternativhypothese betrachten müßte.

♦

Die *Wahl* der *Irrtumswahrscheinlichkeit* α ist frei, hängt aber von der *prak-tischen Aufgabenstellung* ab. Da α die Wahrscheinlichkeit für die irrtümliche Ablehnung der Nullhypothese darstellt (*Fehler 1.Art*), muß es umso kleiner gewählt werden, je wichtiger die Entscheidung ist, die aufgrund der Hypo-these gefällt wird. In der Praxis wählt man für α einen der folgenden *Werte*

$$\alpha = 0.05 \, , \, 0.01 \, , \, 0.001, \text{ d.h. } 5\%, \, 1\% \text{ bzw. } 0.1 \,\%$$

♦

Bei *Signifikanztests* spielt der Begriff des *Ablehnungsbereichs* (*Verwerfungs-bereichs, kritischen Bereichs*) für eine Nullhypothese H_0 eine große Rolle, der folgendermaßen festgelegt wird:

Eine Teilmenge K des Wertebereichs der für den Test bzgl. des Parameters γ ausgewählten *Testgröße* (*Stichprobenfunktion*) S heißt *Ablehnungsbereich* (*Verwerfungsbereich, kritischer Bereich*) K für H_0, wenn die *Nullhypothese* H_0 *abgehnt* wird, falls S Werte aus K annimmt. Dabei kann H_0 fälschli-cherweise abgelehnt werden, so daß ein *Fehler 1.Art* begangen wird. Des-halb wird eine kleine Zahl α (*Irrtumswahrscheinlichkeit*) vorgegeben und der *Ablehnungsbereich* K so konstruiert, daß die *Wahrscheinlichkeit* $P(S \in K)$ für eine Ablehnung von H_0 kleiner oder gleich α ist, d.h.

$$P(S \in K) = (\leq) \, \alpha$$

Die *Wahrscheinlichkeit* wird auch mit $P(S \in K | \gamma)$ bezeichnet, um darauf hinzuweisen, daß bzgl. des Parameters γ getestet wird, d.h., man schreibt

$$P(S \in K | \gamma) = (\leq) \, \alpha$$

◆

Ein *Ablehnungsbereich* K enthält alle Werte der *Testgröße* S, für die die *Nullhypothese* H_0 mit einer Wahrscheinlichkeit kleiner oder gleich als die vorgegebene (kleine) *Irrtumswahrscheinlichkeit* α *abgelehnt* wird, d.h., ein *Fehler 1.Art* wird höchstens mit der Wahrscheinlichkeit α begangen. Dies erklärt den *Zusammenhang* zwischen *Ablehnungsbereich* und *Fehler 1.Art*.

Den zum *Ablehnungsbereich* K *komplementären Bereich* $\overline{K}$ bezeichnet man als *Annahmebereich* für die Nullhypothese H_0. Fallen die Werte der gewählten Testgröße S in diesen Bereich, so wird die Nullhypothese nicht abgelehnt, d.h. statistisch angenommen.

◆

Der *Ablehnungsbereich* K wird von der *Irrtumswahrscheinlichkeit* α bestimmt. Wählt man α kleiner, so folgt, daß die Wahrscheinlichkeit die Nullhypothese H_0 abzulehnen, obwohl sie richtig ist, kleiner ist. Der Ablehnungsbereich wird aber ebenfalls kleiner. Dadurch kann die Wahrscheinlichkeit β für einen Fehler 2.Art groß werden.

Weiterhin ist zu beachten, daß man bei *diskreten Zufallsgrößen* i.a. den *Ablehnungsbereich* nicht so wählen kann, daß die vorgegebenen α-*Werte* erreicht werden. Deshalb hat man in der Definition die Relation $\leq \alpha$ gewählt, so daß der Ablehnungsbereich so groß gewählt werden kann, daß die zugehörige *Irrtumswahrscheinlichkeit* noch kleiner als das gegebene α ist (siehe Beispiel 28.1a).

◆

Der *Ablehnungsbereich* K zu einer vorgegebenen Irrtumswahrscheinlichkeit α wird i.a. in Form von *Ablehnungsintervallen* konstruiert. Bei verwendeter *Testgröße* S gibt es dafür zwei Formen:

- *zweiseitiger Ablehnungsbereich* K (bei einem *zweiseitigen Test*)

    $$|S| \geq z \qquad (\text{d.h. } P(|S| \geq z) = \alpha)$$

    Hier besteht der *Ablehnungsbereich* K aus den beiden *Ablehnungsintervallen* $(-\infty, -z)$ und (z, ∞), d.h., es gilt

    $$K = (-\infty, -z) \cup (z, \infty)$$

- *einseitiger Ablehnungsbereich* K (bei einem *einseitigen Test*)

    Hier gibt es zwei Möglichkeiten

    * *rechtsseitiger Ablehnungsbereich*

$S \geq z$ (d.h. $P(S \geq z) = \alpha$)

Dieser *Ablehnungsbereich* K besteht aus dem *Ablehnungsintervall* (z , ∞), d.h., es gilt

$K = (z , \infty)$

* *linksseitiger Ablehnungsbereich*

$S \leq z$ (d.h. $P(S \leq z) = \alpha$)

Dieser *Ablehnungsbereich* K besteht aus dem *Ablehnungsintervall* ($-\infty$, z), d.h., es gilt

$K = (-\infty , z)$

Der *Zahlenwert* z in den *Ablehnungsintervallen* wird als *kritischer Wert* oder *kritische Schranke* bezeichnet.

♦

☞

Der *Ablehnungsbereich* K für die *Nullhypothese* H_0 wird aufgrund der Definition durch die *Irrtumswahrscheinlichkeit* α festgelegt, wobei die Wahl von α (α = 0.05, 0.01, 0.001, d.h. 5%, 1% bzw. 0.1 %) i.a. vom praktischen Problem abhängt. Des weiteren muß noch die Form des Ablehnungsbereichs vom Anwender vorgegeben werden, der meistens ebenfalls vom praktischen Problem abhängt. Man wählt einen

* *zweiseitigen Ablehnungsbereich* K (d.h. einen *zweiseitigen Test*)

wenn die Abweichungen der gewählten *Testgröße* S in beide Richtungen interessieren.

* *einseitigen Ablehnungsbereich* K (d.h. einen *einseitigen Test*)

wenn die Abweichungen der gewählten *Testgröße* S nur in eine Richtung interessieren.

♦

☞

Bei einem *Signifikanztests* ist folgende Vorgehensweise erforderlich, wie wir in den Abschn.28.2 und 28. 3 an konkreten Beispielen illustrieren:

* *Aufstellung* einer *Nullhypothese*

H_0

* *Vorgabe* der *Irrtumswahrscheinlichkeit*

α (α = 0.05 , 0.01 , 0.001, d.h. 5%, 1% bzw. 0.1 %)

* Für die *mathematische Stichprobe*

$X_1 , X_2 , \dots , X_n$

vom *Umfang n* wird eine *Testgröße* (*Stichprobenfunktion*)

$$S = S(X_1, X_2, \ldots, X_n)$$

ausgewählt, deren *Wahrscheinlichkeitsverteilung* bei wahrer Nullhypothese H_0 *bekannt* ist und die der Aufgabenstellung angepaßt ist. Als *Testgröße* verwendet man deshalb in der Praxis eine Funktion, die sich aus der *Punktschätzfunktion* (siehe Abschn.26.2) für den zu testenden Parameter ableitet.

• *Bestimmung* des *Ablehnungsbereichs* K für die vorgegebene *Irrtumswahrscheinlichkeit* α, für den für die Wahrscheinlichkeit $P(S \in K)$ einer Ablehnung der *Nullhypothese* H_0

$$P(S \in K) = (\leq)\ \alpha$$

gilt.

Die *Berechnung* des *Ablehnungsbereichs* K geschieht unter Verwendung von *Quantilen* der Wahrscheinlichkeitsverteilung der gewählten Testgröße. Die Berechnung der benötigten Quantile kann mittels MATHCAD oder MATLAB durchgeführt werden (siehe Beispiele 28.2 und 28.3).

• *Berechnung* einer *Realisierung*

$$s = S(x_1, x_2, \ldots, x_n)$$

der verwendeten *Testgröße*

$$S(X_1, X_2, \ldots, X_n)$$

durch Einsetzen einer aus der vorliegenden Grundgesamtheit entnommenen *eindimensionalen Stichprobe*

$$x_1, x_2, \ldots, x_n$$

vom *Umfang n*. Die *Nullhypothese* H_0 wird *abgelehnt*, wenn s zum Ablehnungsbereich K gehört, d.h.

$$s \in K$$

gilt, ansonsten wird sie *nicht abgelehnt*. (siehe Beispiele 28.2 und 28.3).

Beispiel 28.1:

Betrachten wir zwei Beispiele, in denen wir die *Ablehnungsbereiche vorgeben* und anschließend nachprüfen, welche *Irrtumswahrscheinlichkeit* α hierfür zutrifft. Dies wird nur zur Übung durchgeführt, da die *statistische Testtheorie* umgekehrt vorgeht, indem sie die *Irrtumswahrscheinlichkeit* α vorgibt und daraus den zugehörigen *Ablehnungsbereich* berechnet.

a) Betrachten wir die *Problematik* des *Ablehnungsbereichs* am einfachen Beispiel des *Münzwurfs*, d.h. für eine *diskrete Zufallsgröße* X:
Wenn eine Münze Idealform hat, so ist das Auftreten von Wappen oder Zahl beim Werfen gleichwahrscheinlich, d.h., die *Wahrscheinlichkeit* p

beträgt 1/2. Wir stellen nun für eine vorliegende Münze die folgende *Nullhypothese* H_0 auf:

H_0 : Münze hat Idealform, d.h., es gilt für die Wahrscheinlichkeit p=1/2,
daß beim Werfen Wappen oder Zahl auftritt.

Eine zum *Überprüfen* dieser *Nullhypothese* benötigte *Stichprobe* gewinnen wir durch das Experiment einer Anzahl von Würfen (z.B.10) mit der vorliegenden Münze. Man wird bei diesem Experiment i.a. bei einer idealen Münze nicht das Ergebnis von 5 mal Wappen und 5 mal Zahl erhalten:

* Deshalb muß man sich einen *Ablehnungsbereich* überlegen, bei dem man die aufgestellte *Nullhypothese* H_0 *ablehnt*.

* Man könnte z.B. die *Nullhypothese* H_0 *ablehnen*, wenn für das durchgeführte Experiment die Anzahl von Wappen ≤ 1 oder ≥ 9 gilt.

* Diese *Festlegung* des *Ablehnungsbereichs* ist *willkürlich*, da auch andere Werte möglich sind, wie z.B. ≤ 3 und ≥ 7.

* Deshalb geht man in der *statistischen Testtheorie* den umgekehrten Weg, indem man eine *Irrtumswahrscheinlichkeit* α für die Ablehnung der Nullhypothese vorgibt und hieraus den Ablehnungsbereich berechnet.

Die bei dem durchgeführten Experiment des Münzwurfs aufgetretene Anzahl von Wappen (bzw. Zahl) läßt sich durch eine *Zufallsgröße* X beschreiben, die bei richtiger Nullhypothese einer *Binomialverteilung*

B(10,1/2)

genügt, da die einzelnen Würfe unabhängig voneinander erfolgen. Die *Zufallsgröße* X kann folglich die *Werte* (Anzahl der Wappen)

i = 0, 1, 2 , ... , 10

mit den *Wahrscheinlichkeiten*

$$P(X=i) = \binom{10}{i} \cdot \left(\frac{1}{2}\right)^i \cdot \left(\frac{1}{2}\right)^{10-i} = \binom{10}{i} \cdot \left(\frac{1}{2}\right)^{10} \qquad i = 0, 1, ..., 10$$

annehmen, die sich aus der Binomialverteilung ergeben. Die Berechnung der einzelnen Wahrscheinlichkeiten kann problemlos mittels MATHCAD und MATLAB unter Verwendung der *vordefinierten Funktionen* zur *Binomialverteilung* geschehen:

$i := 0 .. 10$

$$
i = \begin{pmatrix} 0 \\ 1 \\ 2 \\ 3 \\ 4 \\ 5 \\ 6 \\ 7 \\ 8 \\ 9 \\ 10 \end{pmatrix} \quad \mathbf{dbinom}\left(i, 10, \frac{1}{2}\right) = \begin{pmatrix} 9.766 \times 10^{-4} \\ 9.766 \times 10^{-3} \\ 0.044 \\ 0.117 \\ 0.205 \\ 0.246 \\ 0.205 \\ 0.117 \\ 0.044 \\ 9.766 \times 10^{-3} \\ 9.766 \times 10^{-4} \end{pmatrix}
$$

```
>> i = 0 : 10 ;
>> binopdf ( i , 10 , 1/2 )
ans =
   Columns 1 through 7
      0.0010   0.0098   0.0439   0.1172   0.2051   0.2461   0.2051
   Columns 8 through 11
      0.1172   0.0439   0.0098   0.0010
```

Damit kann man mit MATHCAD und MATLAB die Wahrscheinlichkeit (*Irrtumswahrscheinlichkeit*) α dafür berechnen, daß X Werte aus dem angenommenen *zweiseitigen Ablehnungsbereich*

$$K = \{ 0, 1, 9, 10 \}$$

annimmt:

$$i := 0 .. 1 \quad k := 9 .. 10$$

$$\sum_i \mathbf{dbinom}\left(i,10,\frac{1}{2}\right) + \sum_k \mathbf{dbinom}\left(i,10,\frac{1}{2}\right) = 0.021484$$

>> i = 0 : 1 ; k = 9 : 10 ;

>> **sum** (**binopdf** (i , 10 , 1/2)) + **sum** (**binopdf** (k , 10 , 1/2))

ans =

   0.0215

Die *berechnete Irrtumswahrscheinlichkeit*

$\alpha = 0.0215$

hängt von dem gewählten *Ablehnungsbereich*

(1) K = { 0 , 1 , 9 , 10 }

ab. Um dies zu illustrieren, berechnen wir mit MATHCAD bzw. MATLAB auf die gleiche Art die *Irrtumswahrscheinlichkeit* α für zwei weitere *Ablehnungsbereiche:*

(2) K = { 0 , 1 , 2 , 8 , 9 , 10 }

   Hier beträgt die *Irrtumswahrscheinlichkeit* $\alpha = 0.1094$

(3) K = { 0 , 10 }

   Hier beträgt die *Irrtumswahrscheinlichkeit* $\alpha = 0.0020$

Für die *Ablehnungsbereiche* (1), (2) und (3) beträgt die *Irrtumswahrscheinlichkeit* 2.2%, 11% bzw. 0.2%, d.h., für eine vorgegebene *Irrtumswahrscheinlichkeit* von 5% sind die beiden Ablehnungsbereiche (1) und (3) möglich.

b) *Geben* wir einen *Ablehnungsbereich* für den *Parametertest* bzgl. des *Erwartungswertes* E(X)=μ aus Beispiel 27.3 vor und bestimmen dafür anschließend die *Irrtumswahrscheinlichkeit* α. Dies wird nur zur Übung durchgeführt, da die *statistische Testtheorie* umgekehrt vorgeht und zuerst die *Irrtumswahrscheinlichkeit* α vorgibt und danach den zugehörigen Ablehnungsbereich berechnet, wie wir in den Beispielen 28.2–28.4 illustrieren.

Im folgenden nehmen wir an, daß für Beispiel 27.3 eine *konkrete Stichprobe* Bolzen vom Umfang n=100 aus der Produktion eines bestimmten Zeitraums entnommen wurde, für die der *empirischer Mittelwert*

$$\bar{x} = 50.035 \text{ mm}$$

als Realisierung des *Stichprobenmittels* $\bar{X}$ (siehe Abschn.23.5 und 24.5.1) berechnet wird. Für die Produktion der Bolzen wird die *Nullhypothese*

$$H_0 : \mu = 50$$

aufgestellt, die bei *gegebener Standardabweichung* $\sigma = 0.2$ aufgrund der entnommenen Stichprobe zu überprüfen ist, wobei man näherungsweise eine *Normalverteilung* voraussetzen kann, wie im Beispiel 27.3 begründet wird.

Als *Ablehnungsbereich* geben wir

$$|\bar{X} - 50| \geq 0.035$$

vor. Um die zugehörige *Irrtumswahrscheinlichkeit* α zu erhalten, muß man

$$P(|\bar{X} - 50| \geq 0.035)$$

berechnen, wobei die im Abschn.18.3.2 für die *Normalverteilung* gegebenen Eigenschaften verwandt werden können:

$$P(|\bar{X} - 50| \geq 0.035) = P\left(\left|\frac{\bar{X}-50}{\sigma} \cdot \sqrt{n}\right| \geq \frac{0.035}{\sigma} \cdot \sqrt{n}\right)$$

$$= 1 - P\left(\left|\frac{\bar{X}-50}{\sigma} \cdot \sqrt{n}\right| < \frac{0.035}{\sigma} \cdot \sqrt{n}\right)$$

$$= 2 - 2 \cdot \Phi\left(\frac{0.035}{\sigma} \cdot \sqrt{n}\right)$$

Damit kann die gesuchte Irrtumswahrscheinlichkeit unter Verwendung der Verteilungsfunktion Φ der *standardisierten Normalverteilung* (siehe Abschn.18.2) mittels MATHCAD und MATLAB berechnet werden:

$$2 - 2 \cdot \mathbf{cnorm}\left(\frac{0.035 \cdot \sqrt{100}}{0.2}\right) = 0.0801$$

>> 2 − 2 * **normcdf** (0.035 * **sqrt** (100)/0.2 , 0 , 1)
ans =

  0.0801

Wenn wir eine *Irrtumswahrscheinlichkeit* α=0.05 vorgeben, ist die berechnete Wahrscheinlichkeit von 0.0801 größer, so daß die Abweichung
des *empirischen Mittelwerts* x̄ = 50.035 mm als zufällig angesehen werden kann und die *Nullhypothese*

$H_0 : \mu = 50$

wird *nicht abgelehnt.*

Falls für eine entnommene *Stichprobe* vom Umfang n=100 der *empirische
Mittelwert*

x̄ = 50.05 mm

berechnet wird, so ergibt sich für die berechnete Wahrscheinlichkeit
P(|X̄ − 50 | ≥ 0.05) der Wert 0.0124, der kleiner als die vorgegebene
Irrtumswahrscheinlichkeit α=0.05 ist. Damit ist hier die *Abweichung signifikant* und die *Nullhypothese* ist *abzulehnen.*

◆

Nachdem wir die allgemeine Vorgehensweise für Parametertests (Signifikanztests) kennengelernt haben, werden wir in den folgenden Ab-
schn.28.2–28.4 konkrete Tests bzgl. *Erwartungswert, Varianz/Streuung* und
Wahrscheinlichkeit durchführen. Derartige Tests treten häufig bei praktischen statistischen Untersuchungen auf. Deshalb zeigen wir, wie man die
Systeme MATHCAD und MATLAB zu diesen Tests heranziehen kann.
◆

28.2 Tests für Erwartungswerte

Signifikanztests bzgl. des *Erwartungswertes* benötigt man bei einer Reihe
praktischer Probleme, so z.B. bei der *Qualitätskontrolle*. Hier ist der zu testende Wert μ_0 für den Erwartungswert E(X)=μ meistens der Sollwert eines
in der vorliegenden Grundgesamtheit betrachteten Merkmals (*Zufallsgröße*)
X (siehe Beispiel 28.2).

Um *Signifikanztests* bzgl. des *Erwartungswertes* durchzuführen, betrachten wir eine *Grundgesamtheit*, in der das zu untersuchende *Merkmal* durch eine *normalverteilte Zufallsgröße* X beschrieben wird, deren *Erwartungswert* E(X)=µ unbekannt ist.

Im folgenden diskutieren wir die Durchführung eines *zweiseitigen Signifikanztests* bzgl. des unbekannten Parameters µ bei bekannter bzw. unbekannter *Standardabweichung* σ. Dazu liefert die im Abschn.28.1 gegebene allgemeine *Vorgehensweise* folgende durchzuführende Schritte:

- Zuerst wird die *Nullhypothese*

$$H_0 : \mu = \mu_0$$

bzgl. des unbekannten *Erwartungswerts* E(X)=µ aufgestellt, die anhand einer aus der Grundgesamtheit entnommenen eindimensionalen *Stichprobe*

$$x_1 , x_2 , \dots , x_n$$

vom *Umfang n* zu prüfen ist, wobei die *Irrtumswahrscheinlichkeit* α und der zu überprüfende *Zahlenwert* μ_0 für den *Erwartungswert* vorzugeben sind. Neben diesem *zweiseitigen Signifikanztest* sind auch *einseitige Signifikanztests* mit der *Nullhypothese*

$$H_0 : \mu \le \mu_0 \qquad \text{bzw.} \qquad H_0 : \mu \ge \mu_0$$

möglich, deren Durchführung wir dem Leser überlassen, da die Vorgehensweise analog geschieht. Es ist nur der zweiseitige Ablehnungsbereich durch den entsprechenden einseitigen zu ersetzen.

- Für die *mathematische Stichprobe*

$$X_1 , X_2 , \dots , X_n$$

vom *Umfang n* wählt man die *Testgröße*

$$S = S(X_1 , X_2 , \dots , X_n) = \frac{\overline{X} - \mu_0}{\sigma} \cdot \sqrt{n}$$

in der das *Stichprobenmittel*

$$\overline{X} = \frac{X_1 + X_2 + \dots + X_n}{n} = \frac{1}{n} \cdot \sum_{i=1}^{n} X_i$$

als geeignete *Punktschätzfunktionen* verwendet wird. Wenn die *Standardabweichung* σ *unbekannt* ist, wird σ durch die *Stichprobenstandardabweichung*

$$S_X = \sqrt{\frac{1}{n-1} \cdot \sum_{i=1}^{n} (X_i - \overline{X})^2}$$

ersetzt. Die gewählte *Testgröße* S besitzt bei

*   *bekannter Standardabweichung* σ

    eine *standardisierte Normalverteilung* N(0,1). Man spricht hier von einem *Gauß-Test*.

*   *unbekannter Standardabweichung* σ

    eine *t-Verteilung* (*Student-Verteilung*) mit *n–1 Freiheitsgraden*.

• *Bestimmung* des *Ablehnungsbereichs* K für die vorgegebene *Irrtumswahrscheinlichkeit* α, für den bei wahrer Nullhypothese

$$P(S \in K) = (\leq)\ \alpha$$

gilt. Da wir einen *zweiseitigen Test* durchführen, definiert sich der *zweiseitige Ablehnungsbereich* K durch

$$|\,S\,| \geq z$$

d.h., er ist symmetrisch bzgl. μ_0 und ergibt sich zu

$$\overline{X} < \mu_0 - z \cdot \sigma / \sqrt{n} \quad \text{und} \quad \mu_0 + z \cdot \sigma / \sqrt{n} < \overline{X}$$

wobei sich z aus

$$P\left(\left| \frac{\overline{X} - \mu_0}{\sigma} \cdot \sqrt{n} \right| \geq z \right) = \alpha$$

berechnet. Das noch unbekannte z erhält man über die Berechnung von Quantilen der zur Testgröße gehörigen Wahrscheinlichkeitsverteilung. Damit berechnet sich der *Ablehnungsbereich* K für unsere Aufgabe folgendermaßen:

*   bei *bekannter Standardabweichung* σ

    Hier genügt die gewählte Testgröße S der *standardisierten Normalverteilung* N(0,1) mit der Verteilungsfunktion Φ. Damit folgt unter Verwendung der Eigenschaften von Φ (siehe Abschn.18.2 und 26.4.2) für den *Ablehnungsbereich* K:

    $$\left| \frac{\overline{X} - \mu_0}{\sigma} \cdot \sqrt{n} \right| \geq z_{1-\alpha/2}$$

    so daß sich

    $$z_{1-\alpha/2}$$

    wegen

$$P\left(\left| \frac{\overline{X} - \mu_0}{\sigma} \cdot \sqrt{n} \right| \geq z_{1-\alpha/2} \right) = 2 - 2 \cdot \Phi\left(z_{1-\alpha/2} \right) = \alpha$$

als *Quantil* der Ordnung $1-\alpha/2$ der *standardisierten Normalverteilung* ergibt, d.h.

$$\Phi\left(z_{1-\alpha/2} \right) = 1 - \alpha / 2$$

* bei *unbekannter Standardabweichung* σ

Hier ist in der gewählten Testgröße das unbekannte σ durch die empirische *Standardabweichung* (*Stichprobenstandardabweichung*) S_X zu ersetzen, wobei diese dann einer *t-Verteilung* mit *n−1 Freiheitsgraden* genügt. Damit folgt unter Verwendung der Eigenschaften der t-Verteilung (siehe Abschn.18.2) für den *Ablehnungsbereich* K:

$$\left| \frac{\overline{X} - \mu_0}{S_X} \cdot \sqrt{n} \right| \geq t_{n-1, 1-\alpha/2}$$

wobei

$$t_{n-1, 1-\alpha/2}$$

wegen

$$P\left(\left| \frac{\overline{X} - \mu_0}{S_X} \cdot \sqrt{n} \right| \geq t_{n-1, 1-\alpha/2} \right) = \alpha$$

das *Quantil* der Ordnung $1-\alpha/2$ der *t-Verteilung* mit *n−1 Freiheitsgraden* bezeichnet.

Die zur *Berechnung* des *Ablehnungsbereichs* K notwendigen *Quantile* der Normalverteilung bzw. t-Verteilung können mittels MATHCAD oder MATLAB ermittelt werden. Wir illustrieren dies im Beispiel 28.2.

• *Berechnung* einer *Realisierung* s

$$s = S\left(x_1, x_2, \dots, x_n \right) = \frac{\overline{x} - \mu_0}{\sigma} \cdot \sqrt{n}$$

der verwendeten *Testgröße* S

$$S\left(X_1, X_2, \dots, X_n \right) = \frac{\overline{X} - \mu_0}{\sigma} \cdot \sqrt{n}$$

wobei

$$\overline{x} = \frac{1}{n} \cdot \sum_{i=1}^{n} x_i$$

den *empirischen Mittelwert* bezeichnet und σ bei unbekannter *Standardabweichung* durch die *empirische Standardabweichung*

$$s_X = \sqrt{\frac{1}{n-1} \cdot \sum_{i=1}^{n} (x_i - \overline{x})^2}$$

der aus der vorliegenden Grundgesamtheit entnommenen eindimensionalen *Stichprobe*

$$x_1, x_2, \ldots, x_n$$

vom Umfang n zu ersetzen ist. Die *Nullhypothese* wird *abgelehnt*, wenn s zum berechneten *Ablehnungsbereich* K gehört, d.h. s ∈ K. Ansonsten wird die *Nullhypothese nicht abgelehnt.*

Da die Systeme MATHCAD und MATLAB die benötigten *Quantile* berechnen und Ungleichungen auf ihre Gültigkeit überprüfen können, lassen sie sich zur Durchführung von Signifikanztests effektiv einsetzen. Dies illustrieren wir in den Beispielen 28.2a und b.

◆
Die Systeme MATHCAD und MATLAB bieten noch folgende zusätzliche Möglichkeiten, um erforderliche Tests effektiv durchführen zu können:

MATHCAD stellt im Kap.4 des *Elektronischen Buches* **Practical Statistics** Parametertests zur Verfügung, wobei sich Tests bzgl. des Erwartungswertes im Abschn.4.1 befinden. Damit bleibt dem Anwender das Eingeben der zu überprüfenden Ungleichungen erspart. Er kann das gegebene Beispiel verwenden, indem er die Daten seines Problems den entsprechenden Größen zuweist. Dies läßt sich am einfachsten durchführen, wenn man die betreffenden Teile des Elektronischen Buches in das Arbeitsfenster von MATHCAD kopiert. Es ist allerdings zu beachten, daß im Elektronischen Buch die Stichprobenfunktion in einer anderen Form verwendet wird, wie der folgende Ausschnitt zeigt. Man erkennt die entnommenen Ausschnitte an der Umrahmung. Da der Text wie in allen Elektronischen Büchern von MATHCAD in englischer Sprache vorliegt, geben wir zusätzlich einige Erläuterungen:
Der Aufbau Elektronischer Bücher ist der gleiche wie bei normalen Fachbüchern. Sie sind in Kapitel und Abschnitte eingeteilt, wie aus der folgenden Kapitelüberschrift zu ersehen ist:

* Kapitel 4 : Parametrische Hypothesentests

* Abschnitt 4.1 Test von Mittelwerten (Erwartungswerten)

CHAPTER 4: PARAMETRIC HYPOTHESIS TESTS

4.1 Tests of Mean

Zuerst folgt eine Einführung, wie sie in Fachbüchern üblich ist:

Introduction

One of the simplest and most common hypothesis tests is a test of a population mean value. Based on the arithmetic average of a sample from a single population, you want to make a decision about the mean of your entire population, a value that we will denote by μ, according to the "universal" convention. Thus the null hypothesis has one of three forms:

Im folgenden werden die drei Möglichen Formen für die *Nullhypothese* gegeben:

$\mathbf{H_0}$: $\mu \geq \mu_h$

$\mathbf{H_0}$: $\mu \leq \mu_h$

$\mathbf{H_0}$: $\mu = \mu_h$

for some constant μ_h that you specify.

The test of mean is divided into two cases.

Im folgenden wird der Test beschrieben, wenn die Standardabweichung bekannt ist und näherungsweise eine Normalverteilung vorliegt:

Population Standard Deviation Known

The test described below can be employed to test a hypothesized value of a population mean *if* :

Conditions

1. The population standard deviation σ is a known quantity.
2. The population being sampled follows (approximately) a nor distribution.

> **The Test**
>
> If these conditions are satisfied, then under the null hypothesis,
> the sample mean for samples of size N will follow a normal
> distribution with mean μ_h and standard deviation $\dfrac{\sigma}{\sqrt{N}}$. Thus
> the test involves the **pnorm** function with these parameters.

Im folgenden werden in Abhängigkeit von der Irrtumswahrscheinlichkeit α
für die einzelnen *Nullhypothesen* die *Annahmebedingungen* gegeben. Dabei
wird die Testgröße in einer anderen Form verwandt und statt des Ablehnungsbereichs der *Annahmebereich* berechnet:

> Given the desired level of significance α, the test criterion for ac-
> cepting the null hypothesis in the test of mean is given below for
> each of the possible forms of the null hypothesis:

Null Hypothesis	**Acceptance Criterion**
H_0: $\mu \geq \mu_h$	$\mathrm{pnorm}\left(X_{bar}, \mu_h, \dfrac{\sigma}{\sqrt{N}}\right) > \alpha$
H_0: $\mu \leq \mu_h$	$\mathrm{pnorm}\left(X_{bar}, \mu_h, \dfrac{\sigma}{\sqrt{N}}\right) < 1 - \alpha$
H_0: $\mu \blacksquare \mu_h$	$\left\lvert \mathrm{pnorm}\left(X_{bar}, \mu_h, \dfrac{\sigma}{\sqrt{N}}\right) - 0.5 \right\rvert < \dfrac{1 - \alpha}{2}$

Im folgenden werden die verwendeten Größen erklärt:

> where
>
> X_{bar} is the sample mean,
>
> μ_h is the hypothesized population mean value,
>
> σ is the known population standard deviation,
>
> N is the number of data points in the sample.

Wie man das im Elektronischen Buch anschließend gegebene Beispiel zur Lösung eigener Aufgaben heranziehen kann, illustrieren wir im Beispiel 28.2d.

MATLAB stellt die *vordefinierten Funktionen*

ztest (x , m , σ , α)   (bei bekannter Standardabweichung σ)

ttest (x , m , α)   (bei unbekannter Standardabweichung)

zur Verfügung, die *Tests* bzgl. des *Erwartungswertes* m *durchführen*.
Die Argumente dieser Funktionen haben folgende Bedeutung:

* x

    Vektor der *Stichprobenwerte*

* m

    zu *testender Erwartungswert*

* α

    vorgegebene *Irrtumswahrscheinlichkeit.* Fehlt α, so wird von MATLAB der Wert 0.05 verwendet.

Die Anwendung der beiden Funktionen **ztest** und **ttest** illustrieren wir im Beispiel 28.2c.

Beispiel 28.2:

Betrachten wir die Problematik aus Beispiel 27.3 und führen einen zweiseitigen *Signifikanztest* bzgl. des *Erwartungswertes* E(X)=μ mit der *Nullhypothese*

$$H_0: \mu = \mu_0 (=50)$$

durch. Damit möchte man eine *Maschine überprüfen*, die *Bolzen* mit einer *Länge* (*Sollwert/Sollmaß/Nennmaß*) von 50 mm produzieren soll. Die hier betrachtete *Grundgesamtheit* der Bolzen mit dem betrachteten *Merkmal* der *Länge* (*Zufallsgröße* X) kann aufgrund des zentralen Grenzwertsatzes näherungsweise als N(μ,σ)-*normalverteilt* angenommen werden, da sich bei der Produktion der Bolzen viele unkontrollierbare Einflüsse unabhängig voneinander überlagern.

Für den durchzuführenden *Signifikanztest* existieren zwei *Möglichkeiten:*

* Die *Standardabweichung* σ ist *bekannt* (siehe Beispiele a und c)

  Diese Voraussetzung ist nicht immer anwendbar. In der *statistischen Qualitätskontrolle* kann die Voraussetzung einer bekannten Standardabweichung jedoch näherungsweise angenommen werden, da die Herstellerfirma der Maschine die Standardabweichung in Form einer Genauigkeitsschranke vorgibt.

* Die *Standardabweichung* σ ist *unbekannt* (siehe Beispiele b und c)

a) Im folgenden gehen wir von der *bekannten Standardabweichung* σ=0.2 aus und verwenden eine konkrete eindimensionale *Stichprobe* vom Umfang n=100. Der *empirische Mittelwert* $\bar{x}$ betrage für diese Stichprobe 50.05 mm. Bei vorgegebener *Irrtumswahrscheinlichkeit* α berechnet sich für die *Nullhypothese*

$$H_0: \mu = \mu_0 (=50)$$

der *Ablehnungsbereich* K aus:

$$\left| \frac{\bar{x}-50}{\sigma} \cdot \sqrt{n} \right| \geq z_{1-\alpha/2} \quad \text{d.h.} \quad \left| \frac{50.05-50}{0.2} \cdot \sqrt{100} \right| \geq z_{1-\alpha/2}$$

wobei

$$z_{1-\alpha/2}$$

das zu bestimmende *Quantil* der *Ordnung* 1−α/2 der *standardisierten Normalverteilung* Φ darstellt, d.h., es bestimmt sich aus

$$\Phi\left(z_{1-\alpha/2}\right) = 1 - \alpha / 2$$

Die *Berechnung* der benötigten *Quantile*

$$z_{1-\alpha/2}$$

läßt sich für die *standardisierte Normalverteilung* mit den im Abschn.18.2 gegebenen vordefinierten Funktionen **qnorm** und **norminv** von MATH-CAD bzw. MATLAB durchführen, wobei wir für α (*Irrtumswahrscheinlichkeit*) die Standardwerte 0.05, 0.01 und 0.001 verwenden. Damit können MATHCAD und MATLAB die für den zweiseitigen Ablehnungsbereich erforderliche Ungleichung

$$\left| \frac{\bar{x} - 50}{\sigma} \cdot \sqrt{n} \right| \geq z_{1-\alpha/2}$$

direkt überprüfen und folglich auch die aufgestellte *Nullhypothese*

$$H_0 : \quad \mu = \mu_0 \ (=50)$$

In MATHCAD wird die Überprüfung der eingegeben Ungleichungen ausgelöst, indem man das numerische Gleichheitszeichen = eintippt:

* α = 0.05

α := 0.05

$$\left| \frac{50.05 - 50}{0.2} \cdot \sqrt{100} \right| \geq \mathbf{qnorm}\left(1 - \frac{\alpha}{2}, 0, 1\right) = 1$$

Hier ist die Ungleichung erfüllt, so daß die aufgestellte *Nullhypothese abgelehnt* wird.

* α = 0.01

α := 0.01

$$\left| \frac{50.05 - 50}{0.2} \cdot \sqrt{100} \right| \geq \mathbf{qnorm}\left(1 - \frac{\alpha}{2}, 0, 1\right) = 0$$

Hier ist die Ungleichung nicht erfüllt, so daß die aufgestellte *Nullhypothese nicht abgelehnt* wird.

* α = 0.001

α := 0.001

$$\left| \frac{50.05 - 50}{0.2} \cdot \sqrt{100} \right| \geq \mathbf{qnorm}\left(1 - \frac{\alpha}{2}, 0, 1\right) = 0$$

Hier ist die Ungleichung nicht erfüllt, so daß die aufgestellte *Nullhypothese nicht abgelehnt* wird.

In MATLAB wird die Überprüfung der eingegeben Ungleichungen ausgelöst, indem man die Eingabetaste ⏎ drückt:

* $\alpha = 0.05$

   >> alpha = 0.05 ;

   >> **abs**((50.05−50)/0.2 * **sqrt**(100)) >= **norminv**(1 − alpha/2 , 0 , 1)

   ans =

   1

   Hier ist die Ungleichung erfüllt, so daß die aufgestellte *Nullhypothese abgelehnt* wird.

* $\alpha = 0.01$

   >> alpha = 0.01 ;

   >> **abs**((50.05−50)/0.2 * **sqrt**(100)) >= **norminv**(1 − alpha/2 , 0 , 1)

   ans =

   0

   Hier ist die Ungleichung nicht erfüllt, so daß die aufgestellte *Nullhypothese nicht abgelehnt* wird.

* $\alpha = 0.001$

   >> alpha = 0.001 ;

   >> **abs**((50.05−50)/0.2 * **sqrt**(100)) >= **norminv**(1 − alpha/2 , 0 , 1)

   ans =

   0

Hier ist die Ungleichung nicht erfüllt, so daß die aufgestellte *Nullhypothese nicht abgelehnt* wird.

b) Im folgenden gehen wir von einer *unbekannten Standardabweichung* aus und verwenden eine konkrete *Stichprobe* vom Umfang n=100. Der *empirische Mittelwert* betrage für diese Stichprobe $\bar{x} = 50.05$ mm und die *empirische Standardabweichung* $s_X = 0.25$. Bei vorgegebener *Irrtumswahrscheinlichkeit* α berechnet sich der *Ablehnungsbereich* K für die *Nullhypothese*

$$H_0 : \quad \mu = \mu_0 \ (=50)$$

aus:

$$\left| \frac{\bar{x} - 50}{s_X} \cdot \sqrt{n} \right| \geq t_{n-1, 1-\alpha/2}$$

wobei

$$t_{n-1, 1-\alpha/2}$$

das *Quantil* der Ordnung $1-\alpha/2$ der *t-Verteilung* mit n−1 (d.h. konkret 99) *Freiheitsgraden* darstellt. Die *Berechnung* der benötigten *Quantile*

$$t_{n-1, 1-\alpha/2}$$

läßt sich für die *t-Verteilung* mit den im Abschn.18.2 gegebenen vordefinierten Funktionen **qt** und **tinv** von MATHCAD bzw. MATLAB durchführen, wobei wir für α (*Irrtumswahrscheinlichkeit*) die Standardwerte 0.05, 0.01 und 0.001 verwenden.
Damit können MATHCAD und MATLAB die für den zweiseitigen Ablehnungsbereich erforderliche Ungleichung

$$\left| \frac{\bar{x} - 50}{s_X} \cdot \sqrt{n} \right| \geq t_{n-1, 1-\alpha/2}$$

direkt überprüfen und damit auch die aufgestellte *Nullhypothese*

$$H_0 : \quad \mu = \mu_0 \ (=50)$$

In MATHCAD wird die Überprüfung der eingegeben Ungleichungen ausgelöst, indem man das numerische Gleichheitszeichen = eintippt:

* $\alpha = 0.05$

$\alpha := 0.05$

$$\left|\frac{50.05-50}{0.25} \cdot \sqrt{100}\right| \geq \mathbf{qt}\left(1 - \frac{\alpha}{2}, 99\right) = 1$$

Hier ist die Ungleichung erfüllt, so daß die aufgestellte *Nullhypothese abgelehnt* wird.

* $\alpha = 0.01$

$\alpha := 0.01$

$$\left|\frac{50.05-50}{0.25} \cdot \sqrt{100}\right| \geq \mathbf{qt}\left(1 - \frac{\alpha}{2}, 99\right) = 0$$

Hier ist die Ungleichung nicht erfüllt, so daß die aufgestellte *Nullhypothese nicht abgelehnt* wird.

* $\alpha = 0.001$

$\alpha := 0.001$

$$\left|\frac{50.05-50}{0.25} \cdot \sqrt{100}\right| \geq \mathbf{qt}\left(1 - \frac{\alpha}{2}, 99\right) = 0$$

Hier ist die Ungleichung nicht erfüllt, so daß die aufgestellte *Nullhypothese nicht abgelehnt* wird.

In MATLAB wird die Überprüfung der eingegeben Ungleichungen ausgelöst, indem man die Eingabetaste ⏎ drückt:

* $\alpha = 0.05$

>> alpha = 0.05 ;

>> **abs** ((50.05–50)/0.25 * **sqrt** (100)) >= **tinv** (1 – alpha/2 , 99)

ans =

   1

Hier ist die Ungleichung erfüllt, so daß die aufgestellte *Nullhypothese abgelehnt* wird.

* $\alpha = 0.01$

```
>> alpha = 0.01 ;

>> abs ( (50.05–50)/0.25 * sqrt ( 100 ) ) >= tinv ( 1 – alpha/2 , 99 )

ans =

   0
```

Hier ist die Ungleichung nicht erfüllt, so daß die aufgestellte *Nullhypothese nicht abgelehnt* wird.

* $\alpha = 0.001$

```
>> alpha = 0.001 ;

>> abs ( (50.05–50)/0.25 * sqrt ( 100 ) ) >= tinv ( 1 – alpha/2 , 99 )

ans =

   0
```

Hier ist die Ungleichung nicht erfüllt, so daß die aufgestellte *Nullhypothese nicht abgelehnt* wird.

c) Führen wir für unser Beispiel die Tests der *Nullhypothese*

$$H_0 : \mu = \mu_0 \ (=50)$$

bei bekannter bzw. unbekannter Standardabweichung für eine kleinere *Stichprobe*

50.2 49.8 49.9 50.1 49.9 49.8 50.1 50.3 49.8 50.2 50.1 50.1 50.8 49.8 50.2 49.9 50.1 50.3 50.1 50.2

vom Umfang n=20 durch, um die Anwendung der vordefinierten Funktionen **ztest** und **ttest** von MATLAB zu illustrieren. Für diese Funktionen benötigt man alle Werte der konkreten Stichprobe, während in den vorangehenden Beispielen a und b nur die empirischen Mittelwerte bzw. Standardabweichungen der Stichprobe notwendig sind, die wir aus Effektivitätsgründen vorgegeben haben, ohne sie aus einer konkreten Stichprobe zu berechnen.

Die gegebene *Stichprobe* muß zuerst einem Vektor **x** zugewiesen werden. Dies kann auch durch Einlesen geschehen:

>> x = [50.2 49.8 49.9 50.1 49.9 49.8 50.1 50.3 49.8 50.2 50.1 50.1 50.8

49.8 50.2 49.9 50.1 50.3 50.1 50.2] ;

Diese Stichprobe besitzt den folgenden von MATLAB berechneten *empirischen Mittelwert*

>> **mean** (x)

ans =

50.085

und die *empirische Standardabweichung*

>> **std** (x)

ans =

0.2390

c1)Führen wir mittels der vordefinierten Funktion **ztest** von MATLAB
zuerst den *Test* bei *bekannter Standardabweichung* 0.2 für die *Irrtumswahrscheinlichkeiten* α = 0.05, 0.01 und 0.001 durch:

* α = 0.05

>> **ztest** (x , 50.0 , 0.2)

ans =

0

Hier wird die *Hypothese nicht abgelehnt.*

* α = 0.01

>> **ztest** (x , 50.0 , 0.2 , 0.01)

ans =

0

Hier wird die *Hypothese nicht abgelehnt.*

* α = 0.001

>> **ztest** (x , 50.0 , 0.2 , 0.001)

ans =

0

Hier wird die *Hypothese nicht abgelehnt.*

c2) Führen wir mittels der vordefinierten Funktion **ttest** von MATLAB den *Test* bei *unbekannter Standardabweichung* für die *Irrtumswahrscheinlichkeiten* α = 0.05, 0.01 und 0.001 durch:

* α = 0.05

   >> **ttest** (x , 50.0)

   ans =

   0

   Hier wird die *Hypothese nicht abgelehnt.*

* α = 0.01

   >> **ttest** (x , 50.0 , 0.01)

   ans =

   0

   Hier wird die *Hypothese nicht abgelehnt.*

* α = 0.001

   >> **ttest** (x , 50.0 , 0.001)
   ans =

   0

   Hier wird die *Hypothese nicht abgelehnt.*

d) Führen wir im folgenden den Test der *Nullhypothese*

   $H_0 : \ \mu \ = \ \mu_0 \ (=50)$

bei *bekannter Standardabweichung* σ=0.2 für die *Stichprobe* aus Beispiel c unter Verwendung des Abschn.4.1 des *Elektronischen Buches* **Practical Statistics** von MATHCAD durch. Die dem Buch entnommenen Ausschnitte des gegebenen Beispiels erkennt man an der Umrahmung. Da der Text wie in allen Elektronischen Büchern von MATHCAD in englischer Sprache vorliegt, geben wir zusätzlich einige Erläuterungen:

Zuerst wird dem Vektor der Stichprobenwerte X des Beispiels unsere *Stichprobe zugewiesen:*

$$X := \begin{pmatrix} 50.2 \\ 49.8 \\ 49.9 \\ 50.1 \\ 49.9 \\ 49.8 \\ 50.1 \\ 50.3 \\ 49.8 \\ 50.2 \\ 50.1 \\ 50.1 \\ 50.8 \\ 49.8 \\ 50.2 \\ 49.9 \\ 50.1 \\ 50.3 \\ 50.1 \\ 50.2 \end{pmatrix}$$

Im folgenden werden aus dem eingegebenen Vektor der Stichprobenwerte X der *empirische Mittelwert* 50.085 und der *Umfang* N der *Stichprobe* berechnet und zusätzlich der *Standardabweichung* σ der bekannte Wert 0.2 zugewiesen:

$X_{bar} :=$ mean (X)	N := length (X)	$\sigma := 0.2$
$X_{bar} = 50.085$	N = 20	

Im folgenden wird die *Nullhypothese aufgestellt* und der zu testende *Erwartungswert* 50.0 zugewiesen:

> Let's test the hypothesis that the mean of the noise componen
> is 0.5:
>
> **H$_0$:** $\mu = 50.0$
>
> $\mu_h := 50.0$

Im folgenden wird der *Irrtumswahrscheinlichkeit* α der Wert 0.05 zugewiesen:

> at the 0.05 level of significance
>
> $\alpha := 0.05$
>
> The test can be conducted by evaluating the boolean expressio
> below:

Im folgenden wird der *Test* bzgl. der *Annahme* der *Hypothese* durchgeführt, wobei die Testgröße in anderer Form verwendet wird. Man erhält natürlich das gleiche Ergebnis wie im Beispiel c1. Da der Test positiv ausfällt, wird die *Hyopthese nicht abgelehnt*:

$$\left| \text{pnorm}\left(x_{bar}, \mu_h, \frac{\sigma}{\sqrt{N}} \right) - 0.5 \right| < \frac{1 - \alpha}{2} = 1$$

$$(1 = \text{condition true})$$

Im folgenden werden die *Grenzen* des *Annahmebereichs* der Hypothese berechnet, in denen der berechnete empirische Mittelwert liegt, so daß die statistische Annahme der Hypothese bestätigt wird:

> For those of you who like to express the test in terms of critical
> values,
>
> $$c1 := \text{qnorm}\left(\frac{\alpha}{2}, \mu_h, \frac{\sigma}{\sqrt{N}} \right) \qquad c1 = 49.912$$
>
> $$c2 := \text{qnorm}\left(1 - \frac{\alpha}{2}, \mu_h, \frac{\sigma}{\sqrt{N}} \right) \qquad c2 = 50.088$$

Im folgenden wird die *Dichte* der zugrundeliegenden *Normalverteilung*

$$N\left(\mu_h, \frac{\sigma}{\sqrt{N}}\right)$$

zusammen mit dem *Annahmebereich gezeichnet*, wobei der zu zeichnende x-Bereich durch Definition von x als *Bereichsvariable* festgelegt wird:

$$x := \mu_h - 3 \cdot \frac{\sigma}{\sqrt{N}}, \mu_h - 2.9 \cdot \frac{\sigma}{\sqrt{N}} \ .. \ \mu_h + 3 \cdot \frac{\sigma}{\sqrt{N}}$$

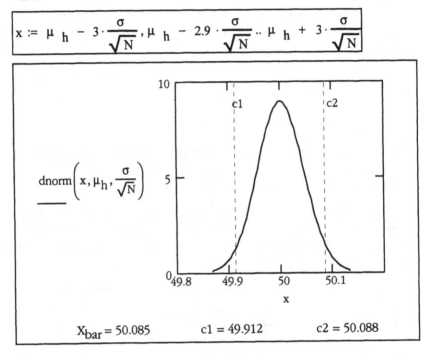

$X_{bar} = 50.085$ $c1 = 49.912$ $c2 = 50.088$

28.3 Tests für Varianz/Streuung

Signifikanztests bzgl. der *Varianz/Streuung* σ^2 benötigt man bei einer Reihe praktischer Probleme, da die *Varianz/Streuung* ein Maß für die Genauigkeit ist, z.B. für die Arbeit einer Maschine oder für einen Produktionsprozeß.

Um *Signifikanztests* bzgl. der *Varianz/Streuung* σ^2 durchzuführen, gehen wir von einer *Grundgesamtheit* aus, in der das zu untersuchende *Merkmal* durch eine N(μ,σ)-*normalverteilte Zufallsgröße* X beschrieben wird.

Im folgenden diskutieren wir die Durchführung eines *einseitigen Signifikanztests* bzgl. des unbekannten Parameters σ^2, da in der Praxis die Hypothese nur abzulehnen ist, wenn die empirische Varianz/Streuung größer als die zu prüfende Varianz/Streuung ist. Dies wird dadurch begründet, daß die Varianz/Streuung als Maß für die Genauigkeit die Genauigkeitsforderungen nicht verletzen wird, wenn sie kleinere Werte annimmt.

Für den hier durchzuführenden Test liefert die im Abschn.28.1 gegebene allgemeine *Vorgehensweise* folgende durchzuführende Schritte:

- Zuerst wird die *Nullhypothese*

$$H_0 : \sigma^2 \le \sigma_0^2 \quad (\textit{einseitiger Test})$$

bzgl. der *Varianz/Streuung* σ^2 aufgestellt, die anhand einer aus der vorliegenden Grundgesamtheit entnommenen eindimensionalen *Stichprobe*

$$x_1 , x_2 , \dots , x_n$$

vom *Umfang n* zu prüfen ist, wobei die *Irrtumswahrscheinlichkeit* α und der zu überprüfende *Zahlenwert*

$$\sigma_0^2$$

für die *Varianz/Streuung* vorzugeben sind.

- Für die *mathematische Stichprobe*

$$X_1 , X_2 , \dots , X_n$$

vom *Umfang n* wählt man die *Testgröße* (*Stichprobenfunktion*)

$$S = S(X_1 , X_2 , \dots , X_n) = \frac{(n-1) \cdot S_X^2}{\sigma_0^2}$$

in der die *Stichprobenvarianz/Stichprobenstreuung*

$$S_X^2 = \frac{1}{n-1} \cdot \sum_{i=1}^{n} (X_i - \overline{X})^2$$

als geeignete *Punktschätzfunktionen* verwendet wird. Die gewählte *Testgröße* S besitzt bei wahrer Hypothese eine *Chi-Quadrat-Verteilung* mit n−1 Freiheitsgraden.

- *Festlegung* des *Ablehnungsbereichs* (*kritischen Bereichs*) K für die vorgegebene *Irrtumswahrscheinlichkeit* α, für den bei wahrer Nullhypothese

$$P(S \in K) = (\le) \ \alpha$$

gilt. Für unsere einseitige Aufgabenstellung definiert sich der *einseitige rechtsseitiger Ablehnungsbereich* durch

$$S \ge z$$

so daß er sich aus

$$\frac{(n-1) \cdot S_X^2}{\sigma_0^2} \ge z$$

berechnet. Das noch unbekannte z erhält man über die Berechnung von *Quantilen* der zur Testgröße S gehörigen *Chi-Quadrat-Verteilung* mit *n–1 Freiheitsgraden*. Damit berechnet sich der *Ablehnungsbereich* K für eine aus der vorliegenden Grundgesamtheit entnommene *Stichprobe* vom *Umfang n* folgendermaßen:

$$\frac{(n-1) \cdot S_X^2}{\sigma_0^2} \geq \chi_{n-1,1-\alpha}^2$$

wobei

$$\chi_{n-1,1-\alpha}^2$$

wegen

$$P\left(\frac{(n-1) \cdot S_X^2}{\sigma_0^2} \geq \chi_{n-1,1-\alpha}^2 \right) = 1 - P\left(\frac{(n-1) \cdot S_X^2}{\sigma_0^2} < \chi_{n-1,1-\alpha}^2 \right) = \alpha$$

das *Quantil* der *Ordnung 1–α* der *Chi-Quadrat-Verteilung* darstellt.

Die Berechnung der benötigten Quantile kann mittels MATHCAD oder MATLAB durchgeführt werden. Wir illustrieren dies im Beispiel 28.3.

• *Berechnung* einer *Realisierung*

$$s = S(x_1, x_2, \ldots, x_n) = \frac{(n-1) \cdot s_X^2}{\sigma_0^2}$$

der verwendeten *Stichprobenfunktion*

$$S(X_1, X_2, \ldots, X_n)$$

in der s_X^2 die *empirische Varianz/Streuung*

$$s_X^2 = \frac{1}{n-1} \cdot \sum_{i=1}^{n} (x_i - \bar{x})^2$$

bezeichnet, die für die aus der vorliegenden Grundgesamtheit entnommene *Stichprobe*

$$x_1, x_2, \ldots, x_n$$

vom *Umfang n* berechnet wurde. Die *Nullhypothese* wird *abgelehnt*, wenn s zum berechneten *Ablehnungsbereich* K gehört (d.h. s ∈ K), ansonsten wird sie nicht abgelehnt.

☞

Da die Systeme MATHCAD und MATLAB die benötigten *Quantile* der *Chi-Quadrat-Verteilung* berechnen und Ungleichungen auf ihre Gültigkeit überprüfen können, lassen sie sich zur Durchführung dieser Tests effektiv einsetzen. Dies illustrieren wir im Beispiel 28.3. Vordefinierte Funktionen zur direkten Durchführung dieses Tests wurden in beiden Systemen nicht gefunden.

Nur MATHCAD stellt im Kap.4 des *Elektronischen Buches* **Practical Statistics** Tests bzgl. der Varianz zur Verfügung (siehe Abschn.4.2). Damit bleibt dem Anwender das Eingeben der zu überprüfenden Ungleichungen erspart. Er kann das gegebene Beispiel verwenden, indem er die Daten seines Problems den entsprechenden Größen zuweist. Dies läßt sich am einfachsten durchführen, wenn man die betreffenden Teile des Elektronischen Buches in das Arbeitsfenster von MATHCAD kopiert. Es ist allerdings zu beachten, daß im Elektronischen Buch die Stichprobenfunktion in einer anderen Form verwendet wird. Dies hat keinen Einfluß auf die berechneten Ergebnisse.

Die Vorgehensweise ist analog wie im Beispiel 28.2d , so daß wir hierauf verweisen.

♦

Beispiel 28.3:

Betrachten wir die Problematik aus Beispiel 27.3 und führen einen *einseitigen Signifikanztest* bzgl. der unbekannten *Varianz/Streuung* σ^2 mit der *Nullhypothese*

$$H_0: \sigma^2 \leq \sigma_0^2 \ (= 0.04)$$

durch.

Damit möchte man die Genauigkeit einer *Maschine überprüfen*, die *Bolzen* mit einer vorgegebenen (einstellbaren) *Länge (Sollwert/Sollmaß/Nennmaß)* produzieren soll.

Für diesen *Signifikanztest* verwenden wir eine entnommene *Stichprobe* von Bolzen vom Umfang n=100, für die sich eine *empirische Varianz/Streuung*

$$s_X^2 = 0.055 \text{ mm}$$

ergibt. Bei vorgegebener *Irrtumswahrscheinlichkeit* α berechnet sich der einseitige *Ablehnungsbereich* K damit folgendermaßen:

$$\frac{(n-1) \cdot s_X^2}{\sigma_0^2} \geq \chi_{n-1,1-\alpha}^2$$

wobei

$$\chi_{n-1,1-\alpha}^2$$

das zu bestimmende *Quantil* der Ordnung $1-\alpha$ der *Chi-Quadrat-Verteilung* mit n−1 Freiheitsgraden darstellt.

Diese *Quantile* lassen sich mit den im Kap.18 gegebenen *vordefinierten* Funktionen **qchisq** und **chi2inv** von MATHCAD bzw. MATLAB durchführen, wobei wir für die *Irrtumswahrscheinlichkeit* α die Standardwerte 0.05, 0.01 und 0.001 verwenden.

Damit können MATHCAD und MATLAB die für den einseitigen Ablehnungsbereich erforderliche Ungleichung

$$\frac{(n-1)\cdot s_X^2}{\sigma_0^2} \geq \chi^2_{n-1,1-\alpha}$$

direkt überprüfen und folglich die aufgestellte *Nullhypothese*

$$H_0: \sigma^2 \leq \sigma_0^2 \ (=0.04)$$

In MATHCAD wird die Überprüfung der eingegeben Ungleichungen ausgelöst, indem man das numerische Gleichheitszeichen = eintippt:

* $\quad \alpha = 0.05$

$\quad \alpha := 0.05$

$$99\cdot\frac{0.055}{0.04} \geq \mathbf{qchisq}\,(1-\alpha,99) = 1$$

Hier ist die Ungleichung erfüllt, so daß die aufgestellte *Nullhypothese abgelehnt* wird.

* $\quad \alpha = 0.01$

$\quad \alpha := 0.01$

$$99\cdot\frac{0.055}{0.04} \geq \mathbf{qchisq}\,(1-\alpha,99) = 1$$

Hier ist die Ungleichung erfüllt, so daß die aufgestellte *Nullhypothese abgelehnt* wird.

* $\quad \alpha = 0.001$

$\quad \alpha := 0.001$

$$99\cdot\frac{0.055}{0.04} \geq \mathbf{qchisq}\,(1-\alpha,99) = 0$$

Hier ist die Ungleichung nicht erfüllt, so daß die aufgestellte *Nullhypothese nicht abgelehnt* wird.

In MATLAB wird die Überprüfung der eingegebenen Ungleichungen ausgelöst, indem man die Eingabetaste ⏎ drückt:

* $\alpha = 0.05$

  \>> alpha = 0.05 ;

  \>> 99 * 0.055/0.04 >= **chi2inv** (1 – alpha , 99)

  ans =

      1

Hier ist die Ungleichung erfüllt, so daß die aufgestellte *Nullhypothese abgelehnt* wird.

* $\alpha = 0.01$

  \>> alpha = 0.01 ;

  \>> 99 * 0.055/0.04 >= **chi2inv** (1 – alpha , 99)

  ans =

      1

Hier ist die Ungleichung erfüllt, so daß die aufgestellte *Nullhypothese abgelehnt* wird.

* $\alpha = 0.001$

  \>> alpha = 0.001 ;

  \>> 99 * 0.055/0.04 >= **chi2inv** (1 – alpha , 99)

  ans =

      0

Hier ist die Ungleichung nicht erfüllt, so daß die aufgestellte *Nullhypothese nicht abgelehnt* wird.

♦

28.4 Tests für Wahrscheinlichkeiten

Im Unterschied zu Signifikanztests für Erwartungswert und Varianz/Streuung aus Abschn.28.2 und Abschn.28.3, bei denen eine Normalverteilung vorausgesetzt wird, betrachten wir im folgenden Grundgesamtheiten, in denen nur die beiden *Ereignisse* A und $\overline{A}$ mit den *Wahrscheinlichkeiten*

$$P(A) = p \quad \text{und} \quad P(\overline{A}) = 1 - p$$

eintreten können. Derartige Grundgesamtheiten treten z.B. bei der *Qualitätskontrolle* auf, bei der nur die beiden Ereignisse *fehlerfrei* (*Ereignis* A) und *defekt* (*Ereignis* $\overline{A}$) von Bedeutung sind.

Hier werden ebenfalls *Parametertests* erforderlich, wobei der zu testende *Parameter* die unbekannte *Wahrscheinlichkeit* p ist. Die aufgestellten *Nullhypothesen* bzgl. der unbekannten Wahrscheinlichkeit p haben die Form

$$H_0 : p = p_0 \qquad (\textit{zweiseitiger Test})$$

oder

$$H_0 : p \geq p_0 \qquad (\textit{einseitiger Test})$$

wobei hauptsächlich *einseitige Tests* Anwendung finden, da beim Hauptanwendungsgebiet der Qualitätskontrolle die zu überprüfende Wahrscheinlichkeit für fehlerfreie Teile problemlos überschritten werden kann. Als *Zufallsgröße* X verwendet man diejenige, die die Anzahl des Eintretens des Ereignis A (d.h. die Anzahl der fehlerfreien Teile) in einer entnommenen Stichprobe (mit Zurücklegen) vom Umfang n angibt. Diese Zufallsgröße X besitzt eine *Binomialverteilung* $B(n, p_0)$, da in der betrachteten Grundgesamtheit nur die beiden *Ereignisse* A und $\overline{A}$ mit den *Wahrscheinlichkeiten*

$$P(A) = p_0 \quad \text{und} \quad P(\overline{A}) = 1 - p_0$$

eintreten können.

Aufgrund des *Grenzwertsatzes* von Moivre-Laplace, der eine Spezialfall des zentralen Grenzwertsatzes darstellt, ist die binomialverteilte *Zufallsgröße* X für großes n *näherungsweise normalverteilt* mit

* *Erwartungswert* $n \cdot p_0$

* *Varianz/Streuung* $n \cdot p_0 \cdot (1 - p_0)$

falls die *Nullhypothese* H_0 wahr ist. Deshalb genügt die Zufallsgröße

$$Y = \frac{X - n \cdot p_0}{\sqrt{n \cdot p_0 \cdot (1-p_0)}}$$

für großes n näherungsweise der *standardisierten Normalverteilung* N(0,1). Damit genügt die *Testgröße* (*Stichprobenfunktion*)

$$S = S(X_1, X_2, \ldots, X_n) = \frac{\sum\limits_{i=1}^{n} X_i - n \cdot p_0}{\sqrt{n \cdot p_0 \cdot (1-p_0)}} = \frac{\sqrt{n} \cdot (\overline{X} - p_0)}{\sqrt{p_0 \cdot (1-p_0)}}$$

für die *mathematische Stichprobe*

$$X_1, X_2, \ldots, X_n$$

vom *Umfang n* für großes n näherungsweise der *standardisierten Normalverteilung* N(0,1), wobei die Zufallsgrößen X_i nur die Werte 1 (Ereignis A eingetreten) und 0 (Ereignis $\overline{A}$ eingetreten) annehmen können. Für kleinen Umfang n der Stichprobe ist der Test auf der Grundlage der Binomialverteilung durchzuführen. Hierzu verweisen wir auf die Literatur.
Der Test wird analog zu der in den vorangehenden Abschnitten gegebenen Vorgehensweise durchgeführt, d.h. für die Realisierung

$$s = S(x_1, x_2, \ldots, x_n) = \frac{\sum\limits_{i=1}^{n} x_i - n \cdot p_0}{\sqrt{n \cdot p_0 \cdot (1-p_0)}} = \frac{\sqrt{n} \cdot (\overline{x} - p_0)}{\sqrt{p_0 \cdot (1-p_0)}}$$

anhand einer der vorliegenden Grundgesamtheit entnommenen *Stichprobe*

$$x_1, x_2, \ldots, x_n$$

vom *Umfang n* und vorgegebener *Irrtumswahrscheinlichkeit* α wird der einseitige *Ablehnungsbereich* K aus der Ungleichung

$$\frac{\sqrt{n} \cdot (\overline{x} - p_0)}{\sqrt{p_0 \cdot (1-p_0)}} \geq z_{1-\alpha}$$

bestimmt, wobei sich das *Quantil* $z_{1-\alpha}$ der *Ordnung 1-α* für die *standardisierte Normalverteilung* mit den im Kap.18 gegebenen vordefinierten Funktionen **qnorm** und **norminv** von MATHCAD bzw. MATLAB für die Standardwerte 0.05, 0.01 und 0.001 von α (*Irrtumswahrscheinlichkeit*) berechnen läßt. Damit können MATHCAD und MATLAB die für den einseitigen Ablehnungsbereich erforderliche Ungleichung direkt überprüfen und folglich die aufgestellte *Nullhypothese*

$$H_0 : p \geq p_0 \qquad (einseitiger\ Test)$$

Im Beispiel 27.4 haben wir bereits einen ersten Einblick in die Problematik des *Testens* von *Wahrscheinlichkeiten* p erhalten. Für dieses Beispiels führen wir im folgenden Beispiel 28.4 einen *einseitigen Parametertest* bzgl. der *unbekannten Wahrscheinlichkeit* p mittels MATHCAD und MATLAB durch.

☞

Da die Systeme MATHCAD und MATLAB die benötigten *Quantile* der *Normalverteilung* berechnen und Ungleichungen auf ihre Gültigkeit überprüfen können, lassen sie sich zur Durchführung dieser Tests effektiv einsetzen. Dies illustrieren wir im Beispiel 28.4. Vordefinierte Funktionen zur direkten Durchführung dieser Tests wurden in beiden Systemen nicht gefunden.
MATHCAD stellt im Kap.4 des *Elektronischen Buches* **Practical Statistics** Tests bzgl. der Wahrscheinlichkeit zur Verfügung (im Abschn.4.3). Damit bleibt dem Anwender das Eingeben der zu überprüfenden Ungleichungen erspart. Er kann das gegebene Beispiel verwenden, indem er die Daten seines Problems den entsprechenden Größen zuweist. Dies läßt sich am einfachsten durchführen, wenn man die betreffenden Teile des Elektronischen Buches in das Arbeitsfenster von MATHCAD kopiert. Es ist allerdings zu beachten, daß im Elektronischen Buch die Stichprobenfunktion in einer anderen Form verwendet wird. Dies hat jedoch keinen Einfluß auf die berechneten Ergebnisse.
Die Vorgehensweise ist hier analog wie im Beispiel 28.2d , so daß wir hierauf verweisen.

♦
Beispiel 28.4:
Der Produzent eines Zubehörteils behauptet, daß mindestens 90% seiner produzierten Teile fehlerefrei (d.h. nicht defekt) sind, d.h., er stellt die *Hypothese* (*Nullhypothese*)

$$H_0 : p \geq p_0 = 0.9$$

auf, daß die *Wahrscheinlichkeit* p größer oder gleich 0.9 (90%) ist, daß ein hergestelltes Teil fehlerfrei ist (siehe Beispiel 27.4). Zum Testen der aufgestellten *Nullhypothese* entnimmt der Empfänger der Zubehörteile eine Stichprobe

$$x_1 , x_2 , \ldots , x_{100} \quad (\, x_i = 1 \quad \text{fehlerfrei} , \; x_i = 0 \quad \text{defekt} \,)$$

vom Umfang n=100 aus der Menge der vom Produzenten gelieferten Zubehörteile, für die sich folgendes ergibt:

$$n \cdot \bar{x} = \sum_{i=1}^{n} x_i = 91$$

Da die betrachtete Zufallsgröße X für großes n näherungsweise der *standardisierten Normalverteilung* N(0,1) genügt, läßt sich die *Berechnung* der benötigten *Quantile*

$z_{1-\alpha}$

mit den im Kap.18 gegebenen vordefinierten Funktionen **qnorm** und **norminv** von MATHCAD bzw. MATLAB durchführen, wobei wir für α (*Irrtumswahrscheinlichkeit*) die Standardwerte 0.05, 0.01 und 0.001 verwenden. Damit können MATHCAD und MATLAB die für den einseitigen Ablehnungsbereich erforderliche Ungleichung

$$\frac{\sqrt{n} \cdot (\bar{x} - p_0)}{\sqrt{p_0 \cdot (1-p_0)}} \geq z_{1-\alpha}$$

direkt überprüfen und folglich die aufgestellte *Nullhypothese*

$H_0: p \geq 0.9$

In MATHCAD wird die Überprüfung der eingegeben Ungleichungen ausgelöst, indem man das numerische Gleichheitszeichen = eintippt:

* $\alpha = 0.05$

$\alpha := 0.05$

$$\left| \frac{0.91 - 0.9}{\sqrt{0.9 \cdot 0.1}} \cdot \sqrt{100} \right| \geq \mathbf{qnorm}\,(1 - \alpha, 0, 1) = 0$$

Hier ist die Ungleichung nicht erfüllt, so daß die aufgestellte *Nullhypothese nicht abgelehnt* wird.

* $\alpha = 0.01$

$\alpha := 0.01$

$$\left| \frac{0.91 - 0.9}{\sqrt{0.9 \cdot 0.1}} \cdot \sqrt{100} \right| \geq \mathbf{qnorm}\,(1 - \alpha, 0, 1) = 0$$

Hier ist die Ungleichung nicht erfüllt, so daß die aufgestellte *Nullhypothese nicht abgelehnt* wird.

* $\alpha = 0.001$

$\alpha := 0.001$

$$\left| \frac{0.91-0.9}{\sqrt{0.9 \cdot 0.1}} \cdot \sqrt{100} \right| \geq \mathbf{qnorm}\left(1 - \alpha, 0, 1\right) = 0$$

Hier ist die Ungleichung nicht erfüllt, so daß die aufgestellte *Nullhypothese nicht abgelehnt* wird.

In MATLAB wird die Überprüfung der eingegeben Ungleichungen ausgelöst, indem man die Eingabetaste ⏎ drückt:

* $\alpha = 0.05$

    >> alpha = 0.05 ;

    >> **sqrt**(100)*(0.91–0.9)/**sqrt** (0.9*0.1) >= **norminv**(1 – alpha, 0, 1)

    ans =

        0

Hier ist die Ungleichung nicht erfüllt, so daß die aufgestellte *Nullhypothese nicht abgelehnt* wird.

* $\alpha = 0.01$

    >> alpha = 0.01 ;

    >> **sqrt**(100)*(0.91–0.9)/**sqrt** (0.9*0.1) >= **norminv**(1 – alpha, 0, 1)

    ans =

        0

Hier ist die Ungleichung nicht erfüllt, so daß die aufgestellte *Nullhypothese nicht abgelehnt* wird.

* $\alpha = 0.001$

    >> alpha = 0.001 ;

    >> **sqrt**(100)*(0.91–0.9)/**sqrt** (0.9*0.1) >= **norminv**(1 – alpha, 0, 1)

    ans =

0

Hier ist die Ungleichung nicht erfüllt, so daß die aufgestellte *Nullhypo-these nicht abgelehnt* wird.

♦

29 Parameterfreie Tests

Bei den bisher behandelten *Parametertests* wird vorausgesetzt, daß die *Wahrscheinlichkeitsverteilung* einer vorliegenden *Grundgesamtheit (Zufallsgröße X) bekannt* ist. Dabei wird häufig eine *Normalverteilung* zugrundegelegt, da dies näherungsweise aufgrund des *zentralen Grenzwertsatzes* gerechtfertigt ist, wenn sich bei den in der Grundgesamt betrachteten Merkmalen (*Zufallsgrößen* X) eine Reihe unabhängiger zufälliger Effekte überlagern.

☞

Bei praktischen Problemstellungen können folgende Situationen auftreten:

* Man ist sich nicht sicher, ob eine Normalverteilung vorliegt.

* Die Voraussetzungen des zentralen Grenzwertsatzes sind nicht erfüllt, so daß eine andere Verteilung zu verwenden ist.

Aufgrund dieser Problematik hat die statistische Testtheorie *Tests* entwickelt, die überprüfen, ob eine vorliegende *Grundgesamtheit* eine angenommene *Wahrscheinlichkeitsverteilung* besitzen kann. Bei diesen Tests wird versucht, die unbekannte (theoretische) Verteilungsfunktion einer Grundgesamtheit durch eine bekannte anzupassen.

Da sich hier die aufgestellte *Nullhypothese* H_0 auf die Verteilungsfunktion und nicht auf unbekannte Parameter bezieht, heißen derartige Tests *Anpassungstests* (*Verteilungstests*), die zur Klasse der *verteilungsunabhängigen* (auch *verteilungsfreien* oder *parameterfreien*) Tests gehören.

Diese Tests basieren ebenfalls auf *Stichproben*, die der vorliegenden Grundgesamtheit entnommen werden und vergleichen anhand einer passend gewählten Testgröße die *empirische Wahrscheinlichkeitsverteilung* der Stichprobe mit der angenommenen *theoretischen Wahrscheinlichkeitsverteilung*. Dabei wird festgestellt, ob sich beide Verteilungen signifikant unterscheiden oder nicht.

◆

Bei *Anpassungstests* ist die *Nullhypothese*

$$H_0 : F_X(x) \equiv F_0(x)$$

zu überprüfen, ob die *unbekannte Verteilungsfunktion*
$F_X(x)$

einer *Zufallsgröße* X die gegebene Form

$$F_0(x)$$

besitzt.

◆

Die *statistische Testtheorie* stellt eine Reihe von Anpassungstests zur Verfügung, die wir im Rahmen des Buches nicht umfassend behandeln können. Wir verweisen hier auf die Literatur. Im folgenden beschränken wir uns auf den von K. Pearson entwickelten *Chi-Quadrat-Anpassungstest*, der die empirische Verteilung einer aus der vorliegenden Grundgesamtheit entnommenen Stichprobe mit einer angenommenen theoretischen Verteilung vergleicht.

Dieser *Test* wird analog zu den Parametertests aus Kap.28 in *folgenden Schritten* durchgeführt:

* Aufstellung der *Nullhypothese*

  $$H_0: F_X(x) \equiv F_0(x) \ (z.B. \ Normalverteilung)$$

* Vorgabe einer *Irrtumswahrscheinlichkeit* α.

* Für die *mathematische Stichprobe*

  $$X_1, X_2, \ldots, X_n$$

  vom *Umfang n* wählt man die *Testgröße* (*Stichprobenfunktion*)

  $$S = S(X_1, X_2, \ldots, X_n) = \sum_{i=1}^{k} \frac{(H_i - n \cdot p_i)^2}{n \cdot p_i}$$

in der die enthaltenen Größen folgendes bedeuten:

* k bezeichnet die Anzahl der Klassen, in die die Werte der Stichprobe aufgeteilt wurden (siehe Abschn.24.4).

* Die Zufallsgröße H_i bezeichnet die absolute Häufigkeit der Werte der mathematischen Stichprobe in der i-ten Klasse (i=1,...,k).

* Die Wahrscheinlichkeiten p_i stellen die mittels der theoretischen Verteilungsfunktion $F_0(x)$ berechneten Wahrscheinlichkeiten dar, daß ein Wert der Zufallsgröße X in der i-ten Klasse liegt (i=1,...,k). Um diese Wahrscheinlichkeiten mittels $F_0(x)$ berechnen zu können, müssen deren Parameter aus der entnommenen Stichprobe geschätzt werden, da diese nicht durch die Hypothese gegeben sind. Wenn z.B. $F_0(x)$ eine Verteilungsfunktion der *Normalverteilung* ist, sind die beiden unbekannten Parameter μ (*Erwartungswert*) und σ (*Standardabweichung*) zu schätzen. Im Abschn.26.3 wird gezeigt, daß der *empirische Mittelwert* und die *empirische Standardabweichung* brauchbare Schätzwerte für diese beiden Parameter darstellen.

* $n \cdot p_i$ bezeichnet die entsprechende absolute Häufigkeit von n Elementen in der i-ten Klasse. Diese Häufigkeiten sollten die Ungleichung $n \cdot p_i \geq 5$ erfüllen. Dies kann gegebenenfalls durch Zusammenlegen von Klasssen erreicht werden.

- Die gewählte *Testgröße* S genügt einer *Chi-Quadrat-Verteilung* mit *k–r–1 Freiheitsgraden* (siehe Abschn.18.2), wobei r die Anzahl der für $F_0(x)$ zu schätzenden Parameter bezeichnet (d.h. z.B. r=2 für die Normalverteilung). Ein *einseitiger Ablehnungsbereich* K berechnet sich damit folgendermaßen:

$$P(S \geq \chi^2_{k-r-1,1-\alpha}) = 1 - P(S < \chi^2_{k-r-1,1-\alpha}) = \alpha$$

Obwohl ein zweiseitiger Test vorliegt, wird der Ablehnungsbereich nur einseitig gewählt, da nur große Werte der Testgröße zur Ablehnung der Hypothese führen sollen.

$$\chi^2_{k-r-1,1-\alpha}$$

bezeichnet hier das *Quantil* der *Ordnung 1–α* der *Chi-Quadrat-Verteilung* mit *k–r–1 Freiheitsgraden.*

- *Berechnung* einer *Realisierung*

$$s = S(x_1, x_2, \ldots, x_n) = \sum_{i=1}^{k} \frac{(h_i - n \cdot p_i)^2}{n \cdot p_i}$$

der verwendeten *Testgröße* S mittels einer aus der vorliegenden Grundgesamtheit entnommenen *Stichprobe*

$$x_1, x_2, \ldots, x_n$$

vom *Umfang n.* Hier bezeichnet h_i die Realisierung der Zufallsgröße H_i für die entnommene Stichprobe. Die *Nullhypothese* wird *abgelehnt*, wenn s zum berechneten *Ablehnungsbereich* K gehört, d.h.

$$s \geq \chi^2_{k-r-1,1-\alpha}$$

Ansonsten wird die Nullhypothese nicht abgelehnt.

Wir überlassen es dem Leser, die eben beschriebene Vorgehensweise für den *Chi-Quadrat-Anpassungstest* mit den Programmiermöglichkeiten von MATHCAD und MATLAB in ein Programm umzusetzen.
Effektiver ist es jedoch für den Anwender von MATHCAD und MATLAB, die folgenden Möglichkeiten der Systeme zu nutzen, um *Anpassungstests* einfach durchführen zu können:

MATHCAD stellt keine vordefinierten Funktionen zu Anpassungstests zur Verfügung. Im *Elektronischen Buch* **Practical Statistics** findet man jedoch im Kap.5 u.a. folgende Tests: Vorzeichentest, Wilcoxon-Test, Mann-Whitney-Test, Kruskal-Wallis-Test. Diese Tests werden im Elektronischen Buch beschrieben, wobei der Anwender die gegebenen Beispiele zur Lösung seiner Aufgaben heranziehen kann. Die hierzu erforderliche Vorgehensweise haben wir im Kap.28 beschrieben.

MATLAB stellt folgende *vordefinierten Funktionen* für *Anpassungstests* zur Verfügung

* **jbtest** (x , α)

   führt einen *Jarque-Bera-Test* für die *Normalverteilung* durch. Dieser Test sollte nicht für Stichproben mit kleinem Umfang benutzt werden. In diesem Fall ist **lillietest** vorzuziehen.

* **kstest** (x)

   führt einen *Kolmogorov-Smirnov-Test* für die standardisierte *Normalverteilung* N(0,1) durch, d.h., er ist nur bei bekannten Parametern der Verteilung anwendbar. Dafür besitzt dieser Test gegenüber dem *Chi-Quadrat-Anpassungstest* den Vorteil, daß er auch bei kleinem Stichprobenumfang durchgeführt werden kann.

* **lillietest** (x , α)

   führt einen *Lilliefors-Test* für die *Normalverteilung* durch. Dieser von Lilliefors entwickelte Test ist ähnlich dem Kolmogorov-Smirnov-Test und auf Normalverteilungen mit unbekannten Parametern anwendbar.

Mit diesen Funktionen lassen sich *Tests* bzgl. der *Normalverteilung direkt durchführen*. Diese Funktionen liefern als *Ergebnis* 0 oder 1, wenn die *Hypothese* der *Normalverteilung* im Rahmen des durchgeführten Tests *nicht abgelehnt* bzw. *abgelehnt* wird.

Die Argumente dieser Funktionen haben folgende Bedeutung:

* x

   bezeichnet den *Vektor* der *Stichprobenwerte*

* α

bezeichnet die vorgegebene *Irrtumswahrscheinlichkeit*, die für

- **lillietest**

    Werte zwischen 0.01 und 0.2

- **jbtest**

    Werte zwischen 0 und 1

annehmen kann. Fehlt α im Argument der Funktionen, so wird von MATLAB der Wert 0.05 verwendet.

Die Anwendung dieser Funktionen illustrieren wir im Beispiel 29.1. Wir können im Rahmen des vorliegenden Buches nicht auf die Theorie der verwendeten Anpassungstests eingehen und verweisen auf die Literatur.

Beispiel 29.1:

Führen wir mit den MATLAB-Funktionen **lillietest** und **jbtest** einen *Test* bzgl. der *Normalverteilung* für die *Stichprobe*

50.2 49.8 49.9 50.1 49.9 49.8 50.1 50.3 49.8 50.2 50.1 50.1 50.8 49.8 50.2 49.9 50.1 50.3 50.1 50.2

aus Beispiel 28.2c vom Umfang n=20 durch, für die wir dort eine Normalverteilung angenommen haben:

Zuerst geben wir die zu untersuchende Stichprobe als Zeilenvektor in das Arbeitsfenster von MATLAB ein:

>> x = [50.2 49.8 49.9 50.1 49.9 49.8 50.1 50.3 49.8 50.2 50.1 50.1 50.8 49.8

      50.2 49.9 50.1 50.3 50.1 50.2] ;

Daran anschließend können wir die Tests auf Normalverteilung mit den in MATLAB integrierten Funktionen durchführen:

- Anwendung von **lillietest**:

    * *Irrtumswahrscheinlichkeit* α=0.05

        >> **lillietest** (x)

        ans =

           0

    * *Irrtumswahrscheinlichkeit* α=0.01

>> **lillietest** (x , 0.01)

ans =

  0

Hier wird die *Hypothese* der *Normalverteilung* für alle verwendeten Irrtumswahrscheinlichkeiten *nicht abgelehnt.*

- Anwendung von **jbtest**:

  * *Irrtumswahrscheinlichkeit* α=0.05

    >> **jbtest** (x)

    ans =

      0

  * *Irrtumswahrscheinlichkeit* α=0.01

    >> **jbtest** (x , 0.01)

    ans =

      0

  * *Irrtumswahrscheinlichkeit* α=0.001

    >> **jbtest** (x , 0.001)

    ans =

      0

Hier wird die *Hypothese* der *Normalverteilung* für alle verwendeten Irrtumswahrscheinlichkeiten *nicht abgelehnt.*

♦

30 Korrelation und Regression

In den vorangehenden Kapiteln begegnete uns schon die Problematik, daß in einer *Grundgesamtheit* mehrere *Merkmale* betrachtet werden, die sich durch *Zufallsgrößen* X, Y, ... beschreiben lassen (siehe Abschn.17.3, 18.4, 24.5.2 und 24.6). Bei diesem Sachverhalt entsteht natürlicherweise die Frage, ob diese *Zufallsgrößen* voneinander *abhängig* sind, d.h., ob ein *funktionaler Zusammenhang* zwischen ihnen besteht.

Die Beantwortung dieser Frage ist bei vielen Untersuchungen in der Praxis von großer Bedeutung, da nicht immer deterministische Zusammenhänge in Form von Gleichungen und Formeln zwischen untersuchten Merkmalen bekannt sind. Wir haben hierfür bereits praktische Beispiele kennengelernt (siehe Beispiele 23.2b und 24.1b).

Zur Untersuchung vermuteter Zusammenhänge zwischen Zufallsgrößen einer vorliegenden Grundgesamtheit wurde in der mathematischen *Statistik* die *Korrelations-* und *Regressionsanalyse* entwickelt, um mit Methoden der Wahrscheinlichkeitsrechnung Aussagen über Art und Form eines Zusammenhangs zu erhalten. Wir beschränken uns im folgenden auf den *Zusammenhang* zwischen *zwei Zufallsgrößen* X und Y. Man spricht hier von *Einfachregression*. Hängt eine *Zufallsgröße* Y von mehreren *Zufallsgrößen*

$$X_1, X_2, ..., X_n$$

ab, so spricht man von *Mehrfachregression* (*multiple Regression*). Hier ist die Vorgehensweise analog (siehe z.B. [16]).

In der *Korrelations-* und *Regressionsanalyse* wird ein *funktionaler Zusammenhang* zwischen zwei *Zufallsgrößen* X und Y nur *vermutet*, im Gegensatz zu *deterministischen* (*funktionalen*) *Zusammenhängen* in Natur-, Technik- und Wirtschaftswissenschaften, die in Gestalt von Gleichungen und Formeln vorliegen.

Aussagen zwischen X und Y sind nur sinnvoll, wenn beide *Zufallsgrößen* X und Y (stochastisch) *abhängig* sind. Sind beide Zufallsgrößen X und Y (stochastisch) *unabhängig*, so sind beide Wahrscheinlichkeitsverteilungen unabhängig voneinander, so daß eine der Zufallsgrößen keine Aussagen über die andere liefert.

♦

Den *Ausgangspunkt* der *Korrelations-* und *Regressionsanalyse* bilden *zweidimensionale Stichproben* vom *Umfang n* mit den Stichprobenpunkten (Zahlenpaaren)

$$(x_1, y_1), (x_2, y_2), \dots, (x_n, y_n) \qquad (Stichprobenpunkte)$$

wenn in einer vorliegenden Grundgesamtheit zwei *Merkmale (Zufallsgrößen)* X und Y betrachtet werden, zwischen denen man einen *funktionalen Zusammenhang vermutet.* Anhand dieser Stichproben werden in der *Korrelations-* und *Regressionsanalyse* mit den bereits kennengelernten Methoden der Schätz- und Testtheorie Aussagen über Art und Form des Zusammenhangs zwischen X und Y gewonnen.

♦

Ausführlicher betrachten wir die *Problematik* der *Korrelations-* und *Regressionsanalyse* für einen vermuteten *linearen Zusammenhangs* zwischen zwei Zufallsgrößen X und Y der Form

$$Y = a \cdot X + b$$

Hierfür werden Tests und Konfidenzintervalle für Korrelationskoeffizient, Regressionskoeffizienten und -konstante angeboten. Wir illustrieren die Vorgehensweise am Beispiel eines Tests für den Korrelationskoeffizienten im Abschn.30.1.

In der *Regressionsanalyse* beschränken wir uns auf die Konstruktion von *empirischen Regressionskurven* und wenden die in den Systemen MATHCAD und MATLAB hierfür vordefinierten Funktionen an.

Für eine ausführlichere Darstellung der Korrelations- und Regressionsanalyse verweisen wir auf die Literatur (siehe z.B.[1], [16], [41]).

30.1 Korrelation

Die *Korrelationsanalyse* liefert anhand einer aus einer vorliegenden Grundgesamtheit entnommenen *zweidimensionalen Stichprobe*

$$(x_1, y_1), (x_2, y_2), \dots, (x_n, y_n) \qquad (Stichprobenpunkte)$$

vom *Umfang n* unter Verwendung von Methoden der *Wahrscheinlichkeitsrechnung* Aussagen über die *Stärke* des *vermuteten linearen Zusammenhangs* zwischen den untersuchten Merkmalen (Zufallsgrößen) X und Y der Grundgesamtheit. Dabei interessiert natürlich, ob überhaupt ein Zusammenhang zwischen X und Y besteht.

Ehe man eine *Korrelationsanalyse* durchführt, empfiehlt sich die *grafische Darstellung* der *Stichprobenpunkte* als *Punktwolke* (siehe Abschn.23.4), um einen ersten Eindruck darüber zu erhalten, ob näherungsweise ein *linearer Zusammenhang* vorliegen kann. ♦

In der *Korrelationsanalyse* wird als Maß für den *linearen Zusammenhang* zwischen zwei Zufallsgrößen X und Y meistens anstelle der *Kovarianz*

$$cov(X,Y) \;=\; E\,(\,(\,X - E(X)\,)\cdot(\,Y - E(Y)\,)\,)$$

der *Korrelationskoeffizient*

$$\rho_{XY} \;=\; \rho(X,Y) \;=\; \frac{E((X-E(X))\cdot(Y-E(Y)))}{\sqrt{Var(X)\cdot Var(Y)}} \;=\; \frac{cov(X,Y)}{\sqrt{Var(X)\cdot Var(Y)}}$$

verwendet, da dieser dimensionslos ist. Er ergibt sich durch Normierung der Kovarianz und existiert nur, wenn Var(X) und Var(Y) ungleich Null sind.

♦

Der *Korrelationskoeffizient*

$$\rho_{XY}$$

besitzt folgende *Eigenschaften:*

* Er genügt der Ungleichung

  $$-\,1 \;\le\; \rho_{XY} \le 1$$

  d.h., er ist *normiert*.

* Für

  $$\left|\rho_{XY}\right| \;=\; 1$$

  besteht ein *linearer Zusammenhang* in Form der *Regressionsgeraden*

  $$Y = a \cdot X + b$$

  zwischen den *Zufallsgrößen* X und Y mit der Wahrscheinlichkeit 1, d.h., die Wahrscheinlichkeit ist gleich 1, daß der *Zufallsvektor* (X,Y) Werte (x,y) annimmt, die auf einer *Geraden* in der xy-Ebene liegen.

* Aus der *Unabhängigkeit* der *Zufallsgrößen* X und Y folgt, daß der *Korrelationskoeffizient* und die *Kovarianz* beide den *Wert* 0 annehmen. Die Umkehrung gilt nur dann, wenn der *Zufallsvektor* (X,Y) eine *zweidimensionale Normalverteilung* besitzt.

  ♦

Da man i.a. den *Korrelationskoeffizienten*

$$\rho_{XY} \;=\; \rho(X,Y)$$

bzw. die *Kovarianz* cov(X,Y) für zwei zu untersuchende *Zufallsgrößen* X und Y nicht kennt, ist man auf den *empirischen Korellationskoeffizienten*

$$r_{XY} = \frac{\sum\limits_{i=1}^{n}(x_i-\overline{x})\cdot(y_i-\overline{y})}{\sqrt{\sum\limits_{i=1}^{n}(x_i-\overline{x})^2}\cdot\sqrt{\sum\limits_{i=1}^{n}(y_i-\overline{y})^2}}$$

angewiesen, in dem

$$\frac{1}{n-1}\cdot\sum\limits_{i=1}^{n}(x_i-\overline{x})\cdot(y_i-\overline{y})$$

die *empirische Kovarianz* und

$$\frac{1}{n-1}\cdot\sum\limits_{i=1}^{n}(x_i-\overline{x})^2 \qquad \text{und} \qquad \frac{1}{n-1}\cdot\sum\limits_{i=1}^{n}(y_i-\overline{y})^2$$

die *empirischen Varianzen* für X bzw. Y bezeichnen.

Beide empirische Koeffizienten können als Realisierungen der gegebenen theoretischen Koeffizienten angesehen werden, da sie sich aus einer der vorliegenden Grundgesamtheit entnommenen *zweidimensionalen Stichprobe*

$$(x_1,y_1)\,,\,(x_2,y_2)\,,\,\ldots\,,\,(x_n,y_n) \qquad\qquad \textit{(Stichprobenpunkte)}$$

vom *Umfang n* berechnen. Den *empirischen Korrelationskoeffizienten* haben wir bereits im Abschn.24.6 kennengelernt (siehe Beispiel 24.5).

♦

Für den *empirischen Korrelationskoeffizienten* gilt ebenfalls die Ungleichung

$$-1 \le r_{XY} \le +1$$

und er ist genau dann gleich ±1, wenn alle *Stichprobenpunkte* auf einer *Geraden* liegen. Deshalb kann man ohne statistische Tests bei hinreichend großer Stichprobe die *empirische Regressionsgerade*

$$y = a\cdot x + b$$

konstruieren, wenn der *empirische Korrelationskoeffizient* in der Nähe von −1 oder +1 liegt. Dies haben wir im Abschn.24.6 illustriert.

♦

MATHCAD und MATLAB stellen folgende *vordefinierte Funktionen* zur Berechnung des *empirischen Korrelationskoeffizienten* für eine vorliegende zweidimensionale Stichprobe vom Umfang n zur Verfügung:

In MATHCAD geschieht die Berechnung des *empirischen Korrelationskoeffizienten* für eine vorliegende zweidimensionale *Stichprobe* vom *Umfang n* in folgenden Schritten:

- Zuerst werden die x- und y-Koordinaten der n *Stichprobenpunkte*

  $(x_1, y_1), (x_2, y_2), \dots, (x_n, y_n)$

  den *Spaltenvektoren* X bzw. Y zugewiesen, d.h.

$$X := \begin{pmatrix} x_1 \\ \vdots \\ x_n \end{pmatrix} \qquad Y := \begin{pmatrix} y_1 \\ \vdots \\ y_n \end{pmatrix}$$

- Danach berechnet die *vordefinierte Funktion*

  corr (X , Y)
  (deutsche Version: **korr**)

  den *empirischen Korrelationskoeffizienten*.

Wenn die **Statistics Toolbox** installiert, kann MATLAB den *empirischen Korrelationskoeffizienten* für eine vorliegende zweidimensionale Stichprobe vom Umfang n in folgenden Schritten berechnen:

- Zuerst werden die x- und y-Koordinaten der n *Stichprobenpunkte*

  $(x_1, y_1), (x_2, y_2), \dots, (x_n, y_n)$

  den *Zeilen-* oder *Spaltenvektoren* X bzw. Y zugewiesen, d.h. z.B.

  `>> X = [ x1 x2 ... xn ] ; Y = [ y1 y2 ... yn ] ;`

- Danach berechnet die *vordefinierte Funktion*

  `>> ` **corrcoef** (X , Y)

  den *empirischen Korrelationskoeffizienten*.

Die Aufgabe der *Korrelationsanalyse* besteht darin, anhand des aus einer *konkreten Stichprobe*

$(x_1, y_1), (x_2, y_2), \dots, (x_n, y_n)$

vom *Umfang n* berechneten *empirischen Korrelationskoeffizienten*

r_{XY}

Aussagen über den unbekannten *Korrelationskoeffizienten*

ρ_{XY}

zu erhalten. Das kann z.B. mittels der Verfahren der Schätz- und Testtheorie auf eine der folgenden Art und Weise geschehen:

* Test auf *Unabhängigkeit* der beiden *Zufallsgrößen* X und Y, d.h., es wird die *Hypothese*

$$H_0 : \rho_{XY} = 0$$

geprüft. Zur Prüfung dieser Hypothese verwendet man die *Testgröße*

$$S = \frac{\rho_{XY} \cdot \sqrt{n-2}}{\sqrt{1 - \rho_{XY}^2}}$$

die einer t-Verteilung mit n–2 Freiheitsgraden genügt. Als *Realisierung* für eine konkrete Stichprobe erhält man

$$s = \frac{r_{XY} \cdot \sqrt{n-2}}{\sqrt{1 - r_{XY}^2}}$$

Damit läßt sich für eine vorgegebene Irrtumswahrscheinlichkeit α das Quantil

$$t_{n-2,1-\alpha/2}$$

berechnen, so daß sich der *Ablehnungsbereich* aus

$$|s| \geq t_{n-2,1-\alpha/2}$$

berechnet. Wird H_0 abgelehnt, so bedeutet dies, daß der empirische Korrelationskoeffizient ungleich Null ist und damit die beiden Zufallsgrößen der betrachteten Grundgesamtheit nicht unabhängig sind (siehe Beispiel 30.1).

* Test der *Stärke* des *linearen Zusammenhangs* mittels der *Hypothese*

$$H_0 : \rho_{XY} = \rho_0$$

wobei ein von Null verschiedener Korrelationskoeffizient

$$\rho_0$$

vorgegeben wird. Für die hier zu wählende Testgröße sei auf die Literatur verwiesen (siehe z.B. [5],[41]).

* Berechnung eines *Konfidenzintervalls* für den unbekannten *Korrelationskoeffizienten* (siehe [41]).

Beispiel 30.1 :

Testen wir einen Korrelationskoeffizienten auf Null, d.h. die *Hypothese*

$$H_0 : \rho_{XY} = 0$$

bei vorgegebener *Irrtumswahrscheinlichkeit* α=0.01.

Dazu verwenden wir die folgende Stichprobe vom Umfang 5, die durch Messung von Geschwindigkeit und entsprechendem Bremsweg (bis zum Stillstand) eines Pkws gewonnen wurde:

Geschwin-digkeit x	20	40	70	80	100
Bremsweg y	5	10	20	30	40

Hier ist ein funktionaler Zusammenhang zu erwarten, da der Bremsweg von der Geschwindigkeit abhängt, wie aus der Physik bekannt ist. Die Geschwindigkeit bestimmt jedoch den Bremsweg nicht eindeutig, da er durch weitere Eigenschaften des betrachteten Pkws wie z.B. Zustand der Reifen und Bremsen beeinflußt wird.

MATHCAD

$$X := \begin{pmatrix} 20 \\ 40 \\ 70 \\ 80 \\ 100 \end{pmatrix} \qquad Y := \begin{pmatrix} 5 \\ 10 \\ 20 \\ 30 \\ 40 \end{pmatrix}$$

$r := corr(X, Y)$ $\qquad r = 0.9786$

$$s := \frac{r \cdot \sqrt{5-2}}{\sqrt{1-r^2}} \qquad s = 8.2421$$

$$t := qt\left(1 - \frac{0.01}{2}, 5-2\right) \qquad t = 5.8409$$

Wegen s>t wird die Hypothese abgelehnt, so daß man einen Zusammenhang zwischen Geschwindigkeit und Bremsweg annehmen kann.

MATHCAD

MATLAB

```
>> X = [ 20 40 70 80 100 ] ; Y = [ 5 10 20 30 40 ] ;
>> corrcoef ( X , Y )

ans =
```

1.0000   0.9786
0.9786   1.0000

>> r = 0.9786 ;

>> s = r * **sqrt** (5 – 2)/**sqrt** (1 – r^2)

s =

8.2372

> t = **tinv** (1 – 0.01/2 , 5 – 2)

t =

5.8409

Wegen s>t wird die Hypothese abgelehnt, so daß man einen Zusammenhang zwischen Geschwindugkeit und Bremsweg annehmen kann.

30.2 Regression

Die *Regressionsanalyse* untersucht die Art des Zusammenhangs zwischen
zwei Merkmalen (Zufallsgrößen) X und Y einer vorliegenden Grundgesamtheit in der Form

$$y_i = f(x_i) + e_i$$

wobei die n *Stichprobenpunkte*

$$(x_1,y_1) , (x_2,y_2) , \dots , (x_n,y_n)$$

aus einer der Grundgesamtheit entnommenen *Stichprobe* vom *Umfang n*
stammen. In der gegebenen Relation heißen f *Regressionsfunktion* und e_i
Störgröße. Die Regressionsfunktion f kann aus bekannten Funktionen und
freiwählbaren Parametern bestehen. In vielen Anwendungen verwendet
man *Regressionsfunktionen* der Form

$$y = f(x;a_0,a_1,\dots,a_m) = a_0 \cdot f_0(x) + a_1 \cdot f_1(x) + \dots + a_m \cdot f_m(x)$$

mit noch zu bestimmenden *Parametern*

$$a_0 , a_1 , \dots , a_m$$

und *vorgegebenen Funktionen*

$$f_0(x) , f_1(x) , \dots , f_m(x)$$

In dieser Form werden sie als *lineare Regressionsfunktionen* bezeichnet, da die zu bestimmenden Parametern linear enthalten sind. Derartige Funktionen betrachten wir in den Abschn.30.2.1 und 30.2.2.

Eine große Rolle in der Regressionsanalyse nimmt die Untersuchung eines *linearen Zusammenhangs*

$$Y = a \cdot X + b$$

zwischen den *Zufallsgrößen* X und Y ein, der sich für eine konkrete Stichprobe vom Umfang n in der Form

$$y_i = a \cdot x_i + b + e_i \qquad (n = 1, 2, ... , n)$$

schreibt. In diesem Zusammenhang werden a als *Regressionskoeffizient* und b als *Regressionskonstante* bezeichnet und die Gerade

$$y = a \cdot x + b$$

heißt *Regressionsgerade*.

Bei dieser linearen Regression setzt man voraus, daß die Zufallsgröße Y in der betrachteten Grundgesamtheit für einen festen Wert x der Zufallsgröße X normalverteilt mit dem *Erwartungswert*

$$E(Y) = a \cdot x + b$$

und von x unabhängiger Varianz/Streuung ist.

Lineare Zusammenhänge dieser Form diskutieren wir im Abschn. 30.2.1. Allgemeine lineare Zusammenhänge betrachten wir anschließend im Abschn.30.2.2. Da nicht bei allen Untersuchungen lineare Zusammenhänge vorliegen, betrachten wir *nichtlineare Zusammenhänge* kurz im Abschn. 30.2.3.

Im *Unterschied* zur *Interpolation* brauchen bei der in der *Regression* angewandten *Methode der kleinsten Quadrate* die gegebenen Stichprobenpunkte

$$(x_1, y_1) , (x_2, y_2) , ... , (x_n, y_n)$$

nicht die konstruierte *Regressionsfunktion* f zu erfüllen, d.h., es gilt nur die Beziehung

$$y_i = f(x_i) + e_i$$

mit einer Störgröße e_i. Dies resultiert aus dem *Prinzip* der *Methode der kleinsten Quadrate*, das nur fordert, daß die *Summe* der *Abweichungsquadrate* zwischen der Regressionsfunktion und den gegebenen Stichprobenpunkten *minimal* wird (siehe Abschn.24.6, 30.2.1 und 30.2.2).
♦

30.2.1 Lineare Regression

Wenn man mittels Korrelationsanalyse einen möglichen linearen Zusammenhang zwischen zwei Zufallsgrößen statistisch bestätigt hat (siehe Abschn.30.1), kann man anschließend die Methode der *linearen Regression* anwenden, um diesen Zusammenhang in Form einer *Regressionsgeraden*

$$Y = a \cdot X + b$$

analytisch zu konstruieren.

Für eine vorliegende *Stichprobe* führt dies auf das Problem, die *Stichprobenpunkte*

$$(x_1,y_1), (x_2,y_2), \ldots, (x_n,y_n)$$

durch eine *Gerade*

$$y = a\,x + b \qquad \text{(empirische Regressionsgerade)}$$

mit dem Regressionskoeffizienten a und der Regressionskonstanten b *anzunähern*. Dazu wird die *Gaußsche Methode der kleinsten Quadrate* zur Approximation von Funktionen verwendet, die wir bereits im Abschn.24.6 kennenlernten:

$$F(a,b) = \sum_{i=1}^{n}(y_i - a \cdot x_i - b)^2 \to \underset{a,b}{\text{Minimum}}$$

d.h., die unbekannten *Parameter* a und b werden so *bestimmt*, daß die *Summe* der *Abweichungsquadrate* der einzelnen *Stichprobenpunkte* von der *empirischen Regressionsgeraden minimal* wird. Empirische Regressionsgeraden haben wir bereits im Abschn.24.6 konstruiert (siehe Beispiel 24.5). Im Beispiel 30.2 findet man eine weitere Illustration.

MATHCAD und MATLAB stellen folgende *vordefinierte Funktionen* zur Berechnung der *empirischen Regressionsgeraden* für eine vorliegende Stichprobe vom Umfang n zur Verfügung:

Nach der Eingabe der x- und y-Koordinaten der n *Stichprobenpunkte*

$$(x_1,y_1), (x_2,y_2), \ldots, (x_n,y_n)$$

der vorliegenden zweidimensionalen Stichprobe vom Umfang n als Spaltenvektoren

$$X := \begin{pmatrix} x_1 \\ \vdots \\ x_n \end{pmatrix} \qquad Y := \begin{pmatrix} y_1 \\ \vdots \\ y_n \end{pmatrix}$$

können in MATHCAD zur Berechnung der *empirischen Regressionsgeraden* folgende *vordefinierten Funktionen* angewandt werden:

- **slope** (X , Y)
  (deutsche Version: **neigung**)

berechnet die *Steigung* a der *empirischen Regressionsgeraden*

* **intercept** (X , Y)
  (deutsche Version: **achsenabschn**)
  berechnet den *Abschnitt* b der *empirischen Regressionsgeraden* auf der
  y-*Achse*

Wenn man nach der Eingabe der entsprechenden Funktion das numerische
Gleichheitszeichen = eintippt, wird die Berechnung ausgelöst (siehe Beispiel 30.2).

Wenn die **Statistics Toolbox** installiert ist, vollzieht sich die Berechnung
der *empirischen Regressionsgeraden* in MATLAB folgendermaßen (siehe Beispiel 30.2):

* Zuerst werden die x- und y-Koordinaten der n *Stichprobenpunkte*

  $(x_1, y_1), (x_2, y_2), \ldots, (x_n, y_n)$

  der vorliegenden *zweidimensionalen Stichprobe* vom *Umfang n* den
  Zeilen- oder *Spaltenvektoren* X bzw. Y zugewiesen, d.h. z.B.

  >> X = [x1 x2 ... xn] ; Y = [y1 y2 ... yn] ;

* Danach berechnet die *vordefinierte Funktion*

  >> **polyfit** (X , Y , 1)

  die *empirische Regressionsgerade*.

In der *Regressionsanalyse* werden analog zur *Korrelationsanalyse* (siehe
Abschn.30.1) Schätz- und Testmethoden zur Verfügung gestellt, um *Konfidenzintervalle* für Regressionskoeffizient, Regressionskonstante und Regressionsgerade zu berechnen und *Tests* bzgl. Regressionskoeffizient und Regressionskonstante durchzuführen. Dies ist erforderlich, um anhand einer
Stichprobe über die empirische Regressionsgerade Aussagen über die Regressionsgerade in der vorliegenden Grundgesamtheit zu erhalten.
Hierauf können wir im Rahmen des Buches nicht eingehen und verweisen
auf die Literatur.

♦

30.2.2 Allgemeine lineare Regression

Analog wie im vorangehenden Abschn.30.2.1 verfährt man bei der *allgemeinen linearen Regression*, in der man *empirische lineare Regressionsfunktionen* der Form

$$y = f(x; a_0, a_1, ..., a_m) = a_0 \cdot f_0(x) + a_1 \cdot f_1(x) + ... + a_m \cdot f_m(x)$$

verwendet, in denen die *Funktionen*

$$f_0(x), f_1(x), ..., f_m(x)$$

gegeben und die *Parameter*

$$a_0, a_1, ..., a_m$$

frei wählbar sind.

Wir bezeichnen die in diesem Abschnitt verwendeten *Regressionsfunktionen* als *linear*, da die Parameter linear eingehen. In der *Literatur* findet man hierfür auch die Bezeichnung *nichtlineare Regressionsfunktion*, da die Abhängigkeit von x nichtlinear ist.

♦

Im folgenden betrachten wir die Berechnung der *empirischen Regressionsfunktion*, d.h., die Berechnung der unbekannten Parameter:
Analog zur Regressionsgeraden werden die *unbekannten Parameter*

$$a_i \qquad (i = 0, 1, ..., m)$$

mittels der *Methode der kleinsten Quadrate* bestimmt. Es ist nur die Gleichung der Regressionsgeraden durch die Gleichung der gegebenen Regressionsfunktion zu ersetzen, d.h., es ist für eine Stichprobe vom Umfang n die folgende Minimierungsaufgabe zu lösen:

$$F(a_0, ..., a_m) = \sum_{i=1}^{n} (y_i - a_0 \cdot f_0(x_i) - a_1 \cdot f_1(x_i) - ... - a_m \cdot f_m(x_i))^2 \rightarrow \underset{a_0, a_1, ..., a_m}{\text{Minimum}}$$

Über die Form der zu wählenden Regressionsfunktion erhält man erste Informationen aus der *grafischen Darstellung* der n *Stichprobenpunkte*.

Wenn man *Potenzfunktionen* verwendet, d.h. eine Regressionsfunktion der Form

$$y = f(x; a_0, a_1, ..., a_m) = a_0 + a_1 \cdot x + ... + a_m \cdot x^m$$

so spricht man von einem *Regressionspolynom*.

♦

☞

Offensichtlich ist die *lineare Regression* ein *Spezialfall* der *allgemeinen linearen Regression.* Man erhält sie, indem man m=1 setzt und in der Regressionskurve

$$y = f(x; a_0, a_1) = a_0 \cdot f_0(x) + a_1 \cdot f_1(x)$$

die beiden Funktionen

$$f_0(x) = 1 \quad \text{und} \quad f_1(x) = x$$

verwendet.

♦

Zur Konstruktion allgemeiner linearer Regressionsfunktionen stellen MATHCAD und MATLAB folgende *vordefinierten Funktionen* zur Verfügung:

MATHCAD berechnet *empirische lineare Regressionsfunktionen* mittels der *vordefinierten Funktion*

linfit (X , Y , F)
(deutsche Version: **linanp**)

Im Argument von **linfit** bezeichnet F einen Spaltenvektor, dem vorher die gegebenen Funktionen

$$f_i(x)$$

aus der verwendeten *Regressionskurve* in der folgenden Form zugewiesen werden müssen:

$$F(x) := \begin{pmatrix} f_0(x) \\ f_1(x) \\ \vdots \\ f_m(x) \end{pmatrix}$$

Die Spaltenvektoren X und Y im Argument von **linfit** enthalten die x- bzw. y-Koordinaten der gegebenen Stichprobenpunkte (siehe Beispiel 30.2).

☞

Die *Regressionsfunktion* **linfit** funktioniert nur, wenn der Umfang n der vorliegenden Stichprobe größer als die Anzahl m der Funktionen

$$f_i(x)$$

ist.

♦

MATHCAD besitzt noch die *vordefinierte Funktion*

regress (X , Y , m)

zur Berechnung von *Regressionspolynomen* vom *Grade* m, in deren Argument die Vektoren X und Y die gleiche Bedeutung wie bei der linearen Regression haben, d.h., sie enthalten die x- bzw. y-Koordinaten der gegebenen n Stichprobenpunkte. **regress** erzeugt einen *Vektor*, dem wir die Bezeichnung S zuweisen, d.h.

S := **regress** (X , Y , m)

Diesen Vektor S benötigt die *Interpolationsfunktion*

interp (S , X , Y , x)

um das *Regressionspolynom* vom *Grade* m an der Stelle x zu berechnen.
Die Funktion **regress** liefert folglich in Anwendung mit der Funktion **interp** die *Regressionsfunktion*, wenn man *Polynome m-ten Grades* verwendet. Folglich kann man mit **regress** auch die *empirische Regressionsgerade berechnen*, wenn man m = 1 setzt.

MATLAB bietet folgende *Vorgehensweise* für die *Korrelation* und *Regression* an, wenn die **Statistics Toolbox** installiert ist:

• Zuerst werden die vorliegenden n *Stichprobenpunkte*

$$(x_1, y_1) , (x_2, y_2) , \dots , (x_n, y_n)$$

den *Zeilen-* oder *Spaltenvektoren* X und Y zugewiesen, d.h. z.B.

>> X = [x1 x2 … xn] ; Y = [y1 y2 … yn] ;

• Danach liefert die *Funktion*

>> **polyfit** (X , Y , m)

das durch die Stichprobenpunkte bestimmte *empirische Regressionspolynom m-ter Ordnung*. Für m=1 erhalten wir damit die *empirische Regressionsgerade*.

Betrachten wir ein *konkretes Beispiel* zur Konstruktion der empirischen Regressionsfunktion der *allgemeinen linearen Regression*.

Beispiel 30.2:

Die gegebene Stichprobe aus Beispiel 30.1 liefert die fünf *Stichprobenpunkte*

(20 , 5) , (40 , 10) , (70 , 20) , (80 , 30) , (100 , 40)

im xy-Koordinatensystem, für die wir im folgenden die *empirische Regressionsgerade* und *Regressionsparabel* (*empirisches Regressionspolynom zweiten Grades*) mit MATHCAD und MATLAB konstruieren:

Für die gegebenen 5 *Stichprobenpunkte* berechnet MATLAB nach ihrer Zuweisung an die *Spaltenvektoren* X und Y:

$$X := \begin{pmatrix} 20 \\ 40 \\ 70 \\ 80 \\ 100 \end{pmatrix} \qquad Y := \begin{pmatrix} 5 \\ 10 \\ 20 \\ 30 \\ 40 \end{pmatrix}$$

für die

* *empirische Regressionsgerade:*

$$\text{slope}(X, Y) = 0.439 \qquad \text{intercept}(X, Y) = -6.201$$

d.h., sie hat die folgende *Form:*

$$y = 0.439 \cdot x - 6.201$$

* *empirische Regressionsparabel:*

$$F(x) := \begin{pmatrix} 1 \\ x \\ x^2 \end{pmatrix}$$

$$\text{linfit}(X, Y, F) = \begin{pmatrix} 2.883 \\ 0.037 \\ 3.401 \times 10^{-3} \end{pmatrix}$$

d.h., sie hat die folgende *Form:*

$$y = 0.0034 \cdot x^2 + 0.037 \cdot x + 2.883$$

In Abb.30.1 stellen wir die 5 *Stichprobenpunkte* und die mittels MATHCAD berechnete *Regressionsgerade* und *Regressionsparabel grafisch* dar.

Für die gegebenen 5 *Stichprobenpunkte* berechnet MATLAB nach ihrer Zuweisung an die *Zeilenvektoren* X und Y:

>> X = [20 40 70 80 100] ; Y = [5 10 20 30 40] ;

für die

* *empirische Regressionsgerade:*

   >> **polyfit** (X , Y , 1)

   ans =

      0.4387   –6.2010

   d.h., sie hat die folgende *Form:*

   $y = 0.4387 \cdot x - 6.201$

* *empirische Regressionsparabel:*

   >> **polyfit** (X , Y , 2)

   ans =

      0.0034   0.0366   2.8827

   d.h., sie hat die folgende *Form:*

   $y = 0.0034 \cdot x^2 + 0.0366 \cdot x + 2.8827$

In Abb.30.2 stellen wir die 5 *Stichprobenpunkte* und die mittels MATLAB berechnete *Regressionsgerade* und *Regressionsparabel grafisch* dar, indem wir
folgendes in das Arbeitsfenster eingeben:

>> X = [20 40 70 80 100] ; Y = [5 10 20 30 40] ;

>> **plot** (X , Y)

>> **hold on**

>> **syms** x ; **ezplot** (0.4387 * x – 6.2010 , [0 , 110])

>> **hold on**

>> **syms** x ; **ezplot** (0.0034 * x^2 + 0.0366 * x + 2.8827 , [0 , 110])

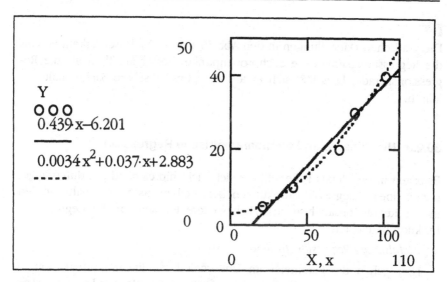

Abb.30.1. Regressionsgerade und Regressionsparabel aus Beispiel 30.2 mittels MATH-
CAD

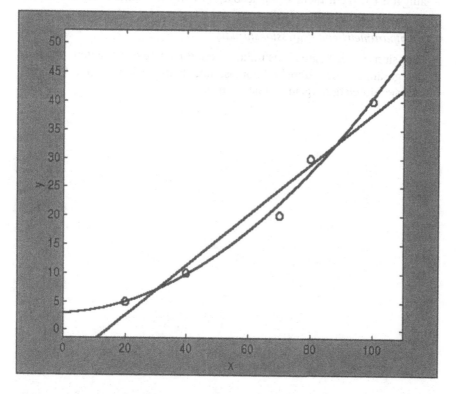

Abb.30.2. Regressionsgerade und Regressionsparabel aus Beispiel 30.2 mittels MATLAB

☞

Die grafischen Darstellungen in den Abb.30.1 und 30.2 lassen erkennen daß die Regressionsparabel die Stichprobenpunkte besser annähert als die Regressionsgerade. Dies läßt sich mittels des physikalischern Sachverhalts erklären.

♦

30.2.3 Nichtlineare und nichtparametrische Regression

Es treten in der Praxis Fälle auf, die sich nicht hinreichend gut durch allgemeine lineare Regressionsfunktionen beschreiben lassen. Deshalb werden in der Regressionsanalyse zusätzlich weitere Formen für die Regressionsfunktion betrachtet:

* *nichtlineare Regressionsfunktion*

Hier gehen die Parameter im Unterschied zur linearen Regression in nichtlinearer Form in die Regressionsfunktion ein. Bei der Lösung mittels der Methode der kleinsten Quadrate ist die enstehende Minimierungsaufgabe i.a. nicht mehr exakt lösbar, so daß hier numerische Methoden einzusetzen sind (siehe [16]).

* *nichtparametrische Regressionsfunktion*

Hier sind in der Regressionsfunktion keine Parameter enthalten, sondern die gesamte Regressionsfunktion ist unbekannt. Es wird nur verlangt, daß sie hinreichend glatt ist (siehe [16]).

31 Zusammenfassung

Das Buch gibt eine *Einführung* in die *Wahrscheinlichkeitsrechnung* und *mathematische Statistik* für Ingenieure und Naturwissenschaftler. Da in der Statistik praktisch anfallende Aufgaben nur unter Verwendung von Computern berechenbar sind, besteht ein zweiter Schwerpunkt des Buches in der Anwendung der *Programmsysteme* MATHCAD und MATLAB, die Ingenieure und Naturwissenschaftler bevorzugt einsetzen.

So umfangreiche Gebiete wie Wahrscheinlichkeitsrechnung und mathematische Statistik können natürlich nicht im Rahmen eines Buches komplett behandelt werden. Deshalb haben wir uns auf Grundaufgaben beschränkt, an denen typische Vorgehensweisen illustriert werden.

Weiterhin wird gezeigt, daß sich MATHCAD und MATLAB auch zur Berechnung von Grundaufgaben aus *Wahrscheinlichkeitsrechnung* und *Statistik* eignen. Die Anwendbarkeit beider Programmsysteme hat den Vorteil, daß man sich bei anfallenden Statistikaufgaben nicht zusätzlich in die Bedienung eines Statistik-Programmsystems einarbeiten muß, sondern im vertrauten Rahmen von MATHCAD oder MATLAB arbeiten kann.

Sämtliche im Buch behandelte Gebiete der Wahrscheinlichkeitsrechnung und Statistik sind durch Beispiele illustriert, die mittels MATHCAD und MATLAB berechnet werden. Diese Beispiele zeigen dem Anwender, wie er MATHCAD und MATLAB für seine anfallenden Aufgaben effektiv einsetzen kann.

Falls der Anwender eine Aufgabe nicht im vorliegenden Buch findet, so kann er mit den im Buch gegebenen Hinweisen in den *Zusatzprogrammen* von

* MATHCAD

   Elektronisches Buch zur *Statistik* **Practical Statistics**

* MATLAB

   Toolbox zur *Statistik* **Statistics Toolbox**

nachsehen bzw. mit den gegebenen Programmierhinweisen eigene kleine Programme schreiben.

Des weiteren kann der Anwender die angegebenen Möglichkeiten nutzen, um über das Internet Erfahrungen mit Mitgliedern der Nutzergruppen von MATHCAD und MATLAB auszutauschen.

Zusammenfassend läßt sich einschätzen, daß MATHCAD und MATLAB auch geeignet sind, Grundaufgaben aus Wahrscheinlichkeitsrechnung und mathematischer Statistik mittels Computer zu berechnen. Ehe man sich in spezielle Statistik-Programmsysteme einarbeitet, sollte man im vertrauten Rahmen von MATHCAD oder MATLAB versuchen, anfallende Aufgaben aus Wahrscheinlichkeitsrechnung und Statistik mit den im Buch gegebenen Hinweisen zu berechnen.

♦

Literaturverzeichnis

Wahrscheinlichkeitsrechnung und mathematische Statistik

[1] Anderson, Popp, Schaffranek, Steinmetz, Stenger: Schätzen und Testen, Springer-Verlag Berlin, Heidelberg, New York 1997,

[2] Bamberg, Baur: Statistik, Oldenbourg Verlag München 1993,

[3] Beichelt: Stochastik für Ingenieure, B.G. Teubner Verlagsgesellschaft Stuttgart 1995,

[4] Beichelt: Stochastische Prozesse für Ingenieure, B.G. Teubner Verlagsgesellschaft Stuttgart 1997,

[5] Beyer, Hackel, Pieper, Tiedge: Wahrscheinlichkeitsrechnung und mathematische Statistik, B.G. Teubner Verlagsgesellschaft Stuttgart 1991,

[6] Bosch: Elementare Einführung in die Wahrscheinlichkeitsrechnung, Vieweg Verlag Braunschweig, Wiesbaden 1986,

[7] Bosch: Elementare Einführung in die angewandte Statistik, Vieweg Verlag Braunschweig, Wiesbaden 1987,

[8] Bosch: Statistik-Taschenbuch, Oldenbourg Verlag München 1993,

[9] Brandt: Datenanalyse, Spektrum Akademischer Verlag Heidelberg, Berlin 1999,

[10] Bücker: Statistik, Oldenbourg Verlag München 1994,

[11] Chung: Elementare Wahrscheinlichkeitstheorie und stochastische Prozesse, Springer-Verlag Berlin, Heidelberg, New York 1985,

[12] Dürr, Mayer: Wahrscheinlichkeitsrechnung und Schließende Statistik, Carl Hanser Verlag München 1987,

[13] Eckey, Kosfeld, Dreger: Statistik, Gabler Verlag Wiesbaden 1992,

[14] Eckstein: Repetitorium Statistik, Gabler Verlag Wiesbaden 1995,

[15] Ermakow: Die Monte-Carlo-Methode und verwandte Fragen, Deutscher Verlag der Wissenschaften Berlin 1975,

[16] Fahrmeir, Künstler, Pigeot, Tutz: Statistik, Springer-Verlag Berlin, Heidelberg, New York 1999,

[17]   Fahrmeir, Künstler, Pigeot, Tutz, Caputo, Lang: Arbeitsbuch Statistik, Springer-Verlag Berlin, Heidelberg, New York 1999,

[18]   Greiner, Tinhofer: Stochastik, Carl Hanser Verlag München 1996,

[19]   Hafner: Wahrscheinlichkeitsrechnung und Statistik, Springer-Verlag Wien, New York 1989,

[20]   Hansen: Methodenlehre der Statistik, Verlag Franz Vahlen München 1985,

[21]   Hellmund, Klitzsch, Schumann: Grundlagen der Statistik, Verlag Moderne Industrie Landsberg 1992,

[22]   Henze: Stochastik für Einsteiger, Vieweg Verlag Braunschweig, Wiesbaden 1997,

[23]   Hinderer: Grundbegriffe der Wahrscheinlichkeitstheorie, Springer-Verlag Berlin, Heidelberg, New York 1985,

[24]   Hübner: Stochastik, Vieweg Verlag Braunschweig, Wiesbaden 1996,

[25]   Krengel: Einführung in die Wahrscheinlichkeitstheorie und Statistik, Vieweg Verlag Braunschweig, Wiesbaden 1991,

[26]   Kühlmeyer: Statistische Auswertungsmethoden für Ingenieure, Springer-Verlag Berlin, Heidelberg, New York 2001,

[27]   Lipschutz: Wahrscheinlichkeitsrechnung, McGraw-Hill 1999,

[28]   Maibaum: Wahrscheinlichkeitstheorie und mathematische Statistik, Deutscher Verlag der Wissenschaften Berlin 1976,

[29]   Müller: Lexikon der Statistik, Akademie-Verlag Berlin 1983,

[30]   Neuber: Statistische Methoden, Verlag Franz Vahlen München 1994,

[31]   Nollau, Partzsch, Storm, Lange: Wahrscheinlichkeitsrechnung und Statistik in Beispielen und Aufgaben, B.G. Teubner Verlagsgesellschaft Stuttgart, Leipzig 1997,

[32]   Pfanzagl: Elementare Wahrscheinlichkeitsrechnung, Walter de Gruyter Berlin, New York 1988,

[33]   Precht, Kraft, Bachmaier: Angewandte Statistik 1, Oldenbourg Verlag München 1999,

[34]   Rinne: Taschenbuch der Statistik, Verlag Harry Deutsch Thun und Frankfurt am Main 1997,

[35]   Rüegg: Wahrscheinlichkeitsrechnung und Statistik, Oldenbourg Verlag München 1994,

[36]   Sachs: Angewandte Statistik, Springer-Verlag Berlin, Heidelberg, New York 1999,

[37]   Schlittgen: Einführung in die Statistik, Oldenbourg Verlag München 1997,

[38]   Schwarze: Grundlagen der Statistik I und II, Verlag Neue Wirtschafts-Briefe Herne/Berlin 1990,

[39] Smirnow, Dunin-Barkowski: Mathematische Statistik in der Technik, Deutscher Verlag der Wissenschaften Berlin 1963,

[40] Spiegel: Statistik, McGraw-Hill Book Company Hamburg 1990,

[41] Storm: Wahrscheinlichkeitsrechnung, Mathematische Statistik, Statistische Qualitätskontrolle, Fachbuchverlag Leipzig-Köln 1995,

[42] Stoyan: Stochastik für Ingenieure und Naturwissenschaftler, Akademie Verlag Berlin 1993,

[43] Toutenburg, Fieger, Kastner: Deskriptive Statistik, Prentice Hall München 1998,

[44] Tropartz: Statistik I und II, Verlag Shaker Aachen 1994,

[45] van der Waerden: Mathematische Statistik, Springer-Verlag Berlin, Heidelberg, New York 1957,

[46] Weber: Einführung in die Wahrscheinlichkeitsrechnung und Statistik für Ingenieure, Teubner Verlag Stuttgart 1988,

Statistik mit dem Computer

[47] Abell, Braselton, Rafter: Statistics with Mathematica, Academic Press, San Diego,... 1999,

[48] Brosius, Brosius: SPSS, International Thomson Publishing Bonn 1995,

[49] Bühl, Zöfel: SPSS Version 9, Addison-Wesley München 2000,

[50] Buslenko, Schreider: Die Monte-Carlo-Methode und ihre Verwirklichung mit elektronischen Digitalrechnern, B.G. Teubner Verlagsgesellschaft Stuttgart, Leipzig 1964,

[51] Erben: Statistik mit Excel 5, Oldenbourg Verlag München 1995,

[52] Fieger, Toutenburg: SPSS Trends für Windows, International Thomson Publishing Bonn 1997,

[53] Güttler: Statistik mit SPSS/PC+ und SPSS für Windows, Oldenbourg Verlag München 1996,

[54] Hastings: Introduction to Probability with Mathematica, Chapman & Hall/CRC Boca Raton, London, New York, Washington 2001,

[55] Jäger: Statistik mit Mathematica, Springer-Verlag Berlin, Heidelberg, New York 1997,

[56] Janssen, Laatz: Statistische Datenanalyse mit SPSS für Windows, Springer-Verlag Berlin, Heidelberg, New York 1997,

[57] Kähler: SPSS für Windows, Vieweg Verlag Braunschweig, Wiesbaden 1998,

[58] Martens: Statistische Datenanalyse mit SPSS für Windows, Oldenbourg Verlag München 1999,

[59]   Matthäus: Lösungen für die Statistik mit Excel 97, International Thomson Publishing Bonn 1998,

[60]   Monka, Voß: Statistik am PC, Lösungen mit Excel, Carl Hanser Verlag München 1996,

[61]   Oerthel, Tuschl: Statistische Datenanalyse mit dem Programmpaket SAS, Oldenbourg Verlag München 1995,

[62]   Ortseifen: Der SAS-Kurs, International Thomson Publishing Bonn 1997,

[63]   Overbeck-Larisch, Dolejsky: Stochastik mit Mathematica, Vieweg Verlag Braunschweig, Wiesbaden 1998,

[64]   Pfeifer, Schuchmann: Datenanalyse mit SPSS für Windows, Oldenbourg Verlag München 1996,

[65]   Pfeifer, Schuchmann: Statistik mit SAS, Oldenbourg Verlag München 1997,

[66]   Röhr: Statistica für Windows, Addison-Wesley Bonn 1997,

[67]   Scheffner, Krahnke: Der S-Plus Kurs, International Thomson Publishing Bonn 1997,

[68]   Spiegel, Difranco: Schaum's Electronic Tutor Statistics, McGraw-Hill New York 1998,

MATHCAD und MATLAB

[69]   Bachmann, Schärer, Willimann: Mathematik mit MATLAB, vdf Hochschulverlag AG, ETH Zürich 1996,

[70]   Bang, Kwon: The Finite Element Method using MATLAB, CRC Press 1999,

[71]   Benker: Mathematik mit dem PC, Vieweg Verlag Braunschweig, Wiesbaden 1994,

[72]   Benker: Mathematik mit MATHCAD, Springer-Verlag Berlin, Heidelberg, New York 1996,

[73]   Benker: Wirtschaftsmathematik mit dem Computer, Vieweg Verlag Braunschweig, Wiesbaden 1997,

[74]   Benker: Ingenieurmathematik mit Computeralgebra-Systemen, Vieweg Verlag Braunschweig, Wiesbaden 1998,

[75]   Benker: Mathematik mit MATHCAD, 2. neubearbeitete Auflage, Springer-Verlag Berlin, Heidelberg, New York 1999,

[76]   Benker: Practical Use of MATHCAD, Springer-Verlag London 1999,

[77]   Benker: Mathematik mit MATLAB, Springer-Verlag Berlin, Heidelberg, New York 2000,

[78]   Benker: Optimierung mit MATLAB und MATHCAD (in Vorbereitung),

[79] Beucher: MATLAB und SIMULINK lernen, Addison-Wesley München 2000,

[80] Biran, Breiner: Matlab für Ingenieure, Addison-Wesley Bonn 1995,

[81] Biran, Breiner: Matlab 5 für Ingenieure, Addison-Wesley Bonn 1999,

[82] Born: Mathcad Version 3.1 und 4, Int.Thomson Publ. Bonn 1994,

[83] Born, Lorenz: MathCad – Probleme, Beispiele, Lösungen –, Int. Thomson Publ. Bonn 1995,

[84] Borse: Numerical Methods with MATLAB, PWS Publishing Company Boston 1997,

[85] Dellnitz, Golubitsky: Linear Algebra and Differential Equations using MATLAB, Brooks/Cole Publishing Company 1999,

[86] Desrues: Explorations in MATHCAD, Addison-Wesley New York 1997,

[87] Donnelly: MathCad for introductory physics, Addison-Wesley New York 1992,

[88] Enander, Isaksson, Melin, Sjoberg: The MATLAB Handbook, Addison-Wesley 1996,

[89] Etter: Engineering Problem Solving with MATLAB, Prentice Hall 1997,

[90] Etter: Introduction to MATLAB for Engineers and Scientists, Prentice Hall 1997,

[91] Fausett: Applied numerical analysis using MATLAB, Prentice Hall 1999

[92] Fink, Mathews: Numerical Methods with MATLAB, Prentice Hall 1999

[93] Gander, Hrebicek: Solving Problems in Scientific Computing Using Maple and Matlab, Springer-Verlag Berlin, Heidelberg, New York 1993,

[94] Gerald, Wheatley: Applied Numerical Analysis, Prentice Hall 1999

[95] Glattfelder, Schaufelberger: Lineare Regelsysteme - Eine Einführung mit MATLAB, Hochschulverlag der ETH Zürich 1996,

[96] Gramlich, Werner: Numerische Mathematik mit Matlab, dpunkt.verlag, Heidelberg 2000,

[97] Hanselman, Littlefield: Mastering MATLAB 5, Prentice Hall 1998,

[98] Hill, Porter: Interactive Linear Algebra, Springer-Verlag Berlin, Heidelberg, New York 1996,

[99] Higham, Higham: MATLAB Guide, SIAM Philadelphia 2000,

[100] Hoffmann: Matlab und Simulink, Addison Wesley Bonn 1998,

[101] Hörhager, Partoll: Mathcad 5.0/PLUS 5.0, Addison-Wesley Bonn 1994,

[102] Hörhager, Partoll: Problemlösungen mit Mathcad für Windows, Addison-Wesley Bonn 1995,

[103] Hörhager, Partoll: Mathcad 6.0/PLUS 6.0, Addison-Wesley Bonn 1996,

[104] Hörhager, Partoll: Mathcad, Version 7, Addison-Wesley Bonn 1998,

[105] Katzenbeisser, Überhuber: MATLAB 6, eine Einführung, Springer-Verlag Wien, New York 2000,

[106] Knight: Basics of MATLAB and Beyond, CRC Press 1999,

[107] Lindfield, Penny: Numerical Methods using MATLAB, Ellis Horwood New York 1995,

[108] Malek-Madani: Advanced Engineering Mathematics with Mathematica and Matlab, Addison-Wesley New York 1997,

[109] Marchand: Graphics and GUIs with MATLAB, CRC Press 1999,

[110] Mesbah, Mokhtari: Apprendre et Maitriser MATLAB, Springer-Verlag Berlin, Heidelberg, New York 1997,

[111] Miech: Calculus with Mathcad, Wadsworth Publishing 1991,

[112] Mohr: Numerische Methoden in der Technik, Vieweg Verlag Braunschweig, Wiesbaden 1994,

[113] Nakamura: Numerical Analysis and Graphic Visualization with MATLAB, Prentice Hall 1996,

[114] Ogata: Solving Control Engineering Problems with Matlab, Prentice-Hall 1993,

[115] Palm, Introduction to MATLAB for Engineers, Mc Graw Hill Boston 1998,

[116] Pratap: Getting Started with MATLAB, Saunders College Publishung 1996,

[117] Sigmon: MATLAB Primer, CRC Press 1998,

[118] Van Loan: Introduction to Scientific Computing: A Matrix Vector Approach Using MATLAB, Prentice Hall 1997,

[119] Weskamp: Mathcad 3.1 für Windows, Addison-Wesley Bonn 1993,

[120] Wieder: Introduction to MathCad for Scientists and Engineers McGraw-Hill New York 1992,

[121] Wilson, Turcotte: Advanced Mathematics and Mechanics Applications using MATLAB, CRC Press 1998.

Sachwortverzeichnis

—Q—